21世纪高等院校网络工程规划教材

21st Century University Planned Textbooks of Network Engineering

ASP.NET 4.0 Web 程序设计

ASP.NET 4.0 Web Applications

刘艳丽 张恒 编著

人 民 邮 电 出 版 社

北 京

图书在版编目（CIP）数据

ASP.NET 4.0 Web程序设计 / 刘艳丽，张恒编著. --
2版. -- 北京 : 人民邮电出版社，2012.12（2020.1 重印）
21世纪高等院校网络工程规划教材
ISBN 978-7-115-29834-8

Ⅰ. ①A… Ⅱ. ①刘… ②张… Ⅲ. ①网页制作工具－
程序设计－高等学校－教材 Ⅳ. ①TP393.092

中国版本图书馆CIP数据核字(2012)第308237号

内 容 提 要

本书以通俗的语言、丰富的实例，详细介绍了 ASP.NET 4.0 网站开发技术。全书共分为 17 章，主要内容包括：Web 程序设计概述、HTML 和 CSS、JavaScript 编程基础、C#语言基础、ASP.NET Web 开发基础、ASP.NET 对象及状态管理、ASP.NET 4.0 服务器控件、ADO.NET 数据访问、数据绑定技术与绑定控件、ASP.NET 网页布局与标准化、ASP.NET 应用程序安全技术、LINQ 与 AJAX 新技术等。此外，每章都有配套的实验，让读者寻找编程感觉，培养编程思想。

本书结构合理、条理清晰、实例丰富，图文对照，可以作为高等院校计算机科学与技术、网络工程、软件工程等相关专业 ASP.NET 课程的教材，也可供从事 Web 程序设计相关工作的技术人员自学参考。

本书的电子教案、示例源代码可以到人民邮电出版社教学资源与服务网上免费下载，网址为 http://www.ptpedu.com.cn/。

◆ 编　　著　刘艳丽　张　恒
责任编辑　刘　博
◆ 人民邮电出版社出版发行　　北京市丰台区成寿寺路 11 号
邮编　100164　　电子邮件　315@ptpress.com.cn
网址　http://www.ptpress.com.cn
北京七彩京通数码快印有限公司印刷
◆ 开本：787×1092　1/16
印张：20.75　　2012 年 12 月第 2 版
字数：541 千字　　2020 年 1 月北京第 8 次印刷

ISBN 978-7-115-29834-8

定价：42.00 元

读者服务热线：(010)81055256　印装质量热线：(010)81055316
反盗版热线：(010)81055315

前　言

ASP.NET 是 Microsoft 公司创建服务器端 Web 应用程序的新一代技术，它构建在 Microsoft.NET Framework 基础之上，.NET Framework 聚合了紧密相关的多种新技术，彻底改变了从数据库访问到分布式应用程序的一切。而 ASP.NET 是.NET Framework 中最重要的部件之一，通过它用户可以开发出高性能的 Web 应用程序。

ASP.NET 4.0 不仅在语言和技术上弥补了原有 ASP.NET 2.0 的不足，还提供了很多新的控件和特色以提升开发人员的工作效率。与之相应的 Visual Studio 2010 除了保持与 Visual Studio 旧版本相同的特点之外，也提供了大量新的特色帮助。本书全面介绍了 ASP.NET 4.0 技术的开发与使用，站在实用和实际的角度，深入浅出地分析该技术的各个要点。如果读者曾使用前一版本的 ASP.NET 编过程序，可以将重点放在学习本书 ASP.NET 的新特性上，如第 10 章的 LINQ、第 15 章的 AJAX 和第 16 章的 WCF 服务等。

本书是作者根据多年从事网络程序设计工作和讲授计算机专业相关课程的教学实践，在已编写多部讲义和教材的基础上编写而成的。本书精选大量例题，且增加了汉字注释，所有例题都在 Visual Studio 2010 上调试通过，读者可按照书中提示信息找到每章的源码（如 ch5_4 表示第 5 章第 4 小节的所有代码）。

本书分为 17 章。第 1 章～第 4 章为基础篇，主要内容包括 Web 程序设计概述、HTML 和 CSS、JavaScript 编程基础和 C#语言基础。本书将 JavaScript 单独讲解，主要是因为从实践经验中发现 ASP.NET 中使用 JavaScript 是很有必要的，没有 JavaScript 编程基础，有些简单的问题都很难理解，详细说明请见第 3 章与第 7 章的 7.6 节。第 5 章～第 11 章为核心篇，主要内容包括 ASP.NET Web 开发基础、APS.NET 对象及状态管理、ASP.NET 4.0 服务器控件、ADO.NET 数据访问、数据绑定技术与绑定控件、使用 LINQ 和 ASP.NET 网页布局与标准化。通过本篇的学习，读者能够开发出小型的 Web 应用程序，掌握数据库以及网站的页面设计。第 12 章～第 16 章为提高篇，主要内容包括 ASP.NET 应用程序安全技术、文件操作、ASP.NET 中使用 XML、ASP.NET 的 AJAX 扩展、Web 服务和 WCF 服务。通过本篇的学习，读者可以掌握 ASP.NET 安全技术、Web 服务在网站高级开发中的应用以及 ASP.NET 新技术。第 17 章为系统集成篇，主要内容包括网站发布、打包与安装。通过本篇的学习，读者可以将自己开发的程序部署到用户的服务器上。

本书第 1 章～第 4 章由张恒编写，第 5 章～第 11 章由刘艳丽编写，第 12 章～第 14 章由周洁编写，第 15 章～第 16 章由蔡体健编写，第 17 章由石红芹编写，全书由刘艳丽统稿。本书的代码由华东交通大学研究生协助编写与整理。

虽然我们尽可能保证文字和代码没有错误，但由于编者水平有限，加之编写时间仓促，书中难免存在错误和疏漏之处，希望广大读者批评指正。

编　者

2012 年 9 月

目　录

第 1 章　Web 程序设计概述

Web 应用和相关技术的飞速发展给人们的工作、学习和生活带来了重大变化，人们可以利用网络处理数据、获取信息，极大地提高了工作效率。本书以 ASP.NET 4.0 为框架讲解 Web 程序设计，在深入介绍之前，有必要了解 Web 程序设计的基本内容、概念和方法等基础知识。

1.1　Internet 与 WWW 概述

1.1.1　Internet 概述

Internet，中文正式译名为因特网，又叫做国际互联网。它是由那些使用公用语言互相通信的计算机连接而成的全球网络。一旦计算机连接到它的任何一个节点上，就意味着这台计算机已经连入 Internet 了。Internet 目前的用户已经遍及全球，有超过几亿人在使用 Internet，并且它的用户数还在呈几何倍数上升。

Internet 是一组全球信息资源的总汇。有一种粗略的说法，认为 Internet 是由许多小的网络（子网）互连而成的一个逻辑网，每个子网中连接着若干台计算机（主机）。Internet 以相互交流信息资源为目的，基于一些共同的协议，并通过许多路由器和公共互联网组成，它是一个信息资源和资源共享的集合。计算机网络只是传播信息的载体，而 Internet 的优越性和实用性则在于本身。与 Internet 相关的常用术语简单解释如下。

（1）因特网（Internet）：专指全球最大的、开放的、由众多网络相互连接而成的计算机网络。它由美国的 ARPAnet 发展而来，主要采用 TCP/IP。

（2）万维网（World Wide Web，WWW）：也称环球信息网，是基于超文本的、方便用户在 Internet 上搜索和浏览信息的信息服务系统。

（3）超文本（Hypertext）：是一种全局性的信息结构，它将文档中的不同部分通过关键字建立链接，使信息得以用交互方式搜索。它是超级文本的简称。

（4）超媒体（Hypermedia）：是超文本和多媒体在信息浏览环境下的结合，是超级媒体的简称。

（5）主页（HomePage）：是通过万维网进行信息查询时的起始信息页。

（6）浏览器（Brower）：这里专指 Web 浏览器，如 Microsoft 的 IE（Internet Explorer），以及可以跨平台的 Netscape Navigator、Opera 等。它可以向万维网服务器发送各种请求，并对服务器发来的、由 HTML 定义的超文本信息和各种多媒体数据格式进行解释、显示和播放。

（7）目录服务（Directory Service）：是 Internet 上根据用户的某些信息反查找另一些信息的一种公共查询服务。

（8）防火墙（Firewall）：是用于将 Internet 的子网和 Internet 的其他部分相隔离，以达到网络安全和信息安全效果的软件或硬件设施。

（9）Internet 服务商（Internet Service Provider，ISP）：是向用户提供 Internet 服务的公司或机构。其中，大公司在许多城市都设有访问站点，小公司则只提供本地或地区性的 Internet

服务。一些 ISP 在提供 Internet 的 TCP/IP 连接的同时，也提供他们自己各具特色的信息资源。

1.1.2 WWW 概述

WWW 是 World Wide Web（环球信息网）的缩写，也可以简称为 Web，中文名字为“万维网”。它起源于 1989 年 3 月，是由欧洲量子物理实验室（the European Laboratory for Particle Physics，CERN）所发展出来的主从结构分布式超媒体系统。通过万维网，人们只要使用简单的方法，就可以很迅速方便地取得丰富的信息资料。由于用户在通过 Web 浏览器访问信息资源的过程中，无须再关心一些技术性的细节，而且界面非常友好，因而 Web 在 Internet 上一推出就受到了热烈的欢迎，走红全球，并迅速得到了爆炸性的发展。

长期以来，人们只是通过传统的媒体（如电视、报纸、杂志和广播等）获得信息。但随着计算机网络的发展，人们已不再满足于传统媒体那种单方面传输和获取信息的方式，而希望有一种主观的选择性。现在，网络上提供各种类别的数据库系统，如文献期刊、产业信息、气象信息、论文检索等。由于计算机网络的发展，信息的获取变得非常及时、迅速和便捷。

到了 1993 年，WWW 的技术有了突破性的进展，它解决了远程信息服务中的文字显示、数据连接以及图像传输的问题，这使得 WWW 成为 Internet 上最为流行的信息传播方式。现在，Web 服务器成为 Internet 上最大的计算机群，Web 文档之多，链接的网络之广，令人难以想象。可以说，Web 为 Internet 的普及迈出了开创性的一步，是近年来 Internet 上取得的最激动人心的成就。

WWW 采用的是浏览器/服务器结构，其作用是整理和存储各种 WWW 资源，并响应客户端软件的请求，把客户所需的资源传送到 Windows XP、Windows 7、UNIX 或 Linux 等平台上。

1.2 Web 浏览器与 Web 服务器

1.2.1 Web 浏览器

浏览器是用于显示网页伺服器或档案系统内的 HTML 文件，并让用户与这些文件互动的一种软件。个人计算机上常见的网页浏览器包括 Microsoft 的 Internet Explorer、Mozilla 的 Firefox、Opera 和 Safari。浏览器是最经常使用的客户端程序。全球资讯网是全球最大的连接文件网络文库。

网页浏览器主要通过 HTTP 连接网页伺服器而取得网页，HTTP 容许网页浏览器送交资料到网页伺服器并且获取网页。目前最常用的 HTTP 是 HTTP/1.1，这个协议在 RFC2616 中被完整定义。HTTP/1.1 有自己一套 Internet Explorer 并不完全支持的标准，然而许多其他网页浏览器则完全支持这些标准。

网页的位置（网址）以 URL（统一资源定位符）指示；以 http:开头的网址表示通过 HTTP 登录。很多浏览器同时支持多种类型的 URL 及协议，如 ftp:是 FTP（文件传送协议），gopher:是 Gopher，https:是 HTTPS（以 SSL 加密的 HTTP）。

网页通常使用 HTML（超文本标记语言）文件格式，并在 HTTP 内以 MIME 内容形式来定义。大部分浏览器均支持许多 HTML 以外的文件格式，如 JPEG、PNG 和 GIF 图像格式，还可以利用外挂程式来支持更多文件类型。在 HTTP 内容类型和 URL 协议的结合下，网页设计者可以把图像、动画、视频、声音和流媒体包含在网页中，或让人们通过网页取得它们。

早期的网页浏览器只支持简易版本的 HTML。专属软件浏览器的迅速发展促使非标准

HTML 代码的产生。这导致了浏览器相容性的问题。现代的浏览器（Mozilla、Opera 和 Safari）支持标准的 HTML 和 XHTML（从 HTML 4.01 版本开始）。它们显示出来的网页效果都一样。Internet Explorer 仍未完全支持 HTML 4.01 及 XHTML 1.x。现在许多网站都是使用所见即所得的 HTML 编辑软件来建构的，这些软件包括 Adobe Dreamweaver 和 Microsoft Frontpage 等。它们通常预设产生非标准 HTML，这阻碍了 W3C 制定统一标准，尤其是 XHTML 和 CSS（层叠样式表，设计网页时用）。

有一些浏览器还载入了一些附加组件来 Usenet 新闻组、IRC（互联网中继聊天）和电子邮件。支持的协议包括 NNTP（网络新闻传输协议）、SMTP（简单邮件传输协议）、IMAP（交互邮件访问协议）和 POP（邮局协议）。

1.2.2 Web 服务器

Web 服务器也称为 WWW(World Wide Web)服务器，主要功能是提供网上信息浏览服务。WWW 是 Internet 的多媒体信息查询工具，是 Internet 近年才发展起来的服务，也是发展最快和目前应用最广泛的服务。正是因为有了 WWW 工具，才使得近年来 Internet 迅速发展，且用户数量飞速增长。Web 服务器是指驻留于 Internet 上的某种类型计算机的程序。当 Web 浏览器（客户端）连接到服务器上并请求文件时，服务器将处理该请求并将文件发送到该浏览器上，附带的信息会告诉浏览器如何查看该文件（即文件类型）。服务器使用 HTTP（超文本传输协议）进行信息交流，这就是人们常把它称为 HTTP 服务器的原因。

Web 服务器是可以向发出请求的浏览器提供文档的程序。

（1）服务器是一种被动程序：只有当 Internet 上运行在其他计算机中的浏览器发出请求时，服务器才会响应。

（2）最常用的 Web 服务器是 Apache 和 Microsoft 的 Internet 信息服务器（Internet Information Server，IIS）。

（3）Internet 上的服务器也称为 Web 服务器，是一台在 Internet 上具有独立 IP 地址的计算机，可以向 Internet 上的客户机提供 WWW、E-mail 和 FTP 等各种 Internet 服务。

Web 服务器和 Web 浏览器的关系如图 1-1 所示。

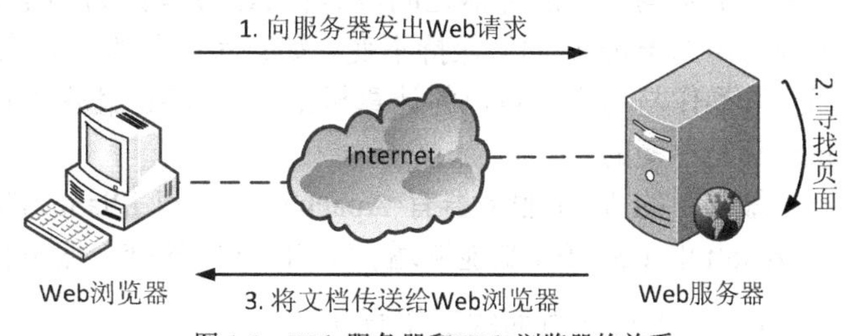

图 1-1 Web 服务器和 Web 浏览器的关系

Web 服务器不仅能够存储信息，还能在用户通过 Web 浏览器提供的信息的基础上运行脚本和程序。Web 服务器传送（serves）页面使浏览器可以浏览，然而应用程序服务器提供的是客户端应用程序可以调用（call）的方法（methods）。更确切的说：Web 服务器专门处理 HTTP 请求(request)，但是应用程序服务器是通过很多协议来为应用程序提供（serves）商业逻辑（business logic）的。

Web 服务器可以解析（handles）HTTP。当 Web 服务器接收到一个 HTTP 请求时，会返回一个 HTTP 响应（response），如送回一个 HTML 页面。为了处理一个请求，Web 服务器可以响应一个静态页面或图片，进行页面跳转(redirect)，或者把动态响应（dynamic response）的产生委托（delegate）给其他的程序，如 CGI 脚本、JSP（JavaServer Pages）脚本、servlets、ASP(Active Server Pages）脚本、服务器端（server-side）JavaScript，或者其他的服务器端（server-side）技术。无论它们（脚本）的目的如何，这些服务器端（server-side）的程序通常产生一个 HTML 的响应来让浏览器可以浏览。

Web 服务器的代理模型（delegation model）非常简单。当一个请求被送到 Web 服务器中时，它只单纯地把请求传递给可以很好地处理请求的程序（服务器端脚本）。Web 服务器仅仅提供一个可以执行服务器端程序和返回（程序所产生的）响应的环境，而不会超出职能范围。服务器端程序通常具有事务处理（transaction processing）、数据库连接（database connectivity）和消息发送（messaging）等功能。

1.3 Web 编程概述

Web 是一种典型的分布式应用框架。Web 应用中的每一次信息交换都要涉及客户端和服务端两个层面。因此，Web 编程技术大体上也可以分为客户端技术和服务端技术两大类。

1.3.1 Web 的工作原理

Web 的信息源保存在 Web 站点中，用户通过 Web 浏览器来访问。因此，Web 是一种基于客户机/服务器（Client/Server，C/S）的体系结构。用户使用浏览器从网上查阅 Web 信息，把需要的信息从网上下载到本机。信息分布点和用户需求信息的不同，表现在 Web 上是链接地址的不断变化。

浏览器的主要功能是解释并显示由 Web 服务器传送来的、由 HTML 写成的文档，包括嵌入 HTML 文档中的 GIF 和 JPEG 格式的图像。此外，浏览器还可以根据用户的需要配置某些辅助应用程序，用来处理嵌入 HTML 文档中的声音、视频等外部多媒体信息。通常将 Web 浏览器中显示的 HTML 文本称为 Web 页面（Page）。

Web 服务器是一个软件，用于管理 Web 页面，并使这些页面通过本地网络或 Internet 供客户机浏览器使用。在使用 Internet 的情况下，Web 服务器和浏览器通常位于两台不同的计算机上，也许它们之间相隔很远，甚至不在一个国家。但在本地情况下，也许是用一台计算机运行 Web 服务器软件，然后在同一台计算机上通过浏览器浏览它的 Web 页面。访问远程 Web 服务器与本地服务器之间没有什么差别，因为不论处于何种情况，Web 服务器的功能（即生成可用的 Web 页面）保持不变。如果用户是唯一在自己的计算机上访问 Web 服务器的人，那么其操作与用户在自己的计算机上运行 Web 服务器的操作相同。无论是何种情况，其工作原理都是不变的。

最常用的 Web 服务器有 Apache、IIS 和 iPlanet 的 Enterprise 服务器等，本书将只介绍 Microsoft 的 IIS。IIS 是能够运行 ASP.NET 的唯一服务器（将在 1.4 节重点介绍 IIS 的安装）。

1. 静态 Web 页面的工作原理

在 Internet 上浏览网页时，会发现许多 Web 页面的内容和外观总是保持不变，并且这些页面的文件后缀名都是.htm 或者.html，这就是静态 Web 页面。下面编写一个简单的名为“Welcome.htm”的静态页面并对其进行访问，步骤如下。

（1）新建一个文本文件，并输入如下代码。

```
<html>
<!-- 标题-->
<head>
    <title>我的页面标题</title>
</head>
<body>
<!-- 页面主体-->
Welcome! 这是最简单的网页。
```

```
</body>
</html>
```

（2）将此文件命名为“Welcome”，并修改扩展名“txt”为“htm”。

（3）将此文件保存到“C:\inetpub\wwwroot”目录下。将文件保存到该目录下是因为本书例程运行所用的Web服务器的主目录设为“C:\inetpub\wwwroot”。具体的内容将在本书后续章节介绍。

（4）启动IE，在地址栏中输入地址“http://localhost/Welcome.htm”，并按【Enter】键，运行结果如图1-2所示。其中“http://localhost/”代表本机的Web服务器。

图 1-2　静态页面

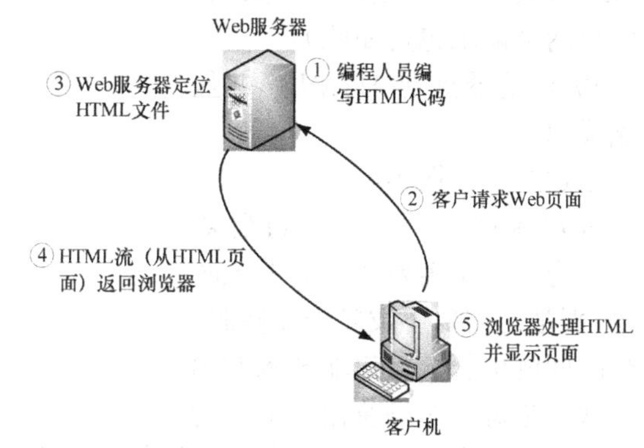

图 1-3　静态 Web 页面的工作原理

实际上，在用户访问这个页面之前，页面的内容已经确定，不管用户何时访问，以怎样的方式访问，页面的内容都不会再改变。静态页面如何显示在客户机浏览器中有以下 5 个步骤，过程如图 1-3 所示。

（1）编程人员编写由纯 HTML 代码组成的 Web 页面，并将其以.htm 文件格式保存到 Web 服务器上（在 Web 服务器上发布）。

（2）用户在其浏览器中输入页面请求（URL），该请求从浏览器传送到 Web 服务器。

（3）Web 服务器确定.htm 页面的位置，并将它转换成 HTML 流。

（4）Web 服务器将 HTML 流通过网络传回到浏览器。

（5）浏览器处理 HTML 并显示该页面。

类似 Welcome.htm 这样静态的、纯 HTML 文件能够呈现出完全可用的 Web 页面，甚至可以给这样的页面加入更多的 HTML 代码来修改字体和颜色，提高页面的显示效果和可用性。然而，编写纯 HTML 也只能做这些工作，因为页面的内容在用户请求页面之前已经完全确定，没有任何用户交互或动态响应功能。

2. 动态 Web 页面的工作原理

动态 Web 页面不能在用户请求页面之前通过将页面代码保存到文件这一方法来创建，而是在得到页面请求之后再生成 HTML 文件。主要有以下两种方法可以实现此功能。

（1）客户端动态 Web 页面。

在客户端模型中，附加到浏览器上的模块（即插件）完成创建动态页面的全部工作。通常包含一套指令的单独文件随 HTML 代码传送到浏览器，HTML 页面对该文件进行引用。但是，常见的另一种情况是这些指令与 HTML 代码混合在一起，当用户请求 Web 页面时，浏览器利用这些指令生成纯 HTML 页面。也就是说，页面根据用户请求动态生成。这样就生成了一个在浏览器中显示的 HTML 页面。

在客户端模型中，前面介绍生成 Web 页面的 5 个步骤变成了以下 6 个步骤。

① 编程人员编写一套用于创建 HTML 的指令，并将它保存到.htm 文件中。也可以用其他语言编写一套指令，这些指令可以包含在.htm 文件中，或放在单独的文件中。

② 用户在其浏览器中输入 Web 页面请求，该请求就从浏览器传送到 Web 服务器。

③ Web 服务器确定.htm 页面的位置，也许还需要确定包含指令的其他文件的位置。

④ Web 服务器将新创建的 HTML 流与指令通过网络传回浏览器。

⑤ 位于浏览器的模块会处理指令，并将.htm 页面的指令以 HTML 形式返回(只返回一个页面，即使有两个请求也是如此)。

⑥ 浏览器处理 HTML，并显示该页面。

上述过程如图 1-4 所示。

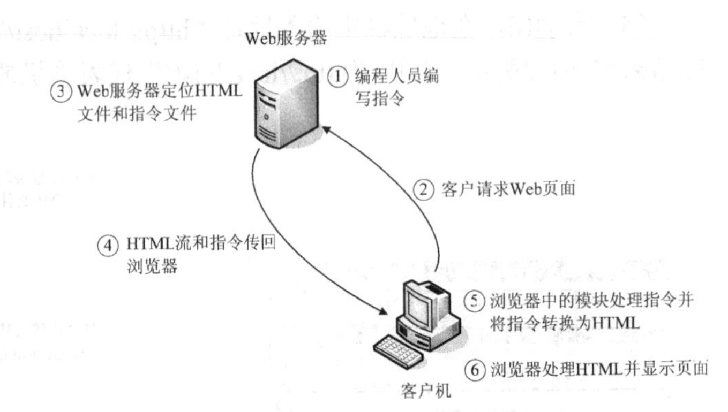

图 1-4 客户端动态 Web 页面的工作原理

客户端技术近来已不再受欢迎，因为此技术需要较长的下载时间，特别是当需要下载多个文件时，下载时间就更长。客户端技术的第二个缺点是每一个浏览器以不同的方式解释客户端脚本代码，因此无法保证所有的浏览器都能够理解它们。客户端技术的第三个缺点是当编写使用服务器端资源（如数据库）的客户端代码时会出现问题，因为代码是在客户端解释的，而客户端脚本代码是不安全的，很容易在浏览器中查看源代码。

（2）服务器端动态 Web 页面。

利用服务器端模型，HTML 源代码与混合在其中的一套指令被传回到 Web 服务器。当用户请求页面时，这套指令用于生成 HTML 页面，页面会根据请求动态生成。在服务器端模型中，前面介绍的 5 个步骤也变成了 6 个，但由于处理指令的位置不同，这 6 个步骤与客户端模型中的 6 个步骤略有不同。具体步骤如下。

① 编程人员编写一套创建 HTML 的指令，并将这些指令保存到文件中。

② 用户在其浏览器中输入 Web 页面请求，该请求就从浏览器传递到 Web 服务器。

③ Web 服务器确定指令文件的位置。

④ Web 服务器根据指令创建 HTML 流。

⑤ Web 服务器将新创建的 HTML 流通过网络传回浏览器。

⑥ 浏览器处理 HTML，并显示 Web 页面。

上述过程如图 1-5 所示。

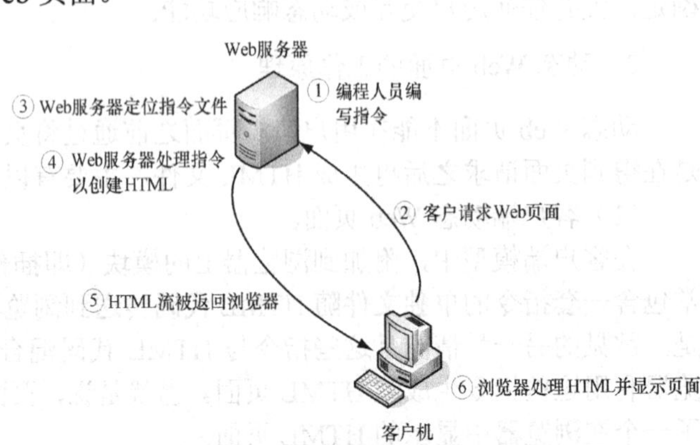

图 1-5 服务器端动态 Web 页面的工作原理

该方法与前面介绍方法的不同之处是在页面返回到浏览器之前，所有的处理过程都在服务器上完成。与客户端模型相比，此方法的主要优点之一是只有 HTML 代码传回浏览器，这意味着页面的初始代码隐藏在服务器中，而且可以保证大多数浏览器能够显示生成的 HTML 页面。ASP.NET 就属于服务器端模型。

1.3.2　动态 Web 开发技术概述

1. 提供动态内容的客户端技术

每一项提供动态内容的客户端技术都依赖于内置在浏览器中的模块（即插件）来处理指令。客户端技术是脚本语言、控件以及功能完善的编程语言的综合。

（1）JavaScript

JavaScript 是最早的浏览器脚本语言。JavaScript 语言的前身称为 Livescript，自从 Sun 公司推出著名的 Java 语言之后，Netscape 公司引进了 Sun 公司有关 Java 的程序概念，将原有的 Livescript 重新设计，并改名为 JavaScript。JavaScript 是一种基于对象和事件驱动并具有安全性能的脚本语言，JavaScript 可使网页变得更加生动。使用它的目的是与 HTML、Java 脚本语言一起实现在一个网页中链接多个对象，与网络客户交互作用，从而可以开发客户端的应用程序。它是通过嵌入或在标准的 HTML 中调入实现的。

JavaScript 编写容易，不需要有丰富的编程经验。现在，JavaScript 已经成为制作动态网页必不可少的元素，经常在网页上看到的动态按钮和滚动字幕等，大多数都是使用 JavaScript 技术制作的。

Microsoft 公司在 Internet Explorer 3.0 中推出了自己的 JavaScript 版本，其名称为 Jscript，且到目前为止，Internet Explorer 一直在支持它。虽然老版本的 Internet Explorer 和 Netscape 浏览器支持的语言有较大的差别，但现在这两个版本之间的差别很小。

（2）VBScript

在 Internet Explorer 3.0 中，Microsoft 公司也推出了自己的脚本语言——VBScript。VBScript 是基于 Visual Basic 的编程语言，直接与 JavaScript 竞争。就功能而言，VBScript 与 JavaScript 之间并没有太大的区别，具体使用哪一种语言由个人的爱好决定。但 VBScript 具有类似 VB 的简化功能，Visual Basic 开发人员有时会喜欢使用 VBScript，因为 VBScript 的大部分内容是 Visual Basic 语言（VB.NET 以前的版本）的子集。不过，对于初级编程者来说，VBScript 更具有吸引力的一点是不区分大小写（与 JavaScript 不一样），而且也不过分注重代码方面的细节。但正是由于这些“优点”，VBScript 运行速度慢，效率也较低。

VBScript 最大的缺点是没有一家 Microsoft 公司以外的浏览器支持由 VBScript 编写的客户端脚本。虽然曾经有一些用于 Netscape 的插件可提供对 VBScript 的支持，但一直没有流行起来，相比之下，JavaScript 有更为广泛的应用与支持。如果希望在客户端编写 Internet 上的 Web 页面，JavaScript 则是唯一可选择的语言。当编写内部网页面，且已知所有客户端都是 Windows 系统上的 IE 时，才考虑使用 VBScript。

JavaScript 和 VBScript 都依赖于称为脚本引擎的模块，该模块被内置到浏览器中，以动态方式处理指令，在这种情况下，这些指令也称为脚本。

（3）Java 小应用程序

Java 是用于开发应用程序的跨平台语言。当 Java 在 20 世纪 90 年代中期首次应用于 Web 时，曾引起了巨大的轰动。Java 代码以小应用程序的形式使用，这些小应用程序基本上是可以借助于<applet>标记方便地插入 Web 页面的 Java 组件。

Java 比脚本语言的功能更为强大且不牺牲安全性，它在诸如图形功能、文件处理方面提供了更好的支持，Java 也通过 JDBC 提供了强有力的数据库支持。

各种浏览器均通过 Java 虚拟机（JVM）得到内置的 Java 支持，而且有上千个标准的<object>标记和非标准的<applet>标记用于给 Web 页面添加 Java 小应用程序。这些标记告诉浏览器从服务器下载 Java 文件，并利用内置于浏览器的 JVM 执行它。当然，构造 Web 页面的这一额外步骤意味着 Java 小应用程序需要花一些时间进行下载，且下载到浏览器上后，还需要用更长的时间进行处理。虽然在 Web 上非常流行较小的 Java 小应用程序，但较大的小应用程序仍不像脚本页面那么普及。

（4）Flash

Adobe 公司的 Flash 是 Web 上的动态图形工具，它允许开发人员创建动画、交互式的图形和用户界面元素，如菜单。这似乎与其他已成熟的脚本和编程语言有点不同，但 Flash 也提供了它自己的脚本语言 ActionScript，因此很快成为提供客户端动态内容的标准方式。它还与许多服务器端技术是完全互操作的。

许多浏览器的标准配置都含有用于浏览 Flash 的插件，如果没有这样的插件，可以从 http://www.macromedia.com 上免费下载安装。用于创建 Flash 动画（.swf 文件）的 Flash 工具则必须从 Adobe 公司购买，但可以免费获得一个 30 天的演示版本。

Flash 的功能和通用性都很强，在希望页面包含图形或声音的开发人员中非常流行。它使用的 ActionScript 语言在许多方面都类似于 JavaScript，这又提高了熟悉 JavaScript 的开发人员对它的兴趣。Flash 文件使用 Falsh 工具添加到 HTML 页面上。实际上，该工具自动生成一个<object>或<embed>标记，以便浏览器识别和进行相应的处理。

2. 提供动态内容的服务器端技术

提供动态内容的服务器端技术依赖于添加到 Web 服务器而不是添加到浏览器的模块附件。因此，只有 HTML 文件和客户端脚本通过 Web 服务器传递到浏览器。换言之，这种方法不会将服务器端代码传送回浏览器，服务器端技术要比客户端技术具有更一致的外观和操作方式，而且在一些服务器端技术之间切换时，不需要学习过多的新东西（CGI 除外）。

（1）CGI

公共网关接口（Common Gateway Interface，CGI）是在服务器上创建脚本的一种机制，可用来创建动态 Web 应用程序。CGI 是添加到 Web 服务器的模块，每当服务器接到客户端更新数据的要求后，利用这个模块启动外部应用程序完成各类计算、处理或访问数据库的工作，处理完后将结果返回 Web 服务器，再返回浏览器。外部应用程序是使用 C、C++、Perl、Java 等语言编写的程序，程序运行在独立的地址空间。

CGI 的缺点很明显，具体体现在以下 3 个方面。

① 初学者不容易掌握编写这种模块的技术。

② CGI 需要许多服务器资源，特别是在多用户情况下更是如此。

③ 给创建动态内容的服务器端模型增加了额外的创建步骤，即页面在服务器上处理之前，需要运行 CGI 程序来创建动态页面。

另外，许多编程语言难以用 CGI 接收和传递数据的格式处理数据，因此需要一种具备良好特性的语言来处理文本并与其他软件通信。可完成此功能且适于所有操作系统的最为有效的编程语言是 C、C++和 Perl。虽然这几种语言可以完全胜任这些工作，但它们难以掌握。

尽管如此，CGI 仍然在许多大型的 Web 站点中非常流行，特别是运行于 UNIX 操作系统上的站点。CGI 也可以运行于许多不同的平台，这也保证了它的流行性。

（2）ASP

动态服务器页面（Active Server Pages，ASP）是“传统的 ASP”，本书中该术语用来描述除 ASP.NET 之外的任何 ASP。ASP 通常依赖 JavaScript 或 VBScript 脚本语言（但它也能够使用安装在 Windows 上的任何语言，如 PerlScript）创建动态 Web 页面。ASP 是一个用户附加到其 Web 服务器上的模块（asp.dll 文件），它在 Web 服务器上处理 JavaScript 或 VBScript，然后在将它发送到浏览器之前将其转换成 HTML，而不是在浏览器上完成这一转换工作。

ASP 实际上可允许用户在 ASP 页面中使用 Windows 提供的任何功能，如数据库存取、收发 E-mail、图形处理、网络功能和系统功能。但是，ASP 的缺陷是它的性能非常低下，它仅局限于使用脚本语言，不能够完成功能完善的语言所做的所有工作。另外，脚本语言就像是功能完善的语言的低级版本，采用了许多捷径，以使语言更简洁些。其中的一些捷径会使程序比实际需要的更长更复杂。相比之下，ASP.NET 通过使代码更结构化、更易读、更简短而解决了这些问题。

（3）JSP

JavaServer Pages（JSP）是允许用户将标记（HTML 或 XML）与 Java 代码相组合，动态生成 Web 页面的技术。JSP 的主要优点之一是代码在不同服务器间的兼容性。JSP 的功能也是非常强大的，它的运行速度要比 ASP 快，而且 Java 程序员能够很快掌握它。JSP 允许 Java 程序利用 Java 2 平台的 JavaBeans 和 Java 2 库。JavaServer 页面与 ASP 没有直接的关系，但具有利用服务器端标记将 Java 代码嵌入 Web 页面的能力。

（4）PHP

PHP 起源于个人主页面（Personal Home Pages）。但现在的 PHP 是指 PHP 超文本预处理程序（HyperText Preprocessor），它是用于创建动态 Web 页面的另外一种脚本语言。当访问者打开页面时，服务器处理 PHP 命令，然后将结果传送到访问者的浏览器中，这一点与 ASP.NET 相同。但与 ASP.NET 不同的是，PHP 是开放源代码和跨平台的。PHP 可以在 Windows NT、许多 UNIX 版本和 Apache Web 服务器上运行。当构造成 Apache 模块时，PHP 具有较高的速度。PHP 的缺点是用户需要单独下载它，并通过一系列相当复杂的步骤进行安装才能使它在自己的计算机上工作。另外，直到 PHP 4.0 才具有了 PHP 会话管理，而且，即使现在这种会话管理也劣于 ASP 的会话管理。

PHP 语言的语法类似于 C 和 Perl，这对于没有编程经验的人来说是一个障碍。但如果用户具有使用 C 或 Perl 语言的经验，也许会去了解 PHP。PHP 也有一些初级的面向对象的特性，它提供了组织和封装代码的有用方法。

（5）ASP.NET

随着 PHP、JSP 等技术的出现，ASP 的统治地位受到了挑战，它们占有了 ASP 大量的市场。在这种情况下，在 ASP 的基础之上，Microsoft 公司于 2000 年 11 月发布了 ASP.NET，并于 2005 年正式发布了功能更为强大、使用更为简单的 ASP.NET 2.0。对于 Web 开发人员而言，ASP.NET 2.0 是 Microsoft 公司 Web 开发史上的一个重要的里程碑。

伴随着强劲的发展势头，2008 年 Microsoft 推出了 ASP.NET 3.5，使网络程序开发更倾向于智能开发。ASP.NET 3.5 是建立在 ASP.NET 2.0 CLR（公共语言运行库）基础上的一个框架，其底层类库依然调用的是.NET 2.0 以前封装好的所有类，但在.NET 2.0 的基础上增加了众多的新特性。ASP.NET 前进的步伐从未停止，2010 年又发布了 ASP.NET 4.0。

ASP.NET 采用效率较高的、面向对象的方法来创建动态 Web 应用程序。在原来的 ASP 技术中，服务器端代码和客户端 HTML 混合交织在一起，常常导致页面的代码冗长而复杂，程序的逻辑难以理解，而 ASP.NET 就能很好地解决这个问题，能独立于浏览器，而且可以支持 VB.NET、C#.NET、VC++.NET 等多种编程语言。

1.4 ASP.NET 4.0 开发环境

Visual Studio 2010 是 Microsoft 为了配合.NET 战略推出的 IDE 开发环境，在开发 ASP.NET 应用程序时，首先需要安装 Visual Studio 2010 集成开发环境。本节首先讲解 Visual Studio 2010 的安装和配置，然后介绍安装 IIS 服务器的步骤及相关的配置与管理。

1.4.1 Visual Studio 2010 简介

Visual Studio 是 Microsoft 出品的开发工具，对于.NET 的开发，先后有 Visual Studio 2002/2003/2005/2008，分别用来开发.NET 1.0、2.0 和 3.5，Visual Studio 2010 是目前最新的版本。Visual Studio 2010 支持的最高级.NET framework 是.NET Framework 4.0，同时还支持.NET Framework 1.X、.NET Framework 2.0 和.NET Framework 3.5。

Visual Studio 2010 和 Visual Studio 2008 相比使得开发更加容易。Visual Studio 2008 能做的事情 Visual Studio 2010 都能做，Visual Studio 2010 向前、向后无缝兼容。

1.4.2 下载与安装 Visual Studio 2010

1．下载 Visual Studio 2010

可以到官方网站下载 Visual Studio 2010 安装程序 Microsoft Visual Studio 2010 Ultimate Beta2–ISO。下载地址是：

http://www.microsoft.com/downloads/details.aspx?FamilyID=dc333ac8-596d-41e3-ba6c-84264e761b81&displaylang=en

下载的是 ISO 文件，需要虚拟光驱工具，如 DAEMON Tools。

2．系统要求

（1）支持的操作系统。

- ✓ Windows XP (x86) with Service Pack 3 - all editions except Starter Edition
- ✓ Windows XP (x64) with Service Pack 2 - all editions except Starter Edition
- ✓ Windows Vista (x86 & x64) with Service Pack 1 - all editions except Starter Edition
- ✓ Windows 7 (x86 and x64)
- ✓ Windows Server 2003 (x86 & x64) with Service Pack 2
- ✓ Windows Server 2003 R2 (x86 and x64)
- ✓ Windows Server 2008 (x86 and x64) with Service Pack 2
- ✓ Windows Server 2008 R2 (x64)

（2）硬件环境要求。

- ✓ Computer that has a 1.6GHz or faster processor
- ✓ 1 024 MB RAM
- ✓ 3 GB of available hard disk space
- ✓ 5 400 RPM hard disk drive
- ✓ DirectX 9-capable video card that runs at 1280 x 1024 or higher display resolution
- ✓ DVD-ROM Drive

3. 安装注意事项

Visual Studio 2010 的安装过程与 Visual Studio 2008 没什么区别。关于安装没有特别需要说明的，一直单击“下一步”按钮即可，要注意的是安装功能选择界面，如图 1-6 所示。

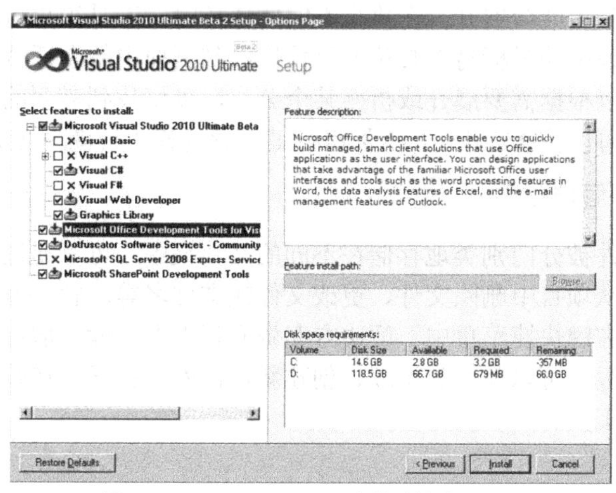

图 1-6 Visual Studio 2010 安装功能选择界面

Visual C++对于 ASP.NET 开发人员来说不用安装，还有 Visual Basic 和 Visual C#也可以适当地做出选择，这样可以节省一些空间，如果不使用 Visual Basic 完全可以不选中 Visual Basic 复选框。

对于“Microsoft SQL Server 2008 Express Service”选项建议不要选中，因为如果能安装 SQL Server 2005/ SQL Server 2008 更高级的版本也就是高级版和企业版，就能得到更多的功能。

对于最下面的“Microsoft SharePoint Development Tools”，如果不开发 SharePoint 建议不选中。

安装完后打开 Visual Studio 2010，如果是第一次打开，那么看到的项目列表是空的。如果已经开发过一些项目，可以看到最近打开过的项目列表。

1.4.3 Visual Studio 2010 开发界面

Visual Studio 2010 的主界面包括标题栏、菜单栏、工具栏、工具箱、解决方案资源管理器、属性窗口、文档窗口等，如图 1-7 所示。

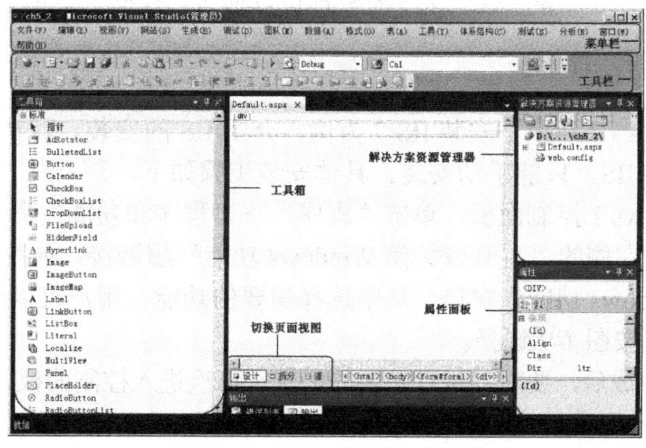

图 1-7 Visual Studio 2010 主界面

下面对几个常用项进行介绍。

1. 工具箱

默认情况下，在主窗口的左侧，可以看到折叠的工具箱选项卡，将鼠标指针移动到该选项卡上悬停几秒，工具箱就会展开。在执行不同的任务时，工具箱也可能会变化，以显示相关的控件。可以简单地拖动鼠标将工具箱的控件拖放到页面中的合适位置。工具箱中的控件包含多个类，用户可以根据需要展开或折叠某个分类，以便找到需要的控件。如果在主窗口左侧找不到工具箱，可以按【Ctrl+Alt+X】组合键或者选择“视图→工具箱”命令。

2. 解决方案资源管理器

在该面板中，文件被分门别类地存储在不同的文件夹中，可以通过该面板向站点中添加新的文件夹和文件、从项目中删除文件、更改文件或文件名等。解决方案资源管理器的大部分功能都集中在它的右键快捷菜单中。解决方案资源管理器一般与服务器资源管理器集成在一起显示，通过该面板，可以使用数据库、创建新数据库、打开现在数据库，以及向数据库中添加新的表和查询工具。

3. 属性面板

属性面板位于窗口的右下角，通过面板可以查看和编辑项目、文件、控件、页面本身的属性以及其他内容。

4. 文档编辑区

它是界面的主要区域，大部分动作都是在这里发生的。在文档编辑区的下方有 3 个视图按钮，分别是“设计”、“拆分”、“源”按钮。在操作含有标记的文件（如 ASPX 和 HTML 文件）时，这些按钮会自动出现。单击“设计”按钮可以打开页面的设计视图，在此可以看到页面在浏览器中的效果；单击“源”按钮将打开源视图，在此可以看到页面的源代码；单击“拆分”按钮可以同时打开设计视图和源视图。默认情况下，文档编辑区是一个带选项卡的区域，各文件通过选项卡呈现，文件名在编辑区顶部。如果选项卡上的文件名带有“*”，则说明该文件的内容修改过但还没有保存。

5. 其他面板

除了前面介绍的几个组成部件之外，Visual Studio 2010 还有很多工具面板，包括输出、错误列表、书签、查询结果等面板。这些面板都可以通过“视图”菜单下面的相应命令打开。

1.4.4 IIS 的安装与配置

下面以在 Windows 7 环境下安装 IIS 7 为例，介绍 IIS 的安装。默认情况下，Windows 7 安装时不会自动安装 IIS，只能手动安装。具体安装步骤如下。

（1）打开 Windows 7 控制面板，单击“程序”→“程序和功能”命令，在弹出的“程序和功能”窗口中单击左侧的“打开或关闭 Windows 功能”超链接，如图 1-8 所示。

（2）弹出“Windows 功能”窗口，从中选择需要的功能，用户可以根据自己的实际情况选择，一般情况下可按图 1-9 选择。

（3）IIS 7 安装完成后，要对其进行必要的配置。再次进入控制面板，单击“管理工具”，在弹出的“管理工具”窗口中双击“Internet 信息服务（IIS）管理器”选项，如图 1-10 所示。

图 1-8　打开和关闭 Windows 功能

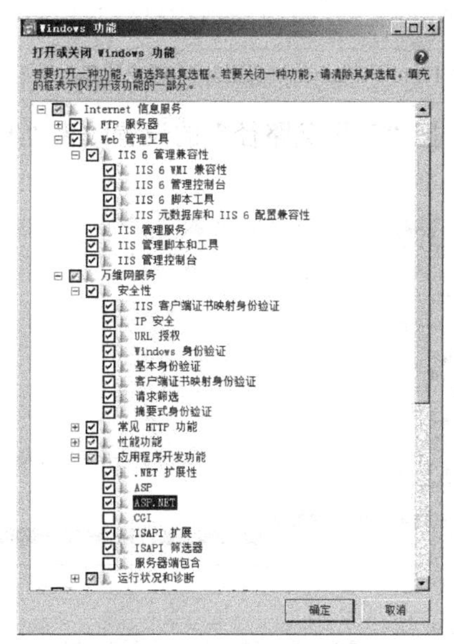

图 1-9　选中需要的功能

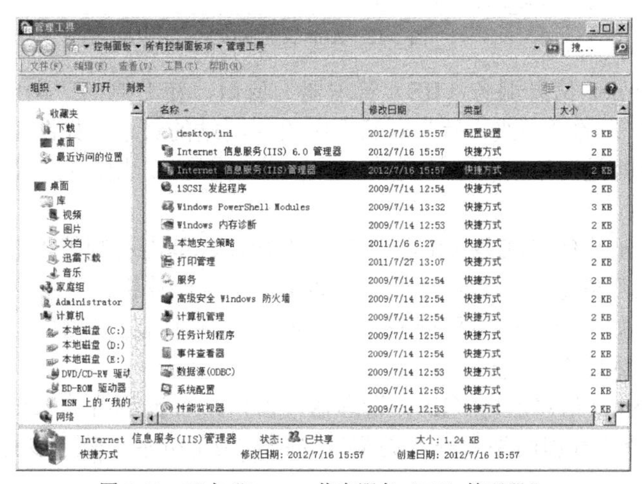

图 1-10　双击“Internet 信息服务（IIS）管理器”

（4）弹出“Internet 信息服务（IIS）管理器”窗口，选中“Default Web Site”，双击“IIS”中的“ASP”，如图 1-11 所示。

图 1-11 “Internet 信息服务（IIS）管理器”窗口

（5）在 ASP 属性窗口，把“启用父路径”的设置改为“True”，默认是“False”，如图 1-12 所示。

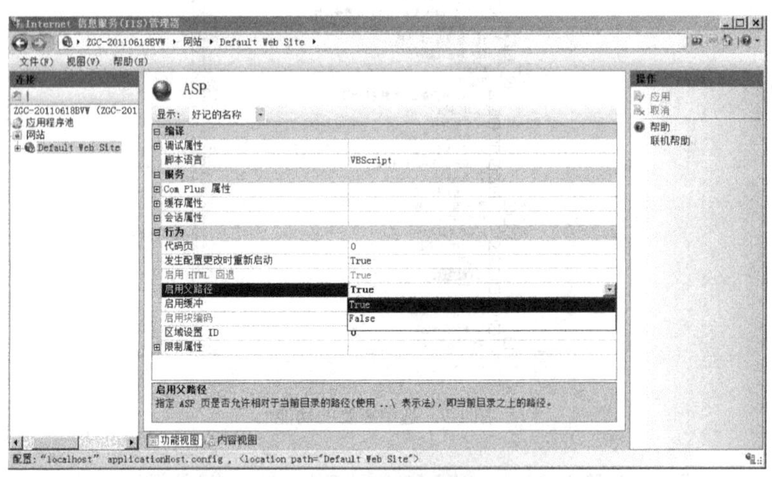

图 1-12 ASP 属性窗口

（6）回到“Internet 信息服务（IIS）管理器”窗口，在右侧的“浏览网站”中选择“高级设置”命令，在打开的“高级设置”对话框中设置网站的目录，如图 1-13 所示。此时默认的“物理路径”（也就是网站的目录）为 C:\inetput\wwwroot，用户可以根据自己的需要修改这个路径。

（7）回到“Internet 信息服务（IIS）管理器”窗口，单击右侧的“绑定...”，选中要绑定的网站，单击“编辑”按钮，如图 1-14 所示。如果是一台计算机，只修改后面的端口号就行，可以随意修改数字。如果是办公室局域网，单击下拉框，选择自己计算机上的局域网 IP 地址，如 192.168. **. **，然后修改端口号。

（8）回到“Internet 信息服务（IIS）管理器”窗口，右键单击“Default Web Site”，在弹出的快捷菜单中选择“管理网站”→“浏览”，如图 1-15 所示，就可以打开绑定在文件夹里的网站了。

图 1-13　“高级设置”对话框

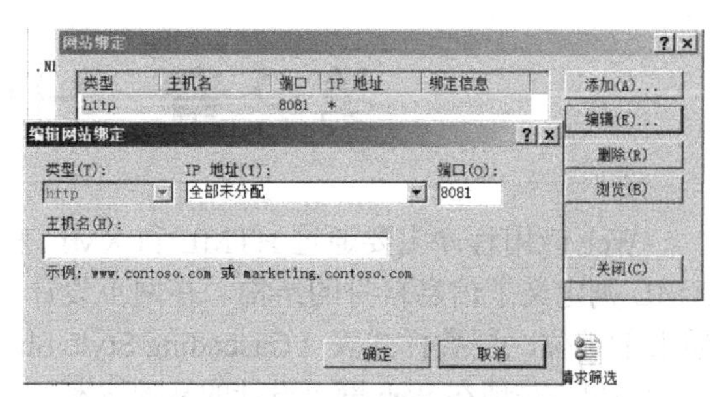

图 1-14　“网站绑定”对话框

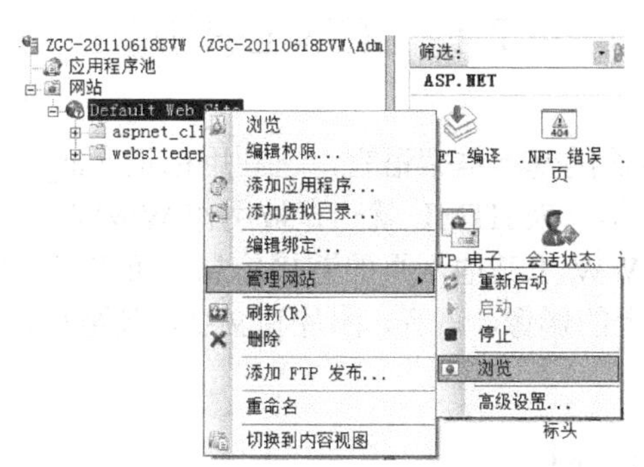

图 1-15　选择“浏览”测试页

本章实验

一、实验目的

了解 ASP.NET 开发与运行环境的安装方法，为后继实验的顺利进行奠定基础。

二、实验内容和要求

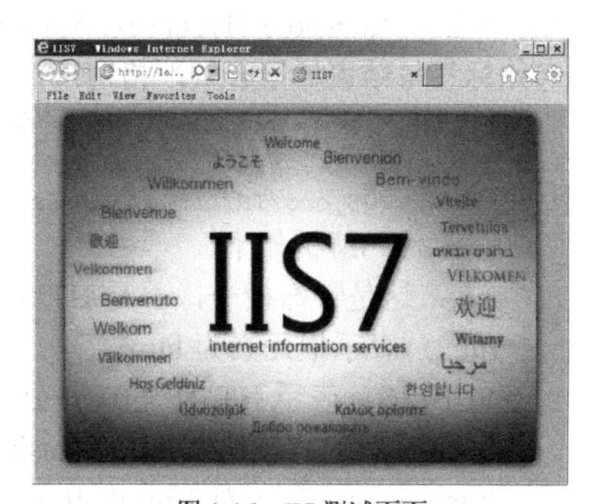

图 1-16　IIS 测试页面

（1）在一台未安装 IIS 的使用 Windows XP 或 Window 7 操作系统的计算机的控制面板中依次单击“程序”→“程序和功能”命令，在弹出的“程序和功能”窗口中单击左侧的“打开或关闭 Windows 功能”超链接，安装 IIS。

（2）IIS安装完成后，按1.4.4介绍的方法配置，最后测试是否能显示如图1-16所示的网页（Window 7操作系统）。

（3）在 1.4.2 介绍的网址下载 Visual Studio 2010 并安装。

（4）运行安装好的Visual Studio 2010，从“帮助”菜单中选择“MSDN论坛”，熟悉产品文档（MSDN）的主要内容。

第 2 章　HTML 和 CSS

Web 应用程序主要通过 HTML 和 XML 来表达信息。HTML 确定了网页的文档结构，而 XML 则定义了信息自身的结构。在网页设计中 HTML 是基础，在程序开发中 XML 则拥有重要的地位。层叠样式表（Cascading Style Sheet，CSS）用于定义 HTML 网页在浏览器中的显示效果，是现在 Web 网页设计的基础技术之一。本章主要对这三方面的技术进行详细介绍。

2.1　HTML 基础

HTML 是创建 Web 页面的基本框架语言，它利用标记（tag）来描述网页的字体、大小、颜色及页面布局。自 1990 年以来 HTML 就一直被用作 WWW 上的信息表示语言，用于描述网页的格式设计和它与 WWW 上其他网页的链接信息。可以说，HTML 是整个 Web 开发技术的基础，ASP.NET 网页上的影像、语音、图片和文字，甚至后台程序都是通过 HTML 连接起来的。

2.1.1　HTML 与 XHTML

为了方便浏览器的开发，W3C 组织为 HTML 制定了相应的国际标准，目前常用的版本为 4.01。但这一标准并不严格，而且由于历史原因，一些老的 HTML 网页并不规范，例如，在有的网页中起始标签与结束标签并没有严格对应，而且也不区分大小写。由于 HTML 的老版本并不统一，所以在解析老版本的 HTML 网页时，各种浏览器的开发者往往自行其是，从而导致同一个网页在不同种类的浏览器（甚至是同一种浏览器的不同版本）中显示效果不一样。

为了统一网页的编写规则，在原有 HTML 规范的基础之上，W3C 制定了更为严格的 XHTML（eXtensible HyperText Markup Language）规范，引入了 XML 文档的一些特性（如起始标签与结束标签必须严格对应，整个文档只能有一个根节点等）。

HTML 文档中的 DOCTYPE 指令用于声明它所遵循的规范，例如：

```
<!DOCTYPE html PUBLIC "-//W3C//DTD HTML 4.01 Transitional//EN"
"http://www.w3.org/TR/html14/loose.dtd">
```

以上代码解析如下。

<! ：这是特殊指令，不是 HTML 元素。

html：表示根元素为 html。

PUBLIC：表示 HTML 4.01 是公开的标准。

"-//W3C//DTD HTML 4.01 Transitional//EN"：表示使用 HTML 4.01，标签使用英语。

http://www.w3.org/TR/html14/loose.dtd：这是 HTML 4.01 文档的 URL。

如果需要严格按照 HTML 4.01 编写网页（不再兼容老版本），应按以下格式声明。

```
<!DOCTYPE html PUBLIC "-//W3C//DTD HTML 4.01 Transitional//EN"
"http://www.w3.org/TR/html14/strict.dtd">
```

strict.dtd 定义了严格的 HTML 规范，如要求内联元素（Inline Elements）必须嵌套于块元素（Block Elements）之内。

可以访问 W3C 的网站（http://validator.w3.org）对 HTML 文档进行验证，检查它们是否符合声明的版本标准（如 HTML 4.01），它根据 DOCTYPE 指令检验网页。

目前开发的网页大多遵循 XHTML 规范，例如，使用 Visual Studio 创建的 HTML 网页开头总是这一句。

```
<!DOCTYPE html PUBLIC "-//W3C//DTD XHTML 1.0 Transitional//EN"
"http://www.w3.org/TR/xhtml1/DTD/xhtml1-transitional.dtd">
```

其中，“xhtml1-transitional.dtd” 说明 Visual Studio 网页遵循 XHTML 规范，但采用过渡（transitional）形式，即在网页中仍然允许使用 HTML 的一些老的特性。Visual Studio 内嵌了 XHTML 校验器，如果发现不符合 XHTML 规范的代码，Visual Studio 会给其打上波浪线。

2.1.2　遵循 XHTML 规范编写网页

W3C 建议编写新的网页时遵循 XHTML 规范，简单总结如下。

（1）标签名称必须小写。

（2）属性名称必须小写，属性值用双引号括起来。

（3）标签必须严格嵌套。

（4）标签必须严格配对，即使是空元素也要封闭。

例如，传统的 HTML 中允许以下代码。

```
<p>这是一段文字
<br>换行
```

但在 XHTML 中，必须改为：

```
<p>这是一段文字</p>
<br/>换行
```

（5）XHTML 区分“内容标签”与“结构标签”。

像<p>之类的属于内容标签，它所包围的内容往往具有一定的含义，而<table>、<div>之类的则属于结构标签，多用于定义文档的总体结构。XHTML 要求不要将结构标签嵌入内容标签中。例如，以下代码不符合 XHTML 规范。

```
<p>
   <div></div>
</p>
```

2.1.3　HTML 标签

用 HTML 编写的超文本称为 HTML 文件，它能独立于各种操作系统平台。HTML 文件是一个放置了标签的 ASCII 文件，可以使用任何一种文本编辑器来编辑，它的扩展名必须是“.html”或“.htm”，上一章的“Welcome.htm”就是一个最简单的 HTML 文件。

HTML 使用描述性的标记符，即标签，来指明文档的不同内容。起始标签用角括号将特定字符串括起来表示特定的含义，结束标签还需要在特定字符串前面增加一个斜线“/”，其余部分和起始标签相同。一个标准的 HTML 页面应该包含几个重要的标签，如<html>和</html>标签、<head>和</head>标签、<body>和</body>标签等。

HTML 的格式没有具体要求，但建议写成缩排格式，以便检查。HTML 标签不区分大小写，但在默认情况下，ASP.NET 中系统提供的 HTML 标签都用小写字母表示。

HTML 标签可以分为两类：单标签和双标签。

（1）单标签。只需单独使用就能完整表达意思的标签。这类标签的语法如下。

<标签名称>

（2）双标签。由“始标签”和“尾标签”两部分构成，必须成对使用，其中始标签告诉 Web 浏览器从此处开始执行该标记所表示的功能，而尾标签告诉 Web 浏览器在这里结束该功

能。始标签前加一个斜杠（/）即成为尾标签。这类标记的语法如下。

<标签>内容</标签>

其中“内容”部分就是要被这对标签施加作用的部分。例如，下面这段代码的作用就是以粗体字显示标签间的内容。

<b>这是一个简单的 HTML 页面的例子。</b>

大多数标签都拥有一些属性，大部分属性都有默认值，利用这些属性可以定制各种效果。设置和改变属性时，将“属性名=属性值”放在单标签和双标签的始标签内，其格式如下。

<标签名字　属性 1=属性值 1　属性 2=属性值 2　… >

各属性之间无先后次序，属性值也可省略（即取默认值）。

下面的例子用到了两类标签和标签属性设置，其运行结果如图 2-1 所示。创建一个新的网站，名为 ch2_1，在该网站中添加一个 HTML 页，名为 SimpleHTML.htm，代码如下。

```
<!DOCTYPE html PUBLIC "-//W3C//DTD XHTML 1.0 Transitional//EN" "http://www.w3.org/TR/
xhtml1/DTD/xhtml1-transitional.dtd">
<!--标题-->
<head>
<title>一个简单的 HTML 例子</title>
</head>
<body bgcolor="#ccccff" text="#cc0000">
<p align=center>
<b>这是一个简单的 HTML 页面的例子。</b>
</p>
<!--超级链接-->
这是一个到<a href ="http://www.ecjtu.edu.cn">
华东交通大学</a>的超级链接。
<html xmlns="http://www.w3.org/1999/xhtml" >
</body>
</html>
```

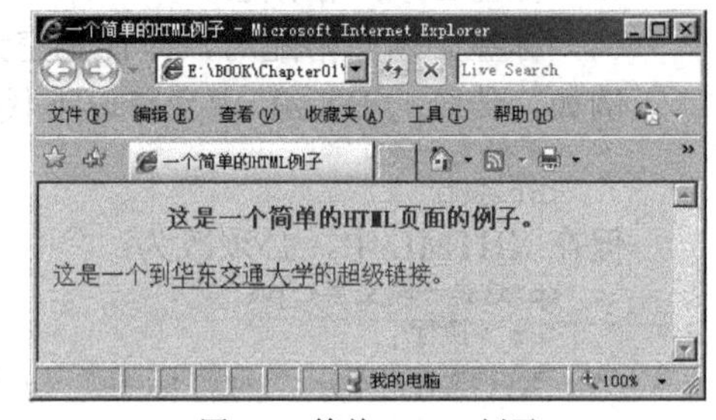

图 2-1　简单 HTML 例子

与其他程序设计语言一样，在 HTML 文本的适当位置上增加注释语句能提高文本的可读性，编译器将不解读注释部分，即注释不在浏览器窗口中显示出来。注释语句的格式如下。

```
<!-- 注释语句 -->
```

2.1.4　HTML 文档的基本结构

从前面的例子可以知道，一个基本的 HTML 文档就是按一定的规则将标记组织起来的一种结构文件。这个规则就是 HTML 文档的基本结构，可以表示如下。

```
<HTML>
<HEAD>
<TITLE>标题文字</TITLE>
</HEAD>
<BODY>文本、图像、动画、HTML 指令等</BODY>
</HTML>
```

HTML 文档是一种树形（层次）结构。<HTML>标记是文档的根，其他的 HTML 标记全部包括在<HTML>...</HTML>以内。<HTML>下面有两大分支：<HEAD>...</HEAD>和<BODY>...</BODY>。其中<BODY>...</BODY>分支为文档的主体，主体中的内容将显示在客户端的浏览器中。<BODY>...<body>内又包括若干分支，如用 H1、H2 等表示字体字号，P、DIV、FORM 等表示块元素。而在<HEAD>...</HEAD>中，除<TITLE>...</TITLE>包括的内容将作为窗口的标题显示在最上方外，其余部分主要是关于文档的说明以及某些共用的脚本程序。<HEAD>与<BODY>为独立的两个部分，不能互相嵌套。

一个基本的 HTML 文档通常包含以下 3 对顶级标记。

1．HTML 标记：<HTML>...</HTML>

HTML 标记是全部文档内容的容器，<HTML>是开始标记，</HTML>是结束标记，它们分别是网页的第一个标记和最后一个标记，其他所有 HTML 代码都位于这两个标记之间。HTML 标记告诉浏览器或其他程序等：这是一个网页文档，应该按照 HTML 规则对标记进行解释。<HTML>...</HTML>标记是可选的，但最好不要省略这两个标记，以保持 Web 文档结构的完整性。

2．首部标记：<HEAD>...</HEAD>

首部标记用于提供与网页有关的各种信息。在首部标记中，可以使用<TITLE>和</TITLE>标记来指定网页的标题，使用<STYLE>和</STYLE>标记来定义 CSS 样式表，使用<SCRIPT>和</SCRIPT>标记来插入脚本等。

3．正文标记：<BODY>...</BODY>

正文标记包含了文档的内容，文字、图像、动画、超链接以及其他 HTML 对象均位于该标记中。正文标记的常用属性及说明如表 2-1 所示。

表 2-1　　正文标记的常用属性及说明

属　性	说　明
BACKGROUD	指定文档背景图像的 URL 地址，图像平铺在页背景上
BGCOLOR	指定文档的背景颜色
TEXT	指定文档中文本的颜色
LINK	指定文档中链接的颜色
VLINK	指定文档中已被访问过的链接的颜色
ALINK	指定文档中正被选中的链接的颜色
ONLOAD	指定文档首次加载时调用的事件处理程序
ONUNLOAD	用于指定文档卸载时调用的事件处理程序

在上述属性中，各个颜色属性的值有两种表示方法：使用颜色名称来指定，如红色、绿色和蓝色分别用 red、green 和 blue 表示；使用十六进制格式数值#RRGGBB 来表示，RR、GG 和 BB 分别表示颜色中的红、绿、蓝三基色的两位十六进制数据。

2.1.5　常用的 HTML 标记

表 2-2 列出了常用的 HTML 标记及其说明和用法示例。

表 2-2　　常用的 HTML 标记

标　记	说　明	用法示例
<img>	图片标记，用于将一个图片放置到页面上	<img src="myimage.gif" />
<div>	类似段落的一块文本。使用<div>标记的各种属性，可以将包含在该标记元素内的文本放置在页面上的任何位置。例如，要将两个<div>元素并排放置，可以为其中一个元素设置 float:left 样式，而为另一个设置 float:right 样式	<div style="float:left">Left-hand content here</div> <div style="float:right">Right-hand content here </div>
<span>	用于格式化文本中的字符，因此可以用<span>标记包住一句话中的一个词语，并让该标记设置为粗体字以突出该词语	<div>Some standard text with a <span style="font-weight:bold">bold</span> word in the middle</div>

续表

标　记	说　　明	用法示例
<table> <tr> <td>	<table>标记中包含了行（<tr>）和列（<td>）。一般用于在页面上定位其他元素，理想情况下应只用于表格式的数据。根据可访问性原则，<div>元素应用于定位和布局，但很多站点仍然使用表格，因为它比较容易开发	<table border="1"> <tr> <td>The contents of a cell</td> </tr> </table>
<a>	锚（anchor）标记，用于在页面上定义一个超链接，使得开发人员同时可以指定目标内容（在属性 href 中）和显示给用户的文本	Some text with a <a href="page.htm"> hyperlink in it
<head> <body>	HTML 页面的两个主要部分是<head>和<body>。<head>是放置<title>标记和<link>标记（附带各种元数据）的区域。<body>包含要显示的元素	<html> <head><title>Page Title</title></head> <body>Contents of page</body> </html>
<form> <input>	表单标记。在创建带有数据输入表单的站点时，用于将数据传送到服务器的元素必须包含在<form>元素...</form>之内。HTML 的<input>标记具有多种变体，如果其 type 属性设置为 text，那么该元素在屏幕上显示为一个文本框，如果其 type 属性设置为 submit，它将显示为一个按钮，在单击该按钮时，表单将被提交给服务器	<form id="form1" runat="server"> <input id="Text1" type="text"/> <input id="Submit1" type="submit" value="submit"/> </form>
<title> <link>	在页面的<head>区域，<title>标记控制在页面标题栏显示的文本。<link>通常用于将一个 CSS 样式表链接到页面	<head> <title>Page Title</title> <link rel="Stylesheet" type="text/css" href="My Css.css"/> </head>
<script>	可以包含客户端脚本（在浏览器中运行的脚本，通常用 JavaScript 编写，也可以用 VBScript 编写），也可以包含服务器端.NET 代码	<script language=" JavaScript"> alert('HelloWorld! '); </script> <script runat="server"> Protected Sub Page_Load(_sender as Object, _e as EventArgs) … End Sub </script>
  <hr/> 	用于辅助页面布局， 标记在一串文本中添加一个分隔线， 表示不可分割的空格字符串；因此由一个 字符分隔的两个词语（或元素）不能分别放置在两行上。<hr/>标记显示一条横跨页面的水平线	This is a string of text with a line break and a space. <hr/> Two images sepreated by a space: <img src="1.gif"> <img src="2.gif">

2.1.6　使用 HTML 设计网页实例

HTML 网页中的各种组成成分，如文字、图片、超链接等，都是通过 HTML 标签来定义的。下面讲解两个实例：创建表格和使用表单。

1. 创建表格

表格是网页上常见的元素，在 ch2_1 网站中添加一个 HTML 页面，名称为 HTMLTable.htm，页面的运行效果如图 2-2 所示。

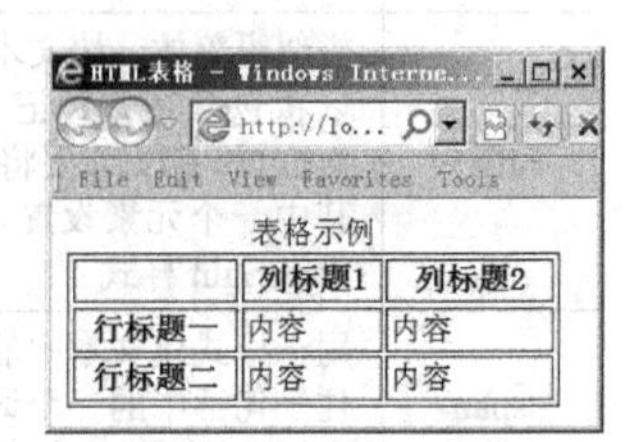

图 2-2　HTML 表格

生成如图 2-2 所示的表格的 HTML 代码如下。

```
<table width="254" border="1">
  <caption>
    表格示例
```

```
  </caption>
  <tr>
    <th width="81" scope="col"> </th>
    <th width="69" scope="col">列标题 1</th>
    <th width="82" scope="col">列标题 2</th>
  </tr>
  <tr>
    <th scope="row">行标题一</th>
    <td>内容</td>
    <td>内容</td>
  </tr>
  <tr>
    <th scope="row">行标题二</th>
    <td>内容</td>
    <td>内容</td>
  </tr>
</table>
```

构成表格的各个 HTML 标签都有许多属性可以设置，这些属性大都可以望名知义。例如，align 属性用于确定表格内文本的对齐方式，cellspacing 属性用于指定单元格的间距。<table>元素的一个重要特点就是它可以在每个单元格中再嵌套其他的 HTML 元素（甚至是另一个表格），使用非常灵活。许多早期的网页都采用<table>元素进行页面布局。然而，随着 CSS 日益显示出更好的适应性，目前趋向于放弃使用<table>元素，而采用“div+CSS”的方式来确定整个网页的布局。但这并不意味着网页设计中要完全放弃使用<table>元素的布局方式，在不少情况下，使用<table>元素布局还是有其方便之处的（如需要对齐和排列多个 HTML 元素时），而且所有的浏览器对表格都有较好的支持。

2. 设计表单

HTML 提供了有限的输入控件，如文本框和按钮等，用于与用户进行交互。在 ch2_1 中添加一个 HTML 页，名称为 HTMLForm.htm，如图 2-3 所示。

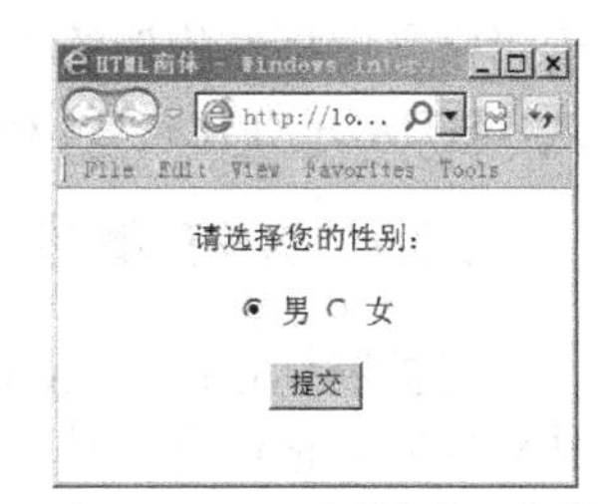

图 2-3 HTML 窗体与输入控件

大多数的输入控件都是<input>元素，只不过它们的 type 属性不一样。例如，图 2-3 中的单选按钮对应的 HTML 代码如下。

```
<label>
<input name="RadioGroup1" type="radio" value="radio"checked=
"checked" />
      男
</label>
```

HTML 将各输入控件放在一个容器中，此容器称为窗体（即<form>元素）。图 2-3 所示的网页对应的 HTML 代码如下。

```
<form id="form1" method="post"  action="register.aspx" >
<center>
  <p>请选择您的性别：</p>
  <label>
     <input name="RadioGroup1" type="radio" value="radio" checked="checked" />
      男</label>
   <label>
     <input type="radio" name="RadioGroup1" value="radio" />
    女</label>
     <p>
      <input type="submit" name="Submit" value="提交" />
     </p>
 </center>
</form>
```

从以上代码可以看出：3 个输入控件（2 个单选按钮和 1 个提交按钮）都嵌套于同一个<form>标签中。关于输入控件与窗体间的关系及作用，可以简单地描述为：输入控件用于收集用户的输入信息，而窗体则是一个控件容器，由它负责将控件收集的信息发回给 Web 服务器。

<form>标签有两个属性很重要，分别是 method 和 action 属性。

（1）method 属性。

它有两个可选值“get”和“post”，决定了网页发送信息的方式。使用 get 方式时，网页数据被附加到 URL 之后提交给服务器，因而其数据大小受到很大的限制，一般只用于少量的不重要信息的提交；而使用 post 就没有上述限制。所以，默认选项为 post。

（2）action 属性。

指定信息要提交的目的地（URL）。在本例中，信息将被提交到 register.aspx 网页。

当用户在浏览器中单击“提交”按钮时，浏览器首先根据<form>标签的 action 属性取出目标对象的 URL，并向 DNS 服务器提出解析 URL 中主机（即 Web 服务器）IP 地址的请求。得到 DNS 服务器返回的结果之后，浏览器就知道了目标对象的确切地址。然后浏览器将用户输入的信息打包并发送到目标对象所在的 Web 服务器，由 Web 服务器来响应用户发出的请求。

2.2 XML 基础

XML 主要用于表达数据，由于其具有很强的表达能力和高度的灵活性，并且易于扩展，因此得到了广泛的应用。XML 不是要替换 HTML，可以视作对 HTML 的补充。HTML 回归于“定义文档结构”的本位，信息本身使用 XML 表达，而 CSS 则确定了信息的外在表现形式，HTML+XML+CSS 构成了当代互联系网技术的基石。

2.2.1 XML 概述

可扩展标记语言（eXtensible Markup Language，XML）是用于标记电子文档，使其具有结构性的标记语言，是 W3C 组织于 1998 年 2 月发布的标准。XML 是标准通用标记语言（Standard Generalized Markup Language，SGML）的一个子集，是一个精简的 SGML，它将 SGML 的丰富功能与 HTML 的简单、易学、易用有机地结合到 Web 的应用中，克服了 SGML 过于庞大、难学难推广和 HTML 欠缺的伸缩性与灵活性以及在 EDI、数据库、搜索引擎、单向超链接等方面的局限性，使得用户可以定义不限数量的标记来描述文件中的任何数据元素，突破了 HTML 固定标记集合的约束，使文档内容丰富灵活，与结构自成一体。特别是 XML 文档可用中文描述 Web 页面信息元素标记，这一特性使得使用中文的设计者易学易懂，大大提高设计 Web 页面的效率。

XML 保留了 SGML 的可扩展功能，它不再像 HTML 那样使用固定的标记，而是允许定义数量不限的标记来描述文档中的资料，允许嵌套的信息结构，它的功能远远超过了 HTML。HTML 只是 Web 显示数据的通用方法，而 XML 提供了一个直接处理 Web 数据的通用方法。HTML 着重描述 Web 页面的显示格式，而 XML 着重描述 Web 页面的内容。

2.2.2 XML 与 HTML 的关系

传统的 HTML 无法表达数据的含义，而这一点恰恰是电子商务、智能搜索引擎所必需的。另外，HTML 不能描述矢量图形、数学公式、化学符号等特殊对象，在数据显示方面的描述能力也不尽如人意。HTML 的设计目标是显示数据并集中于数据外观，而 XML 的设计目标是描述数据并集中于数据的内容。

XML 与 HTML 相比较，存在如下主要的区别。

（1）内容与形式分离。

在 HTML 中数据内容和表现形式是混在一起的，当改变数据的表现形式时，更新文档的工作量巨大。而在 XML 文档中，标签仅包含特定的信息而不理会数据显示的问题，当需要改变数据的表现形式时，只需修改另一个独立的专用于定义数据表现格式的文档即可。

（2）良好的可扩展性。

XML 允许用户定义自己的标签以满足其特殊需要。某行业或某一特定团体也可以制定在特定范围内使用的通用标签集，这样 XML 可以轻松地适应每一个领域而无须对语言本身做大的修改。而 HTML 的可扩展性差，用户不能自定义有意义的标签供他人使用，这一切都成为 Web 技术进一步发展的障碍。

2.2.3　XML 文档的基本结构

XML 必须满足格式良好的要求，如果对 XML 进行验证，还需要满足有效性。格式良好的 XML 应满足以下条件。

（1）如果 XML 有声明，则声明必须放在 XML 文件首行首列的位置，并且是以下格式。

```
<?xml version="1.0" encoding="utf-8"?>
```

尽管目前 version 属性只有 1.0，但如果要写，就必须写成 1.0。声明里可以定义 encoding 属性和 standalone 属性。

（2）一个 XML 文件只能有一个根节点，以下格式是正确的。

```
<?xml version="1.0"?>
<persion>
  <name>张三</name>
</persion>
```

而以下格式则是错误的。

```
<?xml version=" 1.0"?>
<persion>
<name>张三</name>
</persion>
<persion>
<name>李四</name>
</persion>
```

如果要处理多条数据，数据要放在根节点中，例如，

```
<?xml version="1.0"?>
<persions>
  <persion>
    <name>张三</name>
  </persion>
  <persion>
    <name>李四</name>
  </persion>
</persions>
```

（3）标记必须是封闭的，有开始标记，就必须有结束标记，例如，

```
<name>张三</name>
```

而不能写成

```
<name>张三
```

（4）标记严格区分大小写，以下格式则是错误的。

```
<name>张三</Name>
```

（5）标记之间不能交叉，以下格式是错误的。

```
<persion>
  <name><gender>张三</name>男</gender>
</persion>
```

（6）空标记的写法如下。

```
<br/>或者是<br></br>
```

（7）属性不能重复，属性值必须用引号（“"”或者“'”）括起来。

（8）标记名称不能有空格，必须以英文字母或者下画线（_）开头，可以由中文、字母、数字、“-”、“_”、和“.”组成。

（9）字符“<”和“&”只能用于开始标记和引用实体。文档中可以引用的特殊字符只有5个：&、<、>、&apos和"。它们分别代表“&”、“<”、“>”、“"”（双引号）和“'”（单引号）。

格式良好的 XML 并不一定是有效的，也就是说，不一定是合格和有意义的。如果要验证格式是否有效，可以使用 DTD（Document Type Definition）、XDR（XML Data Reduced）、XSD（XML Schema Definition）进行验证。XML Schema 是 W3C 的推荐标准，并且功能强大，推荐使用。

例如，“人事.xml”文档的内容如下。

```
<?xml version="1.0" encoding="utf-8"?>
<人事档案>
  <部门>
    <部门名>办公室
      <人员>
        <姓名>张三</姓名>
        <职务>办公室主任</职务>
        <职责>计划、分配、检查本部门的工作</职责>
      </人员>
      <人员>
        <姓名>李四</姓名>
        <职务>办事员</职务>
        <职责>完成分配的工作</职责>
      </人员>
    </部门名>
    <部门名>第一车间
      <人员>
        <姓名>王五</姓名>
        <职务>车间主任</职务>
        <职责>分配、检查本车间的工作</职责>
      </人员>
      <人员>
        <姓名>刘六</姓名>
        <职务>钳工</职务>
        <职责>完成或超额完成生产任务</职责>
      </人员>
    </部门名>
  </部门>
</人事档案>
```

上面是一个最简单的 XML 文档，它是一个文本文件，可以使用任何文本编辑器（如记事本等）来编写，但是.NET 提供的编写环境可以提示错误和自动完成标记，从而给编写带来一些方便。

XML 分析器将这个文本文件转换为“文档对象模型”，形成树形层次结构。在文档对象模型中，每个标记是一个节点，所有节点必须有一

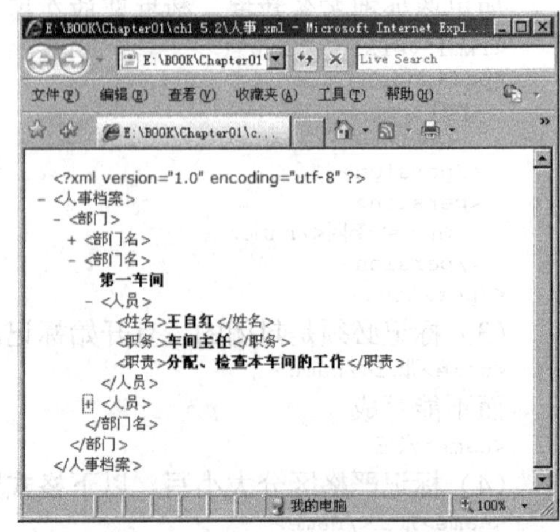

图 2-4　XML 文档的基本结构示例

个“根”（如上述程序中的<人事档案>…</人事档案>就是所有节点的根）。根的下面有若干分支，每个分支下面又可以划分出若干分支，如图 2-4 所示。

在 XML 中没有预定义的元素，文档中使用的元素都是用户自己定义的。文档中放在“<”与“>”之间的都是元素，如“人事.xml”文档中的<人事档案>、<部门>、<部门名>、<职责>、<人员>等都是元素。文档中各元素之间存在层次关系，下一级元素可称为“子元素”，上一级元素称为该元素的“父元素”。

在 XML 文档中，元素必须有结束标记，如“<部门>…</部门>”中“</部门>”就是元素<部门>的结束标记（元素名前加一个“/”）。即使是空元素，也要用“/”结束。例如，有的人没有确定的职务时，可用“<职务/>”代替“<职务></职务>”。

现在将上述文档以后缀名 xml 的形式存储。在浏览器（IE 5.0 以上）中运行该文档后将显示如图 2-4 所示的界面。

浏览器中显示的界面仍然保持原代码的层次结构。只是某个项目包括子项目时，该项目名的左边多出了一个“–”号，单击这个符号时，该项目的子项会折叠在一起，“–”号变成“+”号。再单击时，各个子项再次展开。这说明浏览器已经识别和理解了 XML 文档中的层次关系。

2.2.4　XML 的特点

XML 具有以下 4 个方面的特点。

（1）XML 是一种通用标准，而不只是属于某个公司。不同的操作系统或工作平台，只要它支持 XML 标准，都很容易通过 XML 来交换数据。对于今天的 Web 服务器来说，XML 几乎已经无所不在了。所有的计算机平台只要获得 XML 文档，都能对文档进行分析。Windows、UNIX、Linux、MVS 和 VMS，甚至移动电话（手机）都能实现。所以 XML 文档为不同平台之间交换数据创造了极其有利的条件。

（2）XML 中的元素标记自行确定，不受限制，因此有很好的可扩展性。利用它几乎可以定义任何一种类型的数据，包括数学公式、软件配置说明、音乐、处方以及财务报表等。

（3）XML 文档属于文本文件，语法简单，程序设计者和计算机本身都能理解。可以利用任何文本编辑器编写 XML，它的语义和格式独立于平台、操作系统和应用程序。在 Internet 中，XML 文件可以穿过任何防火墙（因为防火墙通常不阻挡文本文件），因而有利于数据的传输和交换。

（4）XML 非常有利于功能的发布。由于 XML 是对语义的描述，因此浏览器下载了服务器传来的信息后，可以自行完成信息的分类、检索、统计等操作，还为以后实现计算机自动检索奠定了基础。其结果不仅大大减轻对服务器的依赖，还提高了对信息处理的效率。

当然利用 XML 文件也存在一些问题。由于文档标记自行定义，因此同样的内容可能出现几种不同的描述方式，给用户带来迷惑。为了解决这类问题，XML 常常需要结合其他几种文件一起使用，如用 DTD 或 Schema 来定义标记，结合 HTML、CSS（级联样式表）或 XSL（可扩展样式表）等来定义显示方式等。各个行业还应该根据需要定义自己的行业规范。目前，XML 技术已经不单指一个文件，而是一门综合性的技术。

.NET 对于 XML 具有深层次的支持。XML 已经成为.NET 的精髓，是.NET 现在和将来发展的基础。可以将 XML 合并到数据库的记录中，Web 浏览器将接受 XML，并结合其他文件一起确定显示方法。Visual Studio .NET 可以直接读、写 XML 文档，也可以用 XML 来描述数据的结构和系统的配置，但是最多的用途是作为数据存储和交换的格式，而这些工作对设计者来说往往是感觉不到的。

2.3 使用 CSS 布局网页

层叠样式表（Cascading Style Sheet，CSS）主要用于为浏览器如何显示 HTML 文档定义规则，因此 CSS 与 HTML 有着密不可分的关系。

2.3.1 CSS 概述

CSS 是一种定义样式的语言，用于控制网页样式并允许将样式信息与网页内容分离的一种标记性语言。层叠是一种类似继承的关系，父特征传递给子特征，子特征有更特殊的特征。基样式规则适用于整个样式表，但可以被更具体的样式规则覆盖。使用 CSS 样式可以非常灵活并更好地控制网页外观，大大减轻了实现精确布局定位、维护特定字体和样式的工作量。

就语法而言，CSS 是一种容易学习的语言，它的“语法”仅由几个概念组成，用户相当容易入门。目前的标准是 CSS 2.1，CSS 是一个网页程序员必须具备的知识。

可以在网站 http://www.52css.com 查阅与学习“CSS 在线手册”，网站 http://www.csszengarden.com 提供一套标准的 XHTML 页面及 CSS 文件。

使用不同的 CSS 文件，可以体现不同的设计风格，若查看这些风格各异的页面的源文件，会发现所有风格页面的源文件都是相同的，只是引用了不同的 CSS 文件。

CSS 规范定义了一个长属性列表，但在大多数 Web 站点中不会用到所有项。表 2-3 列出了部分常见的 CSS 属性及其应用场合。

表 2-3　　常用的 CSS 属性

CSS 属性	说　明	用法示例
background-color background-image	指定元素的背景色或图像	background-color:White background-image:url(Image.jpg)
border	指定元素的边框	border:3px solid black
color	修改字体颜色	color:Green
display	修改元素的显示方式，允许隐藏显示它们	display:none 这种设置使元素被隐藏，不占用任何屏幕空间
float	允许用左浮动或右浮动将元素浮动在页面上，其他内容则被放在相应的位置上	float:left; 该设定使跟着一个浮动的其他内容被放在元素的右上角
font-family font-size font-style font-weight	修改页面上字体的外观	font-family:Arial font-size:18px font-style:italic font-weight:bold
height width	设置页面中元素的高度或宽度	height:100px width:200px
margin padding	设置元素内部（内边距）或外部（页边距）的可用空间	margin:20px padding:0
visibility	控制页面中的元素是否可见。不可见的元素仍然会占用屏幕空间，只是不看到它们而已	visibility:hidden 这会使元素不可见，但仍然会占用页面的原始空间

2.3.2 CSS 与 HTML 的关系

CSS 与 HTML 有着密切的关系，首先用一个实例来说明一下它们之间的这种关系。以下

HTML 代码定义了一个简单的网页（SimplestPage.htm）。

```
<!DOCTYPE html PUBLIC "-//W3C//DTD XHTML 1.0 Transitional//EN"
"http://www.w3.org/TR/xhtml1/DTD/xhtml1-transitional.dtd">
<html xmlns="http://www.w3.org/1999/xhtml">
<head>
    <title>一个简单的 HTML 页</title>
</head>
<body>
<div>一个简单的 HTML 页</div>
</body>
</html>
```

当在浏览器中打开此网页时，由于用户没有指定任何样式，浏览器将以默认的样式显示网页中的内容，如图 2-5 所示。

图 2-5　以默认样式显示 SimplestPage 网页

下面编写一个新的纯文本格式的样式表文件 SimplestPageStyle.css，其内容如下。

```
/*指定 div 元素在浏览器中的显示样式*/
div
{
    /*设定字体属性*/
     text-align:center;  /*文字居中对齐 */
     font-style:italic;  /*斜体*/
     font-weight:bold;  /*粗体*/
     background-color:Silver;/*设置背景色*/
     color:Red;        /*设置字体颜色*/

     /*设定边框属性*/
     border:solid 1px red;  /* 显示宽为 1 像素的细实线的红色边框 */
     width:200px;          /*边框宽 200 像素*/
     margin:0 auto;         /*边框自动居于浏览器窗口中间*/
}
```

然后在网页的<head>标签中添加对此样式表文件的引用。

```
...
<head>
    <title>一个简单的 HTML 页</title>
   <link href="SimplestPageStyle.css" rel="stylesheet" type="text/css" />
</head>
...
```

当示例网页 SimplestPage.htm 与 SimplestPageStyle.css 文件关联后，浏览器将按在 SimplestPageStyle.css 文件中定义的样式规则来显示示例网页 SimplestPage.htm，如图 2-6 所示。

图 2-6　按指定样式显示 SimplestPage 网页

在这个例子中，HTML 网页主体部分的内容没有变化，但显示出来的效果却有很大的不同。由此可知：HTML 定义 HTML 文档的结构，而 CSS 则决定了浏览器以何种样式显示文档。CSS 与 HTML 这种相互配合的关系体现了“信息结构与表现形式相分离”的基本原则。

2.3.3　设置样式

在 VS 2010 中设计 CSS 文件非常方便，各样式既可以通过智能感知功能设置，也可以利用可视化的对话框和便利工具快速完成设置。

1. 在源视图下设置样式

在源视图下，利用系统提供的智能提示功能，可以方便地设置各种元素的内联式样式，具体步骤如下。

（1）在要设置格式的 HTML 标记内输入 style="，然后按空格键，弹出 VS 2010 提供的智能感知工具，如图 2-7 所示。

（2）定义其他属性，属性之间用分号分隔，属性值也可以利用智能感知工具设置。

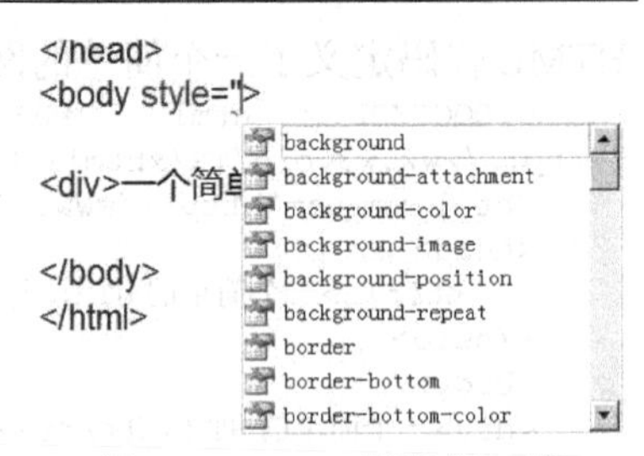

图 2-7　VS 2010 智能感知工具

2. 在可视化窗口中设置样式

利用可视化窗口设置样式的方法有很多，可以在源视图或者设计视图下选中某个标记元素，然后单击属性面板中 style 属性后面的省略号（…），打开“修改样式”对话框，如图 2-8 所示。

该对话框分为两个窗格，左窗格列出 9 个类别，当选择某个类别时，右窗格显示所选类别下的选项。设置了样式选项并单击“确定”按钮后，新的样式定义将自动在源视图中生成，也可以在设计视图下查看最新的效果。

这种方法只能将定义的样式属性以内联式生成，放在每个元素的 style 属性中。要想定义内嵌式样式也非常容易，具体步骤如下。

（1）切换到设计视图，在“格式设置”工具栏的“目标规则”列表中，选择“应用新样式”选项，如图 2-9 所示。

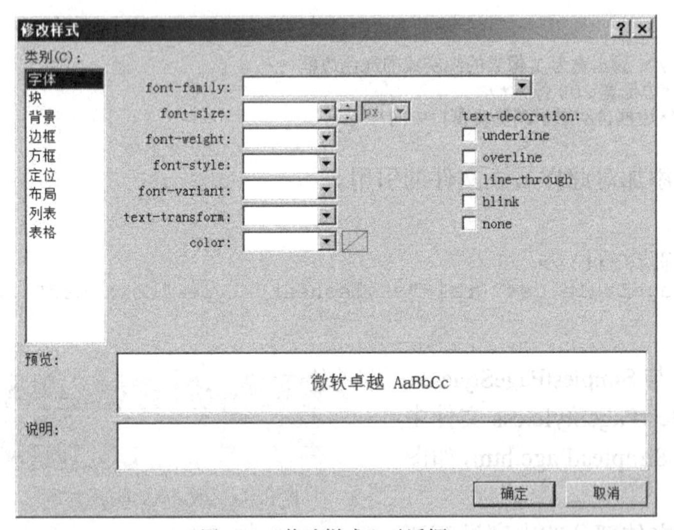

图 2-8 “修改样式”对话框

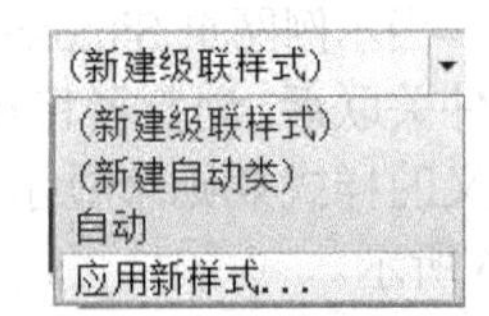

图 2-9　选择“应用新样式”

（2）打开“新建样式”对话框，该对话框与“修改样式”对话框相似，所不同的是“新建样式”对话框中包含了“选择器”，用于选择对哪一个标记进行定义，以及通过“定义位置”将当前定义存放在哪里，如图 2-10 所示。在“选择器”列表中选择某个选择器，如 h1，就可以创建应用于所有 h1 元素的样式。“定义位置”设置为“当前网页”，表示该样式规则在当前页的 style 元素中创建。若想查看已创建的样式规则，可以切换到源视图并滚动到 style 元素，该元素位于<head>标记内。

3. 创建独立的 CSS 文件

使用 CSS 的另一个有效方法是将样式规则放入样式表中，然后所有页面都可以引用这些样式，这样可以使这些页面看起来非常一致。创建样式表的具体步骤如下。

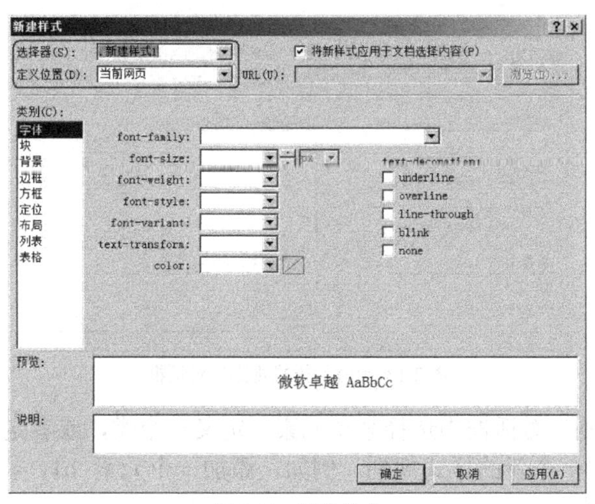

图 2-10　新建样式

（1）在“解决方案资源管理器”中，右键单击解决方案的名称，从弹出的快捷菜单中选择“添加新项”命令。打开“添加新项”对话框，在“模板”列表中选择“样式表”选项，在“名称”文本框中输入样式表的名称 style.css，单击“添加”按钮。

（2）编辑器打开一个包含空 body 样式规则的新样式表。输入属性名，如 color:，弹出智能感知工具，如图 2-11 所示。利用系统提供的智能提示功能，可以方便地设置各种属性的值。

（3）打开或切换到 HTML 页，切换到设计视图，选择“格式”→“附加样式表”命令，打开“选择样式表”对话框，选择刚创建的样式表文件 style.css，单击“确定”按钮，如图 2-12 所示。

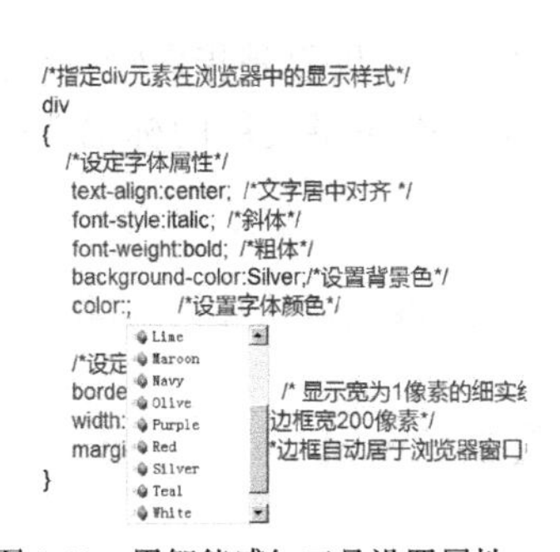

图 2-11　用智能感知工具设置属性

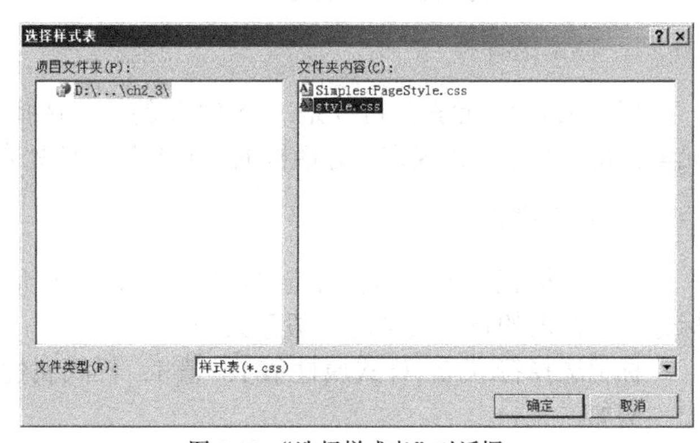

图 2-12　“选择样式表”对话框

（4）执行以上操作后，在例 2_3_3.htm（见本书配套资源代码第 2 章→ch2_3→例 2_3_3.htm）的源视图中可以看到，在<head>标记中添加了如下代码。

```
<link rel="stylesheet" href="style.css" type="text/css">
```

2.3.4　样式规则

一个样式表由若干样式规则组成。样式规则是指网页元素的样式定义，包括元素的显示以及元素在页中的位置等。打开前面添加的样式表文件 style.css，在其中右击鼠标，在弹出的快捷菜单中选择“添加样式规则”命令，打开如图 2-13 所示的“添加样式规则”对话框。

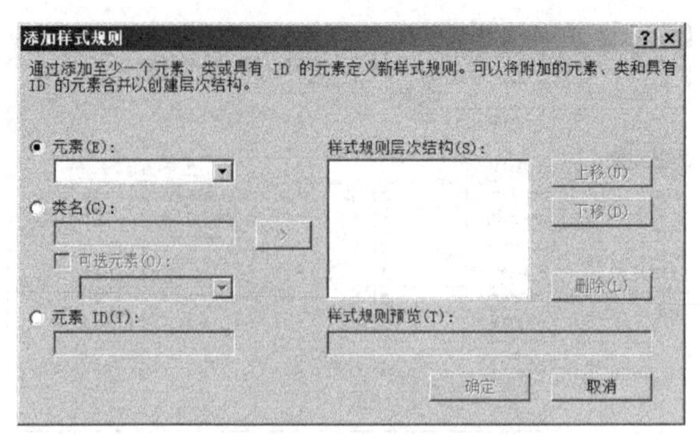

图 2-13 “添加样式规则”对话框

在“添加样式规则”对话框中选择某个元素、定义一个类，或者定义一个元素 ID，单击“确定”按钮即可添加一个新的样式规则。例如，添加一个元素 h1，在样式表文件中可以看到如下新建的样式规则。

```
h1
{

}
```

该规则默认是仅有元素名称的空规则，在大括号内单击鼠标右键，从弹出的快捷菜单中选择“生成样式”命令，打开“修改样式”对话框。

无论是定义内嵌样式还是链接式样式，每个样式的定义格式都是一样的，如下所示。

样式定义选择符{属性 1：值 1；属性 2：值 2；……}

其中，样式定义选择符是指样式定义的对象，可以是 HTML 标记元素，还可以是用户自定义的类、ID、伪类和伪元素等。

1. 标记选择符

任何 HTML 元素都可以是一个 CSS 的标记选择符，标记选择符仅仅是指向特别样式的元素，在“添加样式规则”对话框的“元素”下拉列表中提供了所有可供使用的标记选择符。

2. 类选择符

每一个标记选择符都能自定义不同的类，从而允许同一元素具有不同的样式。指定某个标记选择符内的自定义类的一般形式为：

标记选择符.类名{样式属性值 1：值 1；样式属性值 2：值 2；……}

例如：

```
p.one{
color:red;
}
p.two{
color:blue;
}
```

在代码中引用类选择符的方法是通过元素的 class 属性来实现的。代码如下。

```
<p class ="one">类别选择器 1</p>
<p class ="two">类别选择器 2</p>
```

其含义是在 p 中引用 one 会以红色样式显示，在 p 中引用 two 会以蓝色样式显示。

在“添加样式规则”对话框中选中“类名”单选按钮，在文本框中输入 one，然后选中“可选元素”复选框，在其下拉列表中选择 p 元素，即可自动生成 p.one 样式规则，如图 2-14 所示。

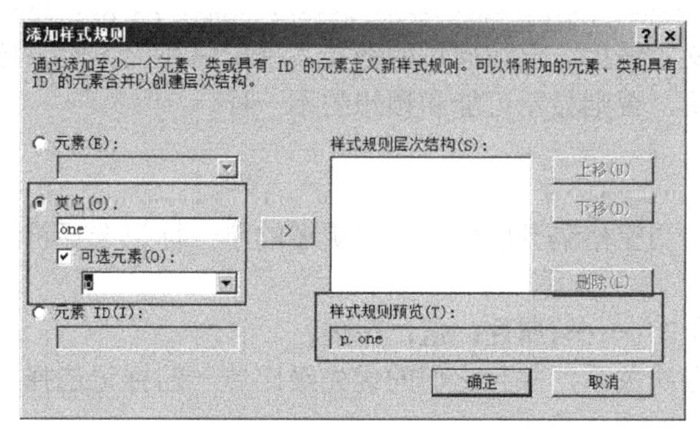

图 2-14　添加 p.one 样式规则

类选择符的定义也可以与标记选择符无关，这样，类选择符可以应用于任何元素。这种定义类选择符的形式如下。

.类名{样式属性 1：值 1；样式属性 2：值 2；……}

创建这种类选择符时，只要不选中“可选元素”复选框即可，如图 2-15 所示。

例如：

```
<style type="text/css">
.note{
color:red;
}
</style>
<h1 class="note">类别选择器 1</p>
<h1 class="note">类别选择器 2</p>
```

在这个例子里，note 类选择符可被用于任何元素。

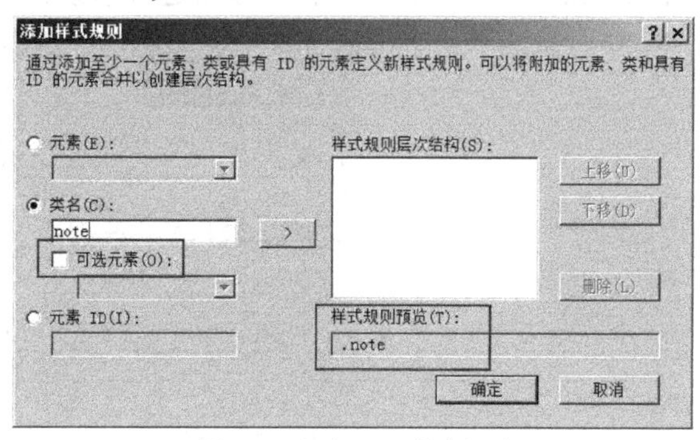

图 2-15　添加.note 样式规则

3．ID 选择符

ID 选择符用于定义每个具体元素的样式。指定一个 ID 选择符要在名字前添加指示符#。使用时通过指定元素的 id 属性来关联。例如：

```
#index{color:blue}
```

引用时，使用 id 属性声明即可。例如：

```
<p id="index">本段落的颜色为蓝色</p>
```

自定义 ID 选择符与自定义类选择符非常相似，在“添加样式规则”对话框中，选中“元素 ID”单选按钮，输入相应的名称即可。但是两者在使用上是有区别的：在同一个网页中，多个标记元素可以使用同一个自定义类选择符，而 ID 选择符只能为某一个标记元素使用。ID 选择符尽量少用，因为它有一定的局限性。

4．伪类

伪类是 CSS 中非常特殊的类，能自动被支持 CSS 的浏览器所识别。伪类可以指定 HTML 中的 A 元素以不同的方式显示链接、已访问过的链接和可激活的链接。其中，一个已访问链接可以定义为以不同颜色显示，甚至以不同字体大小和风格显示。

CSS 中用 4 个伪类来定义链接的样式，分别是 a:link、a:visited、a:hover 和 a:active，例如：

```
a:link {font-weight: bold; text-decoration: none; color: #FF0000}
a:visited {font-weight: bold; text-decoration: none; color: #00FF00}
a:hover {font-weight: bold; text-decoration: underline; color: #FFCC00}
```

```
a:active {font-weight: bold; text-decoration: none; color: #0000FF}
```

以上语句分别定义了链接、已访问过的链接、鼠标停在上方时、按下鼠标时的样式，注意，必须按以上顺序写，否则显示可能和预想的不一样。

5. 关联选择符

关联选择符是一个用空格隔开的由两个或更多的单一标记选择符组成的字符串，一般格式如下。

选择符 1　选择符 2　……{属性：值；……}

这些选择符具有层次关系，并且它们的优先级比单一的标记选择符大。例如：

p h1{color:red}

这种定义方式只对 p 所包含的 h1 元素起作用，单独的 p 或者单独的 h1 元素均无法采用该样式。在“添加样式规则”对话框中先添加 p 选择符，单击向右箭头按钮将其添加到“样式规则层次结构”列表框中，然后再添加 h1 元素，如图 2-16 所示，如果层次结构变化，还可以单击“上移”和“下移”按钮进行修改。

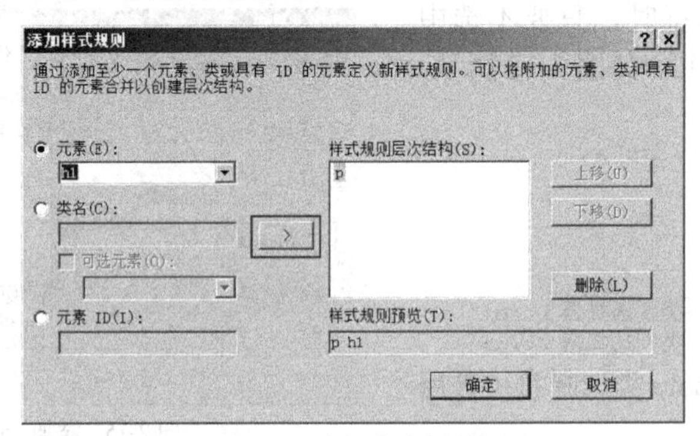

图 2-16　定义关联选择符

这种方式不仅适用于标记选择符，还可以关联自定义用户类、自定义 ID 以及任何样式选择符。

2.3.5　对 HTML 网页应用样式

在 HTML 文档中使用 CSS 有以下几种方式。

1. 直接在标签的 style 属性中进行设置

```
<head>
…
  <style type="text/css">
  CSS 规则放在这里
  </style>
…
</head>
```

通过将 CSS 样式规则放在<style>元素内，可以将 CSS 直接嵌入 HTML 文档中。需要注意的是，<style>元素要放置在<head>元素内。而且，这些样式规则仅适用于当前的文档。

2. 在 HTML 页面中直接使用

另一种嵌入 CSS 的方法是直接为指定元素的 style 属性赋值。例如：

```
<p style="CSS 代码放在这里">
        这是内联的 CSS 样式
</p>
```

3. 链接外部样式表（.css 文件）

可以将 CSS 代码放到一个独立的文件中，然后使用<link>元素将此 CSS 文件与 HTML 文档关联起来，这是 Web 标准推荐使用的方式。在 head 标签中使用如下代码。

```
<link href="CSS 文件的 URL" rel="stylesheet" type="text/css" />
```

✓ href：表示引用哪个.css 文件。

✓ rel：表示在页面中使用这个外部的样式表。

✓ type：指文件的类型是样式表文本。

4. 导入外部样式表

在 head 标签中使用（这种方式不要忘了分号；）

```
<style type="text/css">
  @import  "另一样式表的 URL";
</style>
```

这种方式与链接是有区别的，具体如下。

（1）link 属于 XHTML 标签，而@import 则是 CSS 提供的一种方式，link 标签除了可以加载 CSS 外，还可以做很多其他的事情，如定义 RSS、定义 rel 连接属性等，@import 就只能加载 CSS。

（2）当一个页面被加载时（就是被浏览者浏览时），link 引用的 CSS 会被同时加载，而@import 引用的 CSS 会等到页面全部下载完再加载。

（3）@import 是 CSS 2.1 提出的，所以老的浏览器不支持，link 不存在这个问题。

所以，目前使用 link 链接.CSS 是个不错的选择。

本章实验

一、实验目的

了解 HTML 文档、XML 文档和 CSS 样式设置的方法，熟练掌握在 HTML 网页中应用 CSS 样式的方法。

二、实验内容和要求

（1）新建一个名为 Experiment2 的网站。

（2）在该网站中添加一个名为 2_1 的网页，在源视图或设计视图下选择 div 标签，在 div 内输入"内联式样式示例"文本内容。然后单击属性面板中 Style 属性右边的按钮，在"修改样式"对话框中将"color"设置为"red"，将 div 标签的背景颜色设置为蓝色。

（3）在该网站中添加一个名为 2_2 的网页，在 div 内输入"嵌入式样式示例"文本内容，然后选择"格式"→"新建样式"命令定义嵌入式样式。在"新建样式"对话框中对相关属性进行设置，如在选择器中选择"div"，在"定义位置"下拉列表中选择"当前页面"，将 text-align 属性设置为 center；将 color 属性设置为 Red; background-color 属性设置为 blue。

（4）在该网站中添加一个名为 2_3 的网页和一个名为 2_3.css 文件，以链接的方式将 2_3.css 文件引入页面中，2_3.css 文件中相关属性的设置与（3）中的相同。

第 3 章　JavaScript 编程基础

各种介绍 ASP.NET 的文章和书籍都把重点放在了服务器控件和.net Framework SDK 上，因为这是 ASP.NET 中最新和最具革命性的改进；与此相反，在过去的 Web 开发中占据重要地位的客户端脚本 JavaScript（也包括 VBScript）则鲜有提及，似乎有了服务器端程序，就不需要客户端脚本了。但是，服务器端的程序毕竟需要一次浏览器与 Web 服务器的交互，对于 ASP.NET 来说，就是一次页面的提交，需要来回传送大量的数据，而很多工作，如输入验证或者删除确认等，完全可以用 JavaScript 来实现。因此，探讨在 ASP.NET 中如何使用 JavaScript 仍然很有必要。

3.1　JavaScript 简介

3.1.1　JavaScript 的起源

20 世纪 90 年代，上网越来越流行，对开发客户端脚本的需求也逐渐增大。此时，网页已经不断地变得更大和更复杂，而大部分 Internet 用户还仅仅通过 28.8 kbit/s 的速率连接到网络，更加加剧用户痛苦的是，仅仅为了简单的表单有效性验证，就要与服务器进行多次往返交互。设想一下，用户填完一个表单，单击提交按钮，等待了 30s 的处理后，看到的却是一条告诉你忘记填写一个必要的字段，这将是多么痛苦的事情。那时正处于技术革新最前沿的 Netscape，开始认真考虑开发一种客户端脚本语言来解决简单的处理问题。

当时工作于 Netscape 的 Brendan Eich，开始着手为即将在 1995 年发行的 Netscape Navigator 2.0 开发一个称之为 LiveScript 的脚本语言，当时的目的是在浏览器和服务器（本来要叫它 LiveWire）端使用它。这时，Netscape 与 Sun 合作完成了 LiveScript 的实现。就在 Netscape Navigator 2.0 即将正式发布前，Netscape 将其更名为 JavaScript，目的是利用 Java 这个在 Internet 中的时髦词汇。Netscape 的赌注最终得到回报，JavaScript 从此变成 Internet 的必备组件。

在 Microsoft 公司进军浏览器市场后，有 3 种不同的 JavaScript 版本同时存在：Netscape Navigator 3.0 中的 JavaScript、IE 中的 JScript 以及 CEnvi 中的 ScriptEase。与其他编程语言不同的是，JavaScript 并没有一个标准来统一其语法或特性，而这 3 种不同的版本恰恰突出了这个问题。随着业界担心的增加，这个语言的标准化显然已经势在必行。

1997 年，JavaScript 1.1 作为一个草案提交给欧洲计算机制造商协会（ECMA）。第 39 技术委员会（TC39）被委派来“标准化一个通用、跨平台、中立于厂商的脚本语言的语法和语义”（http://www.ecma-international.org/memento/TC39.htm）。由来自 Netscape、Sun、Microsoft、Borland 和其他一些对脚本编程感兴趣的公司的程序员组成的 TC39 锤炼出了 ECMA-262，该标准定义了全新脚本语言 ECMAScript。

在接下来的几年里，国际标准化组织及国际电工委员会（ISO/IEC）也采纳 ECMAScript 作为标准（ISO/IEC-16262）。从此，Web 浏览器就开始努力（虽然有着不同程度的成功和失败）将 ECMAScript 作为 JavaScript 实现的基础。

3.1.2　JavaScript 的特点

JavaScript 是一种脚本语言，采用小程序段的方式进行编程。它可以直接嵌入 HTML 文档中，浏览器能够理解并能够在页面下载后对 JavaScript 语句进行解释执行。

JavaScript 是一种功能强大的语言，它可以和 HTML 完美地结合在一起。运用 JavaScript 可以控制 HTML 页面，并对页面中的某些事件作出响应，如可以在页面的表单提交时进行数据有效性验证。JavaScript 还提供了许多内置对象和浏览器对象，运用这些对象，可以方便地编写脚本，实现一些其他语言所无法实现的功能。

由于 JavaScript 是在浏览器中解释执行的，所以，它具有平台无关性，无论是什么系统，只要用户使用的浏览器支持 JavaScript，JavaScript 就能够在其中正确运行。

JavaScript 是一种基于对象（Object Based）和事件驱动（Event Driver）的编程语言，它本身提供了非常丰富的内部对象供设计人员使用。

JavaScript 用于客户端。事先在网页中编写好代码，此代码随 HTML 文件一起发送到客户端的浏览器上，由浏览器对这些代码进行解释执行，这样就减轻了服务器的负担。

3.1.3　JavaScript 的作用

JavaScript 可以弥补 HTML 的缺陷，可以制作出多种网页特效，其主要作用如下。

（1）增加动态效果：HTML 是一种标记性语言，可以格式化网页内容，但是 HTML 没有语法，不具有编程能力，不能实现动态效果。而 JavaScript 正好可以弥补 HTML 的不足，可以将动态效果在网页中显示。

（2）读写 HTML 元素：JavaScript 可以读取 HTML 元素的内容，也可以改变 HTML 元素的内容，因此 JavaScript 可以在网页中动态地添加 HTML 控件。

（3）响应事件：JavaScript 是基于事件的语言，因此可以影响用户或浏览器产生的事件。只有事件产生时才会执行某段 JavaScript 代码，如用户单击图片之后显示另一张图片等。

（4）验证表单数据：JavaScript 还常用来验证表单中的数据。只有用户填写的表单完全正确才将数据提交到服务器上，进而减少服务器的负担和网络宽带的压力。

（5）检查浏览器：JavaScript 可以检查用户的浏览器情况，根据不同浏览器来载入不同的网页。

（6）创建 Cookies：JavaScript 可以创建和读取 Cookies。而 Cookies 可以用来记录用户状态，可以活动用户的部分操作，如让曾经登录过的用户在某段时间内不用再次登录。

另外，JavaScript 也是 AJAX 程序的核心技术之一。如果用户有一些编程经验，会觉得 JavaScript 比较熟悉，即使没有任何编程经验，也没什么问题，网上有很多 JavaScript 特效，可以直接复制进网页使用，前提是必须对 JavaScript 的基本知识有所了解。

3.1.4　JavaScript 的组成

JavaScript 作为一种网络客户端的脚本语言，由以下 3 部分组成。

（1）ECMAScript：是 JavaScript 的核心，描述了语言的基本语法和对象。ECMAScript 经历了 3 个版本的更新，现在大多数网络浏览器都支持 Edition3。ECMAScript 主要提供语言相关的信息与标准，如语法、类型、声明、关键字、保留字、操作运算符、对象等。

（2）文档对象模型（Document Object Model，DOM）：描述了作用于网页内容的方法和接口。DOM 是 HTML 的一个应用程序接口，它也经历了 3 个版本的更新，其中以第一和第二个版本的使用最为广泛，在第二个版本中，最重要的特性莫过于提供了事件响应的接口、处理 CSS 的接口和移动窗口的接口，并且能够控制代码树的结构等。除了使用最多的 DOM Core 和 DOM HTML 标准接口外，部分其他的语言也拥有自己的 DOM 标准，如 SVG、MathML、SMIL。

（3）浏览器对象模型（Browser Object Model，BOM）：描述了和浏览器交互的方法和接口。例如弹出新的浏览器窗口，移动、改变和关闭浏览器窗口，提供详细的网络浏览器信息（Navigator Object）、详细的页面信息（Location Object）和详细的用户屏幕分辨率的信息（Screen Object），对 Cookies 的支持，等等。BOM 作为 JavaScript 的一部分并没有相关标准的支持，每一个浏览器都有自己的实现，虽然有一些非事实的标准，但还是给开发者带来一定的麻烦。

3.1.5 JavaScript 程序的编辑和调试

可以使用任何一种文本编辑器编辑 JavaScript 程序，如记事本，为降低 JavaScript 难度，可以使用 1st JavaScript Editor。在 VS.NET 中，同样可以编辑 JavaScript 程序，并且支持断点设置，但有两点必须注意：一是在 IE 浏览器的 Internet 选项中将高级设置中的禁用脚本调试（Internet Explorer）关闭；二是必须在 VS.NET 集成开发环境中直接运行。

JavaScript 的编写形式有以下 3 种。

1. 直接把 JavaScript 嵌入 HTML 的任何标签中

```
<body>
  <script type="text/javascript">
    document.write("Hello World!");
  </script>
</body>
```

这里的 document 对象是指当前的 HTML 文档。

2. 使用 JavaScript 函数时，将函数定义在<head>标签中

```
<head>
    <title></title>
    <script type="text/javascript">
        function write() {
            document.write("Hello World!");
        }
    </script>
</head>
<body>
    <script type="text/javascript">
        write();
    </script>
</body>
```

嵌入 HTML 文档中的函数只能在当前页面中调用。

3. 使用单独的.js 文件

出于代码隔离的考虑，可以将 JavaScript 代码放到独立的文件（以.js 为扩展名）中，而在页面中使用 src 属性指明文件的具体位置。

```
<head>
    <title></title>
    <script type="text/javascript" src="JScript.js"></script>
</head>
<body>
    <script type="text/javascript">
```

```
            write();
        </script>
    </body>
```

JScript.js 文件的内容如下。

```
function write() {
    document.write("Hello World!");
}
```

这种方式可以在多个页面之间共享代码，只需要编写一次函数就可以被多个页面调用，在修改函数时，也只要修改一次。运用这种方法可以有效地减轻代码编写的工作量。

在引用源文件时可以使用以下两种方式。

（1）使用相对路径。src 属性是文件的相对路径，如上面的例子。

（2）使用 URL 地址。src 属性中是文件的 URL 地址，例如：

```
<script src = http://192.168.1.28/myweb/js/test.js>
```

当使用 src 属性引用 JavaScript 源文件时，源文件必须以.js 为文件后缀名，而且在源文件中使用 JavaScript 代码不能包含任何 HTML 标签。

3.2　JavaScript 编程基础

JavaScript 在语法上与 Java 和 C#类似。这里不全面介绍 JavaScript 的各项语言特性和技术，而只介绍在 Web 程序设计中使用 JavaScript 编程所必须掌握的基本语法。

3.2.1　JavaScript 的变量

无论是编程语言还是脚本语言，变量都是最基本的元素，在脚本运行时，往往需要用一个有名称的单元将信息存储起来，这个有名称的单元就是变量。

1. 变量的声明方式

JavaScript 中变量的名称区分大小写，使用关键字 var 来声明变量。JavaScript 并没有强制要求变量必须先声明才使用，但是先声明变量再使用是一种良好的编程风格。

例如，下面的语句中声明了一个名为 box 的变量。

```
var box;
```

在声明完变量后，就可以对变量进行赋值操作，将信息存储到变量中。

例如，下面的语句将 3 存储到名为 box 的单元中。

```
box = 3;
```

在声明变量时，可以将变量的声明和初始化分开进行，也可以将变量的声明和初始化在一条语句中完成。例如，下面的语句将变量的声明和初始化分开完成。

```
var box;
box = 3;
```

下面的语句将变量的声明和初始化在一条语句中完成。

```
var box = 3;  //也可以直接写成：box = 3;
```

不能在没有声明变量的情况下使用一个变量，这样将会导致运行时产生错误。例如：

```
var box = x-y;  //产生错误，因为 x 和 y 不存在
```

2. 变量类型

JavaScript 不要求预先确定变量的数据类型，但实际上，每个 JavaScript 变量都对应一个数据类型的值，例如，如果 box=3，那就认为 box 变量是数值类型的变量。JavaScript 是一种弱类型语言，弱类型语言中变量赋值的数据类型是可以发生变化的。例如，下面的语句先将

boxNumber 变量赋值为一个数值类型的数据，然后又可以将该变量赋值为一个字符串类型的数据。

```
var boxNumber = 5;
boxNumber = "There are five boxes";
```

ECMAScript 中定义了 5 种原始类型（primitive type）：undefined、null、boolean、number 和 string。

（1）undefined 类型：声明的变量未初始化时，该变量的初始值是 undefined。例如：

```
var oTemp;
```

这时，变量 oTemp 的初始值是 undefined。

（2）null 类型：用于尚未存在的对象，值 undefined 实际是从值 null 派生的。ECMAScript 把它们定义为相等，因此，如下表达式返回 true。

```
null = = undefined;
```

（3）boolean 类型：只有两个值 true 和 false。

（4）number 类型：任何数字都被看做是 number 类型的字面量，例如：

```
var num = 55;
var num = 070; //56 的八进制
var num = 0x1f; //31 的十六进制
var num = 5.0;
```

number 类型有一个特殊的值是 NaN，表示非数（Not a Number），可以使用 isNaN 函数判断，例如，isNaN("blue")将返回 true。

（5）string 类型：字符串类型。

3. typeof 运算符

使用 typeof 可以得到一个变量或值的类型。例如：

```
var sTemp = "test string";
alert(typeof sTemp);    //输出 "string"
alert(typeof 86);    //输出 "number"
```

typeof 运算符的返回值有以下几种：undefined（如果变量是 undefined 类型）、boolean（如果变量或值是 boolean 类型）、number（如果变量或值是 number 类型）、string（如果变量或值是 string 类型）、object（如果变量是一种引用类型或 null 类型）。

4. 类型转换

（1）转换成字符串。

3 种主要的原始值 boolean、number 和 string 都可以使用 toString 方法来将变量转换成为字符串。

（2）转换成数字。

ECMAScript 提供了把非数字的原始值转换成数字的两种方法，即 parseInt()和 parseFloat()，前者把值转换成整数，后者把值转换成浮点数。只有对 string 类型调用这些方法，它们才能正确运行，对于其他类型返回的都是 NaN。

parseInt 方法首先检查位置 0 处的字符，判断它是否是有效数字，若有效，再往下检查，直到发现非数字，并返回前面的检查结果。例如：

```
var num1 = parseInt("1234"); //得到 1234
var num2 = parseInt("1234blue");//返回 1234
var num3 = parseInt("blue"); //返回 NaN
```

parseFloat 的使用类似，例如：

```
var fnum1 = parseFloat("1234blue"); //返回 1234.0
var fnum2 = parseFloat("blue"); //返回 NaN
```

（3）强制类型转换。

JavaScript 提供了 3 种强制类型转换的方法：Number、Boolean 和 String，例如：

```
var i = Number("123");  //i = 123，整数
var f = Number("12.3"); //f = 12.3，浮点数
var b1 = Boolean("");   //b1 = false
var b2 = Boolean("a");  //b2 = true
var str = String(123);  //str = "123"
```

3.2.2　数组

1. 数组的定义

JavaScript 中的数组是内部类型 Array 的对象，因此，可以使用如下方式创建数组。

```
var myArray = new Array();  //创建一个长度为 0 的数组
var myArray = new Array(n); //创建一个拥有 n 个元素的数组，每个元素为 undefined 类型
var myArray = new Array(1, 2, "abc");   //创建一个长度为 3 的数组，并赋初值
```

同时，也支持使用括号来定义数组，例如：

```
var myArray = [];   //创建一个长度为 0 的数组
var myArray = [1, 2, "abc"];    //创建一个长度为 3 的数组
```

2. 数组元素的访问

数组元素按索引进行访问，索引号从 0 开始记。例如：

```
myArray[2] = 4; //将 4 赋值给 myArray 数组的第 3 个元素
var i = myArray[2]; //将 myArray 数组的第 3 个元素的值赋给变量 i
```

3. 动态数组

JavaScript 数组的长度不是固定不变的，若要增加数组的长度，直接赋值即可。例如：

```
var myArray = new Array(1, 2, 3);
myArray[3] = 4;
```

这时 myArray 的长度为 4，如果

```
var myArray = new Array(1, 2, 3);
myArray[4] = 4;
```

则长度为 5，其中 myArra[3]的值为 undefined。

4. 数组的常用属性和方法

length 属性：获取数组长度。

concat 方法：连接两个或更多的数组，并返回结果。例如：

```
var a = new Array(1, 2, 3);
var b = new Array(4, 5, 6);
alert(a.concat(b));      //输出 1,2,3,4,5,6
alert(a.length);         //长度不变，仍为 3
```

也可以直接连接数值，例如：

```
a.concat(4, 5, 6);
```

join 方法：连接数组，缺省的连接符号为“，”，例如：

```
var a = new Array(1, 2, 3);
alert(a.join());    //输出 1,2,3
```

也可用指定的符号连接，例如：

```
alert(a.join("-"));      //输出 1-2-3
```

push 方法：在数组的结尾添加一个或多个项，同时更改数组的长度。例如：

```
var a = new Array(1, 2, 3);
a.push(4, 5, 6);
alert(a.length);    //输出为 6
```

pop 方法：删除最后一个数组项，将其作为函数值返回。例如：

```
var a1 = new Array(1, 2, 3);
alert(a1.pop());        //输出 3
alert(a1.length);       //输出 2
```

shift 方法：删除数组中的第一个项，将其作为函数值返回。例如：

```
var a1 = new Array(1, 2, 3);
alert(a1.shift());      //输出 1
alert(a1.length);       //输出 2
```

unshift 方法：添加元素至数组开始处。例如：

```
var a1 = new Array(1, 2, 3);
a1.unshift(4, 5, 6);
alert(a1);          //输出 4,5,6,1,2,3
```

slice 方法：返回数组的片断（或者说子数组）。有两个参数，分别指定开始和结束的索引（不包括第 2 个参数索引本身）。如果只有一个参数，则该方法返回从该位置开始到数组结尾的所有项。如果任意一个参数为负的，则表示是从尾部向前的索引计数。例如，-1 表示最后 1 个，-3 表示倒数第 3 个。例如：

```
var a1 = new Array(1, 2, 3, 4, 5);
alert(a1.slice(1, 3));    //输出 2,3
alert(a1.slice(1));     //输出 2,3,4,5
alert(a1.slice(1, -1));    //输出 2,3,4
alert(a1.slice(-3, -2));    //输出 3
```

splice 方法：从数组中替换或删除元素。第 1 个参数指定删除或插入将发生的位置。第 2 个参数指定将要删除的元素数目，如果省略该参数，则从第 1 个参数的位置到最后都会被删除。splice 会返回被删除元素的数组，如果没有元素被删除，则返回空数组。例如：

```
var a1 = new Array(1, 2, 3, 4, 5);
alert(a1.splice(3));  //输出 4,5
alert(a1.length);          //输出 3
var a1 = new Array(1, 2, 3, 4, 5);
alert(a1.splice(1, 3));    //输出 2,3,4
alert(a1.length);          //输出 2
```

sort 方法：数组排序。sort 方法可以指定比较函数，根据比较函数进行排序，例如：

```
var a1 = new Array(1, 4, 2, 3, 5);
alert(a1.sort());       //输出 1,2,3,4,5
function compare(a, b) {
   return (b - a);
}
var a1 = new Array(1, 4, 2, 3, 5);
alert(a1.sort(compare));  //输出 5,4,3,2,1
```

reverse 方法：将数组倒序。

3.2.3 string 类型

字符串（string）类型在 JavaScript 中用得很多，这里简单介绍其主要属性和方法。字符串由多个字符组成，使用双引号或单引号可定义一个字符串常量，并可赋给一个字符串类型的变量，利用 length 属性可获取字符串的长度，例如：

```
var myString = "This is a sample";
alert(myString.length);    //输出 8
```

下面简单介绍 string 类型的主要方法。

charAt 方法：返回字符串对象在指定位置处的字符。例如：

```
myString.charAt(2);    //返回 i
```

charCodeAt 方法：返回字符串对象在指定位置处字符的十进制的 ASCII 码，例如：

```
myString.charCodeAt(2);    //返回 105
```

indexOf 方法：返回要查找的字符串在字符串对象中的位置，例如：

```
myString.indexOf("is");         //返回 2
```

lastIndexOf 方法：返回要查找的字符串在字符串对象中的最后位置，即反向查找，例如：

```
myString.lastIndexOf("is");     //返回 5
```

substr 方法：截取字符串。有两个参数，第 1 个参数指定开始位置，第 2 个参数指定截取长度。例如：

```
myString.substr(10, 3);         //返回 sam
```

substring 方法：截取字符串。有两个参数，第 1 个参数指定开始位置，第 2 个参数指定结束位置。例如：

```
myString.substring(5, 9);       //返回 is a
```

split 方法：分隔字符串到一个数组中。例如：

```
var a = myString.split(" ");
alert(a[0] + "-" + a[1] + "-" + a[2] + "-" + a[3]);  //输出 This-is-a-sample
```

replace 方法：查找并替换。例如：

```
myString.replace("sample", "apple");
alert(myString);            //输出 This is a apple
```

toLowerCase 方法：将大写字母转换成小写字母。例如：

```
myString.toLowerCase();
alert(myString);            //输出 this is a sample
```

toUpperCase 方法：将小写字母转换成大写字母。例如：

```
myString.toUpperCase();
alert(myString);     //输出 THIS IS A SAMPLE
```

3.2.4　JavaScript 的函数

JavaScript 中并不区分函数和过程。在 JavaScript 中只有函数，函数完成一定功能后可以有返回值，JavaScript 中的函数同时具有其他语言中的函数和过程的功能。

1. 函数的定义

函数定义的一般方式如下。

```
function 函数名(参数 1, 参数 2) {
      代码块;
}
```

JavaScript 的函数与 C#等语言的方法或函数不同，function 后面不需要定义返回值类型。参数列表是可选的，当使用多个参数时，参数间以逗号隔开。JavaScript 中函数的传递也分为两种，按值传递和按引用传递。代码块中的代码包含在一对大括号中，通过代码块的执行完成函数的功能，如果需要返回一个值给调用函数的语句，应该在代码块中使用 return 语句。而且函数是可以嵌套的，即在一个函数中还可以调用其他的函数。

2. arguments 对象

使用特殊对象 arguments，开发者无须指出参数名，就能访问它们。例如，如下的函数 SayHi()就可以有两种调用形式。

```
function SayHi() {
    if (arguments[0] == "bye") {
        return;
    }
    alert(arguments[0]);
}
```

调用形式 1：

```
<script language="javascript">
     SayHi("test");
</script>
```

调用形式 2：

```
<script language="javascript">
     SayHi("test", 123);
</script>
```

与其他语言不同，ECMAScript 不会验证传递给函数的参数个数是否相等，函数可以接受任意个数的参数（Netscape 的文档最多 25 个），而不会引发任何错误。

还可以在函数内使用 argument.length 属性检测参数个数，例如：

```
function HowManyArgs() {
     alert(arguments.length);
}
```

综合以上特点，可以利用 arguments 对象判断传递给函数的参数个数，即可模拟函数重载。

```
function doAdd() {
     if (arguments.length == 1) {
           alert(arguments[0] + 10);
     } else if (arguments.length == 2) {
           alert(arguments[0] + arguments[1]);
     }
}
```

3．函数是对象

在 JavaScript 中，函数其实是一个对象，它是 Function 类的实例。下面两段代码是等价的。

```
var f = new Function("x", "y", "return x+y");
```

与

```
var f = function (x, y) {
      return x + y;
}
```

上述两段代码中的"Function"和"function"是不一样的，前者是 JavaScript 提供的类，后者是 JavaScript 关键字。从上面也可以看出，Function 类的构造函数可以接收多个参数，最后一个参数是函数的主体，可以包含多条 JavaScript 语句。其余的参数作为被定义函数的参数。如果函数没有参数，就直接将函数体作为 Function 类的构造函数的唯一参数传送。

既然函数是一个对象，那么它就可以作为另一个函数的参数，前面介绍的 string 类型的 sort 方法中指定比较函数就是因此道理而实现的。

3.2.5 JavaScript 对象化编程

JavaScript 不是一个真正意义上的面向对象的编程语言，但是它却吸取了许多面向对象编程语言的特性。

1．对象的定义与使用

创建对象最简单的方法是使用"属性名：值"格式项的集合，属性名要求是一个 JavaScript 的有效标识符或者是一个字符串，属性值可以是一个常量、一个表达式或一个函数，项之间使用逗号分隔，例如：

```
var pose = { x: 0, y: 0, theta: 0 };
```

上述代码创建了一个 pose 对象，拥有 3 个属性：x、y 和 theta，其初始值均为 0。通过"对象名.属性名"的方式可以访问对象的属性，例如：

```
pose.x = 10;
```

2．添加、删除对象的属性

JavaScript 中的对象在定义好后还可以添加或删除其属性，例如：

```
var pose = { x: 0 };
```

```
pose.y = 0;
pose.theta = 0;
```

上述代码中的第一句还可以改写成为：

```
var pose = {}; //或者为 var pose = new Object();
pose.x = 0;
```

使用 delete 关键字可以删除一个对象的属性，属性删除之后自然就不能再访问了。例如，下面的代码完成对 pose 对象 theta 属性的删除。

```
delete pose.theta;
```

由于一个对象的属性有可能被删除，因此，在访问一个属性时可以先测试一下该属性是否存在。

```
if (pose.theta)
      访问对象 pose 的 theta 属性;
else
      alert("pose.theta 不存在! ");
```

3. 添加对象的方法

如果对象的属性保存的是一个函数，则此函数称为对象的方法，例如，下面的代码给 pose 对象添加了一个 showInfo()方法，然后调用它。

```
var pose = { x: 0, y: 0, theta: 0 };
//添加对象的方法
pose.showInfo = function () {
      return "x=" + pose.x + ", y= " + pose.y + ", theta=" + pose.theta;
}
//调用对象的方法
alert(pose.showInfo());
```

4. 构造函数

在默认情况下 JavaScript 不会为对象创建构造函数，这样前面例子中定义的 pose 对象就无法通过“new pose( )”表达式直接创建，而只能先创建一个 Object 对象，然后再向这个已创建的对象添加需要的属性和方法，这样就不能体现出类型的特点。给对象定义相应的构造函数就可以解决这个问题。

在 JavaScript 中定义对象的构造函数的基本格式如下。

```
function 对象名(参数 1, 参数 2, ……) {
      this.属性 1=参数 1;
      this.属性 2=参数 2;
      this.方法 1=function(){
            ……
      }
      ……
}
```

在构造函数中通过 this 运算符（this 指对象本身）引用当前对象，函数中有多个参数，当调用这个函数时就创建了一个对象，并把参数值赋给这个对象的属性。在定义对象的构造函数之后，可以使用 new 关键字创建对象的实例。例如（参见 Construct.htm）：

```
function student(thename, thesex, thenumber) {
      this.name = thename;
      this.sex = thesex;
      this.number = thenumber;
      this.showInfo = function ( ) {
            alert(this.name + ":" + this.sex + ":" + this.number);
      }
}
```

接下来创建对象实例并调用其方法。

```
var st1 = new student("张三", "男", 59);
```

```
st1.showInfo( );
```

需要说明的是，除了用前面直接给出代码的方式来定义或添加方法外，可以像定义普通函数一样来定义对象的方法，只是在定义完方法之后，还需要将方法与对象联系起来。将方法与对象联系起来的方法是：对象.方法的名称=函数的名称。例如，如果在程序中事先定义了一个普通的函数 showInfo，则代码如下：

```
function showInfo(name, sex, number) {
    alert(name + ":" + sex + ":" + number);
}
```

student 对象构造函数中的 showInfo 函数的定义可以用下面的代码替换，其效果相同。

```
this.showInfo = showInfo(this.name, this.sex, this.number);
```

5. prototype 属性

前面介绍了如何在创建一个对象之后给对象添加属性和方法，然而添加的这些属性和方法只针对此对象有效。如果想再创建一个与此对象拥有相同属性和方法的对象，就不得不重复做添加属性和方法的过程。例如，在上面创建的 student 类示例代码中，如果给 st1 动态添加一个 showInfo1 方法，则此方法不会自动传递给对象 st2。

```
//定义 student 类的代码略
//创建两个对象
var st1 = new student("张三", "男", 59);
var st2 = new student("李四", "女", 38);
//给 st1 添加一个方法 showInfo1
st1.showInfo1 = function (str) {
    alert(str);
}
//调用两个对象都有的 showInfo 方法
st1.showInfo();
st2.showInfo();
//调用新添加的方法
st1.showInfo1("调用 st1 的 showInfo1 方法");
st2.showInfo1("调用 st2 的 showInfo1 方法");//该行运行会报错：对象不支持此属性或方法
```

从此可以看出，前面介绍的只是给“对象”添加属性或方法，而不会影响到其他对象。为了达到给“类”添加属性或方法的目的，可以使用 JavaScript 对象的 prototype 属性。如果把上面添加 showInfo1 方法的代码改写为如下代码，则可以保证 st1 和 st2 都拥有 showInfo1 方法，而且从此以后所有新创建的 student 对象都拥有该方法。

```
student.prototype.showInfo1 = function (str) {
    alert(str);
}
```

在实际开发中，经常利用 prototype 属性来给已有的 JavaScript 类添加新的属性和方法。例如，设计 3 个函数 LTrim、RTrim 和 Trim，分别剪切字符串的左边多余空格、右边多余空格和左右多余空格。

3.2.6 事件驱动及事件处理

JavaScript 是基于对象的语言，基于对象的基本特征就是采用事件驱动机制，这里的事件包括鼠标或键盘的动作。所谓事件驱动，是指由鼠标或键盘的动作引发的一连串程序的动作；浏览器为了响应某个事件而进行的处理过程称为事件处理。浏览器在程序运行的大部分时间里都在等待交互时间的发生，并在事件发生时，自动调用事件处理程序完成事件处理过程。

1. 常用的事件

网页中的事件一般分为鼠标事件、键盘事件及其他事件。表 3-1～表 3-3 分别列出了这 3 类事件中的常用事件。

表 3-1　　常用鼠标事件

事　件	触发时机
onmousedown	按下鼠标键
onmousemove	移动鼠标
onmouseout	鼠标离开某一个网页对象
onmouseover	鼠标移动到某一个网页对象
onmouseup	松开鼠标键
onclick	单击鼠标键
ondbclick	双击鼠标键

表 3-2　　常用键盘事件

事　件	触发时机
onkeydown	按下一个键
onkeyup	松开一个键
onkeypress	按下然后松开一个键

表 3-3　　其他事件

事　件	触发时机
onfocus	焦点到一个对象上
onblur	从一个对象失去焦点
onload	载入网页文档
onunLoad	卸载网页文档
onselect	文本框中选择了文本内容
onchange	文字变化或列表选项变化
onerror	出错
onsubmit	提交表单
onreset	重置表单
onabort	中断显示图片

2. 用 JavaScript 处理事件

JavaScript 语言与 HTML 文档相关联主要是通过“事件”，JavaScript 的函数就是用于处理事件的程序，事件的语法规则如下。

事件 ＝“函数名”或 事件 ＝“JavaScript 语句”

例如：

```
<input type="button" value="[测 试]" onclick="alert('hello world');"/>
```

也可以定义好函数后再调用，例如：

```
function message() {
     alert('hello world');
}
<input type="button" value="[测 试]" onclick="message();"/>
```

3. 实例练习

（1）当装入 HTML 文档时调用 LoadForm 函数，而退出该文档进入另一个 HTML 文档时，则首先调用 UnLoadForm 函数，确认后，方可进入。LoadForm 函数用于提示用户“这是一个装载的例子”。UnLoadForm 函数用于提示用户“这是一个卸载的例子”。

```
<head>
    <title>用 JavaScript 处理事件</title>
    <script type="text/javascript">
        function LoadForm()
        {
            alert("这是一个装载的例子");
        }
        function UnLoadForm()
        {
            alert("这是一个卸载的例子");
        }
    </script>
</head>
<body onload="LoadForm();" onunload="UnLoadForm();">
    <a href ="t.htm">测试</a>
</body>
```

（2）当输入框中没有输入值时，提示用户："请输入!!!"。

```
<head>
    <title>无标题页</title>
    <script  type="text/javascript" language="javascript">
        function validate()
        {
            if(user.value=="")
            {
               alert("请输入!!!");
            }
        }
    </script>
</head>
<body>
    <input type="text" name="user"/>
    <input type="button" value="提交"  onclick="validate();"/>
</body>
```

若要验证 form 中提交的数据，可以使用如下代码。

```
<body>
 <form name="data" action="#" method="get" onsubmit="return validate()">
        <input type="text" name="user" />
        <input type="submit" value="提交"/>
</form>
</body>
```

JavaScript 脚本如下。

```
 <script language="javascript" type="text/javascript">
        function validate()
        {
            if(document.data.user.value=="")
            {
               alert("wrong");
               return false;
            }
        }
    </script>
```

3.3 浏览器对象模型

由于 JavaScript 在网页中使用，网页通过浏览器浏览，在浏览器中打开一个页面时浏览器会自动创建一些对象，这些对象存放了 HTML 页面的属性和其他相关信息。这些对象在浏览器上运行，提供了独立于内容而与浏览器窗口进行交互的作用，我们把它们称为浏览器对象。BOM（浏览器对象模型）提供了独立于内容而与浏览器窗口进行交互的对象。BOM 由一系列相关的对象构成。

3.3.1　体系结构

浏览器对象主要包括 navigator、window、document、location 和 history 对象等。对象之间有从属关系，如图 3-1 所示，window 对象是其他部分的祖先，其子对象包括 location 对象、document 对象和 history 对象等。在程序中子对象被认为是父对象的属性。例如，要引用 document 对象，应该用格式 window.document。下面分别介绍这些对象。

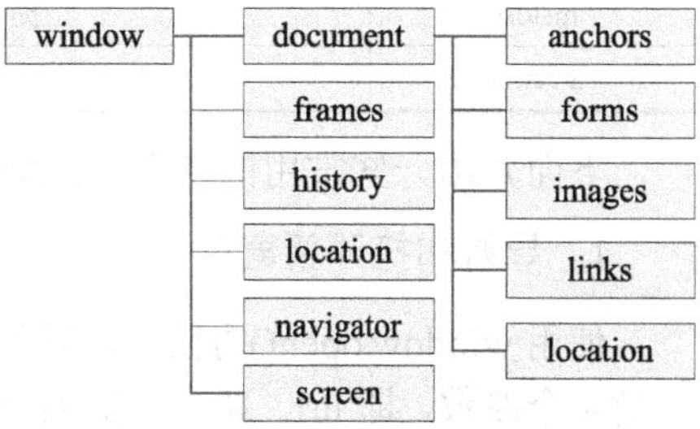

window
document
frames
history
location
navigator
screen
anchors
forms
images
links
location

图 3-1　浏览器对象模型

3.3.2　window 对象

window 对象反映的是一个完整的浏览器窗口。只要浏览器窗口打开，即使浏览器中没有加载任何页面，JavaScript 也会建立该对象。该对象对应于 HTML 文档中的<body>和<frameset>两种标记。

在客户端 JavaScript 中，Window 对象是全局对象，所有的表达式都在当前的环境中计算。也就是说，要引用当前窗口根本不需要特殊的语法，可以把那个窗口的属性作为全局变量来使用。例如，可以只写 document，而不必写 window.document。同样，可以把当前窗口对象的方法当作函数来使用，如只写 alert()，而不必写 window.alert()。

window 对象的 window 属性和 self 属性引用的都是它自己。当想明确地引用当前窗口，而不仅仅是隐式地引用它时，可以使用这两个属性。除了这两个属性之外，parent 属性、top 属性以及 frame[] 数组都引用了与当前 Window 对象相关的其他 Window 对象。

要引用窗口中的一个框架，可以使用如下语法。

```
frame[i]      //当前窗口的框架
self.frame[i]//当前窗口的框架
w.frame[i]    //窗口 w 的框架
```

要引用一个框架的父窗口（或父框架），可以使用下面的语法。

```
parent        //当前窗口的父窗口
self.parent  //当前窗口的父窗口
w.parent          //窗口 w 的父窗口
```

要从顶层窗口含有的任何一个框架中引用它，可以使用如下语法。

```
top       //当前框架的顶层窗口
self.top      //当前框架的顶层窗口
f.top         //框架 f 的顶层窗口
```

表 3-4 中列出了 window 对象的一些常用属性。

表 3-4　　**window 对象的常用属性**

属　性	说　明
closed	判断一个窗口是否关闭
frames	记录当前窗口中所有框架的信息，是一个 frame 对象的数组
parent	指明当前窗口或框架的父窗口
defaultstatus	默认状态，它的值显示在窗口的状态栏中
status	状态栏中当前显示的信息
top	定义一系列浏览器上层的浏览器窗口

续表

属　　性	说　　明
window	表示当前窗口
self	引用当前文档对应的窗口
history	提供当前窗口的历史记录，可在网页导航中发生作用
location	代表浏览器的地址栏

下面介绍一些常用的使用 window 对象完成的常用功能。

1. 导航和打开新窗口

使用 window.open()方法，可以创建一个新窗口或在指定的命令窗口中打开页面。该方法接受 4 个参数，即 url、新窗口的名称、特性字符串和说明是否用新载入的页面替换当前载入的页面的 boolean 值，一般只用前 3 个。

特性字符串是用逗号分隔的设置列表，它定义新创建窗口某些方面的特性。例如，打开一个窗口，加载页面 1.html，窗口设有工具栏、地址栏、状态栏，没有菜单栏、滚动栏和目录按钮，窗口高 300 像素、宽 300 像素，具体实现的代码如下。

```
    var window1 = window.open("1.html", null, "toolbar=yes, location=yes, status=yes,
directories=no, menubar=no, scrollbar=no, width=300px, height=300px");
```

这里，使用变量 window1 来引用新打开的窗口；而新窗口的 opener 属性反过来引用了当前打开它的那个窗口。

2. 关闭窗口

close()方法用于关闭一个浏览器窗口。例如，要关闭上面建立的对象 window1，格式如下。

```
window1.close();
```

3. 系统对话框

与系统对话框相关的有以下 3 个方法。

（1）alert 方法：用于弹出一个警示框，在警示框内显示字符串文本。例如：

```
alert("您出错了！");
```

图 3-2　警示框

其弹出的警示框如图 3-2 所示。

（2）confirm 方法：用于弹出一个确定框，在确定框内显示字符串文本，通常在用户决定某些行动是否采取时使用。用户单击“确定”按钮时返回 true，否则返回 false。例如，如下程序完成的功能为：首先弹出一个询问的确定框，如果单击“确定”按钮，则接着弹出一个显示“删除”的警示框，否则弹出一个显示“不删除”的警示框。

```
if (confirm("你真的要删除么？")) {
    alert("删除");
}
else {
    alert("不删除");
}
```

图 3-3　确定框

其弹出的确定框如图 3-3 所示。

（3）prompt 方法：用于弹出一个提示框，提示框中显示字符串，并且有一个文本框要求用户输入信息。如果用户修改文本框内的文本后，单击“确定”按钮，则返回用户输入的字符串。如果单击“取消”按钮，则返回 null 值。

例如，要求用户输入自己的用户名，格式如下：

```
var username = window.prompt("请输入您的用户名：", "mary");
```

其弹出的提示框如图 3-4 所示。

图 3-4　提示框

4. 时间间隔和暂停

所谓暂停，是指在指定的毫秒数后执行指定的代码；时间间隔是指反复执行指定的代码，每次执行之间等待指定的毫秒数。

（1）使用 setTimeout 实现暂停。例如，要求 1 000ms 后执行函数 compute()，格式如下。

```
var n=setTimeout(compute,1000);
```

若调用的函数有参数，建议采用如下的形式。

```
setTimeout(function(){compute (1, 2);},3000);
```

调用 setTimeout 时会创建一个数字暂停 ID，要取消可使用 clearTimeout，并把暂停 ID 传给它，例如：

```
var tid= setTimeout(compute, 3000);
clearTimeout(tid);
```

（2）使用 setInterval 定义间隔。用于设定周期性地执行某动作，用法与 setTimeout 基本类似，例如：

```
setInterval(compute, 3000);
```

表示从现在开始，每间隔 3 000ms 就执行一次 compute 函数。

它也会创建间隔 ID，若不取消，一直执行直到页面卸载为止，使用 clearInterval 可以取消先前设定的周期行为，例如：

```
var sid= setInterval(sayHello,3000);
clearInterval(sid);
```

3.3.3　Document 对象

Document 对象比较独特，它既属于 BOM，又属于 DOM。每个载入浏览器的 HTML 文档都会成为 Document 对象，Document 对象使用户可以从脚本中访问 HTML 页面中的所有元素。Document 对象是 Window 对象的一部分，可通过 window.document 属性对其进行访问。

1. Document 对象的属性

Document 对象存储当前页的一些信息，代表的是当前整个页面，页面的前景色、背景色、链接颜色、图像等都作为 Document 对象的属性存在。表 3-5 列出了 Document 对象的常用属性。

表 3-5　　Document 对象的常用属性

属　性	说　明
title	页面的标题，相当于 HTML 文档中<title>和</tilt>之间的内容
lastModified	页面最后修改的日期
bgcolor	页面的背景色，相当于 HTML 中<body>的 bgcolor 属性
fgcolor	页面的前景色，相当于 HTML 中<body>的 text 属性
alinkcolor	鼠标单击时链接的颜色
vlinkcolor	已访问过的链接的颜色

续表

属　　性	说　　明
URL	指出页面对应的 URL 地址
anchors	页面中所有锚的集合（由<a name="anchorname"></a>表示）
applets	页面中所有 applet 的集合
embeds	页面中所有潜入对象的集合（由<embed/>标签表示）
forms	页面中所有表单的集合
images	页面中所有图像的集合
links	页面中所有链接的集合（由<a href=""></a>表示）

例如：

```
<body>
<img src="logo.gif" name="imgHome"/>
<form method="post" action="1.htm" name="data">
    <input type="text" name="txtEmail"/>
    <input type="submit" value="提交"/>
</form>
</body>
```

访问 body 中 img 图像的代码如下。

```
document.images["imgHome"];
```

访问表单中输入框的代码如下。

```
document.forms["data"].txtEmail;
```

这时这些对象的所有特性都变成了该对象的属性，可以进行设置或读取，例如：

```
function showMessage() {
     alert(document.images["imgHome"].src);
     alert(document.forms["data"].txtEmail.value);
     document.images["imgHome"].src = "pop.gif";
     document.forms["data"].txtEmail.value = "这是测试一下";
}
```

2. Document 对象的方法

Document 对象的常用方法有 write、writeln、clear、open 和 close 等。write 将字符串写到一个新文档中；writeln 将字符串写到一个新文档，并在字符串末尾加上换行符；clear 清除文档当前内容；open 和 close 打开一个新文档并关闭当前文档。

下面的例子先用 open 方法打开一个页面，然后再用 write（或者 writeln）方法写入，写入完成后用 close 方法关闭该页面。

```
<html>
<head>
<title>document 对象练习</title>
<script language= javascript >
    document.open();
    document.write("这篇文档的最后修改日期是：" + document.lastModified);
    document.close();
</script>
</head>
</html>
```

下面举一个更有趣的例子：动态引入.js 文件的功能。在该例中将</script>进行了拆分，这是因为浏览器一遇到</script>，就会假定其中的代码是完整的（即使它出现在字符串中），这样就会忽略后面的代码。

```
<script type = "text/javascript">
     document.write("<script type='text/javascript' src='1.js'>" + "</scr" + "ipt>");
</script>
```

3.3.4　Location 对象

Location 对象提供当前页面的 URL 信息，它有一组属性，用于存储 URL 的各个组成部分。它的方法可以重载当前页面或载入新页面。例如，有如下的 URL。

```
http://www.zjl.xom:80/book/1.html#section1
```

从中可以得到的信息有：协议名称为 HTTP，主机名称为 www.zjl.com，端口号为 80，页面地址为 book/1.html，在页面中有一个页面内跳转锚标，名称为 section1。下面通过该例来了解 Location 对象的属性和方法。

1. Location 对象的属性

表 3-6 列出了 Location 对象的属性。

表 3-6　　Location 对象的常用属性

属　性	说　明	在上例中的应用情况
hash	如果页面中有页面内跳转的锚标，则 hash 属性返回 href 中#号后面的字符串	用 location.hash 可以获得锚标为#section1 （接下来只列出属性值）
host	提供 URL 页面所在的 Web 服务器主机名称和端口号	www.zjl.com:80
hostname	提供 URL 的主机名称部分	www.zjl.com
href	提供整个 URL	http://www.zjl.com:/book/1.html#section1
pathname	提供文档在主机上的路径及文件名	book/1.html
port	返回 URL 中的端口部分	80
protocol	协议名称	HTTP
search	提供完整 URL 中“?”后面的查询字符串	

在浏览网页时常会发生搜索站点的页面 URL 中问号“?”后还有一些信息的情况，这些信息往往是提交到服务器上进行搜索的信息。该内容在后面的学习过程中会详细讲解。

2. Location 对象的方法

Location 对象的方法有 reload、replace 和 assign。reload 方法用来刷新当前页面，相当于工具栏上的刷新按钮。例如，定义一个刷新页面的按钮，格式如下。

```
<input type="button" value="刷新" onclick="location.reload()">。
```

需要说明的是，reload 可以带一个 boolean 类型的参数。该方法没有规定参数，或者参数是 false，它就会用 HTTP 头 If-Modified-Since 来检测服务器上的文档是否已改变。如果文档已改变，reload()会再次下载该文档。如果文档未改变，则该方法将从缓存中装载文档。这与用户单击浏览器的刷新按钮的效果完全一样。

如果把该方法的参数设置为 true，那么无论文档的最后修改日期是什么，它都会绕过缓存，从服务器上重新下载该文档。这与用户在单击浏览器的刷新按钮时按住 Shift 键的效果完全一样。

replace 方法用指定的 URL 地址代替当前页面；assign 方法将当前页面导航到指定的 URL 地址。

另外，使用 href 属性也可以实现导航的功能，例如：

```
<input type="button" value="注册" onclick="alert('注册成功'); location.href = 'index.htm'"/>    //实现页面转向
    location.href="about:blank";        //清空网页
```

3.3.5 History 对象

History 对象存储最近访问过的 URL 地址。它有一个 length 属性，用于记录该对象存储的 URL 地址的个数，其方法有 back、forward、go、home 等。back 方法用于指示浏览器载入历史记录的上一个 URL 地址，相当于浏览器工具栏中的后退按钮；forward 方法用于指示浏览器载入历史记录的下一个 URL 地址，相当于浏览器工具栏中的前进按钮；home 方法用于指示浏览器载入预先设定的主页；go 方法用于指示浏览器载入历史记录中指定的历史 URL 地址。例如：

```
window.history.go(-1); //后退一页
window.history.go(-2); //后退两页
window.history.go(2); //前进两页
```

也可使用以下语句。

```
window.history.back();
window.history.forward();
```

3.3.6 Navigator 对象

Navigator 对象保存浏览器厂家、版本和功能信息。Navigator 的常用属性有：appCodeName 属性，提供当前浏览器的代码名；appName 属性，提供当前浏览器的名称；appVersion 属性，提供当前浏览器的版本号；userAgent 属性，反应浏览器完整的用户代理标识。navigator 还有一个 JavaEnabled()方法，用于指出在浏览器中是否可以使用 Java 语言，该方法的返回值是一个布尔值。

3.4 文档对象模型

文档对象模型（Document Object Model，DOM）是基于浏览器编程的一套 API 接口，是 W3C 制定的标准。这个规范允许访问和操作 HTML 页面中的每一个单独的元素。DOM 被分为不同的部分（核心、XML 及 HTML）和级别（DOM Level 1/2/3），这里主要介绍 HTML 文档对象模型。

3.4.1 HTML 文档对象模型节点树

根据 DOM，HTML 文档中的每个成分都是一个节点，DOM 按如下规则定义节点。

（1）整个文档是一个文档节点。

（2）每个 HTML 标签是一个元素节点。

（3）包含在 HTML 元素中的文本是文本节点。

（4）每一个 HTML 属性是一个属性节点。

（5）注释属于注释节点。

根据 HTML 文档中各成分的层次关系，很容易将该文档所有的节点组成一个节点树（或文档树）。有一些浏览器附加工具（如 IE Developer Toolbar）可以直观地表示出浏览器当前装入的 HTML 文档的文档树结构。例如，以下是一个简单的 HTML 示例文档（HTMLDOM.htm）。

```
<html xmlns="http://www.w3.org/1999/xhtml">
  <head>
    <title>HTML 文档树结构</title>
  </head>
  <body>
```

```
        <h1>HTML 文档</h1>
        <p>Hello world!</p>
      </body>
    </html>
```

上述文档在 IE Developer Toolbar 中的显示如图 3-5 所示。

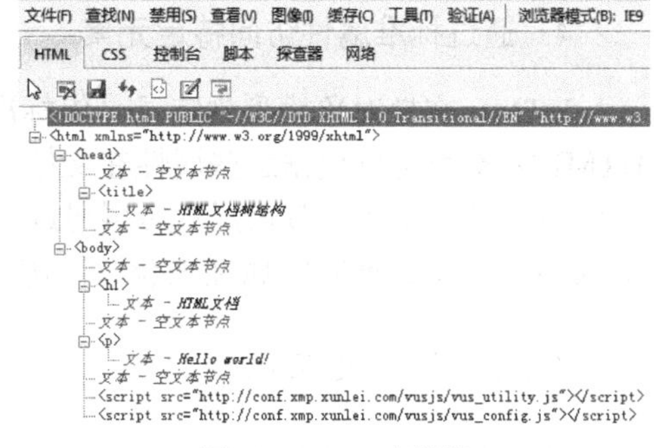

图 3-5　HTML 文档树

有了节点树，就能方便地在 JavaScript 中编程访问 HTML 文档中的特定部分。使用节点树修改 HTML 文档的基本编程方法如下。

（1）获得节点树中特定节点的引用。

（2）通过节点引用修改此节点的属性。

一个节点树中节点的属性被修改后，浏览器会自动更新这个节点所对应的 HTML 代码并刷新显示。

3.4.2　访问指定节点

访问节点树的起点是 document 节点，上一节介绍的浏览器对象模型中的顶层对象 window 有一个 document 属性引用它。由于 window 是顶层对象，经常被省略，因此在 JavaScript 代码中 window.document 通常被简写为 document，它代表了整个 HTML 文档。可通过若干种方法来查找希望操作的元素，下面分别介绍。

1. 访问指定标签名称的元素

使用 document 对象的 getElementsByTagName()方法可以返回一个包含所有指定标签名的的集合。例如，返回文档中所有<img>元素的列表。

```
var oImgs = document.getElementsByTagName("img");
```

在把所有的 img 标签存储在 oImgs 中后，可以使用序号或名称访问子项。

```
alert (oImgs[0].tagName);// 输出标签名"IMG"
```

或者

```
alert(oImgs["img1"].tagName); //img1 为某个<img>元素的 name 属性
```

在 FireFox 等浏览器中，可以使用该方法获取所有 HTML 元素。

```
var oAllElement = document. getElementsByTagName("*");
```

在 IE 浏览器中可以用如下方法获取所有 HTML 元素。

```
var oAllElement = document. all;
```

2. 访问指定 name 属性的元素

使用 document 对象的 getElementsByName()方法可以获取所有 name 属性等于指定值的元素集合，这些元素可以是不同类型的标签。例如，获取所有 name 属性等于“myInput”的所有元素（getElementsByName.htm）。

```
var x=document.getElementsByName("myInput");
alert(x.length);
```

3. 访问指定 id 属性的元素

使用 document 对象的 getElementById ()方法可以获取 id 属性等于指定值的元素。在 HTML 中，id 是唯一的，这也是从 DOM 文档树中获取单个指定元素的最快方法。例如，获取 id 属性为 myInput1 的元素（参见示例网页 getElementById.htm）。

```
var x=document. getElementById ("myInput1");
alert(x.size);
```

4. 通过标准属性访问特定元素

HTML 文档对象模型规定了一组标准的属性，如 parentNode、childNodes 等，任何一个 HTML 元素都可以根据这些属性在文档树中找到特定的元素节点。一般情况下，需要先找到待访问元素的父元素节点，然后再通过“父元素节点.childNodes[子节点索引]”，或父元素的 firstChild 以及 lastChild 属性来获取待访问元素所对应的 DOM 树节点。

3.4.3 处理元素属性

从前面的代码片段中可以看出，访问元素最简单的方式是先获取元素对应的节点，然后直接用“.”的方式访问其属性。但各种类型节点的属性列表千差万别，这种方式在实际使用中存在风险，因为不能保证所给定的属性是否存在。下面介绍其他一些处理元素属性的方法。

1. 通用属性

HTML 文档对象模型给节点定义了 3 个与节点属性相关的通用属性。

（1）nodeName：对应节点的名称。具体来说，元素节点的 nodeName 属性是标签名称；属性节点的 nodeName 属性是属性名称；文本节点的 nodeName 属性永远是#text；文档节点的 nodeName 属性永远是#document。

（2）nodeValue：对应节点的值。具体来说，文本节点的 nodeValue 属性是其文本值；属性节点的 nodeValue 属性是属性的值；文档节点和元素节点没有 nodeValue 属性。

（3）nodeType：对应节点的类型。节点类型和其 nodeType 值的对应关系如表 3-7 所示。

表 3-7　　节点类型和其 nodeType 值的对应关系

元素类型	nodeType 值	元素类型	nodeType 值
元素	1	注释	8
属性	2	文档	9
文本	3	—	—

2. 获取元素的属性

获取元素的某个属性可使用 getAttribute( )方法。例如：

```
var oImgs = document.getElementById("img1");
alert(oImgs. getAttribute("src"));
```

3. 设置元素的属性

设置元素的某个属性可使用 setAttribute( ) 方法。例如：

```
var oImgs = document.getElementById("img1");
oImgs.setAttribute("src","test.gif");
//设置图片对象的 src 属性为 test.gif
```

4. 移除元素的属性

移除元素的某个属性可使用 removeAttribute ( ) 方法。例如，文档中有：

```
<input type="hidden" value="abc@163.com" id="email"/>
```

现在想移除 email 中的 value 属性，可用如下语句。

```
var iHid = document.getElementById("email");
iHid.removeAttribute("value",1);//1 表示忽略大小写
```

3.5 客户端动态网页编程

通过 HTML 文档对象模型，JavaScript 可以方便地访问 HTML 文档中的任何部分，并且通过浏览器对象模型，JavaScript 能操控浏览器本身。本节简单介绍一些 JavaScript 利用 HTML 文档对象模型和浏览器对象模型生成动态网页的编程技术。

3.5.1 动态修改文档内容

动态修改文档内容，最常见的使用 document.write()动态地向网页中添加 HTML 代码的方法，前面已经做了介绍，在此不再介绍了。下面介绍其他几种方法。

1. 使用 innerHTML 属性

可以使用节点的 innerHTML 属性来读取、添加或删除指定标签中的内容，其中改变后的内容也可以包括 HTML 标签。例如，页面源代码如下。

```
<body>
<div id="content">
    <input type="button" value="test" onclick="test();"/>
</div>
</body>
```

读取的函数代码如下。

```
function test() {
        var oDiv = document.getElementById("content");
        alert(oDiv.innerHTML);
        //输出: <input type="button" value="test" onclick="test();"/>
}
```

修改的函数代码如下。

```
function test() {
        var oDiv = document.getElementById("content");
        oDiv.innerHTML = "<img src='pop.gif' alt='测试'/>"
}
```

2. 使用 outerHTML 属性

可以使用节点的 outerHTML 属性删除指定的标签，并把它替换成新的 HTML 内容。例如：

```
function test() {
        var oDiv = document.getElementById("content");
        oDiv.outerHTML = "<img src='pop.gif' alt='测试'/>";
}
```

上面的函数将删除div标签本身，将其替换成

```
<img src="pop.gif" alt="测试"/>
```

3.5.2 样式表编程

在上一章中介绍了 CSS 的一些知识，JavaScript 可以给指定的 HTML 元素动态设定其 CSS 样式，从而大大丰富了网页的表现效果。

1. 使用 style 对象

许多 HTML 元素都有一个 style 属性，用其管理 CSS 样式，因此，可以直接给其赋值以设定其 CSS 样式。不过要注意的是，文档树节点的 style 对象中包含的特性与每个 CSS 样式对应的特性在格式上会有所不同，但它的样式属性有一定的规律，能与 CSS 样式对应起来。

style 属性与 CSS 样式的对应关系如表 3-8 所示。

表 3-8　　style 属性与 CSS 样式的对应关系

CSS 样式特性	JavaScript 样式属性
background-color	style.backgroundColor
color	style.color
font-family	style.fontFamily

下面举例说明。在 body 中有一个层 div，其 id 为“content”，要求实现翻转效果，当鼠标指针放置在层上时，该层的背景色为蓝色，当鼠标离开时，层的背景色恢复成红色。

层的设计如下。

```
<div id="content" style="background-color:red;height:100px;width:200px;">
</div>
```

要用到的事件有 onmouseover（放置）和 onmouseout（离开），代码如下。

```
function ChangeBlue() {
      var oDiv = document.getElementById("content");
      oDiv.style.backgroundColor = "Blue";
}
function ChangeRed() {
      var oDiv = document.getElementById("content");
      oDiv.style.backgroundColor = "Red";
}
<div id="content" style="backgroundcolor:red; height:100px; width:200px;"
onmouseover= "ChangeBlue();" onmouseout="ChangeRed();">
```

在此要强调一点，style 对象用来读取样式时，只能获取在 HTML 标签的 style 属性中定义的 CSS 样式。当 CSS 样式在<style>标签中定义或在外部的.css 文件中定义时，无法使用 style 对象获取某个元素的 CSS 样式。例如，有下面的标签和样式表。

```
<div id="Content"> </div>
#Content {
     height : 100px ;
     width : 200px ;
     background-color : red ;
}
```

下面代码的输出是空值。

```
var oDiv = document.getElementById("Content");
alert(oDiv.style.width);
```

2. 使用 className 属性

可以通过 HTML 元素的 className 属性设定具体的 CSS 样式类。例如，样式表中定义了以下样式类。

```
.divcssclass {
      height : 100px ;
      width : 200px ;
      background-color : red ;
}
```

假设网页中有一个 id 属性为“Content”的<div>元素，则下面的代码将 divcssclass 样式类应用到此<div>元素上。

```
var oDiv = document.getElementById("Content");
oDiv.className="test";
```

本章实验

一、实验目的

掌握 JavaScript 的基本知识，能编写 JavaScript 程序；掌握访问网页中特定元素的方法；掌握为 HTML 控件编写事件处理程序的方法。

二、实验内容和要求

（1）新建一个名为 Experiment3 的空网站。

（2）添加一个 MyJS.js 文件，在其中完成如下任务：使用 prototype 属性为 String 类添加 LTrim、RTrim 和 Trim 方法，分别实现剪切字符串的左边多余空格、剪切右边多余空格、剪切左右多余空格的功能。

（3）添加一个 Mylogin.htm 网页文件，在其中完成如下任务：实现一个时钟，显示当前时间，并对开启该网页的时间进行计时。

（4）在 Mylogin.htm 网页中添加一个按钮，完成关闭该网页的功能。

（5）在 Mylogin.htm 网页中添加一个用于登录的表单，实现表单提交时验证数据的有效性，将验证结果在网页中显示并弹出提示框。要求在 MyJS.js 文件中用函数实现验证功能，使其具有通用性，并利用前面为 String 类添加的方法对表单中输入的无效空格进行删除后再验证。

（6）给 Mylogin.htm 网页设置多个样式，利用 JavaScript 的样式表编程使用户可以切换样式。

第 4 章　C#语言基础

.NET Framework 提供了 4 种语言：Visual Basic.NET、Visual C#、Visual J#和 Jscript。C#作为一种新语言，结合了 C/C++的强大功能和 Visual Basic 的易用性。C#是从 C 和 C++派生来的一种简单的、面向对象和类型安全的编程语言。它继承了 C++最好的功能，摒弃了一部分作为.NET Framework 语言所不需要的其他功能（如类型定义、模板等），而且放弃这些功能并不会带来什么问题，却使得 C#更简洁，效率更高。

4.1　创建一个简单的 C#程序

首先启动 Visual Studio 2010，执行“文件”→“新建项目”命令，打开“新建项目”对话框。

在模板列表中选择“控制台应用程序”，然后为程序选择保存路径并填写名称，如图 4-1 所示，单击“确定”按钮，IDE 自动创建一个控制台程序的框架。

图 4-1　新建一个控制台应用程序

代码如下。

```
using System;
using System.Collections.Generic;
using System.Linq;
using System.Text;
namespace Program {
    class Program {
        static void Main(string[] args) {

        }
    }
}
```

代码第1行～第4行是引入命名空间。"using System"中的"System"是命名空间，"using"指令是在应用程序中引入命名空间，之后就可以直接使用它们的方法和属性而不需要再规定命名空间。建立一个控制台应用程序后，IDE会自动为用户引入常用的命名空间。

代码第5行的namespace Program声明这个程序使用的命名空间。一般来说，"完整对象路径=命名空间名.类名"。例如，在System.Data命名空间下有一个DataSet类，需要使用System.Data.DataSet才能访问到这个类。如果在程序开始的地方使用"using System.Data;"，那么就可以直接使用DataSet，无须再写完整的对象路径。

代码第6行～第14行，C#中使用{}来表示代码块，一般建议在{}中书写代码时缩进（使用【Tab】键），代码块内可以嵌套代码块，这样程序结构比较清晰。

代码第7行的class Program声明类名。一般类名和.cs文件名相同，如果更改了.cs文件的名称，IDE会自动更新类名。

每一个C#程序都包含一个Main()方法，它是程序执行的起点和终点。Main()方法定义成了静态（static）方法，这意味着Main()方法必须包含在类中。

在Main()中输入如下代码来输出一行文字。

```
Console.WriteLine("Hello World!");
```

运行程序一般有调试运行（按【F5】键）和非调试运行（按【Ctrl+F5】组合键）两种。使用调试运行，程序发生异常时能定位异常出现的位置，同时还可通过设置断点让程序单步执行。非调试运行会忽略程序中设置的断点。按【F5】键运行以上程序，程序运行结束后立即关闭，对于初学者来讲很不适用；按【Ctrl+F5】组合键运行程序，程序结束后提示"请按任意键继续"，如图4-2所示。

图4-2 按【Ctrl+F5】组合键运行程序

4.2 C#数据类型

4.2.1 值类型

值类型包括所有简单数据类型、结构类型和枚举类型。在C#函数中声明一个值类型变量，或在C#类中定义某个字段，编译器并不会对这些变量进行初始化。而C#作为一种类型安全的语言，要求用户必须初始化变量后才能使用。

1. 简单数据类型

简单数据类型都采用.NET系统类型的别名，由简单类型组成的常量表达式仅在编译时受检测，而且它可以按字面被初始化。表4-1列出了所有的简单数值类型及其说明。

表4-1 简单数据类型及其说明

类　型	关键字	大小/精度	范　围	.NET Framework类型
整　型	byte	无符号8位整数	0～255	System.Byte
	sbyte	有符号8位整数	−128～127	System.SByte
	short	有符号16位整数	−32 768～32 767	System.Int16
	ushort	无符号16位整数	0～65 535	System.UInt16

续表

类　型	关 键 字	大小/精度	范　围	.NET Framework 类型
整　型	int	有符号 32 位整数	−2 147 483 648～2 147 483 647	System.Int32
	uint	无符号 32 位整数	0～4 294 967 295	System.UInt32
	long	有符号 64 位整数	−263～263	System.Int64
	ulong	无符号 64 位整数	0～264	System.UInt64
浮点型	float	32 位浮点值，7 位精度	$\pm1.5\times10^{-45}$～±3.4×1 038	System.Single
	double	64 位浮点值，15～16 位精度	$\pm5.0\times10^{-324}$～±1.7×10 308	System.Double
字符型	char	16 位 Unicode 字符	U+0000～U+ffff	System.Char
布尔型	bool	8 位空间，1 位数据	true 或 false	System.Boolean
小数型	decimal	128 位数据类型，28～29 位精度	$\pm1.0\times10^{-28}$～±7.9×1 028	System.Decimal

2．结构类型

结构类型是一种可包含构造函数、常数、字段、方法、属性、索引器、运算符、事件和嵌套类型的值类型。结构类型适合表示点、矩形、颜色等轻量对象。虽然可以将一个点表示为类，但相对而言使用结构不需要额外的引用，可以节省内存，因而显得更为有效。

结构类型的声明格式如下。

```
[attributes] [modifiers] struct identifier [:interfaces] body [;]
```

其中各参数的含义如下。

（1）attributes（可选）为附加的声明性信息。

（2）modifiers（可选）为 new 和 public、protected、internal 与 private 这 4 个访问修饰符。

（3）struct 是定义结构类型的关键字。

（4）identifier 为结构类型的名称。

（5）interfaces（可选）包含结构所实现的接口列表，接口间由逗号分隔。

（6）body 是包含成员声明的结构体。

定义结构类型的格式如下。

```
public struct Person  {
    public string name;
    public string phone;
    public string address;
    public uint age;
}
```

3．枚举类型

枚举类型为一组指定常量的集合。每种枚举类型均有一种基础类型，该基础类型可以是除 char 类型以外的任何整型。枚举类型的声明格式如下。

```
[attributes] [modifiers] enum identifier [:base-type] {enumerator-list} [;]
```

其中各参数含义如下。

（1）attributes（可选）为附加的声明性信息。

（2）modifiers（可选）为 new 和 public、protected、internal 与 private 这 4 个访问修饰符。

（3）enum 是定义枚举类型的关键字。

（4）identifier 为结构类型的名称。

（5）base-type（可选）指定分配给每个枚举数的存储大小的基础类型，可以是除 char 类型外的整型之一。

（6）enumerator-list 是由逗号分隔的枚举数标识符，也可以包括值分配。

定义枚举类型示例代码如下。

```
public enum Day{Sat, Sun, Mon, Tue, Wed, Thu, Fri};
public enum Month{January=1, February, March, April};
```

枚举元素默认的基础类型为 int。在默认情况下，第 1 个枚举数值为 0，后面每个枚举数值依次递增 1。上面代码中的第 1 行，Sat 为 0，Sun 为 1，Mon 为 2，依此类推。当然，枚举数也可以重写默认值的初始值，如上述第 2 行代码只需在第 1 个枚举数后面加上“=”及设定的值即可。

4.2.2　引用类型

和值类型相比，引用类型不存储它们所代表的实际数据，只存储实际数据的引用。在 C#中，引用类型包括对象类型、委托、类类型、字符串类型、接口、数组等。

1. 对象类型

对象类型（Object）在.NET 框架中是 System.Object 的别名，它是其他类型的基类，可将任何类型的值赋予对象类型的变量。将整型值赋予对象类型的示例代码如下。

```
object objValue = 12;
```

2. 委托

委托（delegate）声明定义了一种引用类型，该类型可用于将方法用特定的签名封装。用户可以在一个委托实例中同时封装静态方法和实例方法。基本上，委托是类型安全和函数指针的安全版本。

委托的声明格式如下。

修饰符　delegate 返回类型 代理名(参数列表)

代理的声明与方法的声明有些类似，这是因为代理就是为了引用方法，但代理是一种类型。例如：

```
public delegate double MyDelelgate(double x);
```

上面代码声明一个代理类型，下面声明该代理类型的变量。

```
MyDelegate d;
```

对代理进行实例化的方法如下。

new 代理类型名(方法名);

其中，方法名可以是某个类的静态方法名，也可以是某个对象实例的方法名，但方法的返回值类型必须与代理类型中所声明的一致，例如：

```
MyDelegate d1=new MyDelegate(System.Math.Sqrt);
MyDelegate d2=new MyDelegate(obj.myMethed());
```

3. 类类型

类（class）类型可以包含数据成员、函数成员和嵌套类型。数据成员为常量、字段和事件。函数成员包括方法、属性、索引、操作符、构造函数、析构函数。类和结构的功能非常相似，但结构是值类型，而类是引用类型。

在 C#中仅允许单继承，但一个类可以派生多重接口。类的声明格式如下。

```
[attributes] [modifiers] class identifier [:base-list] { class-body }[;]
```

其中各参数含义如下。

（1）attributes（可选）为附加的声明性信息。

（2）modifiers（可选）为 new 和 public、protected、internal 与 private 这 4 个访问修饰符。

（3）class 为定义类类型的关键字。

（4）identifier 为类名。

（5）base-list（可选）包含一个基类和任何实现的接口的列表，各项之间由逗号分隔。

（6）class-body 是类成员的声明。

下面定义一个简单的类类型。

```
class PhoneBook  {
    private string name;
    private string phone;
    private struct address  {
         public string city;
         public string street;
         public unit number;
    }
    public string Phone  {
         get  {
             return phone;
         }
         set  {
             Phone = value;
        }
    }
    public PhoneBook(string n)  {
      name = n;
    }
}
```

4. 字符串类型

字符串类型是 C#中定义的一个专门用于对字符串进行操作的类。它是 System.string 类在命名空间 System 中的别名。

尽管 string 是引用类型，但相等（==）和不相等运算（!=）被定义用于比较 string 对象的值，这使得比较字符相等性变得更为直观，如下面代码所示。

```
string a="hello";
string b="h";
b+="ello";                //b 此时为 hello
a==b;                     //值相等
(object)a==b;             //值不等
```

上面这段代码中，使用“+”运算符来连接字符串。

还可以使用“[]”运算符来访问字符串中的字符，如下面的代码所示。

```
Char x="hello"[2];    //x 的值为 l
```

5. 接口

一个接口（interface）定义一个只有抽象成员的引用类型。该类型不能实例化对象，但可以从它派生出类。接口的声明格式如下。

```
[attributes] [modifiers] interface identifier [:base-list] {interface-body}[;]
```

其中各参数含义如下。

（1）attributes（可选）为附加的声明性信息。

（2）modifiers（可选）为 new 和 public、protected、internal 与 private 这 4 个访问修饰符。

（3）interface 为定义接口类型的关键字。

（4）identifier 为接口的名称。

（5）base-list（可选）包含一个或多个显示接口的列表，接口间由逗号分隔。

（6）interface-body 为接口成员的定义部分。

下定义一个简单的接口。

```
public interface MyIface
{
    void ShowFace();
}
```

6. 数组

一个数组包含通过计算下标访问的变量。同一个数组中的各个元素变量必须是同一类型。数组可以存储整数对象、字符串对象或任何一种用户提出的对象。

数组可以有多个维度。常用的一维数组的维度为 1，二维数组的维度为 2。每个数组的起始下标为 0。以下是数组定义一个简单例子。

```
string [] mayArray = {"sun", "bin", "zhou"}; //一维数组
int [,] numArray = {{0,1}, {2,3}, {4,5}};    //二维数组
```

4.2.3 装箱与拆箱

装箱（boxing）和拆箱（unboxing）机制使得在 C#类型系统中，任何值类型和引用类型之间都可以进行转换。由于系统中所有类型都是 object 的子类型，所以为所有的类型提供了统一的基础。

装箱转换是指将一个值类型隐式地转换成一个 object 类型。把一个值类型的值装箱，也就是创建一个 object 实例，并将这个值复制给这个 object。例如：

```
int i=10;
object obj=i;
```

装箱过程的示意图如图 4-3 所示。

和装箱转换正好相反，拆箱转换是指将一个对象类型显式地转换成一个值类型。拆箱的过程分为两步：首先检查这个对象实例，看它是否为给定的值类型的装箱值；然后把这个实例的值复制给值类型的变量。例如：

```
int i=10;
object obj=i;
int j=(int)obj;
```

拆箱过程的示意图如图 4-4 所示。

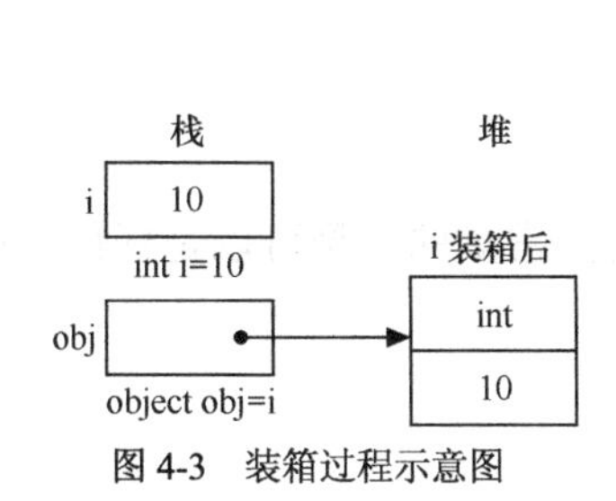

图 4-3　装箱过程示意图

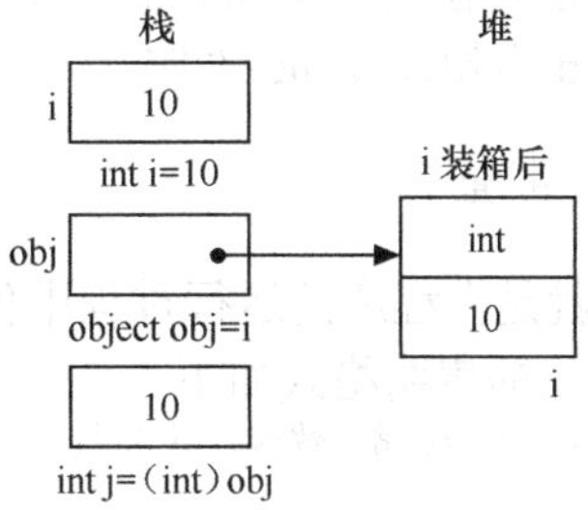

栈　堆
i 10
int i=10
i 装箱后
obj
int
10
object obj=i
i
10
int j=(int)obj

图 4-4　拆箱过程示意图

4.3 变量与常量

4.3.1 变量

简单地说，变量就是程序的运行过程中其值可以改变的量。变量必须有变量名，指示变量的存储位置，在内存中占据一定的内存单元。

声明一个变量的格式如下。

```
int age;
```

给变量赋值的格式如下。

```
age=25;
```

同时声明多个同类型变量的格式如下。

```
int age,num;
```

声明变量时同时给多个变量赋值的格式如下。

```
int age=25,num=3;
```

C#中变量的命名规则如下。

（1）必须以字母开头。

（2）只能由字母、数字、下画线组成，不能包含空格、标点、运算符等特殊符号。

（3）不能与 C#中的关键字同名。

（4）不能与 C#中的库函数同名。

（5）可以以@开始。

C#定义了 7 种变量类型：静态变量、实例变量、数组变量、值参数、引用参数、输出参数和局部变量。

用 static 修饰符声明的字段被称为静态变量，如 static double myStatic=10.0。当静态变量所属的类被加载以后，静态变量就一直存在，并且所有属于这个类的实例都共用同一个变量。

所有没有 static 修饰的变量都是实例变量，它们属于类的实例。类的实例变量在开始创建该类的新实例时存在，在所有对该实例的引用都终止且执行了该实例的析构函数时终止。数组变量在开始创建数组实例时存在，在没有对该数组实例的引用时终止。

未用 ref 或 out 修饰符声明的参数是值参数。值参数在开始调用参数所属的函数成员时存在，当返回该函数成员时值参数终止。

用 ref 修饰符声明的参数是引用参数。引用参数的值与被引用的基础变量相同，因此引用参数不创建新的存储位置。

用 out 修饰符声明的参数是输出参数。输出参数也不创建新的存储位置，因为它表示的是函数调用中的那个基础变量。

局部变量是在某一个独立的程序块中声明的，作用域仅仅局限于程序块，如块语句、for 语句、switch 语句或 using 语句。

4.3.2 常量

常量，就是在程序的运行过程中值不能被改变的量。常量的类型可以是任何一种 C#的数据类型。常量的声明格式如下。

```
访问修饰符 const 常量数据类型 常量名=常量值;
```

例如：

```
public const double pi=3.1415;
```

4.4 流程控制

4.4.1 分支语句

C#主要有两种分支结构，一种是负责实现双分支的 if 语句，另一种是负责实现分支的开关语句 switch。

1. if 语句

if 语句的基本语法格式有如下两种形式。

形式一：

```
if(条件表达式)
{
    if 内含语句
}
```

形式二：

```
if(条件表达式)
{
    语句块 1;
}
else
{
    语句块 2;
}
```

执行过程为先判断条件表达式的值，如果为 true，则执行 if 内部语句，否则执行 else 内部语句。

2. switch 语句

switch 语句的基本语法格式如下。

```
switch(控制表达式)
{
    case 常量表达式 1:语句 1;break;
    case 常量表达式 2:语句 2;break;
    ……
    case 常量表达式 n:语句 n;break;
    default:默认语句;break;
}
```

控制表达式所允许的数据类型是有限制的，只能使用 C#语言的数据类型，包括 sbyte、byte、short、ushort、uint、long、ulong、char、string 以及枚举类型。但如果其他不同数据类型能隐式转换成上述任何一种类型，其他类型也可以作为控制表达式。switch 语句执行的顺序如下。

（1）控制表达式求值。

（2）如果 case 标签后的常量表达式符合控制语句所求出的值，内含语句被执行。

（3）如果没有常量表达式符合控制语句，在 default 标签内的语句被执行。

（4）如果没有一个常量表达式符合 case 标签，且没有 default 标签，控制转向 switch 语句段的结束端。

例如：

```
switch(nMonth)
{
    case 2:nDays=28;break;
    case 4:
    case 6:
    case 9
    case 11:nDays=30;break;
    default:nDays=31;
}
```

4.4.2　循环结构

循环结构是在一定条件下，反复执行某个程序块的流程结构，被反复执行的程序块被称为循环体。在 C#中循环语句主要有 4 种：for 语句、while 语句、do-while 语句和 foreach 语句。

1．while 循环

while 循环语句的语法格式如下。

```
while(条件表达式)
{
     循环体;
}
```

while 语句的作用是判断一个表达式，以便决定是否进入并执行循环体。当条件满足时进入循环，不满足就退出循环。例如，

```
int j = 0;
while(j < 10)
{
    Response.Write("This is an int number and it equal " + j.ToString() + "<br>");
    j++;
}
```

2．do-while 循环

do-while 循环语句的语法格式如下。

```
do{
     循环体;
}while(条件表达式)
```

do-while 循环与 while 循环类似，不同的是它不像 while 循环那样先计算条件表达式的值，而是先无条件地执行一遍循环体，再来判断条件表达式。若表达式的值为 true，则再运行循环体，否则跳出循环体。可以看出，do-while 循环的特点是循环体至少执行一次。例如，

```
int k = 0;
do
{
    Response.Write("This is an another int number and it equal " + k.ToString() + "<br>");
    k++;
}while(k < 10)
```

3．for 循环

for 循环是使用最为广泛的一种循环结构，其语法格式如下。

```
for(表达式 1; 表达式 2; 表达式 3)
{
    循环体;
}
```

其中，表达式 1 完成初始化循环变量的工作；表达式 2 是条件表达式，用来判断循环是否继续；表达式 3 用来修改循环变量，改变循环条件。

for 循环的执行过程是首先计算表达式 1，完成必要的初始化工作，然后再判断表达式 2 的值，若为 true，则执行循环体，执行完循环体后再返回表达式 3，计算并修改循环条件，然后再次判断表达式 2 的值，如果还为 true，则继续循环，直到表达式 2 的值为 false 时才跳出循环。例如：

```
for(int i = 0; i < 101; i++)
{
    Response.Write(i.ToString());
    if(i == 0)
    {
        Response.Write(", ");
    }
    else
    {
```

```
            if(i % 10 == 0)
            {
                 Response.Write("<br>");
            }
            else
            {
                 Response.Write(", ");
            }
        }
}
```

4. foreach 循环

foreach 循环是 C#语言提供的一种新的循环结构。该循环提供一种简单的方法来循环访问数组或集合中的元素。其语法格式如下。

```
foreach(数据类型 in 表达式)
{
      循环体;
}
```

foreach 循环的简单应用实例如下。

```
int [ ]values{1,2,3,4,5}
foreach(int i in values)
    Response.Write(i);
```

该代码将在页面中显示“12345”。

4.5　运　算　符

表达式由操作数和运算符组成。运算符揭示了应用在操作数上的运算。运算符按操作数的数目可分为一元运算符（如++）、二元运算符（如+）和三元运算符（如?:）。

一元运算符有前缀表达法和后缀表达法之分。前缀表达法是指操作符出现在操作数的前面，其用法如下。

```
操作符 操作数 //前缀表示法。
```

后缀表达法是指操作符出现在操作数的后面，其用法如下。

```
操作数 操作符 //后缀表示法。
```

所有的二元和三元操作符都要采用中缀表达式，其用法如下。

```
操作数 1 操作符 操作数 2  //二元的中缀表达式。
```

三元运算符只有一个，就是条件运算法。

按照功能来分，可将运算符分为以下几类。

（1）赋值运算符（=及其扩展赋值运算符，如+=）。

（2）算术运算符（+、?、*、/、%、++、? ?）。

（3）关系运算符（>、<、>=、<=、==、!=）。

（4）布尔逻辑运算符（!、&&、||）。

（5）条件运算符（?:）。

（6）其他运算符，包括移位操作符>>、<<，成员访问操作符.，下标运算符[]，类型信息运算符 as、is、sizeof、typeof，创建对象运算符 new，强制类型转换运算符和方法调用运算符( )等。

4.5.1　算术运算符

算术运算符作用于整型或浮点型数据的运算。表 4-2 列出了一元算术运算符。

表 4-2　　一元算术运算符（op：操作数）

操 作 符	用　法	说　明
+	+op	如果操作数是 byte、short 或 char 类型，那么将它扩展为 int 型
−	−op	得到操作数的算术负值
++	op++，++op	加 1
—	op—，—op	减 1

其中，op++与++op 的区别是 op++在使用 op 之后，使 op 的值加 1，因此执行完 op++后，整个表达式的值为 op，而 op 的值变为 op+1；++op 在使用 op 之前，使 op 的值加 1，因此执行完++op 后，整个表达式和 op 的值均为 op+1。op- -与- -op 的区别与此类似。

表 4-3 列出了二元算术操作符。

表 4-3　　二元算术操作符（op1：操作数 1；op2：操作数 2）

操 作 符	用　法	说　明
+	op1+op2	将操作数 1 和操作数 2 相加，还能够进行字符串的连接
—	op1－op2	从操作数 1 中减去操作数 2
*	op1*op2	将操作数 1 和操作数 2 相乘
/	op1/op2	用操作数 1 除以操作数 2
%	op1%op2	计算操作数 1 除以操作数 2 的余数

算术运算符运用的例子如下。

```
class example
{
    public static void Main()
    {
        int x=11;
        int y=5;
        int z=3;
        Console.WriteLine(x++);
        Console.WriteLine(y--);
        Console.WriteLine(z=x+y);
        Console.WriteLine(z=z-x);
        Console.WriteLine(z=x*y);
        Console.WriteLine(z=z/y);
        Console.WriteLine(z=++x%y);
    }
}
```

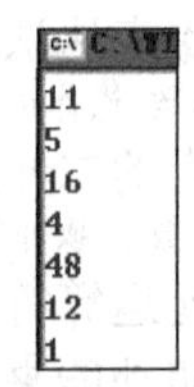

图 4-5　算术运算符示例结果

输出结果如图 4-5 所示。

从结果中可以看出，x++、y--都是后置++、—，所以先输出原值，然后进行+1、-1 的操作，x 变成 12，y 变成 4，参与后面的+、-、*、/运算，最后一行的 z=++x%y 表达式中，++x 是前置++，所以先让 x 进行+1 变成 13，然后再求%运算，其结果为 1。通过该实例，可以对这几个算术运算符有更加深刻的理解。

4.5.2　赋值运算符

赋值操作符“=”用于将一个值赋给另一个。例如：

```
int i=5;
char aChar= 'S';
boolean aBoolean=false;
```

C#语言还提供几种简写的赋值操作符，如表 4-4 所示。

表 4-4　　　　　　简写的赋值操作符（op1:操作数 1；op2：操作数 2）

<table>
<tr><th>操　作　符</th><th>用　　法</th><th>等 效 语 句</th></tr>
<tr><td>+=</td><td>op1+=op2</td><td>op1=op1+op2</td></tr>
<tr><td>-=</td><td>op1-=op2</td><td>op1=op1－op2</td></tr>
<tr><td>*=</td><td>op1*=op2</td><td>op1=op1*op2</td></tr>
<tr><td>/=</td><td>op1/=op2</td><td>op1=op1/op2</td></tr>
<tr><td>%=</td><td>op1%=op2</td><td>op1=op1%op2</td></tr>
<tr><td>&=</td><td>op1&=op2</td><td>op1=op1&op2</td></tr>
<tr><td>|=</td><td>op1|=op2</td><td>op1=op1|op2</td></tr>
<tr><td>^=</td><td>op1^=op2</td><td>op1=op1^op2</td></tr>
<tr><td><<=</td><td>op1<<=op2</td><td>op1=op1<<op2</td></tr>
<tr><td>>>=</td><td>op1>>=op2</td><td>op1=op1>>op2</td></tr>
</table>

4.5.3　关系运算符

关系运算符用来比较两个值，它返回布尔类型的值 true 或 false。关系运算符中的二元运算符如表 4-5 所示。

表 4-5　　　　　　关系运算符（op1：操作数 1；op2：操作数 2）

操　作　符	用　　法	说　　明
>	op1>op2	如果操作数 1 大于操作数 2，那么返回 true
>=	op1>=op2	如果操作数 1 大于或等于操作数 2，那么返回 true
<	op1<op2	如果操作数 1 小于操作数 2，那么返回 true
<=	op1<=op2	如果操作数 1 小于或等于操作数 2，那么返回 true
==	op1==op2	如果操作数 1 等于操作数 2，那么返回 true
!=	op1!=op2	如果操作数 1 不等于操作数 2，那么返回 true

C#中，任何基本数据类型的数据都可以通过==或!=来比较是否相等。

除了上述的二元关系运算符外，在 C#中还存在 is 关系运算符。is 操作符用来检查一个对象运行时，类型是否与给定的类型兼容，其表达式是 a is T。其中，a 必须是一个引用类型的表达式，T 必须是引用类型。关系运算符运用的例子如下。

```
class example
{
    public static void Main()
    {
        int x=1;
        int y=2;
        Console.WriteLine(x>y);              //其结果为 False
        Console.WriteLine(y>=x);             //其结果为 True
        Console.WriteLine(x<y);              //其结果为 True
        Console.WriteLine(y<=x);             //其结果为 False
        Console.WriteLine(1==2);             //其结果为 False
        Console.WriteLine(2!=1);             //其结果为 True
        Console.WriteLine(1 is int);         //其结果为 True
        Console.WriteLine(1 is float);       //其结果为 False
    }
}
```

4.5.4 逻辑运算符

布尔逻辑运算符用于进行布尔逻辑运算。逻辑运算符如表 4-6 所示。

表 4-6　　布尔逻辑运算符（op1：操作数 1；op2：操作数 2）

操 作 符	用 法	说 明
&&	op1&&op2	如果操作数 1 和操作数 2 都是 true，那么返回 true
||	op1||op2	如果操作数 1 或操作数 2 是 true，那么返回 true
!	!op	如果操作数是 false，那么返回 true

进行布尔逻辑运算时，先求出运算符左边表达式的值，如果运算结果为 true，则整个表达式的结果为 true，不必对运算符右边的表达式再进行运算；同样，如果左边表达式的值为 false，则不必对右边的表达式求值，整个表达式的结果为 false。

逻辑运算符的运用例子如下。

```
class example
{
    public static void Main()
    {
        int x=1;
        int y=2;
        if((x>y)&&(y>0))
        {
            Console.WriteLine("(x>y)&&(y>0)");
        }
        if((x>y)||(x>0))
        {
            Console.WriteLine("(x>y)||(x>0)");
        }
        if(!(x>y))
        {
            Console.WriteLine(x<y);
        }
    }
}
```

4.5.5 条件运算符

C#语言只有一个三元操作符（“?:”），它是 if-else 语句的简写，一般形式如下。

表达式? 语句 1: 语句 2

如果表达式的值为 true，则执行语句 1；若为 false，则执行语句 2。例如，

```
class example
{
    public static void Main()
    {
        int mark = 95;
        boolean isExcellent;
        Console.WriteLine(isExcellent = (mark >= 90)?true:false); //如果成绩大于或等于
90 就是优秀
    }
}
```

4.5.6 位运算符

在计算机中，所有的信息都是以二进制形式存储的，因此 C#中提供了专门针对二进制数据操作的位运算符。位运算符包括以下 6 种。

（1）&（与）：按二进制进行与操作。

（2）|（或）：按二进制进行或操作。

（3）^（异或）：按二进制进行异或操作。

（4）～（取补）：按二进制进行取补运算。

（5）<<（左移）：按二进制进行左移操作，高位被丢弃。

（6）>>（右移）：按二进制进行右移操作，低位被丢弃。

4.5.7　运算符的优先级

当一个表达式中包含多个运算符时，运算符的优先级控制每个运算符求值的顺序。表 4-7 所示为 C#中各运算符的优先级。

表 4-7　　各运算符的优先级

优　先　级	运　算　符
	[]、()、++（后缀）、--（后缀）、new、typeof、sizeof、checked、unchecked
	++（前缀）、--（前缀）、～、!
高	*、/、%
↓	+、－
	>>、<<
	<、<=、>=、>、is
	==、!=
	&
	^
	|
低	&&
	||
	?:
	=、+=、−=、*=、/=、%=、^=、<<=、>>=、&=、|=

4.6　字符串处理

字符串是程序设计中的一个重要的变量类型，很多重要的逻辑可以基于字符串来转换处理，增强程序逻辑的可读性。对字符串进行处理时，只有加上 using System.Text 头文件，程序才能正常运行。

4.6.1　使用 string 和 StringBuilder

string 字符串是 Unicode 字符的有序集合，用于表示文本。string 对象是 System.Char 对象的有序集合，用于表示字符串。StringBuilder 表示值为可变字符序列的类似字符串的对象，之所以说值是可变的，是因为在通过追加、移除、替换或插入字符而创建它后，可以对它进行修改。

例如，string a = "aaa"，当改变 a，如 a="bbbb"时，会创建另外一个 string 对象，原来的对象还保留。而改变 StringBuilder 对象值则不会另外创建一个变量，当对字符串本身进行操作时，Stringbuilder 的性能要优于 string，内存使用要少于 string。

下面的代码解释了 string 和 StringBuilder 类型之间的区别。在页面 StringAndBuilder.aspx 的代码隐藏文件中实现函数 TestString()，该函数定义 string 对象和 StringBuilder 对象，并通过 StringBuilder 对象创建 string 对象，最后把这些对象输出到页面上。函数 Page_Load 调用函数 TestString()实现上述功能。

```
protected void Page_Load(object sender, EventArgs e)
{
    if(!Page.IsPostBack)
    {
        TestString();
    }
}
private void TestString()
{
    ///定义字符串
    string strold = "I love china.";
    string strnew = strold;
    strnew = "I love beijing.";
    ///输出字符串
    Response.Write("Old string: " + strold + "<br>");
    Response.Write("New string: " + strnew + "<br>");
    Response.Write("Old string(执行修改后): " + strold + "<br>");
    ///定义 StringBuilder
    StringBuilder sb = new StringBuilder(16,1000);
    ///追加字符串
    sb.Append(strold);
    Response.Write("SB string: " + sb.ToString() + "<br>");
    ///插入字符串
    sb.Insert(6,strnew);
    Response.Write("SB string: " + sb.ToString() +
"<br>");
    ///删除字符串
    sb.Remove(0,6);
    Response.Write("SB string: " + sb.ToString() +
"<br>");
    ///替换字符串
    sb.Replace("love","LOVE");
    Response.Write("SB string: " + sb.ToString() +
"<br>");
    Response.End();
}
```

http://localhost:1772/ch2_4/StringAndBuilder.aspx
Old string: I love china.
New string: I love beijing.
Old string(执行修改后): I love china.
SB string: I love china.
SB string: I loveI love beijing. china.
SB string: I love beijing. china.
SB string: I LOVE beijing. china.

图 4-6　页面 StringAndBuilder.aspx 的初始化界面

页面 StringAndBuilder.aspx 运行之后的初始化界面如图 4-6 所示。

StringBuilder 类型的对象是可以修改的，它指向一个 Char 结构数组，当字符串是固定时用 string，当字符串需要变动时用 StringBuilder。

4.6.2　格式化字符串

字符串的格式化是指通过指定的格式，将指定的值替换成标准的格式。字符串的格式化包括字符串类型格式化、数字类型格式化、日期类型格式化等。字符串类型本身的格式化是通过 string.Format 方法来实现的。下面通过例子介绍字符串格式化操作。在页面 FormatString.aspx 的代码隐藏文件中实现函数 TestFormatString()，该函数定义了 3 个 string 对象，然后对这些对象进行比较、连续、格式化、转换等操作，最后把这些对象输出到页面上。函数 Page_Load 调用函数 TestFormatString()实现上述功能，代码如下。

```
protected void Page_Load(object sender, EventArgs e)
{
    if(!Page.IsPostBack)
    {
```

```
            TestFormatString();
            Response.End();
        }
    }
    private void TestFormatString()
    {
        string one = "Monday";
        string two = "Tuesday";
        string three = "Thursday";
        ///比较字符串
        int result = string.Compare(one,"MONDAY",false);
        Response.Write(result.ToString() + "<br>");
        ///连接字符串
        string andstring = string.Concat(one,two,three);
        Response.Write(andstring + "<br>");
        ///字符串格式化
        Response.Write(string.Format("This is a string,prev is {0},next is
    {1}.","PREV","NEXT") + "<br>");
        ///字符串转换成整数
    string str1 = "534";
    string str2 = "354";
    int and = Int32.Parse(str1) + Int32.Parse(str2);
    Response.Write(and.ToString() + "<br>");
    }
```

页面 FormatString.aspx 运行之后的初始化界面如图 4-7 所示。

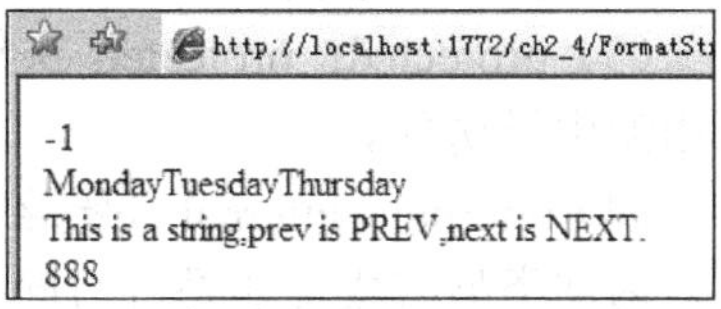

http://localhost:1772/ch2_4/FormatSt
-1
MondayTuesdayThursday
This is a string,prev is PREV,next is NEXT.
888

图 4-7　页面 FormatString.aspx 的初始化界面

4.6.3　对字符串进行编码

由于各个国家和地区的文化与字符的差异很大，所以在 C#中提供了对字符串进行编码的操作，其目的就是随着不同地域对字符串进行不同的结果处理。编码是将一组 Unicode 字符转换为一个字节序列的过程；解码是反向操作过程，即将一个编码字节序列转换为一组 Unicode 字符。Unicode 标准为所有支持脚本中的每个字符分配一个码位。Unicode 转换格式（UTF）是一种位编码方式。

4.7　类和结构

4.7.1　定义类和结构

类是一种数据结构，它可以包含数据成员、函数成员（方法、属性、事件、索引器、运算符、实例构造函数、静态构造函数和析构函数）以及嵌套类型。结构与类很相似，都表示可以包含数据成员和函数成员的数据结构。但与类不同，结构是一种值类型，并且不需要堆分配。

1. 声明类

类是使用 class 关键字来声明的，例如，

```
public class Customer
{
    private int x=10, y=15;
    public int ride()
    {
        return x*y;
    }
}
```

```
class mainclass
{
    static void Main()
    {
        Customer s=new Customer();
        System.Console.WriteLine(s.ride());
    }
}
```

class 关键字前面是访问修饰符，在上面的例子中使用了 public，这表示任何人都可以基于该类创建对象；类的名称位于 class 关键字的后面。一对花括号中的内容叫类体，用于定义行为和数据。类的字段、属性、方法和事件统称为“类成员”。

常用的类访问修饰符如下。

（1）public：public 关键字是类型和类型成员的访问修饰符。公共访问是允许的最高访问级别，对访问公共成员没有限制。

（2）private：private 关键字是成员访问修饰符。私有访问是允许的最低访问级别，私有成员只有在声明它们的类和结构体中才是可访问的。

（3）protected：protected 关键字是成员访问修饰符。受保护成员在它的类中可访问并且可由派生类访问。

（4）internal：internal 关键字是类型和类型成员的访问修饰符。只有在同一程序集的文件中，内部类型或成员才是可访问的。

2. 结构的定义

结构使用 struct 关键字定义，struct 类型是一种值类型，通常用来封装小型相关变量组，如矩形的坐标或库存商品的特征。声明结构的语法格式如下。

```
public struct PostalAddress
{ ...... }
```

结构与类共享几乎所有相同的语法，结构适合用于表示 Point、Color 等轻量对象。尽管这些也可以表示为类，但在某些情况下，使用结构更有效。结构有如下特点。

（1）结构是值类型，而类是引用类型。但通过装箱过程可以将值类型转换为引用类型。

（2）向方法传递结构时，结构是通过传值方式传递的，而不是作为引用传递的。

（3）与类不同，结构的实例化可以不使用 new 运算符。

（4）结构不能声明默认构造函数或析构函数。结构可以声明带有参数的构造函数。

（5）一个结构不能从另一个结构或类继承，而且不能作为一个类的基类。

（6）所有结构都直接继承自 System.ValueType，类继承自 System.Object。

（7）结构可以实现接口。

（8）在结构中初始化实例字段是错误的。

定义与使用结构的例子如下。

```
public struct CoOrds
{
    public int x, y;
    public CoOrds(int p1, int p2)
    {
        x = p1;
        y = p2;
    }
}
class TestCoOrds
{
    static void Main()
    {
```

```
            CoOrds coords1 = new CoOrds();
            CoOrds coords2 = new CoOrds(10, 10);
            System.Console.Write("CoOrds 1: ");
            System.Console.WriteLine("x = {0}, y = {1}",coords1.x, coords1.y);
            System.Console.Write("CoOrds 2: ");
            System.Console.WriteLine("x = {0}, y = {1}",coords2.x, coords2.y);
        }
    }
```

4.7.2　定义属性

属性是类中字段和方法的结合体，通过定义属性，调用类时，可以直接对该类的属性进行读写操作。属性的定义通过 get 和 set 关键字实现，get 关键字用来定义读取该属性时的操作，set 关键字用来定义设置该关键字的操作。定义属性的语法格式如下。

```
public int myIntergerProperty
{
    get{
        //获得属性的代码
    }
    set{
        //设置属性的代码
    }
}
```

如果一个属性同时具备了 get 和 set 操作，则该属性为读写属性，如果只有 set 操作，则该属性为只写属性，如果只有 get 操作，则该属性为只读属性。

4.7.3　定义索引器

索引用于对类、接口和结构进行类似数组的索引，如对类中定义的某一位置的值进行赋值或者读取操作，都可以通过索引器的定义来实现。在类与接口中声明的索引器需要使用 this 关键字。定义索引器的语法格式如下。

```
class A
{
    public virtual int this[int index]{
        get {return index;}
    }
}
```

上面定义的索引没有特征声明，但使用了修饰符 virtual，而 this 则表示这是一个类的索引，语句 get {return index;}和属性中的用法类似，不同的只是必须定义一个参数。

索引中没有用户可以定义的名称，关键字 this 只是索引的标志，标志着是基于接口的索引。如果类继承了多个接口，就可以添加多个索引。

4.7.4　重载方法

方法的重载是指定义多个相同名称的方法，根据各个方法的参数不同，在调用时进行区分。编译器会根据调用者输入的参数来自动识别需要调用的方法。

C#有一个经典的重载函数 Console.WriteLine，WriteLine 方法被重载多次，以至于可以给它传递任何原始类型的参数。例如：

```
class Console
{
    public static void WriteLine(int parameter);
    public static void WriteLine(double parameter);
    public static void WriteLine(decimal parameter);
}
```

通过重载方法，可以为类使用者提供某操作的一个恒定名称，以及若干实现方法。

方法的重载可以根据参数的不同，由程序判断具体的调用，各个重载方法之间可以自行调用，从而减少了开发时，由于参数不同而增加的同一逻辑的代码量。

4.7.5 使用 Ref 和 Out 类型参数

Ref 和 Out 关键字都是用来修饰方法中参数类型的修饰符。Ref 关键字使参数按引用传递，其效果是，当控制权传递回调用方法时，在方法中对参数所做的任何更改都将反映在该变量中。若使用 Ref 参数，则定义方法和调用方法都必须显式使用 Ref 关键字。Out 关键字会导致参数通过引用来传递。这与 Ref 关键字类似，不同之处在于 Ref 要求变量必须在传递之前进行初始化。

Ref 类型参数示例如下。

```
using System;
class test{
   static void Swap(ref int a,ref int b)
   {
      int t=a;
      a=b;
      b=t;
   }
   static void Main()
   {
      int x=1;
      int y=2;
      Console.WriteLine("pre:x={0},y={1}",x,y);
      Swap(ref x,ref y);
      Console.WriteLine("post:x={0},y={1}",x,y);
   }
}
```

该程序的输出结果如下。

```
pre:x=1,y=2
post:x=2,y=1
```

Out 类型参数示例如下。

```
using System;
class test{
   static void Divide(int a,int b,out int result,out int remaider){
      result=a/b;
      remaider=a%b;
   }
   static void Main()
   {
      for(int i=1;i<10;i++)
       for(int j=1;j<10;j++){
          int ans,r;
          Divide(i,j,out ans,out r);
          Console.WriteLine("{0}/{1}={2}r{3}",i,j,ans,r);
      }
   }
}
```

Out 类型参数合适于值的引用，并且输出参数与调用者之间有一一对应提供参数的关系。

4.7.6 定义接口和抽象类

接口可以包含方法、属性、事件和索引器。接口本身不提供它所定义的成员的实现。接口只指定实现该接口的类或结构必须提供的成员。一个类可以继承于多个接口，但这些继承的子类必须实现每个接口中定义的方法。

```
using System;
namespace LeoWeb {
public interface IGirl   //接口
{
     int Age
     {
          set;
          get;
     }
     void Meeting(int boyId);
     string ToString();
}
```

C#引入了抽象类，抽象方法是一种没有定义主体的方法。从表示法看，这类方法是在抽象类内部声明的，例如：

```
abstract method header;
```

抽象方法声明用于推迟方法的实现决策。至少有一个抽象方法的类称为抽象类，它还需要以关键字 abstract 开始。在类型层次结构中，将基类作为抽象类是非常有用的。这个基类有其派生类基本的、通用的属性，但自身不能用于声明对象。相反，它用于声明引用，以便访问从该抽象类派生出来的子类型对象。例如：

```
public abstract class AGirl //抽象类，必须被继承才能使用
{
     private int age;
     public int Age
     {
          set { age = value; }
          get { return age; }
     }

     public void Meeting(int boyId)
     {
          //Codes...
     }

     public abstract string ToString() //此方法定义了 abstract，可以被重写。
     {
          return "Girl";
     }
}
```

接口和抽象类有一些相似之处，如不能实例化，包含未实现的方法声明，由派生类实现未实现的方法。但也有着明显的区别。

（1）抽象类是一个不完全的类，需要进一步专业化；接口只是一个行为的规范或规定。

（2）接口基本上不具备继承的任何具体特点，它仅仅承诺了能够调用的方法。

（3）一个类一次可以实现若干接口，但只能扩展一个父类。

可以根据实际情况选择使用接口和抽象类。一般设计小而简练的功能块时，使用接口；设计大的功能单元时，则使用抽象类。

4.8　使用集合编程

集合是 C#编程中一个重要的数据组成形式，通过集合可以将数据存储于其中，并通过各个集合提供的特性，对数据进行索引、取值、排序等操作。C#集合包括枚举、数组、ArrayList、哈希表、字典、堆栈和队，下面逐一进行介绍。

4.8.1 使用枚举

枚举是值类型的一种特殊形式，它从 System.Enum 继承而来，并为基础类型的值提供替代名称。枚举类型由名称、基础类型和一组字段组成。例如：

```
using System;
namespace EnumTypeFormat
{
    class Program
    {
        enum Days { Sat = 1, Sun, Mon, Tue, Wed, Thu, Fri };
        static void Main()
        {
            //将枚举强制转换为 int 型
            int x = (int)Days.Sun;
            int y = (int)Days.Fri;
            //输出枚举对应的整型值
            Console.WriteLine("Sun = {0}", x);
            Console.WriteLine("Fri = {0}", y);
            Console.ReadLine();    //方便看到输出结果，以下同
        }
    }
}
```

输出结果如下。

```
Sun=2
Fri= 7
```

枚举是一种事先定义好的集合类型，可以通过枚举来实现常用变量与值的一种映射关系。

4.8.2 使用数组

数组是一种指定类型的数据集合，每个数组有固定的大小，并且其中数组元素的类型必须保持一致。定义数组的语法格式如下。

```
数组类型[] 数组名称
```

例如，定义一个长度为 10 的整型数组。

```
int[] arr=new int[10];
```

数组可以存储整数对象、字符串对象或任何一种用户提出的对象。例如：

```
using System;
using System.Collections.Generic;
using System.Text;
namespace InitArray
{
    class Program
    {
        public static void Main()
        {
            int[] myIntArray = new int[5] { 1, 2, 3, 4, 5 };
            Object[] myObjArray = new Object[5] { 26, 27, 28, 29, 30 };
            //存储整数对象
            Console.WriteLine("初始化,");
            Console.Write("整型集合:");
            foreach (int i in myIntArray)     //整型集合的输出
            {
                Console.Write("\t{0}", i);
            }
            Console.WriteLine();
            Console.Write("对象集合: ");
            foreach (Object i in myObjArray)    //对象集合的输出
            {
```

```
                Console.Write("\t{0}", i);
            }
            Console.ReadLine();
        }
    }
}
```

4.8.3　使用 ArrayList

ArrayList 可以理解为一种特殊的数组，但由于数组本身需要固定长度，所以数组往往不是很灵活。ArrayList 则可以动态增加或者减少内部集合所存储的数据对象个数。ArrayList 的默认初始容量为 0，容量会根据需要重新分配自动增加。使用整数索引可以访问 ArrayList 集合中的元素，集合中的索引从零开始。例如：

```
using System;
using System.Collections;
namespace InitArrayList
{
    class Program
    {
        public static void Main()
        {
            ArrayList myAL = new ArrayList();  //创建一个 ArrayList 数组
            myAL.Add("Hello");   //动态添加元素
            myAL.Add("World");
            myAL.Add("!");
            Console.WriteLine("ArrayList 对象属性");
            Console.WriteLine("    数量:    {0}", myAL.Count);
            Console.WriteLine("    可包含元素数: {0}", myAL.Capacity);
            Console.Write("    值:");
            PrintValues(myAL);
            Console.ReadLine();
        }
        public static void PrintValues(IEnumerable myList)//输出数组中各元素
        {
            foreach (Object obj in myList)
                Console.Write("    {0}", obj);
            Console.WriteLine();
        }
    }
}
```

```
C:\WINDOWS\system32\cmd.exe
ArrayList对象属性
    数量:    3
    可包含元素数: 4
    值:    Hello    World    !
```

图 4-8　ArrayList 实例输出结果

输出结果如图 4-8 所示。

ArrayList 与数组的最大不同在于，声明 ArrayList 对象时，可以不需要指定集合的长度，而在后续使用中动态进行添加。

4.8.4　使用哈希表

哈希表是用于表示键值对的数据集合，这些键值对根据键的哈希代码进行组合。哈希表中的每个元素都存储在 DictionaryEntry 对象中。可用如下实例来理解哈希表。

```
using System;
using System.Collections;
namespace InitHashtable
{
    class Program
    {
        public static void Main()
        {
            Hashtable myHT = new Hashtable();//建立哈希表
```

```
                myHT.Add("First", "Hello"); //加入键值对
                myHT.Add("Second", "World");
                myHT.Add("Third", "!");
                Console.WriteLine("Hashtable 属性");
                Console.WriteLine("  数量:   {0}", myHT.Count);
                Console.WriteLine("  键值显示:");
                PrintKeysAndValues(myHT);
                Console.ReadLine();
            }
            public static void PrintKeysAndValues(Hashtable myHT)  //输出哈希表
            {
                Console.WriteLine("\t-键-\t-值-");
                foreach (DictionaryEntry de in myHT)
                    Console.WriteLine("\t{0}:\t{1}", de.Key, de.Value);
                Console.WriteLine();
            }
        }
    }
```

输出结果如图 4-9 所示。

```
Hashtable属性
  数量:   3
  键值显示:
        -键-     -值-
        First:   Hello
        Second:  World
        Third:   !
```

图 4-9 哈希表实例输出结果

4.8.5 使用字典

字典也是键值对的数据集合，可以通过字典的泛型类来定义一个复杂的集合对象，从而具体指定字典中存储的数据键类型以及值类型。可用如下实例来理解字典。

```
using System;
using System.Collections.Generic;
namespace OperateDictionary
{
    class Program
    {
        public static void Main()
        { // 初始化字典
            Dictionary<string, string> openWith =
                new Dictionary<string, string>();
            openWith.Add("txt", "notepad.exe");
            openWith.Add("bmp", "paint.exe");
            openWith.Add("dib", "paint.exe");
            openWith.Add("rtf", "wordpad.exe");
            try
            {
                openWith.Add("txt", "winword.exe");
            }
            catch (ArgumentException)
            {
                Console.WriteLine("元素 = \"txt\" 已经存在.");
            }
            foreach (KeyValuePair<string, string> kvp in openWith)
            {
                Console.WriteLine("键 = {0}, 值 = {1}",
                    kvp.Key, kvp.Value);
            }
            Console.ReadLine();
        }
    }
}
```

输出结果如图 4-10 所示。程序中的 try...catch 程序块用来判断新的键值对能否加入，如果没有这条语句，加入同一个键的元素时，程序将会报错。

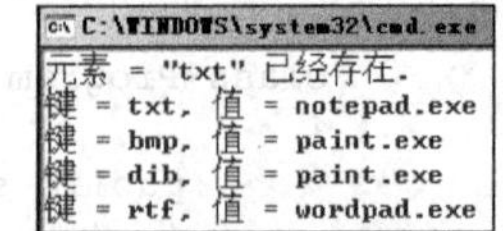

图 4-10 字典实例输出结果

4.8.6　使用堆栈

堆栈是一种后进先出类型的数据集合对象。后进先出是指先存储到集合中的数据会被保存到堆栈的底层，由于堆栈的数据是从顶部先取，所以在从堆栈取出数据时，最先保存的数据会被最后提取出来。例如：

```
using System;
using System.Collections;
namespace InitStack
{
    class Program
    {
        public static void Main()
        {
            // 初始化堆栈
            Stack myStack = new Stack();
            myStack.Push("Hello");
            myStack.Push("World");
            myStack.Push("!");
            // 显示堆栈属性.
            Console.WriteLine("堆栈属性");
            Console.WriteLine("\t 数量:    {0}", myStack.Count);
            Console.Write("\t 值 s:");
             PrintValues(myStack);
            Console.ReadLine();
        }
        public static void PrintValues(IEnumerable myCollection)
        {
            foreach (Object obj in myCollection)
                Console.Write("    {0}", obj);
            Console.WriteLine();
        }
    }
}
```

```
C:\WINDOWS\system32\cmd.exe
堆栈属性
        数量:    3
        值s:     !     World     Hello
```

图 4-11　堆栈实例输出结果

输出结果如图 4-11 所示。

从输出结果可以看出，最先进栈的 Hello，最后输出；最后进栈的!，最先输出。

4.8.7　使用队列

队列与堆栈不同，它表示的是一种先进先出的数据集合对象，即先进入队列的数据会被首先取出来。通过以下实例来介绍如何使用队列。

```
using System;
using System.Collections;
namespace InitQueue
{
    class Program
    {
        public static void Main()
        {
            // 初始化队列
            Queue myQ = new Queue();
            myQ.Enqueue("Hello");
            myQ.Enqueue("World");
            myQ.Enqueue("!");
            // 显示队列属性
            Console.WriteLine("Queue 属性");
            Console.WriteLine("\t 数量:    {0}", myQ.Count);
            Console.Write("\t 值:");
            PrintValues(myQ);
```

```
            Console.ReadLine();
        }
        public static void PrintValues(IEnumerable myCollection)
        {
            foreach (Object obj in myCollection)
                Console.Write("    {0}", obj);
            Console.WriteLine();
        }
    }
}
```

输出结果如图 4-12 所示。

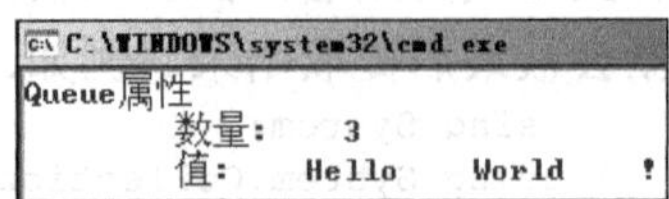

图 4-12　队列实例输出结果

从程序结果可以看出，与堆栈输出结果相反，先进队列的先输出，后进队列的后输出。

本章实验

一、实验目的

掌握 C#语言的一些基础知识，如数据类型、变量、常量、数据类型转换、各种运算符、流程控制语句以及类和结构的使用等。

二、实验内容和要求

（1）应用关键字创建一个结构类型 MyInfo，分别存储作者姓名、年龄、QQ 号码、住址和邮编信息，然后在 Main 函数中声明结构类型 MyInfo 的变量 myinfo，最后输出指定的作者信息。

（2）创建一个类 C，在该类中建立一个字段 Value，并初始化为 0，然后在主程序中通过 new 创建此类的引用类型变量，最后输出。

（3）创建一个控制台应用程序，在控制台中输入用户名和密码，并使用声明的 string 类型变量记录，然后使用关系运算符“==”和逻辑运算符“&&”判断输入的用户名和密码是否与指定的用户名、密码相匹配，最后使用三目运算符“？：”判断用户是否登录成功，并输出登录信息。

（4）在 switch 语句中使用 break 语句，声明一个 int 类型的变量 i，用于获取当前日期的返回值，然后使用 switch 语句根据变量 i 的值输出相应的日期是星期几。

（5）在 for 语句中使用 continue 语句，实现当 int 类型变量 j 为偶数时，不输出，重新开始循环，只输出 0～50 内的所有奇数。

（6）通过双重 for 语句输出九九乘法表，注意灵活使用空格使输出的乘法表对齐。

（7）在默认主面中添加两个 TextBox 控件、两个 Button 控件和两个 Label 控件，使用 foreach 语句遍历窗体中的所有控件，之后清空窗体中的所有 TextBox 控件。

（8）创建一个控件台应用程序，在主函数 Main 中，应用 ArrayList 类型获得一个集合项，然后对应地拆箱。

（9）通过 StringBuilder 类和 StringWriter 类将字符数组写入字符串中，从而对字符串操作进行扩展。

第 5 章　ASP.NET Web 开发基础

通过前面几章的学习，我们熟悉了 Visual Studio 2010 集成开发环境和 ASP.NET Web 编程基础。本章主要介绍 ASP.NET 4.0 新特性、ASP.NET 4.0 网站设计步骤、使用 web.config 配置文件和 ASP.NET 网页语法。

5.1　ASP.NET 4.0 简介

在.NET Framework 4.0 版本之后，Microsoft 也发布了称为 ASP.NET 4.0 的版本。ASP.NET 4.0 相对于早期的 ASP.NET 2.0 在后台上没有太大的改变，但提供了大量的新功能，如以前作为扩展的 ASP.NET AJAX、LINQ 数据源控件等。

5.1.1　.NET 4.0 框架体系结构概述

在了解 ASP.NET 4.0 之前，首先了解.NET 4.0 框架的体系结构。.NET 框架（.NET Framework）的基本思想是把原有的重点从连接到 Internet 的单一网站或设备转移到计算机、设备和服务群组上，而将 Internet 本身作为新一代操作系统的基础。这样，用户就能够控制信息的传送方式、时间和内容，从而得到更多的服务。

.NET 4.0 框架可以理解为一系列技术的集合，如图 5-1 所示，具体包括如下内容。

- .NET 语言。
- 通用语言规范（Common Language Specification，CLS）。
- .NET 框架类库（Framework Class Library，FCL）。
- 通用语言运行库（Common Language Runtime，CLR）。
- Visual Studio .NET 集成开发环境。

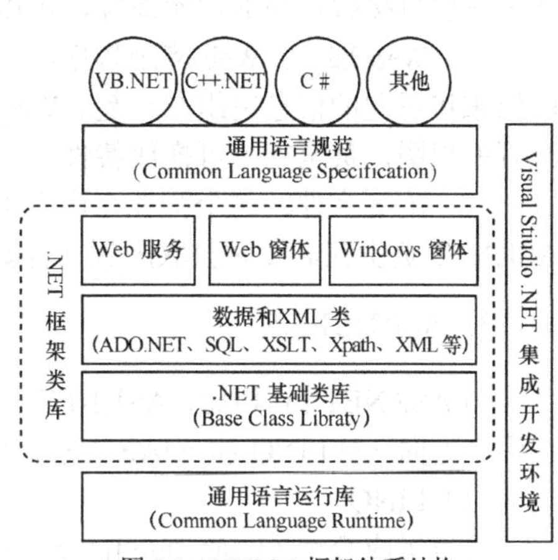

图 5-1　NET 2.0 框架体系结构

5.1.2　ASP.NET 的演变和 ASP.NET 4.0 新特性

当 Microsoft 正式发布 ASP.NET 1.0 时，它自己也没有估计到这个技术会被人们如此热忱地接受。ASP.NET 迅速成为采用 Microsoft 技术开发 Web 应用程序的标准，并成为微软对抗其他所有 Web 开发平台的一个强有力的竞争平台。从那以后，ASP.NET 又发布了几个版本。下面介绍这些年来 ASP.NET 的发展过程。

1. ASP.NET 1.0 和 ASP.NET 1.1

ASP.NET 1.0 第一次登台时，它的核心思想是被称作 Web 表单的网页模型。Web 表单模型只是把页面作为对象组合的模型的抽象。当浏览器请求特定页面时，ASP.NET 实例化该页面对象，然后为该页面里的所有 ASP.NET 控件创建对象，页面及其控件按顺序经历其生命周期中的事件，当完成页面处理后，它们呈现最终的 HTML 页面并从内存中释放。ASP.NET 编程的重点就是填补这个过程中的内容。

2. ASP.NET 2.0

ASP.NET 1.0 和 ASP.NET 1.1 的设计是良好的，因为在 ASP.NET 2.0 中只有很少的改动是修复已有的一些特性。ASP.NET 2.0 保留了与之前版本相同的基础结构（Web 表单模型），增加了新的、更高层次的特性支持。主要特性如下。

（1）母版页：它是可重复使用的页面的模板。可以使用母版页来确保应用程序里所有的网页都具有相同的头部、尾部以及导航控件。

（2）主题：允许为 Web 控件定义标准的外观特征。一旦完成定义，就可以将其用到 Web 页页上以保持外观一致。

（3）导航：ASP.NET 的导航框架有一个定义站点地图的机制，而站点地图用于描述网站页面的逻辑组织。它还提供了一些导航控件（如树控件以及浏览路径样式的链接），这些控件使用站点地图的信息帮助用户浏览网站。

（4）安全和成员资格：ASP.NET 2.0 新增一些与安全相关的特性，包括自动支持存储用户证书、基于角色授权，以及为普通任务（如登录、注册以及重新获取密码）预建安全控件。

（5）数据源控件：数据源控件模型允许定义页面如何与标记中的数据源声明地交互，而不是手写等效的数据存取代码。最妙的是，这个特性不会强迫用户放弃良好的基于组件的设计——像直接绑定到数据库那样，可以很容易地绑定到一个自定义的数据组件上。

（6）Web 部件：Web 应用程序的一个常用类型是门户，它在一个页面上通过彼此独立的面板来将不同的信息组织在一起。Web 部件为预建的门户框架提供基于流程的界面布局、可配置的视图，甚至支持可拖放特性。

（7）配置文件：这个特性允许不用写数据库代码就能在数据库中存储用户特定的信息。ASP.NET 负责在需要时获取配置文件数据，在改动时保存配置文件数据。

3. ASP.NET 3.5

与 ASP.NET 2.0 相比，ASP.NET 3.5 是逐渐演变而来的。ASP.NET 3.5 的新特性主要集中在两个方面——LINQ 和 AJAX，它们将在后面的章节中介绍。

（1）LINQ。

语言集成查询（Language Integrated Query，LINQ）是一组用于 C#和 Visual Basic 语言的扩展。它允许编写 C#或 Visual Basic 代码以查询数据库相同的方式操作内存数据。准确地说，LINQ 定义了大约 40 个查询操作符，如 select、from、in、where 以及 orderby（在 C#中）。使用这些操作符可以编写查询语句。不过，这些查询还可以基于很多类型的数据，每个数据类型都需要一个单独的 LINQ 类型。

最基本的 LINQ 类型是 LINQ to Objects，它可以针对对象的集合执行查询，从对象中解析出特定的细节。LINQ to Objects 并不只是针对 ASP.NET。换句话说，它在 Web 页面中的使用方法和在其他类型的.NET 应用程序中的使用方法完全相同。

除了 LINQ to Objects，还有 LINQ to DataSet（它为查询内存中的 DataSet 对象提供类似的行为）以及 LINQ to XML（它针对 XML 数据）。不过，LINQ to Entities 是最有趣的，它让用户能够使用 LINQ 语法查询关系数据库。在本质上，LINQ to Entities 根据代码创建带参数的 SQL 查询，并在用户访问查询结果时执行查询。用户不必编写任何数据访问代码或使用传统的 ADO.NET 对象。

（2）ASP.NET AJAX。

AJAX 技术（异步 JavaScript 和 XML）是一项客户端快捷编程技术，它允许页面不必触发一次完整的回发就可以调用服务器方法并更新自身的内容。通常，AJAX 页面通过客户端脚本代码触发一次幕后的异步请求。服务器接收到请求后，执行某些代码，返回页面所需的数据（通常是一些 XML）标记块。最后客户端代码获得新数据后，利用它们再执行其他动作，如刷新页面的一部分。虽然 AJAX 的概念非常简单，但它能够让页面像更加无缝的、持续运行的应用程序一样。AJAX 页面和传统的 ASP.NET 页面的区别如图 5-2 所示。

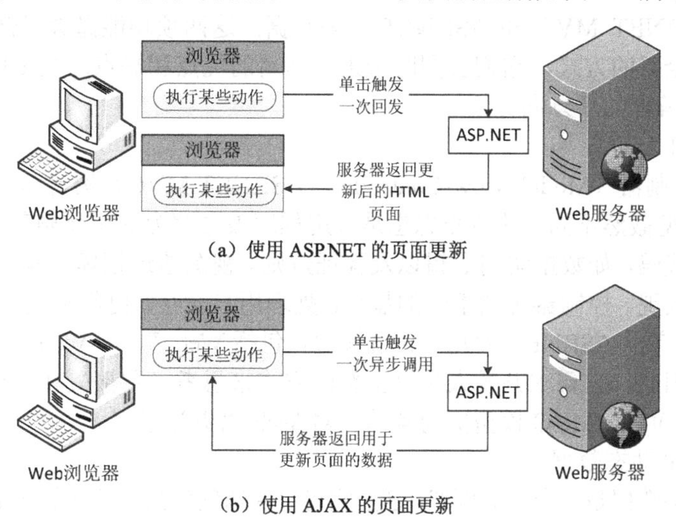

（a）使用 ASP.NET 的页面更新

（b）使用 AJAX 的页面更新

图 5-2　普通服务器端页面与 AJAX 技术的对比

4. ASP.NET 4.0

ASP.NET 4.0 新增了一些功能，其中最重要的包括以下几点。

（1）一致的 XHTML 呈现：ASP.NET 3.5 将 ASP.NET 网页呈现为 XHTML 文档，但要赢得开发人员的信任，还有一些工作要做（如需要把配置文件里的严格型 XHTML 设置为 true）。ASP.NET 4.0 完成了这些工作，使用整洁、无怪僻的 XHTML 作为标准。

（2）更新后的浏览器检测：ASP.NET 4.0 发布了更新过的浏览器定义文件，这意味着服务器端呈现引擎可以识别更多的浏览器，并为它们提供正确的目标支持。

（3）会话状态压缩：在.NET 2.0 中，Microsoft 给 System.IO.Compresssion 命名空间增加了 gzip 支持。现在 ASP.NET 可以用它压缩传送到进程外会话状态服务的数据。这项技术只可用于很少的应用场景中，但如果可以使用的话，它对性能的提升几乎是自动的。

（4）选择性的视图状态：不是选择性地按控件禁用视图状态，而是可以关闭整个页面的视图状态，然后在需要的时候打开它。这样可以很方便地减小页面的大小。

（5）可扩展的缓存：缓存是 ASP.NET 最早提供的一项功能，但除了 SQL SERVER 缓存依赖外，从.NET 1.0 开始，缓存一直没有什么新功能。在 ASP.NET 4.0 中，Microsoft 终于开始公开缓存扩展的功能，这样就能够使用新类型的缓存存储，包括分布式的缓存解决方案。

（6）Char 控件：多年来，ASP.NET 开发人员不得不掌握 GDI+绘图模型或者购买第三方控件来创建体面的图表。现在，ASP.NET 有了一个令人印象深刻的 Char 控件，它能够呈现漂亮的二维和三维图形。

（7）翻新的 Visual Studio：虽然 Visual Studio 2010 的用户界面还是遵循之前的基本设计，但它已经用.NET 和 WPF 完全重写了。同时，Microsoft 加入了一些改进，如智能感知及简化的 Silverlight 内容设计的全新可视化设计器。

（8）路由：ASP.NET MVC 支持有意义的、搜索引擎友好的 URL。现在在 ASP.NET 4.0 中也可以使用相同的路由技术重定向 Web 表单请求。

（9）更好的部署工具：现在 Visual Studio 可以创建 Web 包，其中的压缩文件包括应用程序的内容以及 SQL Server 数据库架构、IIS 设置等内容。Web 包还可以和全新的 web.config 转换功能配合使用，它可以清晰地区分应用程序测试编译设置以及部署实例设置。

虽然这些功能都非常有用，但 ASP.NET 开发的新功能中最令人印象深刻的部分来自两个不同的插件：ASP.NET MVC 和 ASP.NET 动态数据。这两项功能抛弃了部分传统 ASP.NET 开发模型而采用全新的方式，它们会同时带来一些新的优点和缺点。很多情况下，它们代表了 Web 应用程序编程的新方向。

（1）ASP.NET MVC。

模型-视图-控制器（Model-View-Controller，ASP.NET MVC）构建 Web 页面的方式和标准的 Web 表单模型截然不同，其核心思想是应用程序被分解为 3 个逻辑部分。模型包含应用程序特定的业务代码，如数据访问逻辑以及验证规则。视图通过把模型呈现为 HTML 页面而创建模型的恰当表现。控制器协调整体的显示，处理用户交互，更新模型并向视图传送信息。

MVC 模型抛弃了 ASP.NET 的几个传统概念，包括 Web 表单、Web 控件、视图状态、回发和会话状态。因此，它要求开发人员以全新的方式来思考（并接受在生产力方面的短期下降）。对于某些人而言，MVC 模型更为整洁，对 Web 也更为适用。

（2）ASP.NET 动态数据。

ASP.NET 动态数据是一个基架框架，通过它可以快速创建数据驱动的应用程序。当和 LINQ to SQL 或者 LINQ to Entities（几乎总是这种情况）一起使用时，动态数据提供端对端的解决方案，从解析数据库架构到提供完整功能的 Web 应用程序，支持查看、编辑、插入和删除记录。

动态数据并不只是那些懒于构建自己的自定义应用程序的开发人员生成代码和标记的工具，认识到这一点非常重要。动态数据是基于模板，组件化且完全可自定义的框架，它是创建以数据为中心的应用程序的理想工具。实际上，动态数据可以看做是 ASP.NET 已经提供的富数据控件（如 GridView、Details View 和 FormView）的逻辑扩展。它不会强迫用户修改各个页面各种类型的数据控件来获得希望的效果，而是使用基于字段的模板来达到定义一次处处共享的目的。

5.2 ASP.NET 4.0 网站设计步骤

本节主要介绍如何设计简单的 Web 页面，熟悉开发环境。

5.2.1 创建 ASP.NET 网站

创建 ASP.NET 网站的步骤如下。

（1）启动 Visual Studio2010 开发环境，首先进入“起始页”界面，如图 5-3 所示。在该界面中，执行“文件”→“新建网站”命令，打开如图 5-4 所示的“新建网站”对话框。

（2）在“模板”列表框中选择“ASP.NET 空网站”选项，然后设置网站的位置，并选择编程语言。

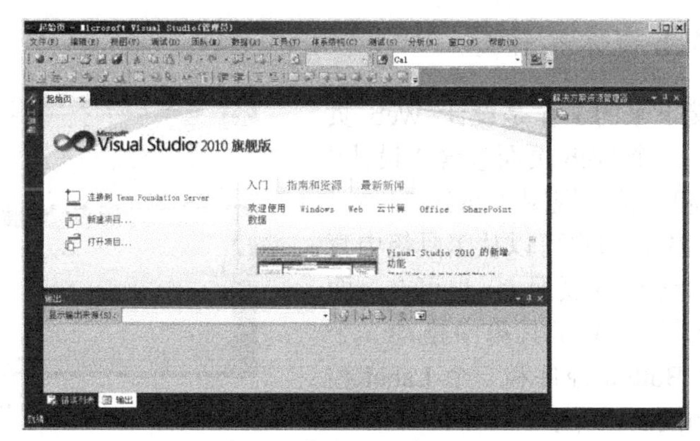

图 5-3　创建 ASP.NET 网站

图 5-4 “新建网站”对话框

（3）单击“确定”按钮，即可创建一个空网站，可以看到该网站中只有 web.config 文件，在解决方案资源管理器中右击网站，选择“添加新项”命令，打开如图 5-5 所示的对话框，默认名称为 Default.aspx，可以改为自己喜欢的名称。单击“添加”按钮后，就可以开始设计页面了。

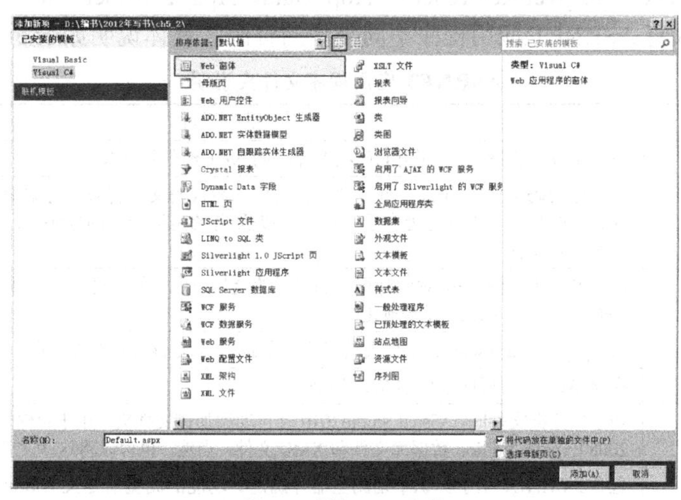

图 5-5　添加 Web 窗体

5.2.2 设计 Web 窗体界面

创建网站后，接下来的工作是设计 Web 页面。在 VS 2010 中，一个 Web 页面包含“设计”视图、“拆分”视图和“源”视图 3 部分。

在“设计”视图中，用户可以从工具箱中直接选择各种控件添加到 Web 页面上，也可在页面中直接输入文字。例如，从工具箱中拖动一个 TextBox 控件、一个 Button 控件和一个 Label 控件到文档窗口中，如图 5-6 所示。

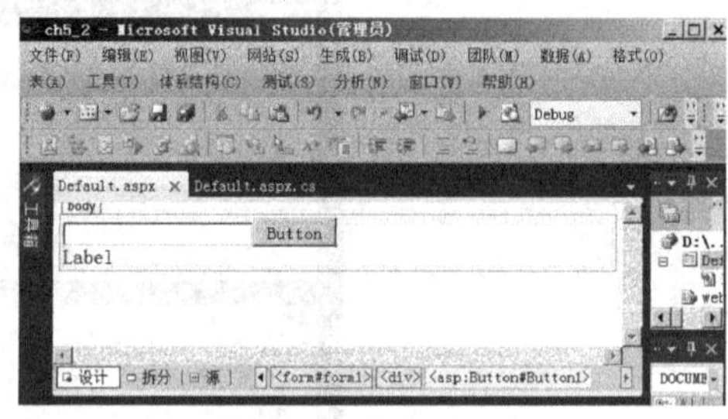

图 5-6 “设计”视图

此外，也可以在“源”视图添加或修改 HTML 标记设计 Web 页面，如图 5-7 所示。在工具箱中选中控件后拖曳鼠标，或者双击控件，均可将其添加到页面中。

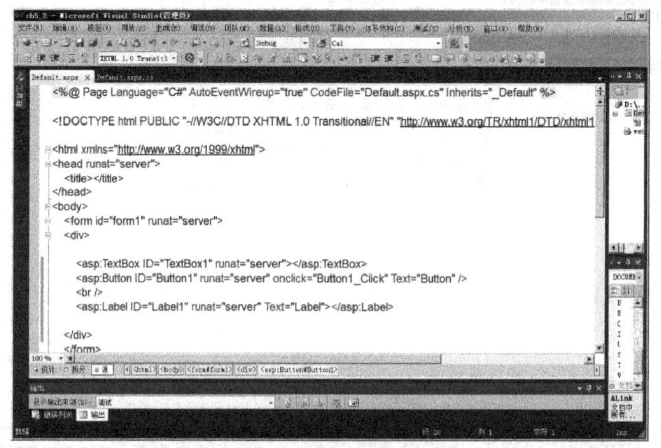

图 5-7 “源”视图

5.2.3 添加 ASP.NET 文件夹

ASP.NET 应用程序包含 8 个默认文件夹，分别是 Bin、App_Code、App_GlobalResources、App_LocalResources、App_WebReferences、App_Data、App_Browsers 和“主题”文件夹。每个文件夹中都存放着 ASP.NET 应用程序不同类型的资源，具体说明如表 5-1 所示。

表 5-1　ASP.NET 应用程序文件夹说明

文件夹	说明
Bin	包含 Web 应用程序要使用的已经编译好的.NET 组件程序集
App_Code	包含源代码文件，如.cs 文件。该文件夹中的源代码文件将被动态编译。该文件夹与 Bin 文件夹有些相似，不同之处在于 Bin 文件夹放置的是编译好的程序集，而这个文件夹放置的是源代码文件
App_GlobalResources	保存 Web 应用程序中对所有页面都可见的全局资源。在开发一个多语言版本的 Web 应用程序时，可用该目录进行本地化
App_LocalResources	与 App_GlobalResources 文件夹具有相同的功能，只是该目录下资源的可访问性仅限于单个页面
App_WebReferences	存储 Web 应用程序使用的 Web 服务文件
App_Data	当添加数据文件时，Visual Studio2010 会自动添加该文件夹，用于存储数据，包含 SQL Server 2008 Express Edition 数据库文件和 XML 文件，当然，也可以将这些文件存储在其他任何地方
App_Browsers	包含 ASP.NET 用于标识个别浏览器并确定其功能的浏览器定义（.browser）文件
主题	存储 Web 应用程序中使用的主题，该主题用于控制 Web 应用程序的外观

添加 ASP.NET 默认文件夹的步骤是：在解决方案资源管理器中，选中方案名称后单击鼠标右键，在弹出的快捷菜单中选择“添加 ASP.NET 文件夹”命令，在其子菜单中可以看到 8 个默认的文件夹，选中所需文件夹即可，如图 5-8 所示。

如果新建网站时选择的不是“ASP.NET 空网站”，而是“ASP.NET 网站”，默认存在的文件夹是 App_Data，默认存在的网页有 About.aspx 和 Default.aspx。以上其他文件夹可以手动添加。在操作的过程中，有些文件夹会自动添加，如添加一个 Web 服务时，会自动创建 App_WebReferences。

图 5-8　ASP.NET 默认文件夹

5.2.4　添加配置文件 Web.config

在 VS 2010 中创建网站后，会自动添加 Web.config 配置文件。如果不小心删除了该文件，也可以手动添加 Web.config 文件。具体步骤为：在解决方案资源管理器中，鼠标右键单击网站名称，在弹出的快捷菜单中选择“添加新项”命令，打开“添加新项”对话框，在“模板”列表框中选择“Web 配置文件”选项，单击“添加”按钮即可，如图 5-9 所示。

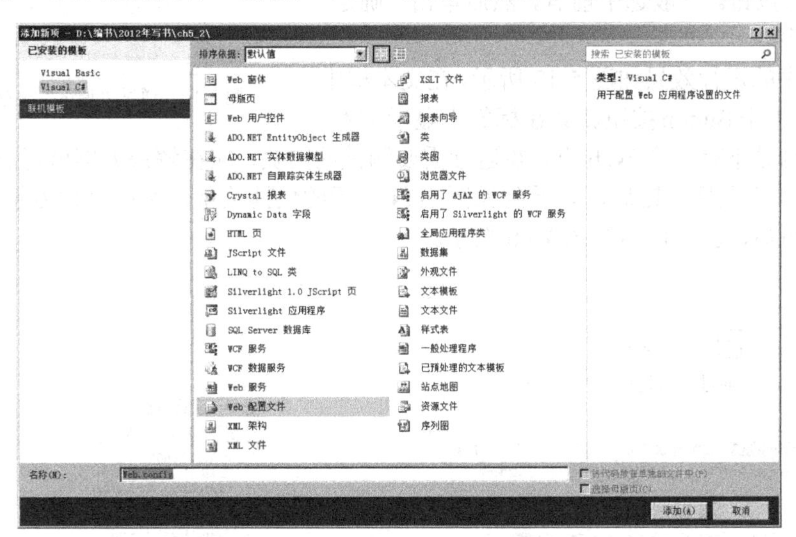

图 5-9　添加配置文件 Web.config

5.2.5　编写代码和运行应用程序

双击图 5-6 的 Button 控件打开“Default.aspx.cs”页面，该页面中呈现如下内容。

```
using System;
using System.Collections.Generic;
using System.Linq;
using System.Web;
using System.Web.UI;
using System.Web.UI.WebControls;

public partial class _Default : System.Web.UI.Page
```

```
{
        protected void Page_Load(object sender, EventArgs e)
        {

        }
    protected void Button1_Click(object sender, EventArgs e)
    {

    }
    }
```

这是系统自动生成的代码，这里只需要编写单击 Button1 的 Click 事件代码，代码如下。

```
protected void Button1_Click(object sender, EventArgs e)
{
Label1.Text = "hello" + TextBox1.Text;
}
```

在 VS 2010 中，可以通过多种方法运行程序，可以执行“调试”→“启动调试”命令运行应用程序，如图 5-10 所示。或者单击工具栏中的三角形按钮运行程序，如图 5-11 所示，还可以直接按【F5】键运行程序。

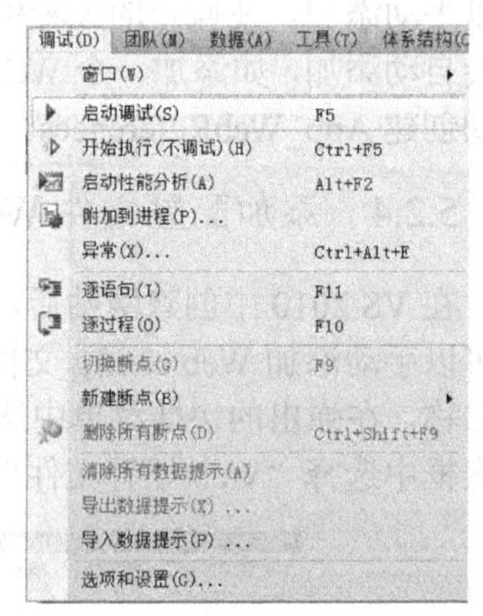

图 5-10　通过“调试”菜单运行应用程序

第一次运行网站时会弹出“未启用调试”对话框，如图 5-12 所示。在该对话框中，提供了“修改 Web.config 文件以启用调试”和“不进行调试直接运行”两个单选按钮。一般选中前者，然后单击“确定”按钮运行程序。

以上程序的运行效果如图 5-13 所示，在文本框中输入信息后，单击Button按钮就会在标签上显示文本。

如果该网站下有几个 Web 页，要运行需要测试的网页，应在解决方案资源管理器中找到该 Web 页，单击鼠标右键后可以看到如图 5-14 所示的快捷菜单，选中“设为起始页”选项，单击运行按钮后，就可以运行该 Web 页了。

图 5-11　通过工具栏运行应用程序

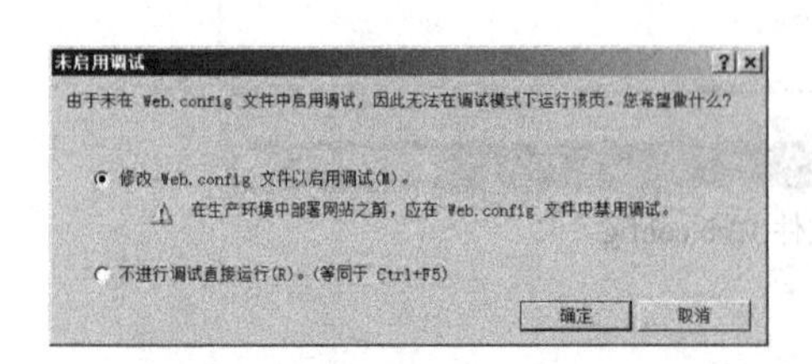

图 5-12　“未启用调试”对话框

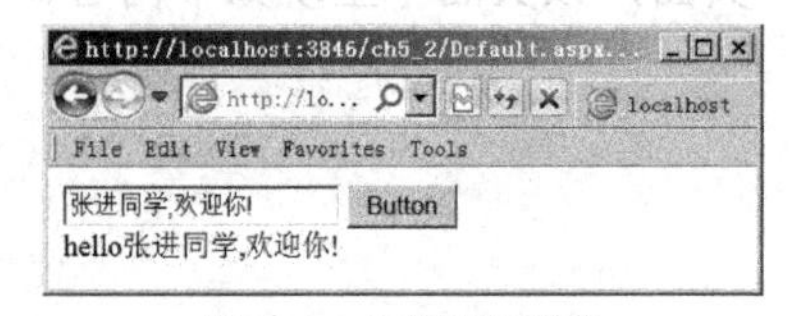

图 5-13　实例运行效果

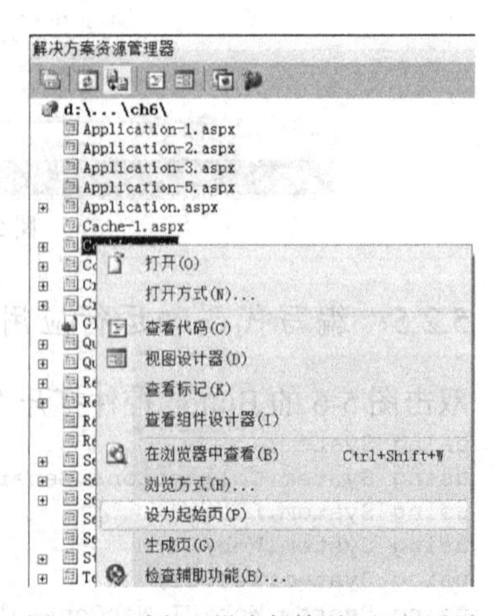

图 5-14　选择“设为起始页”运行网页

5.3 ASP.NET 配置

在 ASP.NET 应用程序中，配置文件具有举足轻重的地位。ASP.NET 的配置信息保存在基于 XML 的文本文件中，通常命名为 web.config。在一个 ASP.NET 应用程序中，可以出现一个或多个 web.config，这些文件根据需要存放在应用程序的不同文件夹中。

5.3.1 web.config 配置文件

web.config 继承自.NET Framework 安装目录的 machine.config 文件，machine.config 配置文件存储了影响整个机器的配置信息，不管应用程序位于哪个应用程序域中，都将具有 machine.config 中的配置。web.config 继承了 machine.config 中的大部分设置，同时也允许开发人员添加自定义配置，或者覆盖 machine.config 中已有的配置。

下面的代码是一个常规的 web.config 配置文件的骨架，这个骨架代码包含了一个标准 web.config 配置文件中的大多数信息。

```
<?xml version="1.0"?>
<configuration>
  <configSections>…</configSections>
  <appSettings>…</appSettings>
  <connectionStrings>…</connectionStrings>
  <system.web>…</system.web>
  <system.codedom>…</system.codedom>
  <system.webServer>…</system.webServer>
</configuration>
```

从代码中可以看到，整个配置文件被嵌入<configuration>节点中。在这个节点中有几个节点，其中有的是用户可以更改的，而有的则是非常重要的、不可更改的配置项。

<configuration>配置节中的配置信息分成两大块，一个是处理程序的声明区域，另一个是配置节设置区域。

处理程序的声明区域位于<configSections>配置节中，在该节中使用 section 来声明节处理程序，如图 5-15 所示。

```
<?xml version="1.0"?>
<!--
    注意: 除了手动编辑此文件以外，您还可以使用
    Web 管理工具来配置应用程序的设置。可以使用 Visual Studio 中的
     "网站"->"Asp.Net 配置" 选项。
    设置和注释的完整列表在
    machine.config.comments 中，该文件通常位于
    \Windows\Microsoft.Net\Framework\v2.x\Config 中
-->
<configuration>
   <configSections>
      <sectionGroup name="system.web.extensions" type="System.Web.Configuration.SystemWebExtensionsSectionGroup, System.Web.Extensions,
Version=3.5.0.0, Culture=neutral, PublicKeyToken=31BF3856AD364E35">
      <sectionGroup name="scripting" type="System.Web.Configuration.ScriptingSectionGroup, System.Web.Extensions, Version=3.5.0.0,
Culture=neutral, PublicKeyToken=31BF3856AD364E35">
        <section name="scriptResourceHandler" type="System.Web.Configuration.ScriptingScriptResourceHandlerSection,
System.Web.Extensions, Version=3.5.0.0, Culture=neutral, PublicKeyToken=31BF3856AD364E35" requirePermission="false"
allowDefinition="MachineToApplication"/>
      <sectionGroup name="webServices" type="System.Web.Configuration.ScriptingWebServicesSectionGroup, System.Web.Extensions,
Version=3.5.0.0, Culture=neutral, PublicKeyToken=31BF3856AD364E35">
        <section name="jsonSerialization" type="System.Web.Configuration.ScriptingJsonSerializationSection,
System.Web.Extensions, Version=3.5.0.0, Culture=neutral, PublicKeyToken=31BF3856AD364E35" requirePermission="false" allowDefinition="Everywhere"/>
        <section name="profileService" type="System.Web.Configuration.ScriptingProfileServiceSection,
System.Web.Extensions, Version=3.5.0.0, Culture=neutral, PublicKeyToken=31BF3856AD364E35" requirePermission="false"
allowDefinition="MachineToApplication"/>
        <section name="authenticationService" type="System.Web.Configuration.ScriptingAuthenticationServiceSection,
System.Web.Extensions, Version=3.5.0.0, Culture=neutral, PublicKeyToken=31BF3856AD364E35" requirePermission="false"
allowDefinition="MachineToApplication"/>
        <section name="roleService" type="System.Web.Configuration.ScriptingRoleServiceSection, System.Web.Extensions,
Version=3.5.0.0, Culture=neutral, PublicKeyToken=31BF3856AD364E35" requirePermission="false" allowDefinition="MachineToApplication"/>
                </sectionGroup>
        </sectionGroup>
   </sectionGroup>
</configSections>
```

图 5-15 配置节区域

sectionGroup 元素表示应用配置设置的命名空间，所有的 ASP.NET 配置节处理程序都在 system.web 节组中进行分组。<configSections>配置代码中的每个配置节都对应了一个节处理程

序，很多配置节的节处理程序已经在默认的 machine.config 配置文件中进行了声明，因此在创建标准 ASP.NET 应用程序时，并不需要自己添加节处理程序，除非创建了自定义节处理程序。

配置节设置区域中包含了实际的配置信息，对于 Web 开发人员来说，通常只需要处理 3 个配置节设置。

- <appSettings>配置节允许开发人员添加多种自定义的信息块，如应用程序的标题、程序作者等信息。
- <connectionStrings>配置节允许开发人员定义连接数据库的连接信息。
- <system.web>块保存了用户将配置的每个 ASP.NET 设置，在一个 web.config 配置文件中，通常可以看到多个<system.web>配置块，用户也可以根据需要创建自己的<system.web>配置块。

5.3.2 在 web.config 中存储自定义设置

在<appSettings>中，允许开发人员保存自己的配置信息，这些配置信息可以被多个页面使用。在配置文件中保存自定义设置信息是非常有用的，它可以为变量设置初始值，以及快速切换不同类型的操作。

在<appSettings>中，可以使用<add>元素来添加一个健和一个值，新建一个名为 ch5_3 的网站，将默认主页改名为 appDemo.aspx。在<appSettings>配置节中添加如下的配置代码。

```
<appSettings>
    <add key="SiteName" value="添加自定义的配置设置的演示"/>
</appSettings>
```

在该配置中仅添加一个自定义设置，可以根据需要在<appSettings>中用这种方式添加多个配置设置。以下实例主要解决如何在程序代码中访问 appSetting 中的配置信息。

```
using System;
using System.Configuration;
using System.Data;
using System.Linq;
using System.Web;
using System.Web.Security;
using System.Web.UI;
using System.Web.UI.HtmlControls;
using System.Web.UI.WebControls;
using System.Web.UI.WebControls.WebParts;
using System.Xml.Linq;
//为了使用 WebConfigurationManager 类，必须添加此命名空间的引用
using System.Web.Configuration;
public partial class _Default : System.Web.UI.Page
{
     protected void Page_Load(object sender, EventArgs e)
     {
          //调用 WebConfigurationManager 的 AppSettings 属性获取自定义配置信息
          Label1.Text = WebConfigurationManager.AppSettings["SiteName"];
     }
}
```

从代码中可以看到，只需要调用位于 System.Web.Configuration 命名空间中的 AppSettings 属性，传递在<appSettings>中指定的 key 字符串即可访问其 value 值。AppSettings 属性是一个 NameValueCollection 集合类型，用于存储键值对的集合，可以使用这个集合中的很多方法和属性来处理<appSettings>配置节，如图 5-16 所示。

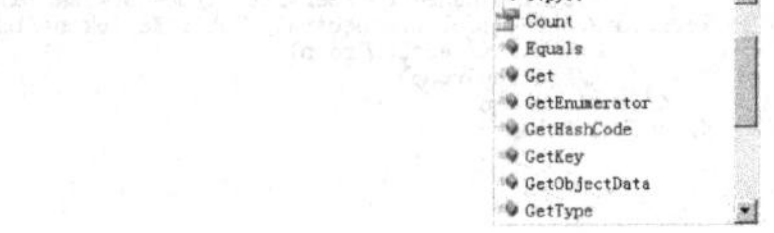

图 5-16 appSettings 属性的功能

5.3.3 ASP.NET Web 站点管理工具 WAT

Visual Studio2010 提供了一个相当方便的网站管理工具，使开发人员可以使用可视化的方式来设置配置文件。在 Visual Studio2010 中执行“网站”→“ASP.NET 配置”命令来打开 WAT（网站管理工具）。

WAT 是一个基于 Web 的配置管理工具，这个工具以可视化的方式编辑位于网站根目录下的 web.config 文件。WAT 打开时的初始页面如图 5-17 所示。

WAT 配置工具是具有 4 个配置页面，主页面提供了对其他 3 个设置页面的链接，并具有对每个配置页面的简短描述，在本书后面的章节中，将会分别介绍这些配置页面。现在演示如何使用 WAT 工具向<appSettings>配置节中添加自定义设置项。

（1）单击主页面中的应用程序配置链接，打开如图 5-18 所示的应用程序配置窗口。可以看到在该配置页面中又提供了 4 个子配置项，包括应用程序设置、SMTP 设置、应用程序状态和调试和跟踪。选择应用程序设置下面的管理应用程序设置，进入如图 5-19 所示的配置窗口。在该窗口中列出了已经在<appSettings>中添加的应用程序设置，单击“创建新应用程序设置”链接，进入如图 5-20 所示的页面。

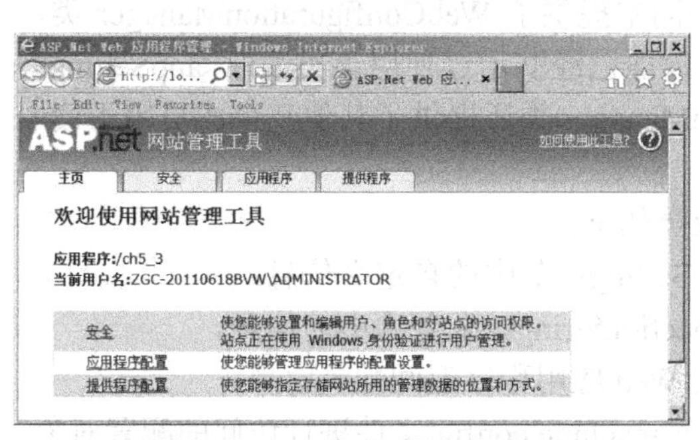

图 5-17 WAT 管理工具初始页面

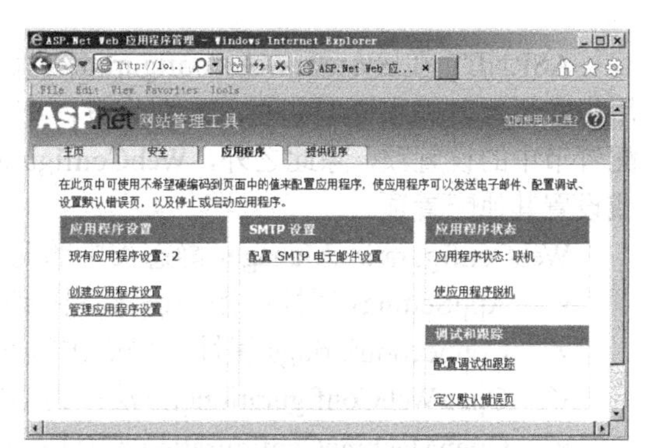

图 5-18 应用程序配置页面

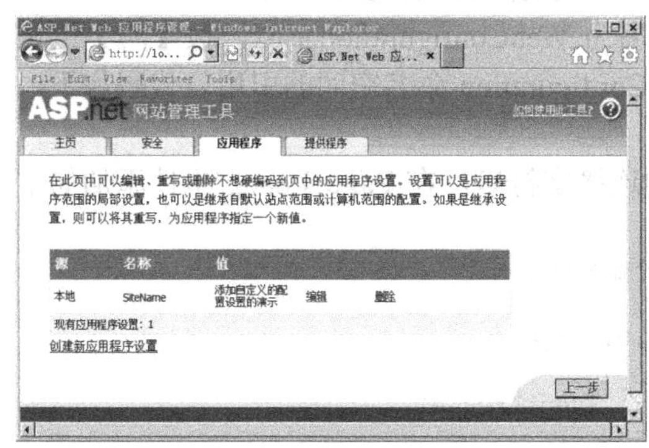

图 5-19 管理程序配置页面

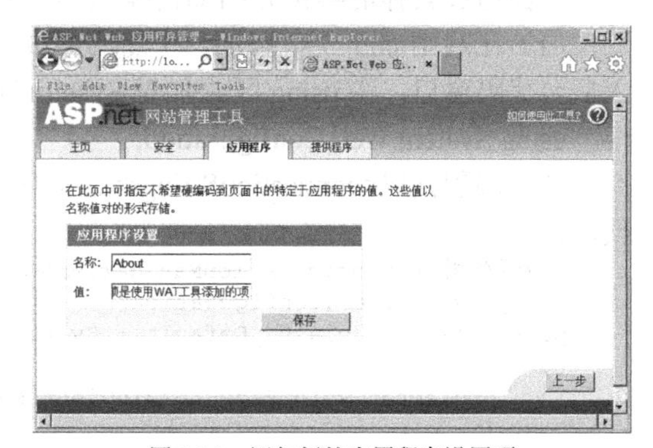

图 5-20 添加新的应用程序设置项

（2）在创建新应用程序设置中提供了两个文本框，分别用于输入 key 值和 value 值。在这两个文本框中输入需要添加到 web.config 配置文件<appSettings>中的设置项，单击“保存”按钮，WAT 提示用户已经成功创建了设置项，单击“确定”按钮，返回到应用程序管理页面，可以看到已经正确添加了应用程序设置项。

（3）关闭 WAT 窗口，Visual Studio 2010 会弹出一个提示框，提醒用户 web.config 文件已经改变，是否要重新加载 web.config 配置文件，单击“是”按钮，如图 5-21 所示。

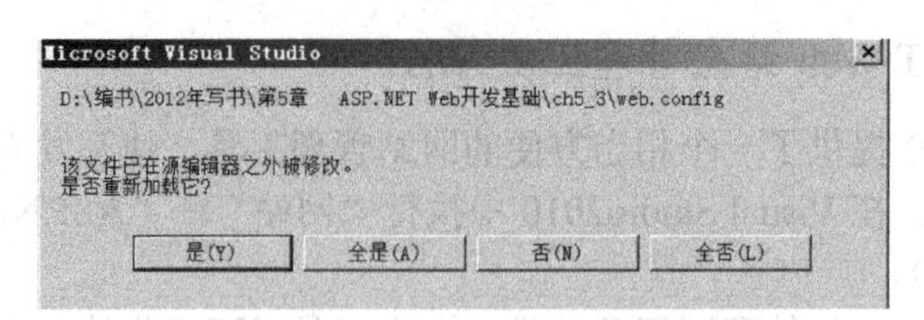

图 5-21 重新加载 web.config 文件确认框

现在再来看一下 web.config 文件中的<appSettings>配置项，会发现已经正确添加了在 WAT 中添加的设置项。代码如下所示。

```
<appSettings>
  <add key="SiteName" value="添加自定义的配置设置的演示" />
  <add key="About" value="该项是使用 WAT 工具添加的项" />
</appSettings>
```

可以看到 WAT 简化了编写配置文件的方式，在后面的章节里还会使用 WAT 来配置其他的配置工具。

5.3.4 编程读取和写入配置设置

ASP.NET 在 System.web.configuration 命名空间中提供了 WebConfigurationManager 类，用来在运行时编程读取和写入配置设置。在本节前面已经演示过使用该类读取<appSettings>配置节中的设置项，除此之外，WebConfigurationManager 类还提供了其他几个成员用于读取或设置其他配置项。

WebConfigurationManager 静态类中的几个成员如下。

✓ AppSettings 属性：提供访问添加到<appSettings>节中的自定义信息。

✓ ConnectionStrings 属性：提供访问<connectionStrings>配置项中的信息。

✓ OpenWebConfiguration()方法：为指定的 Web 应用程序返回配置对象。

✓ OpenMachineConfiguration()方法：返回对 machine.config 文件进行访问的配置对象。

下面通过具体的实例介绍如何编程读取和写入相关的配置项。步骤如下。

（1）在网站 ch5_3 中添加一个新的网页，命名为 WebConfiguration.aspx，按【F7】键进入后台代码窗口，在 using 区添加对 System.Web.Configuration 命名空间的引用。代码如下。

using System.Web.Configuration;

（2）编程读取<connectionStrings>配置项中的连接字符串。在 Page_Loadg 事件添加如下代码。

```
//为了使用 WebConfigurationManager,需要添加这个命名空间
using System.Web.Configuration;
public partial class _Default : System.Web.UI.Page
{
    protected void Page_Load(object sender, EventArgs e)
    {
        Response.Write("读取 web.config 配置文件中的连接字符串<br/>");
        foreach (ConnectionStringSettings connection in WebConfigurationManager.
ConnectionStrings)
        {
            Response.Write("连接名称: " + connection.Name + "<br />");
            Response.Write("连接字符串: " +
            connection.ConnectionString + "<br /><br />");
        }
    }
}
```

运行该页面，可以看到如图 5-22 所示的运行效果。

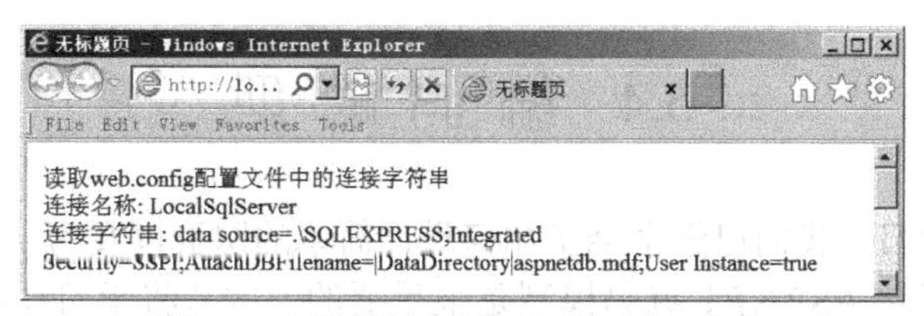

图 5-22　读取配置文件中的连接字符串信息

打开 web.config 配置文件，并没有添加任何连接字符串信息，图 5-22 中却看到一个 LocalSqlServer 连接字符串。这是因为 WebConfigurationManager 类具有累积的特性，也就是说，这个类会同时寻找其上层的配置文件中相同配置节的配置信息，因此会看到定义在 machine.config 配置文件中的连接字符串。

WebConfigurationManager 配置文件提供了直接读取本网站的<appSettings>和<connectionStrings>配置节中的配置项功能。除此之外，使用 WebConfigurationManager 类还可以读取位于其他位置的配置项，这主要是通过使用 WebConfigurationManager. OpenWebConfiguration()方法来实现的。该方法将返回一个包含指定位置的配置项的配置对象。

（3）可以使用 Configuration.GetSection()方法来返回指定的配置节对象，该方法的返回值是 object 类型的对象，因为具体节对象的类型需要在运行时指定，因此对于返回的对象需要执行强制类型转换。例如，可以使用如下代码来读取<authentication>配置块。

```
//返回位于网站根目录下的配置对象
Configuration config =WebConfigurationManager.OpenWebConfiguration("/");
///搜索位于<system.web>内部的 <authentication> 元素
AuthenticationSection authSection =
(AuthenticationSection)config.GetSection(@"system.web/authentication");
```

（4）使用 WebConfigurationManager 类可以在运行时修改或写入配置项，WAT 管理工具就是利用了 ASP.NET 的这个特性。以下代码演示如何在运行时添加自定义的<appSettings>设置项。

```
//首先返回位于网站根目录下的配置对象，必须注意这里的网站根目录虚拟路径用~/，而不要使用/
Configuration config = WebConfigurationManager.OpenWebConfiguration("~/") as
System.Configuration.Configuration;
KeyValueConfigurationCollection appSettings =config.AppSettings.Settings;
if (config != null)
{
//在这里更改 appSettings 对象
appSettings["SiteName"].Value = "WebConfigurationManager 类使用演示";
appSettings["FileName"].Value = "这是一个 web.Config 文件";
config.Save();
}
Response.Write("读取 web.config 配置文件中的<appSettings>配置节<br/>");
foreach (string key in appSettings.AllKeys)
{
    Response.Write("键值名: " + key + "<br />");
    Response.Write("键值值为: " + appSettings[key].Value + "<br/><br/>");
}
```

以上代码首先读网站根目录的 web.config 配置文件，然后获取 appSettings 配置节，为 appSettings 配置节中的设置项赋值，最后调用 config.Save 方法来保存配置信息，程序运行效果如图 5-23 所示。

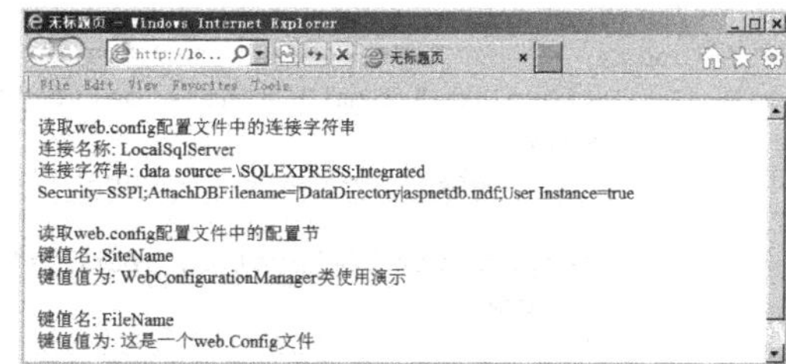

图 5-23　写入 appSettings 配置节

5.4 编码模型

通过前几节的学习，我们已经学会了如何设计简单的网页以及写 web.config 配置文件，在正式编码之前，了解 ASP.NET 编码模型是很重要的。本节将学习如何利用代码来编写网页，同时了解 ASP.NET 事件是如何作用于代码的。

Visual Studio 支持两种编写网页的模型。

（1）内联代码：这种模型非常类似于传统的 ASP 代码模型，所有的代码以及 HTML 标记都被存储在一个单一的.aspx 文件内。代码都是内联在一个或者多个脚本块内的。虽然这些代码都是在脚本块内的，但仍然支持智能感知以及动态调试，而且这些代码不再像传统 ASP 代码那样被依次执行。相反，仍然可以控制事件和使用子程序。这种模型比较方便，因为它把所有东西都放在一个包内，这对于编写简单的网页来说很适合。

（2）代码隐藏：这种模型将每个 ASP.NET 网页分离到两个文件内，一个是包含 HTML 以及控件标签的.aspx 标记文件，另一个是包含页面源代码的.cs 代码文件（假定使用 C#作为网页编程语言）。这种模型所提供的将用户界面同编程逻辑相分离的特性对于构建复杂的页面非常重要。

在 Visual Studio 中，可以自由选择采用何种模式来编程。当将一个新网页添加到网站时，“将代码放在单独的文件中”复选框可决定是否采用代码隐藏模型（见图 5-5）。Visual Studio 会记住之前的设置，这个设置会在下次添加一个新页面时使用，但是在同一个应用程序中混合两种风格的页面也是完全有效的。

5.4.1 两种编码模型的区别

通过一个简单的例子说明嵌入代码和代码隐藏模型之间的区别。新建一个网站 ch5_4，在该网站中添加一个 Web 页，名为 TestInline.aspx，在添加时注意“将代码放在单独的文件中”复选框不选中。该页面主要实现在一个标签里显示当前时间并在按钮被单击后刷新，使用嵌入代码的页面大致如下。

```
<%@ Page Language="C#" %>
<!DOCTYPE html PUBLIC "-//W3C//DTD XHTML 1.0 Transitional//EN" "http://www.w3.org/
TR/xhtml1/DTD/xhtml1-transitional.dtd">
<script runat="server">
      protected void Button1_Click(object sender, EventArgs e)
      {
        Label1.Text = "Clicked at " + DateTime.Now.ToString();
      }
</script>
<html xmlns="http://www.w3.org/1999/xhtml">
<head runat="server">
<title></title>
</head>
<body>
      <form id="form1" runat="server">
      <div>
      <asp:Label ID="Label1" runat="server"></asp:Label>
      <br />
      <asp:Button ID="Button1" runat="server" onclick="Button1_Click" Text="Button" />
      </div>
      </form>
</body>
</html>
```

TestBehind.aspx 和 TestBehind.aspx.cs 用于演示如何利用代码隐藏模型将该页面分为两块。TestBehind.aspx 文件的内容如下。

```
<%@ Page Language="C#" AutoEventWireup="true" CodeFile="TestBehind.aspx.cs" Inherits=
"TestBehind" %>
<!DOCTYPE html PUBLIC "-//W3C//DTD XHTML 1.0 Transitional//EN" "http://www.w3.org/TR/
xhtml1/DTD/xhtml1-transitional.dtd">
<html xmlns="http://www.w3.org/1999/xhtml">
<head runat="server">
<title></title>
</head>
<body>
    <form id="form1" runat="server">
    <div>
        <asp:Label ID="Label1" runat="server"></asp:Label>
        <br />
          <asp:Button ID="Button1" runat="server" onclick="Button1_Click" Text="Button" />
    </div>
    </form>
</body>
</html>
```

TestBehind.aspx.cs 文件的内容如下。

```
using System;
using System.Collections.Generic;
using System.Linq;
using System.Web;
using System.Web.UI;
using System.Web.UI.WebControls;
public partial class TestBehind : System.Web.UI.Page
{
      protected void Page_Load(object sender, EventArgs e)
      {

      }
      protected void Button1_Click(object sender, EventArgs e)
      {
            Label1.Text = "Clicked at " + DateTime.Now.ToString();
      }
}
```

内联代码模型与代码隐藏模型的不同在于后者的页面类不再是隐式的，而是被声明包含所有的页面方法。内联代码模型与代码隐藏模型的比较如图 5-24 所示。

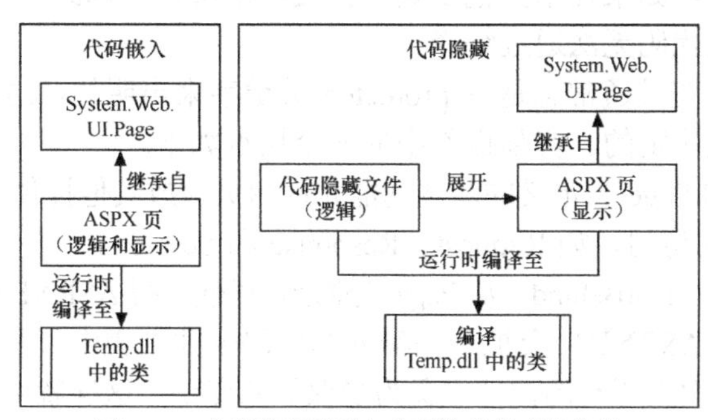

图 5-24　内联代码模型与代码隐藏模型的比较

从整体上来说，代码隐藏模型是复杂页面开发的首先模型。虽然内联代码模型对于小的页面而言是比较复杂的，但是随着代码和 HTML 的增长，分别处理两个部分的模型会变得更加容易。代码隐藏模型非常清晰，它明确地显现出所创建的类和引入的命名空间。本书所有的示例代码都会用到代码隐藏模型。

5.4.2 代码隐藏文件如何与页面连接

每一个.aspx 文件都以 Page 指令开始。Page 指令指定了页面所采用的语言，并且告诉 ASP.NET 从哪里可以找到关联的代码文件。可以采用多种方式指定从哪里找到关联代码。在 ASP.NET 的前几个版本中，通常使用 Src 特性来定位到源代码文件或者使用 Inherits 特性来指示一个已经编译的类的名称。

可以使用一个新的语言特性——分部类来解决这个问题。分部类可以将一个单一的类分割到多个源代码文件中。从本质上来说，这种模型和以前的模型相同，但控件声明被放置到了一个隔离的文件中。网页代码的类声明中有一个 partial 关键字，如下所示。

```
public partial class TestBehind : System.Web.UI.Page
{ … }
```

.aspx 文件使用 Inherits 特性指明正在使用的类，使用 CodeFile 特性指定包含代码隐藏的文件，如下所示。

```
<%@ Page Language="C#" AutoEventWireup="true" CodeFile="TestBehind.aspx.cs"
Inherits="TestBehind" %>
```

注意，Visual Studio 对源代码文件采用了一个与众不同的命名语法，它使用一个相应网页的完整名称，包含.aspx 扩展名，然后以.cs 扩展名作为结尾。

5.4.3 控件标签如何与页面变量连接

当通过浏览器请求一个网页时，ASP.NET 开始寻找所关联的代码文件。然后为每一个服务器控件生成一个变量声明（每一个元素都有一个 runat="server"特性）。

例如，假设有一个名为 txtInput 的文本框，如下所示。

```
<asp:TextBox ID="txtInput" runat="server"></asp:TextBox>
```

ASP.NET 会产生如下成员变量声明并使用分部类技术将其合并到页面类中。

```
using System.Web.UI.TextBox txtInput;
```

当然，我们不会看到这个声明，因为它是.NET 编译器创建的自动生成代码的一部分。但是在编写每一行涉及 txtInput 对象的代码时，都会依赖这个声明（无论是读还是写一个属性），例如：

```
txtInput.Text="Hello.";
```

为了确保这个机制可以起作用，必须保持.aspx 标签文件（包含控件标签）和.cs 文件（包含源代码）之间的同步。如果使用其他工具（如文本编辑器）修改了控件名，就会打断两者之间的关联，从而导致代码无法通过编译。

我们会注意到控件变量通常总是以 protected 关键字来声明的，这是由 ASP.NET 在网页模型中采用的继承模式决定的。实际操作中的 4 个层次如下。

（1）NET 类库中的 Page 类定义的基本功能允许网页存放其他控件，以 HTML 形式显现，提供对传统 ASP 对象的访问，如 Request、Response 和 Session。

（2）代码隐藏类（如 TestBehind）从 Page 类继承，以便获得 ASP.NET 网页的基本功能集合。

（3）当编译类时，ASP.NET 会把一些额外的代码合并到类中（利用分部类的功能）。这些自动生成的代码将页面上所有的控件定义为受保护的变量，这样就可以在代码中访问它们。

（4）ASP.NET 编译器创建另一个类来表示实际的.aspx 页面。这个类继承自自定义的代码隐藏类（含有一些额外的合并进来的代码）。ASP.NET 在代码隐藏类的名称后添加_aspx 来为该类命名（TestBehind_aspx）。这个类包含初始化页面及其控件所需的代码，以及最终所呈现的 HTML 页面所需的代码。当接收到页面请求时，ASP.NET 也会实例化该类。

构造页面类的过程如图 5-25 所示。

为什么所有控件变量和方法都声明为 protected 类型？这是因为在这一系列的层级中使用了继承的方式。受保护的变量和私有变量类似，只是有一个关键的不同——它们可被派生类访问。也就是说，代码隐藏类（如 TestBehind）里使用受保护的变量可以在派生页面类（TestBehind_aspx）中访问这些变量。这样就允许 ASP.NET 在运行时将控件变量和控件标签匹配相关的附加事件处理程序。

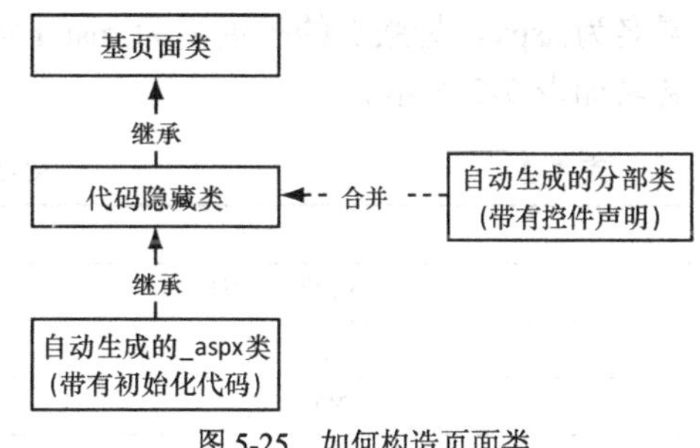

图 5-25　如何构造页面类

5.4.4　事件如何与事件处理程序连接

大多数 ASP.NET 网页的代码都被放在用来处理 Web 控件事件的事件处理程序中。在 Visual Studio 中，添加一个事件处理程序的方法有以下 3 种。

（1）手工键入：在这种情况下，需要在页面类中直接添加方法，必须指定适当的参数以便事件处理程序的签名能精确地匹配想要处理的事件签名，还需要通过添加 OnEventName 特性，编辑控件标签来让它关联到相应的事件处理程序上。

（2）在设计视图中双击控件：在这种情况下，Visual Studio 会为这个控件的默认事件创建一个事件处理程序（并相应地调整控件标签）。例如，如果双击页面，Visual Studio 将会创建一个 Page.Load 事件处理程序。如果双击按钮控件，Visual Studio 将为 Click 事件创建一个事件处理程序。

（3）从属性面板中选择事件：选中控件并单击属性面板上方的闪电形图标，会看到这个控件提供的所有事件列表。双击要处理的事件旁边的空白区域，Visual Studio 会自动在页面类中生成事件处理程序并调整控件标签。

第二种和第三种方法最为方便，第三种方法最灵活，因为它允许选择已在页面类中创建的方法。在属性面板中选中事件并单击右边的下拉箭头，会看到页面类中所有和事件签名匹配的方法列表，可以从该列表中选择一个方法并把它和事件关联。图 5-26 所示为把 Button.Click 事件关联到了页面类的 Button_Click()。这项技术的唯一局限是它只对 Web 控件有效而对服务端 HTML 控件无效。

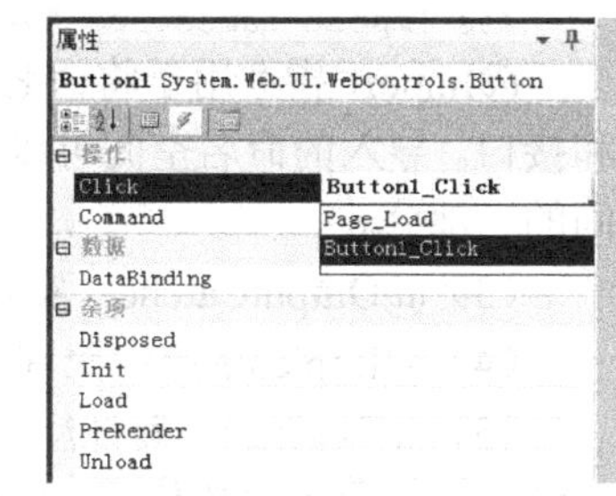

图 5-26　附加一个事件处理程序

5.5　ASP.NET 网页语法

ASP.NET 的语法定义了 ASP.NET 网页的结构、布局和设置，以及 ASP.NET 服务器控件、应用程序代码、应用程序配置和 XML Web Services 布局。下面介绍 ASP.NET 网页的基本语法，为后面的学习打下基础。

5.5.1　ASP.NET 网页扩展名

ASP.NET 的任何功能都可在具有适当文件扩展名的文本文件中创建。可以把 ASP.NET 网页扩展名理解为 ASP.NET 文件的“身份证”，不同的扩展名决定了不同文件的类型和作用。通过 Internet 信息服务（IIS）将文件扩展名映射到 ASP.NET 运行处理。例如，Web 页面的扩展名为.aspx，母版页的扩展名为.mster 等。ASP.NET 网页中包含多种文件类型，其常见的扩展名如表 5-2 所示。

表 5-2　ASP.NET 网页扩展名

文　件	扩 展 名
Web 用户控件	.ascx
HTML 页	.html
XML 页	.xml
母版页	.master
Web 配置文件	.config
全局应用程序类	.asax
Web 服务	.asmx

5.5.2　常用页面指令

ASP.NET 页面中的前几行，一般都是<%@...%>这样的代码，通常称这些代码为页面指令，主要用来定义 ASP.NET 网页分析器和编译器使用的特定于该页的一些功能特性。在.aspx 文件中使用的页面指令一般有以下几种。

（1）@Page：允许为页面指定多个配置项，包括页面中代码的服务器编程语言；页面是将服务器代码直接包含在其中（称为单文件页面），还是包含在单独的类文件中（称为代码隐藏页面）；调试和跟踪选项；页面是否具有关联的母版页。例如：

```
<%@ Page Language="C#" AutoEventWireup="true" CodeFile="Default.aspx.cs" Inherits=
"_Default" %>
```

（2）@Import：指令语法如下。

```
<%@ Import namespace="value"%>
```

@Import 指令用于将命名空间显式导入页或用户控件中，并且导入该命名空间的所有类和接口。导入的命名空间可以是.NET Framework 类库的一部分，也可以是用户定义的命名空间的一部分。

（3）@OutputCatche：实现对页面输出的缓存，并指定缓存页面的时间等参数。

（4）@Implements：允许指定页面实现.NET 的接口。

（5）@Register：允许注册其他控件以便在页面上使用。@Register 指令声明控件的标记前缀和控件程序集的位置。如果要向页面添加用户控件或自定义 ASP.NET 控件，则必须使用此指令。

@Register 指令有下列 3 种使用方法。

```
<%@Register tagprefix="tagprefx"namespace="namespace"assembly="assembly"%>
<%@Register tagprefix="tagprefix"namespace="namespace"%>
<%@Register tagprefix="tagprefix"tagname="tagname"src="pathname"%>
```

参数说明如下。

Assembly：设置与 tagprefix 属性关联的命名空间所驻留的程序集。

namespace：设置正在注册的自定义控件的命名空间。

src：与 tagprefix:tagname 关联的用户控件文件的相对或绝对的位置。

tagname：与类关联的任意别名。此属性只用于用户控件。

Tagprefix：提供对包含指令的文件中所使用标记的命名空间的短引用。

（6）@Master：用于特定的母版页。

（7）@Control：允许指定 ASP.NET 用户控件。

5.5.3　ASPX 文件内容注释

在 ASPX 文件中使用注释有两种方法。如果要对 HTML 标记或<script>代码块中的代码进行注释，需使用<!--注释-->语句形式，此时服务器端 ASP.NET 会对注释代码进行解析；如果对 ASP.NET 服务器控件进行注释，则需使用<%--注释--%>语句形式，此时服务器端 ASP.NET 不进行解析。例如，对 HTML 标记进行注释。

```
<!--
<p>客户端浏览器不显示的注释</p>
-->
```

对<script>代码块中的代码进行注释。

```
<script language ="javascript" runat="server">
        <!--
注释内容 //-->
</script>
```

对服务器控件进行注释。

```
<%--
<% Response.Write("注释语句测试! ")%>
<asp:TextBox ID="TextBox1" runat= "server" ></asp:TextBox>
<asp:Button ID=" Button1" runat= "server"  Text="Button"/>
--%>
```

服务器端注释用于页面的主体，但不在服务器端代码块中使用，并且服务器端注释块不能被嵌套。当在代码声明块（包含在<script runat="server"></script>标记中的代码）或代码呈现块（包含在<%%>标记中的代码）中使用特定语言时，应使用用于编码的语言的注释语法。如果在<%%>块中使用服务器端注释块，则会出现编译错误。

5.5.4　ASP.NET 服务器控件标记语法

ASP.NET 服务器控件一般分为两种：HTML 服务器控件和 ASP.NET 服务器控件。其语法存在一定区别，分别介绍如下。

1. HTML 服务器控件语法

默认情况下，ASP.NET 文件中的 HTML 元素作为文本进行处理，页面开发人员无法在服务器端访问文件中的 HTML 元素。要使这些元素可以被服务器端访问，必须将 HTML 元素作为服务器控件进行分析和处理，这可以通过为 HTML 元素添加 runat="server"属性来完成。服务器端通过 HTML 元素的 ID 属性引用该控件的语法如下。

```
<控件名 id="名称"...runat="server">
```

下面使用 HTML 服务器端控件创建一个简单的 Web 应用程序。在页面加载事件 Page_Load 中，使文本控件中显示“钓鱼岛是属于中国的!”，运行结果如图 5-27 所示。

图 5-27　使用 HTML 服务器控件实例

HtmlCode.aspx页面程序实现的代码如下。

```
<html xmlns="http://www.w3.org/1999/xhtml">
<head runat="server">
    <title>HTML 服务器控件</title>
    <script type="text/javascript" runat="server">
         protected void Page_Load(object sender, EventArgs e)
         {
              this.MyText.Value = "钓鱼岛是属于中国的!";
         }
         </script>
    <style type="text/css">
         #MyText
         {
```

```
                width: 188px;
            }
        </style>
</head>
<body>
    <form id="form1" runat="server">
    <input id="MyText" type="text"  runat="server"/></form>
</body>
</html>
```

2. ASP.NET 服务器控件语法

ASP.NET 服务器控件比 HTML 服务器控件具有更多内置功能。Web 服务器控件不仅包括窗体控件（如按钮和文本框），还包括特殊用途的控件（如日历、菜单和树视图控件）。Web 服务器控件与 HTML 服务器控件相比更为抽象，因为其对象模型不一定反映 HTML 语法。ASP.NET 服务器控件的语法如下。

```
<asp:Button ID="名称"…组件其他属性…runat="server" />
```

下面使用 ASP.NET 服务器控件创建一个简单的 Web 应用程序。在页面加载事件 Page_Load 中（即在页面初始化时），显示按钮控件的文本内容“钓鱼岛是属于中国的!”，运行结果如图 5-28 所示。

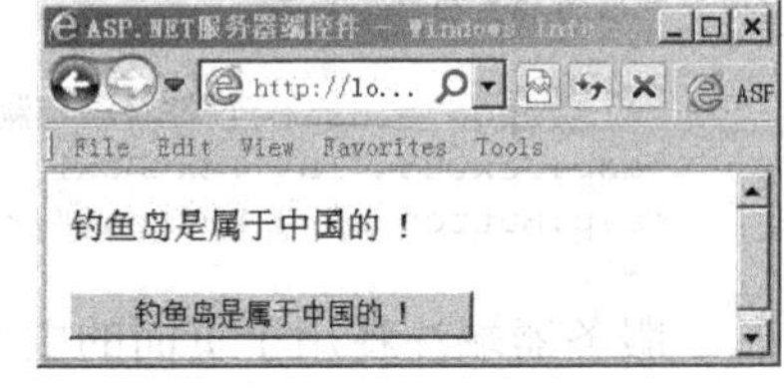

图 5-28　使用 ASP.NET 服务器控件实例

ServerCode.aspx 页面程序实现的代码如下。

```
<html xmlns="http://www.w3.org/1999/xhtml">
<head runat="server">
    <title>ASP.NET 服务器端控件</title>
    <script language="C#" runat="server">
          //在页面初始化时显示按钮控件的文本
          protected void Page_Load(object sender, EventArgs e)
          {
                Response.Write(this.btnText.Text);
          }
    </script>
</head>
<body>
    <form id="form1" runat="server">
    <div>
        <asp:Button ID="btnText" runat="server" Text="钓鱼岛是属于中国的 !" />
    </div>
    </form>
</body>
</html>
```

5.5.5　代码块语法<% %>

代码块语法是定义网页呈现时所执行的内嵌代码，定义内嵌代码的语法格式如下。

```
<%内嵌代码%>
```

下面使用代码块语法，根据系统时间显示“上午好!”或“下午好!”，运行结果如图 5-29 所示。

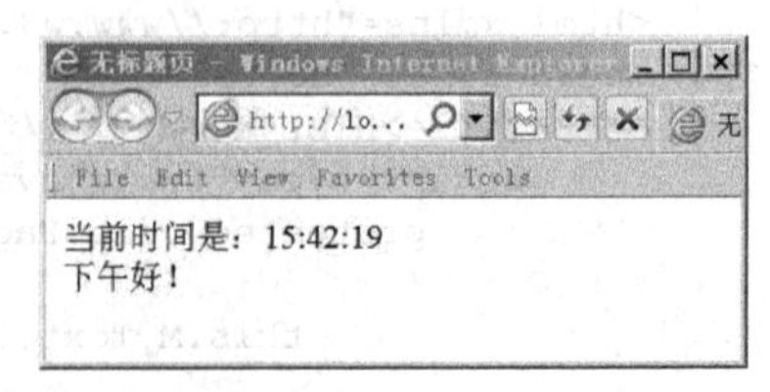

图 5-29　使用代码块语法实例

In_lineCode.aspx 页面程序的代码如下。

```
<html xmlns="http://www.w3.org/1999/xhtml">
<head runat="server">
    <title>无标题页</title>
    <script type="text/javascript">
    var day1=new Date();
    document.write("当前时间是："+day1. toLocaleTimeString ());
    </script>
```

```
</head>
<body>
    <form id="form1" runat="server">
    <div>
     <%if(DateTime.Now.Hour<12) %>
    上午好!
    <%else%>
    下午好!
    </div>
    </form>
</body>
</html>
```

以上代码中，DateTime 对象用于表示时间上的一刻，通常以日期和当天的时间表示。该对象包含在 System 命名空间中。

5.5.6　表达式语法

ASP.NET 表达式是基于运行时计算的信息设置控件属性的一种声明性方式。可以使用表达式将属性设置为基于连接字符串的值、应用程序设置以及应用程序的配置和资源文件中所包含的其他值。定义内嵌表达式的语法如下。

```
<%=内嵌表达式%>
```

利用表达式在网页上实现显示字体大小不同的文本，运行结果如图 5-30 所示。

Expression.aspx 页面程序的代码如下。

```
<html xmlns="http://www.w3.org/1999/xhtml">
<head runat="server">
    <title>表达式语法</title>
</head>
<body>
    <form id="form1" runat="server">
    <div>
    <%for (int i = 1;i < 6;i++) %>
    <%{%>
    <font size=<%= i+1%>>Hello World!</font></br>
    <%}%>
    </div>
    </form>
</body>
</html>
```

图 5-30　表达式语法实例

本章实验

一、实验目的

通过实践练习，理解本章知识，熟练掌握建立一个网站，并向网站中添加新的网页，配置文件的使用以及简单的 ASP.NET 网页语法。

二、实验内容和要求

（1）新建一个名为 Experiment5 的网站。

（2）在 Experiment5 的解决方案中添加网页“TestAppSettings.aspx”。

（3）在 web.config 文件的 appSettings 区段中存储一些自定义信息，然后在 TestAppSettings.aspx 页面中获取并显示这些配置信息。

（4）在该网站中再添加“TestCode.aspx”网页，使用代码块语法输出指定字符，输出 4 个字符串“你好，My Baby！”，并使其样式显示为逐渐变大的效果。

（5）创建 App_code 文件夹，右击网站名称，在弹出的快捷菜单中选择“添加 ASP.NET 文件夹”，创建存储类等文件的文件夹，如图 5-31 所示。将包含页使用的类（如.cs、.vb 和.jsl 文件）的源代码放在 ASP.NET 网站的 App_code 文件夹中。

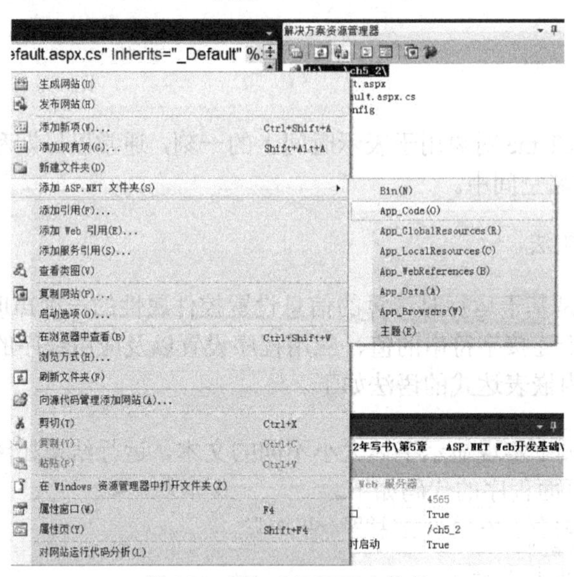

图 5-31　添加 ASP.NET 文件夹

第 6 章　ASP.NET 对象及状态管理

有过开发 Windows 应用程序经验的用户，可能不太留意维护应用程序状态，因为应用程序本身就在客户端运行，可以直接在内存中维护其应用程序状态。但是对于 ASP.NET 应用程序来说，应用程序在服务器端运行，客户端使用无状态的 HTTP 对 ASP.NET 应用程序发出请求，ASP.NET 应用程序响应用请求，向客户端发送请求的 HTML 代码，服务器并不维护任何客户端状态。考虑一个有成千上万并发用户的服务器，如果为每个用户都维护状态的话会耗费非常多的资源。对于一个 Web 应用程序来说，通常需要维护应用程序状态。本章将重点讨论 ASP.NET 解决状态维护的问题。

6.1　关于 Page 类

6.1.1　理解 Page 类

在用 ASP.NET 创建的 Web 系统中，每一个 ASPX 页面都继承自 System.UI.Page 类，Page 类实现了所有页面最基本的功能。

要理解 Page 类，首先需要了解 Web 服务器（IIS）是如何请求 ASP.NET 页面，并显示在浏览器上的。在浏览器显示 ASPX 页面的整个过程中，IIS 负责处理与.NET Framework 交互的大量工作。用户在浏览器上请求调用 ASP.NET 页面的具体过程如图 6-1 所示。

（1）IIS 接收这个请求，识别出将要请求的文件类型为 ASPX 文件，并调用 aspnet_isapi.dll 模块来处理它。

（2）aspnet_isapi.dll 接收请求，将所请求的页面实例化为一个 ASPX 对象，并调用该对象的显示方法。该方法动态生成 HTML，并返回给 IIS。

（3）IIS 将 HTML 发送给浏览器。

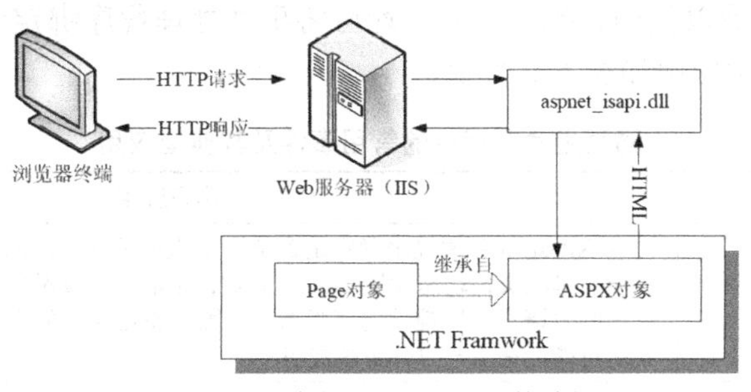

图 6-1　IIS 请求 ASP.NET 页面的过程

上述过程中最重要的对象是 ASPX，它继承自.NET Framework 类库的 Page 类。也可以简单把 Page 类理解为.aspx 文件，在页面上，可以使用 Page 类的属性和方法完成一定的功能。

Page 类位于 System.Web.UI 命名空间下，其常用成员如图 6-2 所示。

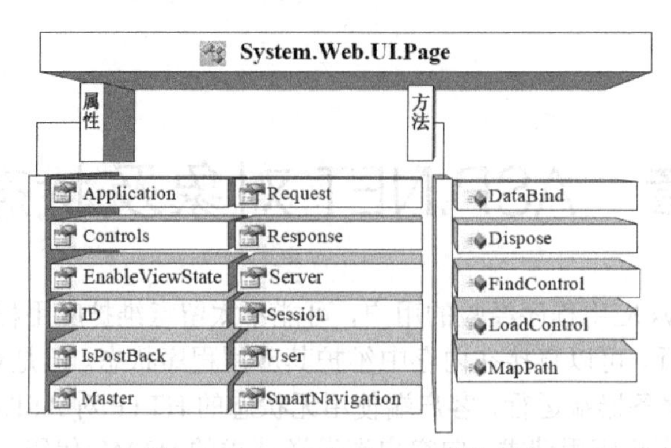

图 6-2 System.Web.UI.Page 常用成员

6.1.2 Page 类的属性

（1）内置对象：Page 类的属性提供了可以直接访问 ASP.NET 内部对象的编程接口，即通过这些属性可以方便地获得会话状态信息、全局缓存数据、应用程序状态信息和浏览器提交信息等内容。常用的内置对象有 Request 对象、Response 对象、Context 对象、Server 对象、Application 对象、Session 对象、Trace 对象和 User 对象。

（2）IsPostBack 属性：该属性表示该页是否为响应客户端回发而加载，或者该页是否被首次加载和访问。IsPostBack 为 true 时，表示该请求是页面回发；当 IsPostBack 为 false 时，表示该页被首次加载和访问。

（3）EnableViewState 属性：该属性表示当前页请求结束时该页是否保持其视图状态及其包含的任何服务器控件的视图状态。

（4）IsValid 属性：该属性表示页面验证是否成功。在实际应用中，往往会验证页面提交的数据是否符合预期设定的格式要求等，如果所有都符合则 IsValid 值为 true，反之为 false。

6.1.3 Page 类的事件

ASP.NET 网页运行时，此页将经历一个生命周期，在生命周期中将执行一系列处理步骤。这些步骤包括初始化、实例化控件、还原和维护状态、运行事件处理程序代码及进行呈现。在网页生命周期的每个阶段，网页都可以响应各种触发事件。对于控件事件，通过声明方式使用属性（如 Click）或以使用代码的方式，均可将事件处理程序绑定到事件。网页生命周期中的常用事件及其典型应用如表 6-1 所示。

表 6-1　　网页生命周期中的常用事件及其典型应用

页 事 件	典型应用
Page_PreInit	检查 IsPostBack 属性来确定是否是第 1 次处理该页；创建或重新创建动态控件；动态设置母版页；动态设置 Theme 属性；读取或设置配置文件属性值。注意：如果请求是回发请求，则控件的值尚未从视图状态还原。如果在此阶段设置控件属性，则其值可能会在下一事件中被覆盖
Page_Init	在所有控件都已初始化且已应用所有外观设置后引发。使用该事件来读取或初始化控件属性
Page_Load	读取和设置控件属性；建立数据库连接
控件事件	使用这些事件来处理特定控件事件，如 Button 控件的 Click 事件和 TextBox 控件的 TextChanged 事件。注意：在回发请求中，如果页包含验证程序控件，在执行控件事件前，一般要检查 Page 和各个验证控件的 IsValid 属性，看页面验证是否通过

续表

页 事 件	典型应用
Page_PreRender	使用该事件对页或其控件的内容进行最后更改
Page_UnLoad	该事件首先针对每个控件发生，继而针对该页发生。在控件中，使用该事件对特定控件执行最后清理，如关闭控件特定数据库连接。对于页自身，使用该事件来执行最后清理工作，如关闭打开的文件和数据库连接、完成日志记录或其他请求特定任务。注意：在卸载阶段，页及其控件已被呈现，因此无法对响应流做进一步更改。如果尝试调用方法（如 Response.Write 方法），则该页将引发异常

6.2　Response 对象

6.2.1　Response 对象概述

Response 对象提供对当前页输出流的访问，Response 对象可以动态地响应客户端的请求，并将动态生成的响应结果返回给客户端浏览器。Response 对象可以向客户端浏览器发送信息，或者将访问者转移到另一个网址，传递页面的参数，还可以输出和控制 Cookie 信息等。

6.2.2　Response 对象的常用属性和方法

Response 对象是 System.HttpResponse 类的实例，与一个 HTTP 响应相对应，通过该对象的属性和方法可以将服务器端的数据发送到客户端浏览器。Response 对象提供了丰富的方法和属性用于控制响应的输出方式，表 6-2 和表 6-3 对其常用属性和方法进行简单介绍。

表 6-2　Response 对象的常用属性及说明

属　　性	说　　明
Buffer	表明页输出是否被缓冲
Cache	获取 Web 页的缓存策略（过期时间、保密性、变化子句等）
Charset	设定或获取输出流的 HTTP 字符集
ContentEncoding	获取或设置内容的编码格式
IsClientConnected	指示客户端是否仍连接在服务器上
Output	返回输出 HTTP 响应流的文本输出
OutputStream	获取 HTTP 内容主体的二进制数据输出流

表 6-3　Response 对象的常用方法及说明

方　　法	说　　明
Clear()	当 Buffer 属性值为 true 时，Response.Clear()表示清除缓冲区中的数据信息
End()	终止 ASP.NET 应用程序的执行
Flush()	立刻输出缓冲区中的网页
Redirect()	页面重定向，可通过 URL 附加查询字符串在不同网页之间的传递数据
Write()	在页面上输出信息
AppendToLog()	将自定义日志信息添加到 IIS 日志文件中

6.2.3　Response 对象 Write()方法应用

应用一：在按钮的 Onclick 事件中使用 Write()方法将时间输出到客户端浏览器。ResponseWrite.aspx 中的主要代码如下。

```
protected void Button1_Click(object sender, EventArgs e)
{
            //用 write 输出当前时间
            Response.Write("<br>");
            Response.Write("当前时间是：" + DateTime.Now.ToString());
            Response.Write("<br>");
            for (int i = 0; i < 100; i++)
            {
                   Response.Write(i.ToString());
                   //当 i=10 时，停止输出数据
                   if (i == 10)
                           Response.End();
            }
}
```

以上代码运行结果如图 6-3 所示。可以看出，这个页面的显示速度非常快，而且是一次性显示。

图 6-3　Response 对象 Write()方法应用一

应用二：利用 Write()方法除了可以输出提示信息、变量值外，还可以输出 XHTML 文本或 JavaScript 脚本等。Write.aspx.cs 中的主要代码如下。

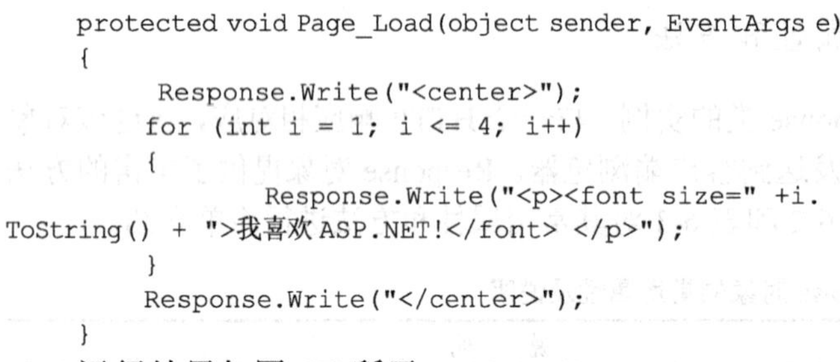

```
protected void Page_Load(object sender, EventArgs e)
{
       Response.Write("<center>");
      for (int i = 1; i <= 4; i++)
      {
              Response.Write("<p><font size=" +i.
ToString() + ">我喜欢 ASP.NET!</font> </p>");
      }
      Response.Write("</center>");
}
```

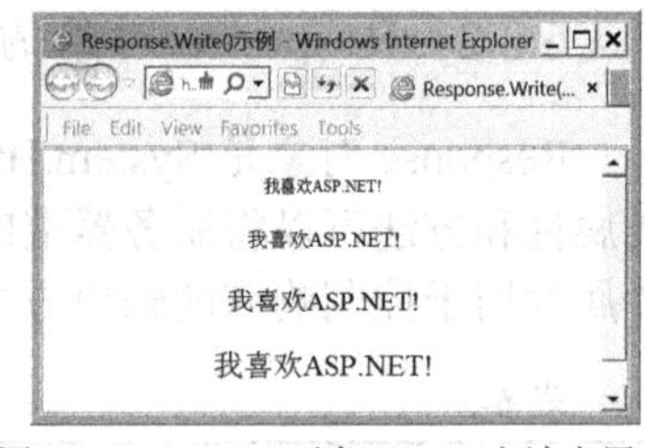

图 6-4　Response 对象 Write()方法应用二

运行结果如图 6-4 所示。

6.2.4　Response 对象 Redirect()方法的应用

下面实例程序主要运用了 Redirect()方法，在主页面 Redirect.aspx 上选择“教师”后，页面重定向到教师页面 Teacher.aspx，选择“学生”后页面重定向到学生页面 Student.aspx。运行情况如下。

首先进入主页面，如图 6-5 所示：

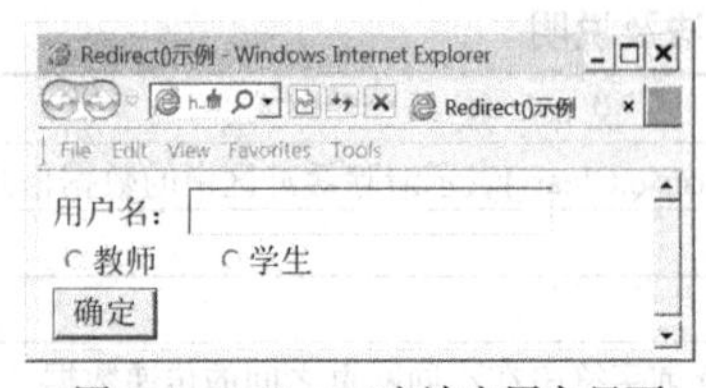

图 6-5　Redirect()方法应用主界面

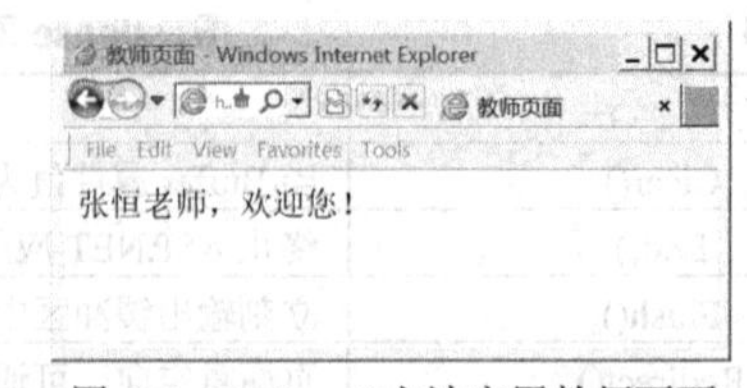

图 6-6　Redirect()方法应用教师页面

在该界面上选中“教师”，在“用户名”文本框中输入“张恒”，运行情况如图 6-6 所示；在该界面上选中“学生”，在“用户名”文本框中输入“崔晶”，运行情况如图 6-7 所示。

Redirect.aspx.cs 的主要代码如下。

```
protected void btnSubmit_Click(object sender, EventArgs e)
{
    if (rdoltStatus.SelectedValue == "teacher")
```

```
        {
            Response.Redirect("Teacher.aspx?name=" +
txtName.Text);
        }
        else
        {
            Response.Redirect("Student.aspx?name=" +
txtName.Text);
        }
    }
```

图 6-7　Redirect()方法应用学生页面

Teacher.aspx.cs 的主要代码如下。

```
protected void Page_Load(object sender, EventArgs e)
{
  lblMsg.Text = Request.QueryString["name"] + "老师，欢迎您！";
}
```

Student.aspx.cs 的主要代码如下。

```
protected void Page_Load(object sender, EventArgs e)
{
  lblMsg.Text = Request.QueryString["name"] + "学生，欢迎您！";
}
```

6.3　Request 对象

Request 对象提供对当前页请求的访问，其中包括请求标题、Cookie、客户端证书、查询字符串等。通过 Request 对象还可以读取客户端浏览器已经发送的内容。为了更好地理解该对象，本节将具体介绍该对象的常用属性、方法、集合以及在实际开发中的应用。

6.3.1　Request 对象概述

Request 对象是 HttpRequest 类的一个实例。当客户端从网站请求 Web 页时，Web 服务器接收一个客户端的 HTTP 请求，客户端的请求信息会包装在 Request 对象中，这些请求信息包括请求报头（Header）、客户端的主机信息、客户端浏览器信息、请求方法（如 POST、GET）和提交的窗体信息等。

6.3.2　Request 对象的常用集合、属性和方法

表 6-4 列出了 HttpRequest 对象的数据集合，由于 Request 对象的属性和方法非常多，表 6-5 和表 6-6 只列出了一些常用的属性和方法。

表 6-4　HttpRequest 对象的数据集合及说明

数据集合	说　明
QueryString	从查询字符串中读取用户提交的数据
Cookies	获得客户端的 Cookies 数据
ServerVariables	获得服务器端或客户端的环境变量信息
ClientCertificate	获得客户端的身份验证信息
Browser	获得客户端的浏览器信息

表 6-5　Request 对象的常用属性及说明

属　性	说　明
ApplicationPath	获取服务器上 ASP.NET 应用程序虚拟应用程序的根目录
Browser	获取或设置正在请求的客户端浏览器功能的相关信息

续表

属　性	说　明
Cookies	获取客户端发送的 Cookie 集合
FilePath	获取当前请求的虚拟路径
Form	获取窗体变量集合
QueryString	获取 HTTP 查询字符串变量集合
Url	返回有关目前请求的 URL 信息
UserHostAddress	获取远程客户端的 IP 主机地址
UserHostName	获取远程客户端的 DNS 名称

表 6-6　Request 对象的常用方法及说明

方　法	说　明
MapPath()	将当前请求的 URL 中的虚拟路径映射到服务器上的物理路径
SaveAs()	将 HTTP 请求保存到硬盘

6.3.3　Request 对象简单代码示例

下面的实例程序使用 Request 对象的 Form 属性获取窗体变量 x 和 y 的值，在按钮的 Click 事件中进行相加并通过 Lable1 显示结果，RequestForm.aspx 的主要代码如下。

```
void Button_Click (object serder, EventArgs e)
{
  string stringtemp = "";
  int intdatax, intdatay;
  if (Request.Form["x"] != "" && Request.Form["y"] !=
"")
    {
    //获取窗体变量值
    intdatax = Convert.ToInt32(Request.Form["x"]);
    intdatay = Convert.ToInt32(Request.Form["y"]);
    stringtemp = intdatax.ToString() + "+" + intdatay.ToString() + "=";
    intdatax += intdatay;
    stringtemp += intdatax.ToString();
    }
    label1.Text = stringtemp;
}
```

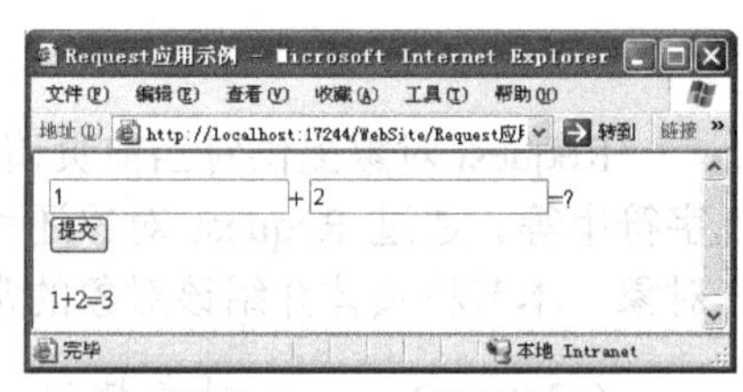

图 6-8　Request 简单实例

运行结果如图 6-8 所示。

6.3.4　使用 QueryString 数据集合实例

该实例主要实现当单击 QueryString1.aspx 页面上的链接后，页面重定向到 QueryString2.aspx 页面；在 QueryString2.aspx 页面中显示从 QueryString1.aspx 页面传递过来的查询字符串数据信息。使用 QueryString 获得的查询字符串是指跟在 URL 后面的变量及值，以“?”与 URL 间隔，不同的变量之间以“&”间隔。

QueryString1.aspx 的主要代码如下。

```
<div>
    <asp:HyperLink ID="HyperLink1" runat="server" NavigateUrl="QueryString2.aspx?username=
张三&age=23">传递查询字符串到 QueryString2.aspx</asp:HyperLink>
</div>
```

QueryString2.aspx.cs 的主要代码如下。

```
    protected void Page_Load(object sender, EventArgs e)
    {
            //获取从 QueryString1.aspx 中传递过来的查询字符串值
            lblMsg.Text = Request.QueryString["username"] + ", 你的年龄是: "+ Request.
QueryString["age"];
    }
```

运行结果如图 6-9 所示。

图 6-9 使用 QueryString 数据集合实例

6.3.5 综合使用 ServerVariables 和 Browser 数据集合实例

ServerVariables 可很方便地取得服务器端或客户端的环境变量信息，如客户端的 IP 地址等；Browser 用于判断用户的浏览器类型、版本等，以便根据不同的浏览器编写不同的网页。

Request.aspx.cs 的主要代码如下。

```
    protected void Page_Load(object sender, EventArgs e)
    {
            lblMsg.Text = "服务器 IP 地址: " + Request.Server
Variables["Local_ADDR"] + "<br />";
            lblMsg.Text += "客户端 IP 地址: " + Request.Server
Variables["Remote_ADDR"] + "<br />";
            lblMsg.Text += "浏览器类型: " + Request.Browser["Browser"] + "<br />";
            lblMsg.Text += "浏览器版本: " + Request.Browser["Version"] + "<br />";
            lblMsg.Text += "是否支持 Cookies: " + Request.Browser["Cookies"];
    }
```

图 6-10 使用 ServerVariables 和 Browser 数据集合实例

运行结果如图 6-10 所示。

6.4 Server 对象

6.4.1 Server 对象概述

Server 对象又称为服务器对象，是 HttpServerUtility 类的一个实例，它用于封装服务器信息，定义一个与 Web 服务器相关的类，实现对服务器方法和属性的访问，如转换 XHTML 元素标志、获取网页的物理路径等。

6.4.2 Server 对象的常用属性和方法

Server 对象提供了丰富的方法和属性用于控制响应的输出方式，表 6-7 和表 6-8 对其常用属性和方法进行简单介绍。

表 6-7　　Server 对象的常用属性及说明

属　性	说　明
ScriptTimeout	获取和设置请求超时值（以 S 为单位）
MachineName	获取服务器的计算机名称

表 6-8　　　　Server 对象的常用方法及说明

方　法	说　明
Execute()	停止执行当前网页，转到新的网页执行，执行完毕后返回到原网页，继续执行后续语句
HtmlEncode()	将字符串中的 XHTML 元素标记转换为字符实体，如将“<”转换为<
HtmlDecode()	与 HtmlEncode 作用相反
MapPath()	获取网页的物理路径
Transfer()	停止执行当前网页，转到新的网页执行，执行完毕后不再返回原网页
UrlEncode()	将字符串中的某些特殊字符转换为 URL 编码，如将“/”转换为“%2f”，空格转换为“+”等
UrlDecode()	与 UrlEncode 的作用相反

6.4.3　Server 对象对字符串编码实例

Server.HtmlEncode()方法常用于在页面输出 XHTML 元素，若直接输出，浏览器会将这些 XHTML 元素解释输出。Server.UrlEncode()常用于处理链接地址，如地址中包含空格等。在该实例中单击“Student.aspx”链接时将丢失“张”后面的信息，而单击“Student.aspx（UrlEncode）链接”时，因使用了 Server.UrlEncode()方法，所以不再丢失“张”后面的信息。运行情况为：首先单击如图 6-11 所示页面上的“Student.aspx”链接，页面跳至如图 6-12 所示的页面，而单击“Student.aspx（UrlEncode)”链接时，页面将跳至如图 6-13 所示的页面。

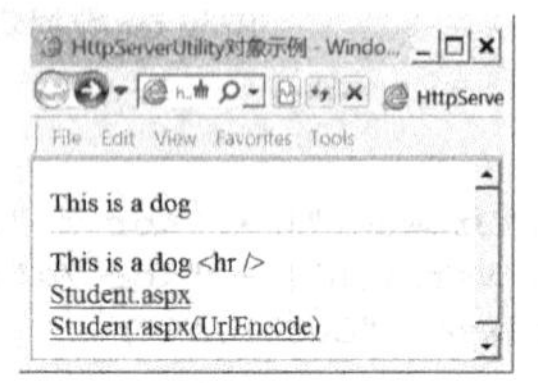

图 6-11　使用 Server 对象编码实例主界面

图 6-12　未使用 URL 编码结果

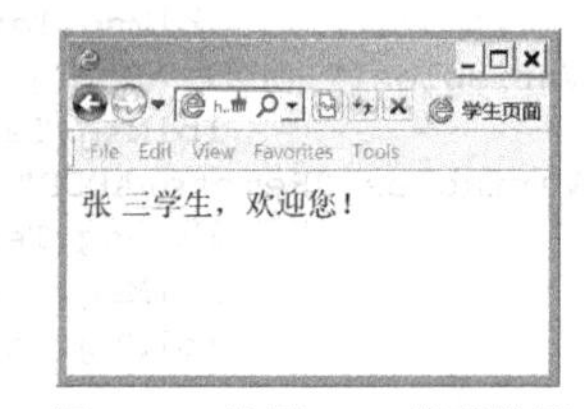

图 6-13　使用 URL 编码结果

Server.aspx.cs 中的主要实现代码如下。

```
protected void Page_Load(object sender, EventArgs e)
{
   //直接输出时，“<hr />”被浏览器解释为一条直线
   Response.Write("This is a dog <hr />");
   //编码后，“<hr />”被浏览器解释为一般字符
   Response.Write(Server.HtmlEncode("This is a dog <hr />") + "<br />");
   //单击链接时将丢失“张”后面的信息
   Response.Write("<a href=Student.aspx?name=张  三> Student.aspx </a><br />");
   //编码后再单击链接时不会丢失“张”后面的信息
   Response.Write("<a href=Student.aspx?name=" + Server.UrlEncode("张   三") + ">
   Student.aspx(UrlEncode) </a>");
}
```

从运行结果可以看出，采用 HTML 编解码和 URL 编解码对字符的处理结果不同。

6.4.4　Button 按钮的跨网页提交实例

要实现页面重定向，在 ASP.NET 网页中可以采用<a>元素、HyperLink 控件、Response.Redirect()、Server.Execute()和 Server.Transfer()方法。Redirect()方法尽管在服务器端执行，但重定向实际发生在客户端，可从浏览器地址栏中看到地址变化；而 Execute()和 Transfer()方法的重定向实际发生在服务器端，在浏览器的地址栏中看不到地址变化。利用 Button 类型控件方式实现跨网页提交与 Execute()和 Transfer()方法类似，这种方式设置方便并具有安全的状态管理功能。

具体实例为：在 Cross1.aspx 中输入“用户名、密码”后单击“确定”按钮，此时页面提交到 Cross2.aspx，在该页面中显示 Cross1.aspx 中输入的数据信息。运行情况为，在如图 6-14 所示的网页中输入用户名和密码，在图 6-15 中显示结果。

具体步骤如下。

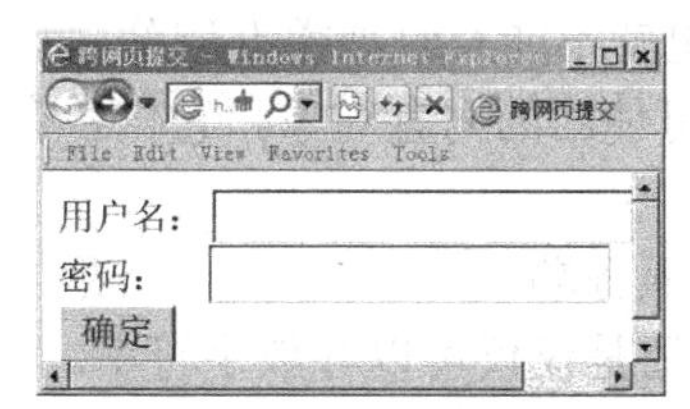

图 6-14　跨网页提交实例中的源网页

图 6-15　跨网页提交实例中的目标网页

（1）在实现跨网页提交时，需要将源网页上 Button 类型控件的 PostBackUrl 属性值设置为目标网页路径。在目标页上，需要在页面头部添加 PreviousPageType 指令，设置 VirtualPath 属性值为源网页路径，例如：

```
<%@ PreviousPageType VirtualPath="Cross1.aspx" %>
```

（2）从目标网页访问源网页中数据的方法为：利用 PreviousPage.FindControl()方法访问源网页上的控件，在源网页上定义公共属性，再在目标网页上利用“PreviousPage.属性名”获取源网页中的数据。

（3）需要在目标网页的.cs 文件中判断属性 PreviousPage. IsCrossPagePostBack 的值。如果是跨网页提交，那么 IsCrossPagePostBack 属性值为 true；如果是调用 Server.Execute()或 Server.Tranfer()方法，那么 IsCrossPagePostBack 属性值为 false。

Cross1.aspx.cs 的主要代码如下。

```
//公共属性 Name,获取用户名文本框中的内容
    public string Name
    {
      get
      {return txtName.Text;}
    }
```

Cross2.aspx.cs 的主要代码如下。

```
    protected void Page_Load(object sender, EventArgs e)
    {
  //判断是否为跨网页提交
  if (PreviousPage.IsCrossPagePostBack)
  {
            //通过公共属性获取值
      lblMsg.Text = "用户名：" + PreviousPage.Name + "<br />";
          //先通过 FindControl()找到源页中的控件，再利用控件属性获取值
          TextBox txtPassword = (TextBox)PreviousPage.FindControl("txtPassword");
          lblMsg.Text += "密码：" + txtPassword.Text;
      }
    }
```

6.5　状态管理概述

状态管理是用户对同一页或不同页的多个请求维护状态和页信息的过程。与所有基于 HTTP 的技术一样，Web 窗体页是无状态的，这意味着它们不自动显示序列中的请求是否全部来自相同的客户端，或者单个浏览器实例是否一直在查看页或站点。现在的 Web 应用程序通常都是由数据驱动的，但在状态处理中，应该尽量减少对数据库的依赖，主要原因如下。

（1）数据库是存放在磁盘上的。如果把数据存放在数据库中，性能会比较差。

（2）很多数据是和用户相关的。如果把数据存放在数据库中，没有一个唯一的标志来区分哪条记录对应哪个客户端（浏览器）。

（3）很多数据是临时的，用户关闭了浏览器这些数据就不再需要了。如果把数据存放在数据库中，就不知道是哪个用户关闭了浏览器，也就不能及时把数据删除。

ASP.NET 提供了很多状态管理机制，有多个可使用的内置对象，它们各有各的特点。一般从以下几个方面来比较各种状态管理机制。

- 存储的物理位置。如是存储在客户端还是服务端。
- 存储的类型限制。如是可以存放任意类型还是仅仅可以存放字符串。
- 状态使用的范围。如是否可以跨应用程序？是否可以跨用户？是否可以跨页面？
- 存储的大小限制。如是任意大小还是有一定字节限制。
- 生命周期。什么时候建立？什么时候销毁？
- 安全与性能。如是否加密存储？是否适合存储大量数据？

6.5.1 ViewState

ViewState（视图状态）用于维护自身 Web 窗体的状态。当用户请求 ASP.NET 网页时，ASP.NET 将 ViewState 封装为一个或几个隐藏的表单域传递到客户端。当用户再次提交网页时，ViewState 也将被提交到服务器端。这样后续的请求就可以获得上一次请求时的状态。

1. 设置页面是否保留视图状态

打开浏览器，选择“查看”→“源文件”命令可查看 ViewState。可以通过设置@Page 指令或 Page 的 EnableViewState 属性指示当前页请求结束时，该页是否保持其视图状态及其包含的任何服务器控件的视图状态。代码如下。

```
<%@ Page EnableViewState="false" %>
```

该属性的默认值为 true。

如果不需要关闭整个页面的视图状态，而只是关闭某一个控件的视图状态，可以去掉@Page 指令中的 EnableViewState 设置或将它设置为 true，然后设置控件的 EnableViewState 属性为 false，这样就可以关闭该控件的视图状态，而其他控件仍然启用视图状态，例如：

```
<asp:GridView ID="GridView1" runat="server" EnableViewState="False"></asp:GridView>
```

2. 使用视图状态存取数据

ViewState 是一个字典对象，通过 Page 类的 ViewState 属性公开，是页用来在往返行程之间保留页和控件属性值的默认方法(只在本页有效)。视图状态可存储的数据类型包括字符串、整数、布尔值、Array 和 ArrayList 对象、哈希表等。例如：

```
ViewState["view1"] = "Hello World";
```

3. 视图状态的优缺点

使用视图状态具有以下 3 个优点。

- 耗费的服务器资源较少（与 Application、Session 相比）。因为视图状态数据都写入了客户端计算机中。
- 易于维护。默认情况下，.NET 系统自动启用对控件状态数据的维护。
- 增强的安全功能。视图状态中的值经过哈希计算和压缩，并且针对 Unicode 实现进行编码，其安全性要高于使用隐藏域。

使用视图状态具有以下 3 个缺点。

- 性能问题。由于视图状态存储在页本身，因此如果存储较大的值，用户显示页和发送页时的速度可能减慢。
- 设备限制。移动设备可能没有足够的内存容量来存储大量的视图状态数据。因此，对于移动设备上的服务器控件，将使用其他的实现方法。
- 潜在的安全风险。视图状态存储在页上的一个或多个隐藏域中。虽然视图状态以哈希表存储数据，但它可以被篡改。在客户端直接查看页源文件，可以看到隐藏域中的信息，这导致潜在的安全性问题。

6.5.2　HiddenField 控件

HiddenField 控件是隐藏输入框的服务器控件，用于保存不必显示在页面上的且对安全性需求不高的数据。增加 HiddenField，是为了让整个状态管理机制的应用程度更加全方面。因为不管是 ViewState、Cookie 还是 Session，都有其失效的时候，如用户因某种需求设置 ViewState 为 false、环境条件限制使用 Cookie，或用户长时间没有动作导致 Session 过期等，这时 HiddenField 无疑是最佳选择。

HiddenField 控件的作用简单地说是用于存储需要在向服务器的发送间保持的值，作为 <input type= "hidden"/> 元素呈现，并且通过添加 runat="server"就能使它成为标准的 HTML 服务器控件。HiddenField 控件的成员主要有 Value 属性，呈现给客户端浏览器，所以它不适用于存储安全敏感的值。若要为 HiddenField 控件指定值，请使用 Value 属性，而不是 Text。事实上 HiddenField 并没有 Text 属性，这和 DropDownList、CheckBoxList 等标准按钮的属性命名方式一致。在标准的属性命名方式中，Text 的值是呈现给用户的，而 Value 的值则通过代码进行控制。

HiddenField 较为常用的事件是 ValueChanged，在 Value 值发生改变时触发该事件。要触发 ValueChanged 事件，需设置 HiddenField 控件的 EnableViewState 属性值为 false。

6.5.3　Cookie 对象

1. 什么是 Cookie 对象

简单来说，Cookie 就是服务器暂存在计算机中的资料（文本文件），好让服务器用来辨认用户的计算机。当浏览网站时，Web 服务器会先送一份小小的资料放在用户的计算机上，Cookie 会将用户在网站的输入或一些选择记录下来。当下次再访问同一个网站时，Web 服务器会先看看有没有上次留下的 Cookie 资料，有的话，就会依据 Cookie 中的内容来判断使用者，送出特定的网页内容给用户。

Cookie 对象实际是 System.Web 命名空间中 HttpCookie 类的对象。Cookie 对象为 Web 应用程序保存用户相关信息提供了一种有效的方法。Cookie 一般保存在<系统盘>:\Documents and Settings\<用户名>\Cookies 文件夹中。打开 IE 浏览器，选择“工具”菜单中的“Internet 选项”，在“常规”选项卡中的“浏览历史记录”旁单击“设置”按钮，在弹出的对话框中单击“查看文件”可以直接找到存放的 Cookie，如图 6-16 所示。

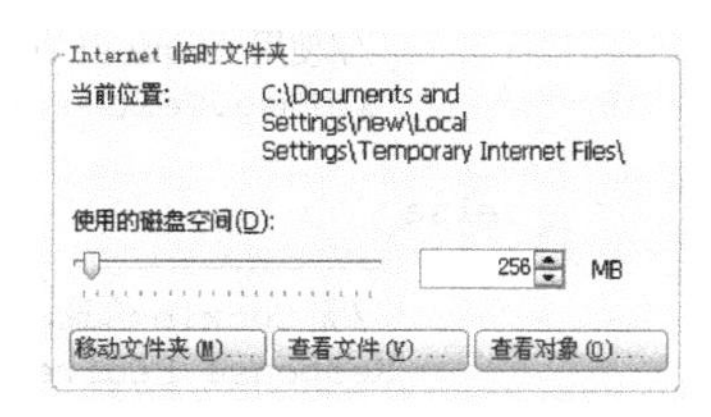

图 6-16　Internet 临时文件夹

2. Cookie 对象相关知识

（1）Cookie 只是一段字符串，并不能执行。

（2）大多数浏览器规定 Cookie 大小不超过 4 KB，每个站点能保存的 Cookie 不超过 20 个，所有站点保存的 Cookie 总和不超过 300 个。

（3）除了 Cookie 外，几乎没有其他的方法在客户端的机器上写入数据（就连 Cookie 的写入操作也是浏览器进行的）。当然，连 Cookie 都可以通过浏览器安全配置来禁止。如果使用 IE 浏览器，可以执行“工具”→“Internet”选项→“隐私”命令，禁止所有的 Cookie。现在大多数网站都利用 Cookie 来保存一些数据（如用户的 ID），建议不要轻易关闭 Cookie。

（4）当用户的浏览器关闭对 Cookie 的支持，而不能有效地识别用户时，只需在 web.config 中加入以下语句。

```
<sessionState cookieless="AutoDetect">
<sessionState cookieless="UseUri">
```

（5）ASP.NET 提供 System.Web.HttpCookie 类来处理 Cookie，常用的属性是 Value 和 Expires。

（6）每个 Cookie 一般都会有一个有效期限，当用户访问网站时，浏览器会自动删除过期的 Cookie。

（7）没有设置有效期的 Cookie 将不会保存到硬盘文件中，而是作为用户会话信息的一部分。当用户关闭浏览器时，Cookie 就会被丢弃。这种类型的 Cookie 很适合用来保存只需短时间存储的信息，或者保存由于安全原因不应写入客户端硬盘文件的信息。

3. Cookie 对象实例

该实例主要利用 Cookie 确认用户是否已登录，其中 Cookie.aspx 页面只有在用户登录后才能显示。测试时先浏览 Cookie.aspx，此时因无用户名 Cookie 信息，页面重定向到 CookieLogin.aspx，输入用户名，单击“确定”按钮，将用户名信息存入 Cookie。关闭浏览器。再次浏览 Cookie.aspx 可看到欢迎信息。运行情况为，第一次浏览 Cookie.aspx 时无用户名 Cookie 信息，页面跳转至登录界面，显示如图 6-17 所示的网页。

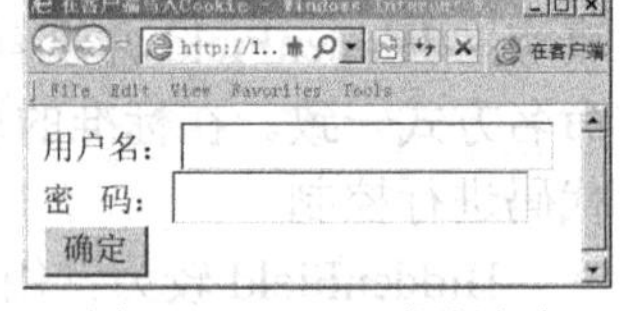

图 6-17　Cookie 登录界面

按程序提示输入用户名 csu 和密码 111，单击“确定”按钮后显示用户名 Cookie 信息，当再次浏览 Cookie.aspx，显示如图 6-18 所示的网页。

图 6-18　Cookie 欢迎界面

Cookie.aspx.cs 中的主要代码如下。

```
protected void Page_Load(object sender, EventArgs e)
{
    //有 Cookie 信息，就直接显示欢迎信息
    if (Request.Cookies["Name"] != null)
    {
         //使用 Request.Cookies 数据集合获取 Cookie 值
         lblMsg.Text = Request.Cookies["Name"].Value + "，欢迎您回来！";
    }
    else
    {
        //无 Cookie 信息，页面跳转到登录界面
        Response.Redirect("CookieLogin.aspx");
    }
}
```

CookieLogin.aspx.cs 的主要代码如下。

```
protected void btnSubmit_Click(object sender, EventArgs e)
{
//实际工程需与数据库中存储的用户名和密码比较
if (txtName.Text == "csu" && txtPassword.Text == "111")
```

```
{
    //先创建HttpCookie对象
        HttpCookie cookie = new HttpCookie("Name");
    //设置cookie的Value属性
    cookie.Value = "csu";
    //设置cookie的过期时间，如果不设置这个属性，则生成的Cookie只是临时性的，浏览器一关闭就消失
        cookie.Expires = DateTime.Now.AddDays(1);
    //将cookie信息添加进去
    Response.Cookies.Add(cookie);
 }
    }
```

Cookie可以很方便地关联网站和用户，长久保存用户设置；但它存储在客户端，安全性差，对于敏感数据建议加密后存储。

6.5.4 Session对象

1. 什么是Session对象

Session（会话状态）是Web系统中最常用的状态，用于维护和当前浏览器实例相关的一些信息。例如，打电话时从拿起电话拨号到挂断电话这中间的一系列过程可以称为一个Session。对于Web应用，则是指从一个浏览器窗口打开到关闭这个期间。Session就是用来维护这个会话期间的值的。

Session对象典型的应用有储存用户信息、多网页间信息传递、购物车等。Session对于每一个客户端（或者浏览器实例）是"人手一份"，用户首次与Web服务器建立连接时，服务器会给用户分发一个SessionID作为标识。

2. Session对象常用的属性、方法与事件

Session由System.Web.HttpSessionState类实现，使用时常直接通过Page类的Session属性访问HttpSessionState类的实例。Session对象常用的属性、方法与事件如表6-9～表6-11所示。

表6-9　Session对象常用的属性及说明

属　性	说　明
Contents	获取对当前会话状态对象的引用
IsCookieless	逻辑值，确定Session ID是嵌入URL中还是存储在Cookie中。true表示存储在Cookie中
IsNewSession	逻辑值，true表示是与当前请求一起创建的
Mode	获取当前会话状态的模式
SessionID	获取会话的唯一标识ID
Timeout	获取或设置会话状态持续时间，单位为分钟，默认为20分钟

表6-10　Session对象常用的方法及说明

方　法	说　明
Abandon	取消当前会话
Remove	删除会话状态集合中的项

表6-11　Session对象的常用事件及说明

事　件	说　明
Session_Start	用户请求网页时触发，相应的事件代码包含于Global.asax文件中
Session_End	用户会话结束时触发，相应的事件代码包含于Global.asax文件中

3. 与 Cookie 对象的联系

Cookie 机制采用在客户端保持状态的方案，而 Session 机制采用的是在服务器端保持状态的方案。由于采用服务器端保持状态的方案在客户端也需要保存一个标识，即 SessionId，所以 Session 机制可能需要借助于 Cookie 机制来达到保存标识的目的，但实际上它还有其他选择。举一个生活中的例子：有一个咖啡店，喝 5 杯送 1 杯，然而一次性消费 5 杯咖啡的机会微乎其微，这时就需要某种方式来记录某位顾客的消费数量。有以下几种记录方案。

（1）店员很厉害，能记住每位顾客的消费数量，只要顾客一走进咖啡店，店员就知道该怎么对待了。这种做法就是协议本身支持状态。

（2）发给顾客一张卡片，上面记录着消费的数量，一般还有一个有效期限。每次消费时，如果顾客出示这张卡片，则此次消费就会与以前或以后的消费相联系起来。这种做法就是在客户端保持状态。（使用 Cookie）。

（3）发给顾客一张会员卡（只有卡号），每次消费时出示卡片，则店员在里查记录（使用 Session 机制）。

若客户端支持 Cookie，ASP.NET 会将 Session ID 保存到相应的 Cookie 中；若不支持，就将 Session ID 添加到 URL 中。

4. Session 对象相关知识

（1）Session 对象的使用。

Session 对象可以保存任何类型的值，包括类的实例。

```
//这里的 UserName 是 Session 的键值，便于进行访问
Session["UserName"] = "huangbo";
//新建一个用户
User mu = new User();
mu.Age = 30;
mu.Name = "huangbo";
Session["UserObject"] = mu;
```

（2）读取 Session 的值。

在每次读取 Session 的值以前请务必先判断 Session 是否为空（null），否则很有可能出现“未将对象引用设置到对象的实例”的异常。从 Session 中读出的数据都是 object 类型的，需要进行类型转化后才能使用，例如：

```
if (Session["UserName"] != null)
{
  string username = Session["UserName"].ToString();//转化为 string 类型
  Response.Write(username);
}
```

（3）SessionID 的存储模式。

Cookie（默认）：生成一个临时性的 Session Cookie，但如果客户端禁止了 Cookie 的使用，Session 也将失效。

URL：缺点是不能再使用绝对链接。例如，在 web.config 中可以禁止网站不使用 Cookie，在<system.web>配置节中加入以下代码。

```
<sessionState cookieless="false"/>
```

访问页面时会得到如下链接的 URL。

http://localhost:1410/WebSite1/(S(onlad045wrxvc5uloatelvuy))/1.aspx

（4）Session 的存储方式。

Session 中的内容存储在服务器端，有以下几种存储方式。

① InProc（默认）：存储在 IIS 进程中（Web 服务器内存）。

② StateServer ：存储在独立的 Windows 服务进程中。

③ SqlServer：存储在 SQLServer 数据库的表中。

虽然 InProc 模式的 Session 直接存储在 Web 服务器 IIS 进程中，速度比较快，但每次重新启动 IIS 都会导致 Session 丢失。利用后两种模式，就完全可以把 Session 从 Web 服务器中独立出来，从而减轻 Web 服务器的压力，同时减少 Session 丢失的概率。各模式可以在 Web.config 中配置。在实际工程项目中，一般选择 StateServer，而对于大型网站常选用 SqlServer。

（5）Session 的使用范围与大小限制。

两个网站同时都使用 Session[“UserName”]来保存登录的用户名，一个网站的用户登录后，另一个网站直接访问 Session[“UserName”]是取不到任何值的。Session 通过 SessionID 来区分用户，一般来说 SessionID 不可能出现重复的现象，也就是说 Session 一般不会“串号”。既然页面每次提交时都会附加上当前用户的 SessionID，那么 Session 应该是可以跨页面的，也就是说一个网站中所有的页面都使用同一份 Session。虽然 Session 的大小没有限制，但不能滥用 Session，一般 Session 中存储少于 100 KB 的数据。

（6）Session 的生命周期。

Session 是在用户第一次访问网站时创建的，默认情况下，Session 的超时时间（Timeout）是 20 分钟，如果用户保持连续 20 分钟不访问网站，Session 就被收回，如果在这 20 分钟内用户又访问了一次页面，那么 20 分钟就重新计时了，也就是说，这个超时是连续不访问的超时时间，而不是第一次访问后 20 分钟必过时。可以在 web.config 中配置 Session 的生命周期，例如：

```
<sessionState timeout="30"></sessionState>
```

（7）Session 的失效。

一旦登录成功，一般会将用户名存储在 Session 中。例如，用户 huangbo 登录了，代码如下。

```
Session[Session.SessionID+"UserName"] = "huangbo"
```

当 huangbo 退出系统后，一定要记得清除 Session，让 Session 保存的数据全部失效，可以使用如下代码清除 Session。

```
Session.Abandon();
```

5. Session 对象实例

本实例主要通过 Session 对象在页面之间实现传值功能。用户在 SessionPage1.aspx 页面上的两个文本框中输入用户名和密码，单击“登录”按钮，页面跳转到 SessionPage2.aspx 页面并显示 Session 变量传递的用户名和密码，SessionPage1.aspx 的主要代码如下。

```
protected void Button1_Click(object sender, EventArgs e)
{
    bool found=false ;
if (TextBox1_username.Text != "" && TextBox2_password.Text != "")
{
        Session["username"] = TextBox1_username.Text;
        Session["password"] = TextBox2_password.Text;
        Page.Response.Redirect("SessionPage2.aspx");
    }
}
```

跳转页面 SessionPage2.aspx 的主要代码如下。

```
    protected void Page_Load(object sender, EventArgs e)
    {
    if (!IsPostBack)
    {
              Response.Write("Session 变量传递的用户名为: "+
              Session["username"].ToString()+"<br>"+"密码为: " + Session["password"].
ToString());
         }
    }
```

运行结果如图 6-19 和图 6-20 所示。

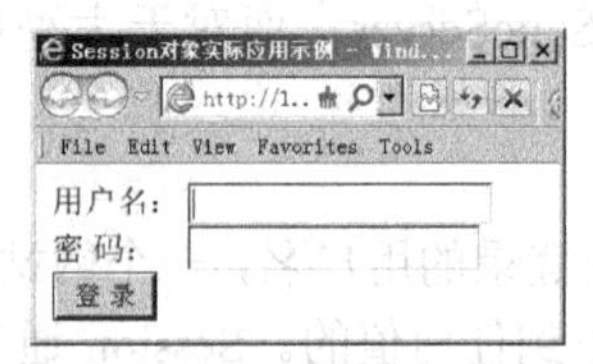

图 6-19　Session 对象实例源网页

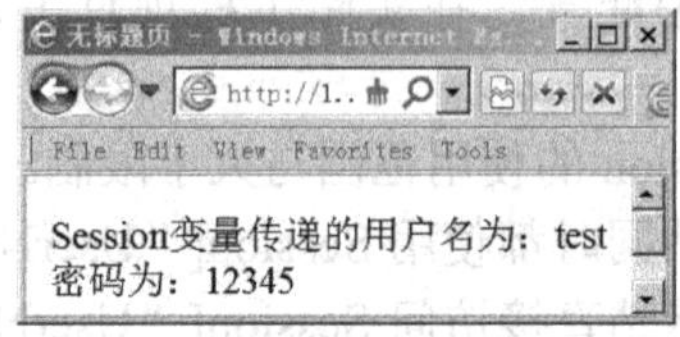

图 6-20　Session 对象实例跳转页面

6.5.5　Application 对象

1. 什么是 Application 对象

Application 对象是 HttpApplicationState 类的一个实例。Application 对象用来存储变量或对象，以便在网页再次被访问时（不管是不是同一个连接者或访问者），所存储的变量或对象的内容还可以被重新调出来使用，也就是说，Application 对于同一网站来说是公用的，可以在各个用户间共享。

2. Application 对象相关知识

每个 Application 对象变量都是 Application 集合中的对象，由 Application 对象统一管理，语法如下。

```
Application["变量"]="变量内容";
Application("对象名")=Server.CreateObject(Progld)
```

Application 对象是一个集合对象，并在整个 ASP.NET 网站内可用，不同的用户在不同的时间都有可能访问 Application 对象的变量，因此 Application 对象提供了 Lock 方法用于锁定对 HttpApplicationState 变量的访问，以确保多个用户无法同时改变某一个属性，避免访问同步造成的问题。在访问完 Application 对象的变量后，需要调用 Application 的 UnLock 方法取消对 HttpApplicationState 变量的锁定。

Application 对象变量的生命周期中止于关闭 IIS 或使用 Clear 方法清除，Clear 方法是 Page 对象的成员，可以直接调用。

利用 Application 对象存取变量时需要注意以下几点。

（1）Application 对象变量应该是经常使用的数据，如果只是偶尔使用，可以把信息存储在磁盘的文件中或者数据库中。

（2）Application 对象是一个集合对象，它除了包含文本信息外，还可以存储对象。

（3）如果站点开始就有很大的通信量，则建议使用 Web.config 文件进行处理，不要用 Application 对象变量。

3. Application 对象的常用属性、方法和事件

Application 对象常用的属性、方法与事件的详细说明如表 6-12～表 6-14 所示。

表 6-12　　Application 对象的常用属性及说明

属　性	说　明
AllKeys	返回全部 Application 对象变量名到一个字符串数组中
CommonAppDataPath	获取所有用户共享的应用程序数据的路径
Count	获取 Application 对象变量的数量
OpenForms	获取属于应用程序的打开窗体的集合，在.NET Framework 2.0 版中是新增属性
Item	允许使用索引或 Application 变量名称传回内容值

表 6-13　　Application 对象的常用方法及说明

方　法	说　明
Add	新增一个 Application 对象变量
Clear	清除全部 Application 对象变量
Lock	锁定全部 Application 对象变量
UnLock	解除锁定的 Application 对象变量
Set	使用变量名称更新一个 Application 对象变量的内容

表 6-14　　Application 对象的常用事件及说明

事　件	说　明
OnStart	是在整个 ASP.NET 应用中首先被触发的事件，也就是在一个虚拟目录中第一个 ASP.NET 程序执行时触发
OnEnd	在整个 ASP.NET 应用停止时被触发

4. Application 对象实例

统计网站在线人数并在页面呈现网站在线人数。这是一个很经典的问题，主要考虑 3 个方面：初始化计数器；当一个用户访问网站时，计数器加 1；当一个用户离开网站时，计数器减 1。实验步骤如下。

（1）右键单击网站，选择“添加新项”，在网站中添加一个全局应用程序类（Global.asax），IDE 自动生成一些事件的处理方法。

（2）初始化计数器要利用 Application_Start 事件，在事件代码中定义 Application 状态。启动时设置在线人数为 0。主要代码如下。

```
void Application_Start(object sender, EventArgs e)
{
    // 在应用程序启动时运行的代码
    Application["UserVisit"] = 0;
}
```

（3）一个用户访问网站时加 1，一个用户打开多个页面不会影响这个数字（SessionId 是唯一的），用户访问数根据 Session 来判断，因此可以在 Session_Start 中去增加这个变量。主要代码如下。

```
void Session_Start(object sender, EventArgs e)
{
        // 在新会话启动时运行的代码
        Application.Lock();
        Application["UsersVisit"] = (int)Application["UsersVisit"] + 1;
        Application.UnLock();
}
```

可能有很多用户在同一个时间访问 Application 造成并发混乱，因此在修改 Application 时需要先调用 Application.Lock()方法锁定 Application 值修改后再调用 Application.UnLock()方法解除锁定。

（4）用户离开时减 1，用户访问数根据 Session 来判断，用户离开时利用 Session_End 事件减少这个变量。主要代码如下。

```
void Session_End(object sender, EventArgs e)
    {
        //在会话结束时运行的代码
        if (Application["VisitNumber"] != null)
        {
            Application.Lock();
            Application["VisitNumber"] = (int)Application["VisitNumber"] - 1;
            Application.UnLock();
        }
    }
```

Session_End 事件在会话结束时触发，所以关闭浏览器不会立即触发该事件，只有到达 Timeout 属性设置的时间时该事件才被触发，此时，相应的当前在线人数才会减少。

可同时利用多个浏览器或多台计算机访问 Application.aspx，进行测试。当然，若通过多台计算机进行测试，需要先将网站发布到 IIS。

详细的代码在 Global.asax、Application.aspx 文件，主要代码上述步骤中已列出。

6.6 Cache 对象

6.6.1 Cache 对象概述

Cache 对象用于在 HTTP 请求期间保存页面或数据。该对象的使用可以极大地提高整个应用程序的效率，常用于将频繁访问的大量服务器资源存储在内存中，当用户发出相同的请求后，服务器不必再次处理而是将 Cache 中保存的信息返回给用户，节省了服务器处理请求的时间。其生存期依赖于该应用程序的生存期。当重新启动应用程序时，将重新创建其 Cache 对象的实例。使用 Cache 对象保存和读取信息的代码如下。

```
//存放信息
Cache["CacheID"]="缓存信息内容";
//插入信息
Cache.Insert("CacheID","缓存信息内容");
//读取信息
String CacheString=Cache["CacheID"].ToString();
```

6.6.2 Cache 对象的常用属性和方法

Cache 对象常用的属性与方法如表 6-15 和表 6-16 所示。

表 6-15　　Cache 对象的常用属性及说明

属　性	说　明
Count	获取存储在缓存中的项数。当监视应用程序性能或使用 ASP.NET 跟踪功能时，此属性可能非常有用
Item	获取或设置指定键处的缓存项

表 6-16　　　　　　　　　　Cache 对象的常用方法及说明

方　法	说　明
Add	将指定项添加到 Cache 对象，该对象具有依赖项、过期和优先级策略，以及一个委托（可用于在从 Cache 移除插入项时通知应用程序）
Get	从 Cache 对象检索指定项
GetEnumerator	检索用于循环访问包含在缓存中的键设置及其值的字典枚举数
Insert	向 Cache 对象插入项。使用此方法的某一版本改写具有相同 key 参数的现有 Cache 项
Remove	从应用程序的 Cache 对象移除指定项

6.6.3　Cache 对象实例

示例 1：使用 Cache 对象的 Insert 方法插入缓存对象，并将其在页面上显示出来，在页面 Cache-1.aspx 的 Page_Load()事件中添加如下代码。

```
protected void Page_Load(object sender, EventArgs e)
{
  Cache.Insert("cache1", "缓存 1");
  Cache.Insert("cache2", "缓存 2");
  Cache.Insert("cache3", "缓存 3");
  Response.Write("cache1 的内容为：  " +
          Cache["cache1"].ToString()+"<br>");
   //GET 方法取值
  Response.Write("cache3 的内容为：  " + Cache.Get("cache3").ToString());
}
```

图 6-21　Cache 对象实例

代码运行结果如图 6-21 所示。

注意，Cache 对象的生存期与应用程序相同，Cache 对象的 Insert 方法会用相同键名的项目覆盖任何已存在项目，即相同键值的 Cache 对象将覆盖已存在的对象。

示例 2：使用 Insert 方法在按钮事件中加入 Cache 缓存变量，使用 GetEnumerator 方法创建一个 IDictionaryEnumerator 枚举对象 CacheEnum。通过枚举数在整个缓存中运行一遍，将各缓存项的值转换成字符串，然后将所有 Cache 缓存变量值输出到页面显示。使用 Cache 对象 Remove 方法将 Cache 缓存变量逐项移除。在页面 Cache-3.aspx 的主要事件中添加如下代码。

```
protected void Page_Load(object sender, EventArgs e)
{
      //定义 Cache 对象
     Cache.Insert("cache1", "缓存值 1");
      Cache.Insert("cache2", "缓存值 2");
     Cache.Insert("cache3", "缓存值 3");
}
protected void Button1_Click(object sender, EventArgs e)
{
       //覆盖前面的同键值对象
     Cache.Insert("cache1", "缓存 1");
     Cache.Insert("cache2", "缓存 2");
     Cache.Insert("cache3", "缓存 3");
}
protected void Button2_Click(object sender, EventArgs e)
{
     String cacheItem = "";
     IDictionaryEnumerator CacheEnum = Cache.GetEnumerator();
     while (CacheEnum.MoveNext())
     {
         Cache.Remove(CacheEnum.Key.ToString());
     }
```

图 6-22　Cache 对象方法示例

```
}
protected void Button3_Click(object sender, EventArgs e)
{
    String cacheItem = "";
    IDictionaryEnumerator CacheEnum = Cache.GetEnumerator();
    while (CacheEnum.MoveNext())
    {
        cacheItem = Server.HtmlEncode(CacheEnum.Value.ToString());
        Response.Write(CacheEnum.Key + "=" + cacheItem + "</br>");
    }
}
```

代码运行结果如图 6-22 所示。

本章实验

一、实验目的

熟练运用各种 ASP.NET 内置对象进行基本的程序设计。

二、实验内容和要求

（1）新建一个名为 Experiment6 的网站。

（2）添加一个名为 Response.aspx 的 Web 页面，通过调用 Response 对象的 Write 方法在页面中弹出信息提示框，然后调用其 Redirect 方法重新定向到另一个页面，最后调用 WriteFile 方法将指定文件写入 HTTP 内容输出流。ResponseFile.txt 文件内容预置为“Response.WriteFile OK！”。

（3）添加一个名为 Request.aspx 的 Web 页面，使用 QueryString 属性实现地址栏传值。在页面 mainpage.aspx 中的 TextBox 文本框中输入一个值，单击“传递查询变量”按钮，将 TextBox 文本框中的值传到 page2.aspx 页面的地址栏中。

（4）添加一个名为 Application.aspx 的 Web 页面，使用 Application 对象的 Add 方法、Remove 方法、GetKey 和 Get 方法实现对变量的添加、删除和显示等功能。

（5）添加一个名为 Session.aspx 的 Web 页面，通过设置 Session 对象的 TimeOut 属性值来控制 Session 变量的有效期。

（6）添加一个名为 Cookie.aspx 的 Web 页面，使用 Cookie 对象的 Path 属性获取与当前 Cookie 一起传输的虚拟路径，默认值为当前请求的路径。

（7）添加一个名为 Server.aspx 的 Web 页面，使用 Server 对象的 UrlEncode 方法和 UrlDecode 方法编码和解码的字符串并将结果输出到页面。

（8）添加一个名为 Cache.aspx 的 Web 页面，使用 Insert 方法在按钮事件中加入 Cache 缓存变量，使用 GetEnumerator 方法创建一个 IDictionaryEnumerator 枚举对象 CacheEnum。通过枚举数在整个缓存中运行一遍，将各缓存项的值转换成字符串，然后将所有 Cache 缓存变量值输出到页面显示。使用 Cache 对象 Remove 方法将 Cache 缓存变量逐项移除。

第 7 章　ASP.NET 4.0 服务器控件

服务器控件就是由服务器端解析的控件。在 ASP.NET 中，服务器控件也就是有 runat="sever"标记的控件，这些控件经过处理后会生成客户端呈现代码发送到客户端。本章将介绍一些常用的服务器控件、验证控件和用户控件。

7.1　服务器控件概述

ASP.NET 服务器控件是 ASP.NET 架构中非常基础，但是相当重要的一部分。从本质上来说，ASP.NET 服务器控件就是一些.NET 框架中的类，用于在 Web 上呈现可视化的元素。ASP.NET 本身就是一种事件驱动的和基于控件的编程模型，因此提供了大量的服务器控件。

（1）HTML 服务器控件：提供了对标准 HTML 元素的类封装，在 HTML 控件中添加一个在服务器端运行的属性，即可以由通用的客户端 HTML 控件转变为服务器端 HTML 控件，使开发人员可以对其进行编程。

（2）Web 服务器控件：具有比 HTML 控件更多的功能，这些控件复制了基本 HTML 的功能，但是提供了更多一致和有用的属性与方法，使开发人员更容易定义和访问，如具有超链接效果的 HyperLink、ListBox、Button 等，而且还包括特殊用途的控件，如 Calendar、AdRotator、TreeView 控件等。

（3）验证控件：这类控件可以使开发人员更容易对一些控件中的数据进行验证，如对必填字段进行检查、对照字符的特定值或模式进行测试、验证某个值是否在限定范围之内等。

（4）数据控件：是用于显示大量数据的控件，如 GridView、ListView 控件等，这些控件支持很多高级的定制特性，如模板，允许添加、删除、编辑等。数据控件还包括在 ASP.NET 2.0 之后引入的数据源控件，如 SqlDataSource、LinqDataSource 控件等。使开发人员能够使用声明方式绑定到不同类型的数据源，简化绑定过程。

（5）导航控件：这类控件被设计用于显示站点地图，允许用户从一个网页导航到另一个网页，如 Menu、SiteMapPath 控件等。

（6）登录控件：这类控件简化创建用户登录页面的过程，使开发人员更容易编写用户授权和管理的程序。

（7）WebParts 控件：这类控件是 ASP.NET 中用于构建组件化的、高度可配置的 Web 门户的一套 ASP.NET 编程控件。

（8）ASP.NET AJAX 控件：这类控件允许开发人员在 Web 应用程序中使用 AJAX 技术，而不需要编写大量的客户端代码。

本章将重点讨论 HTML 服务器控件、Web 服务器控件、验证控件以及用户自定义控件，其他控件将在本书的后续章节中逐步介绍。

7.2 常用的 HTML 服务器控件

7.2.1 HTML 普通控件与 HTML 元素的对应

传统的 HTML 元素不能被 ASP.NET 服务器端直接使用，但是通过将这些 HTML 元素的功能进行服务器端的封装，开发人员就可以在服务器端使用这些 HTML 元素。在 Visual Studio 2010 集成开发环境中，从工具箱的“HTML”选项（见图 7-1）中将一个 Input（Button）按钮控件拖到设计页面上，其值改为“确定”，切换到源视图，“确定”按钮的源代码如下。

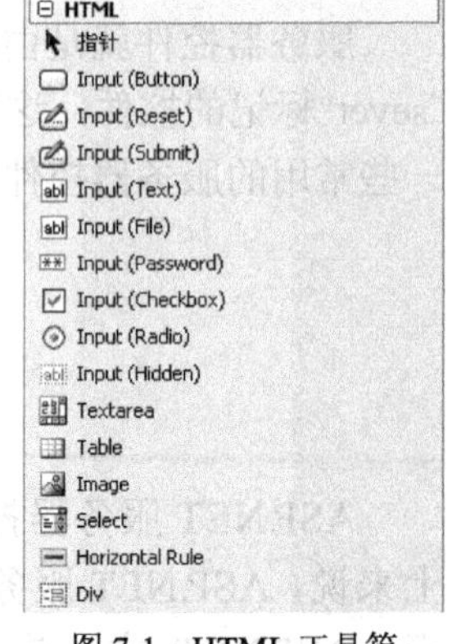

图 7-1 HTML 工具箱

```
<input id="btnOk" type="button" value="确定" />
```

id 用来设置控件名称，在一个程序中各控件的 id 均不相同，具有唯一性，id 属性允许以编程方式引用该控件。双击按钮，HTML 源代码中生成如下主要代码。

```
<script language="javascript" type="text/javascript">
<!–
        function btnOk_onclick() {}
// -->
</script>
```

“确定”按钮相关信息变为：

```
<input id="btnOk" type="button" value="确定" onclick="return btnOk_onclick()" />
```

可以在 function 中加入 JavaScript 语句，但这个事件总是发生在客户端（即浏览器）中。

7.2.2 把 HTML 普通控件转换成 HTML 服务器控件

HTML 普通控件的源代码中没有 runat="server"属性（该属性表示作为服务器控件运行），将其转换成服务器控件后，就会有该属性。在 Visual Studio 2010 集成开发环境中，选中 HTML 普通控件，右击鼠标，选择“作为服务器控件执行”命令，如图 7-2 所示。

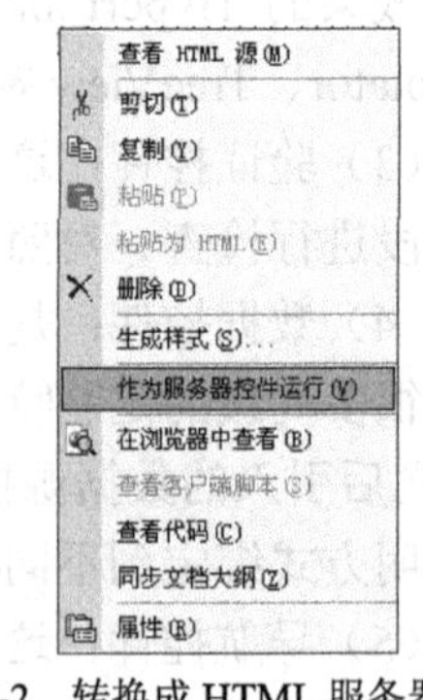

图 7-2 转换成 HTML 服务器控件

再次查看源码，增加了 runat="server"属性，如果想转回普通控件，将该选项去掉。在 VS 2010 中，不能通过右键菜单生成为服务器控件，可以采用如下解决方法。

（1）手动为控件添加 runat="server"指令，如<input id="btnOk" runat="server" type="button" value="确定" /></p>;

（2）在 cs 文件中添加事件处理方法，如 BtnOk_Click;

（3）在页面载入事件中注册事件。

this.btnOk.ServerClick += new EventHandler(BtnOk_Click);

7.2.3 使用 HTML 与 Web 服务器控件的场合

HTML 服务器控件可以提供丰富的用户界面，而 Web 服务器控件具有更多内置功能。Web 服务器控件不仅包括窗体控件（如按钮和文本框），还包含特殊用途的控件（如日历、菜单和树视图控件）。在设计的过程中，HTML 服务器控件和 Web 服务器控件的应用场合如表 7-1 所示。

表 7-1　　HTML 与 Web 服务器控件适用场合

使用 HTML 服务器控件的场合	使用 Web 服务器控件的场合
HTML 对象模型	C#编程模型
需要使用现有的 HTML 页，但同时需要添加 ASP.NET Web 窗体的功能	需要编写能兼容各种浏览器的 Web 页
控件同时与服务器和客户端代码交互	需要特殊功能，如日历、广告轮转
节省网络带宽	不需要考虑带宽

如果不需要在服务器端使用 C#代码控制的内容，就使用 HTML 标签实现，如果页面已经用 HTML 设计完成（如美工只熟悉 HTML 标签），就可以将 HTML 标签转化为 HTML 服务器控件，同时，如果考虑生成的页面尺寸，也可以使用 HTML 服务器控件，但是一些特殊的效果和功能，如日历、据绑定等，只能用 Web 服务器控件实现。

7.3　常用的 Web 服务器控件

7.3.1　TextBox 控件

TextBox 控件通常用来接收用户的输入信息，如文本、数字和日期等。默认情况下，TextBox 控件是一个单行的文本框，只能输入一行内容。但可以通过修改控件属性，将文本框改为允许输入多行文本或密码形式。

1. 属性

TextBox 控件的常用属性及说明如表 7-2 所示。

表 7-2　　TextBox 控件的常用属性及说明

属　性	说　明
AutoPostBack	获取或设置一个布尔类型值，该值指示无论何时用户在 TextBox 控件中按【Enter】键或【Tab】键时，是否自动回发到服务器的操作，默认值为 False
Text	控件的文本值
TextMode	它有 3 个值：SingleLine 表示单行，生成普通的文本框；MultiLine 表示多行，生成<textarea>标签；Password 表示密码，生成密码输入框，文本为*
MaxLength	设置文本输入框中最多允许的字符数，但只有 TextMode 为 SingleLine 和 Password 时该属性才有效
Numeric	获取一个值，该值指示输入是否必须全部是数值，默认为 False
Wrap	获取或设置一个值，该值指示多行文本框内的文本内容是否换行

2. 方法与事件

TextBox 控件的常用方法与事件如表 7-3 所示。

表 7-3　　TextBox 控件的常用方法与事件说明

方法与事件	说　明
DataBind 方法	将数据源绑定到被调用的服务器控件及其所有子控件上
Focus 方法	为控件设置输入焦点
DataBindin 事件	当服务器控件绑定到数据源时发生

续表

方法与事件	说　明
Init 事件	当服务器控件初始化时发生，这是控件生存期的第一个阶段
Load 事件	当服务器控件加载到 Page 对象中时发生
TextChange 事件	当用户更改 TextBox 的文本时发生

3. TextBox 控件实例

该实例通过设置 TextBox 控件的 TextMode 属性来实现该控件的 3 种文本显示效果。

主要实现步骤如下。

（1）新建一个名为 ch7_3 的网站，在该网站中新建一个 Web 页 TextBox.aspx，在页面上添加 3 个 TextBox 控件。

（2）在属性页窗口中分别设置 3 个 TextBox 控件的 TextMode 属性。输入用户名的控件，TextMode 属性设为 SingleLine；输入密码的控件，TextMode 属性设为 Password；输入备注信息的控件，TextMode 属性设为 MultiLine。

（3）为用户名和备注的两个 TextBox 控件添加 TextChange 事件，名称为 TextBox1_TextChanged，TextBox.aspx.cs 具体代码如下。

```
protected void TextBox1_TextChanged(object sender, EventArgs e)
{
    this.Label1.Text += ((System.Web.UI.WebControls.TextBox)sender).Text;
}
```

初始运行界面如图 7-3 所示。

输入信息后，在底部的 Label 标签上显示输入的用户名与备注信息，如图 7-4 所示，密码 TextBox 控件没有添加 TextChange 事件，故不会显示。

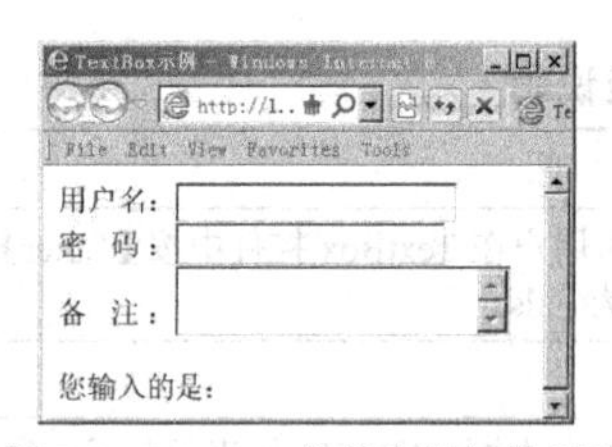

图 7-3　TextBox 控件实例初始界面

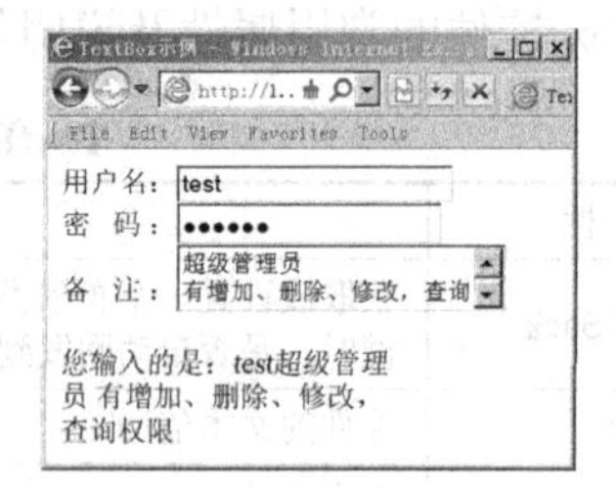

图 7-4　TextBox 控件实例显示信息界面

7.3.2　HyperLink 控件

HyperLink 类直接继承自 WebControl 类，用于创建到其他 Web 页的链接。HyperLink 控件在功能上和 HTML 的“<a href="">”控件相似，显示样式为超链接的形式，属于服务器端标准控件。

1. 属性

HyperLink 控件的常用属性及说明如表 7-4 所示。

表 7-4　HyperLink 控件的常用属性及说明

属　性	说　明
Text	获取和设置 HyperLink 控件的超链接文本
ImageUrl	获取和设置 HyperLink 控件的图像来源，若和 Text 属性同时存在，则 ImageUrl 优先，Text 显示为<img>标签的 alt 属性

续表

属　　性	说　　明
NavigateUrl	获取和设置 HyperLink 控件时链接到的 URL
Target	获取和设置 HyperLink 控件时显示链接到的网页内容的目标窗口或框架。其值必须以 a～z 的字母（不区分大小写）开头

2. HyperLink 控件实例

该实例演示如何设置NavigateUrl属性来实现链接，用以显示与HyperLink控件关联的页。

（1）在 ch7_3 网站中新建一个 Web 页 HyperLink.aspx，在该页中添加一个 HyperLink 控件，并设置相关属性。源视图中 HyperLink 控件的声明代码如下。

```
<asp:HyperLink ID="HyperLink2" runat="server" Height="20px" ImageUrl="~/Images/slogo-xusanduo.gif"
NavigateUrl="http://www.baidu.com" Width="162px">跳转到百度</asp:HyperLink></div>
```

（2）运行 HyperLink.aspx 页面，效果如图 7-5 所示，单击图片，会在一个新窗口中打开 Baidu 网页。

使用 HyperLink 控件可以在代码中灵活地设置链接属性。例如，可以基于网页中的条件动态更改链接文本或目标页，还可以使用数据绑定指定链接的目标 URL。

图 7-5　HyperLink 控件运行界面

7.3.3　Button、LinkButton 和 ImageButton 控件

ASP.NET 包含 3 类用于向服务器端提交表单的控件，这 3 类控件拥有同样的功能，但每类控件的外观截然不同。

（1）Button 控件：用来在客户端生成 type 为 submit 或 button 的按钮。

（2）LinkButton 控件：用来在客户端呈现一个超链接按钮，与 HyperLink 控件的主要区别为：HyperLink 可以用图片，也可以用文字作为链接，但点击时不会激发事件；LinkButton 只能提供文字，点击会触发服务器端 Click 事件。

（3）ImageButton 控件：用来在浏览器端生成一个图片按钮。

1. 属性、方法与事件

这 3 类 Button 控件有很多共同属性，常用属性及说明如表 7-5 所示。

表 7-5　Button 控件的常用属性及说明

属　　性	说　　明
CommandArgument	获取或设置可选参数，该参数与关联的 CommandName 一起被传递到 Command 事件
CommandName	获取或设置命令名，该命令名与传递给 Command 事件的 Button 控件相关联
CausesValidation	获取或设置一个值，该值指示在单击 Button 控件时是否执行验证
Enabled	获取或设置一个值，该值指示是否启用 Web 服务器控件，默认值为 true
Text	获取或设置在 Button 控件中显示的文本标题
OnClientClick	获取或设置在引发某个 Button 控件的 Click 事件时所执行的客户端脚本
PostBackUrl	单击按钮时所发送到的 URL
UseSubmitBehavior	指示按钮是否呈现为提交按钮

这 3 类 Button 控件支持 Focus()方法，用于把焦点设为该 Button 控件。

这 3 类 Button 控件还支持下面两个事件。

（1）Click：在单击 Button 控件时引发的事件（当没有与控件关联的命令名时，通常使用该事件）。

（2）Command：在单击 Button 控件时引发的事件（当命令名与控件关联时，通常使用该事件）。CommandName 和 CommanArgument 属性的值传给这个事件。

2. Button 控件实例

在页面上包含 3 个 Button 控件，显示的标题为第一个、第二个和第三个，单击任何一个 Button，将在 Label 控件中显示该 Button 的标题。

（1）在 ch7_3 网站中新建一个 Web 页 Button.aspx，在页面上添加 3 个 Button 控件和一个 Label 控件，并设置控件的属性。为了让读者更好地了解 Click 和 Command 事件，为 Button1、Button2 控件添加 Command 事件，为 Button3 控件添加 Click 事件（其实用一个事件也可实现）。源视图中控件声明代码如下。

```
<asp:Button ID="Button1" runat="server" CommandArgument="第一个" OnCommand ="Button2_Command" Text="第一个" />
<asp:Button ID="Button2" runat="server" CommandArgument="第二个" OnCommand ="Button2_Command" Text="第二个" />
<asp:Button ID="Button3" runat="server" OnClick="Button3_Click" Text="第三个" /><br />
<asp:Label ID="Label1" runat="server" Text="您选择的是：" ></asp:Label>
```

（2）在 Button.aspx.cs 中添加 Command 事件和 Click 事件的实现方法。

```
protected void Button2_Command(object sender, CommandEventArgs e)
{
  this.Label1.Text = "您选择的是：" + e.CommandArgument.ToString();
}
protected void Button3_Click(object sender, EventArgs e)
{
  this.Label1.Text = "您选择的是：第三个" ;
}
```

运行该页面，效果如图 7-6 所示。

图 7-6　Button 控件运行界面

3. LinkButton 控件和 ImageButton 实例

在 ch7_3 网站中新建一个 Web 页 ImageButtonAndLinkButton.aspx，页面上包含一个 LinkButton 控件和一个 ImageButton 控件，单击 ImageButton 控件，将显示图片；单击 LinkButton 控件，将跳转至图 7-5 所示。该实例的实现比较简单，ImageButton 控件的声明代码如下。

```
<asp:ImageButton ID="ImageButton1" runat="server" ImageUrl="~/Images/reply_a.gif" PostBackUrl="~/Image.aspx" />
```

在 ImageButton 控件的属性页窗口中设置 ImageUrl 属性为"~/Images/reply_a.gif"，给按钮添加图片；PostBackUrl 属性，将此属性指定到 Image.aspx 页面。

LinkButton 控件的声明代码如下。

```
<asp:LinkButton ID="LinkButton1" runat="server" PostBackUrl="~/HyperLink.aspx">链接</asp:LinkButton></div>
```

LinkButton 控件设置 PostBackUrl 属性，将此属性指定到 HyperLink.aspx 页面。

7.3.4 Image 控件和 ImageMap 控件

图形显示类型控件主要包括 Image 控件和 ImageMap 控件。

1. Image 控件

使用 Image 控件可以在设计或运行时以编程方式为 Image 对象指定图片。还可以将该控件的 ImageUrl 属性绑定到一个数据源，根据数据库信息显示图形。

Image 控件的常用属性及说明如表 7-6 所示。

表 7-6　　**Image 控件常用的属性及说明**

属　性	说　明
AlternateText	获取或设置当图像无法显示时显示的替换文本
ImageAlign	获取或设置 Image 控件相对于网页上其他元素的对齐方式
ImageUrl	获取或设置 Image 控件中显示图像的来源 URL
Enabled	获取或设置一个值，该值指示是否已启用控件
DescriptionUrl	获取或设置图像详细说明的位置
ToolTip	获取或设置当鼠标指针悬停在 Web 服务器控件上时显示的文本

在设置 ImageUrl 属性值时，可以使用相对 URL，也可以使用绝对 URL。相对 URL 使图像的位置与网页的位置相关联，当整个站点移动到服务器上的其他目录时，不需要修改 ImageUrl 属性值；而绝对 URL 使图像的位置与服务器上的完整路径相关联，当更改站点路径时，需要修改 ImageUrl 属性值。最好使用相对路径。

Image 控件常用的方法及说明如表 7-7 所示。

表 7-7　　**Image 控件常用的方法及说明**

方　法	说　明
Dispose	释放由 Image 使用的所有资源
FromFile	从指定的文件创建 Image
FromStream	从指定的数据流创建 Image
GenerateEmptyAlternateText	获取或设置一个值指示控件是否生成空字符串替换文字属性
GetBounds	以指定的单位获取图像的界限
GetEncoderParameterList	返回有关指定的图像编码器所支持的参数的信息
RenderContents	将图像控件内容呈现到指定的编写器

以下实例通过改变 Image 控件的 ImageUrl 属性值来动态显示用户头像，主要通过结合使用 Image 控件和 DropDownList 控件实现，实例运行效果如图 7-7 所示。

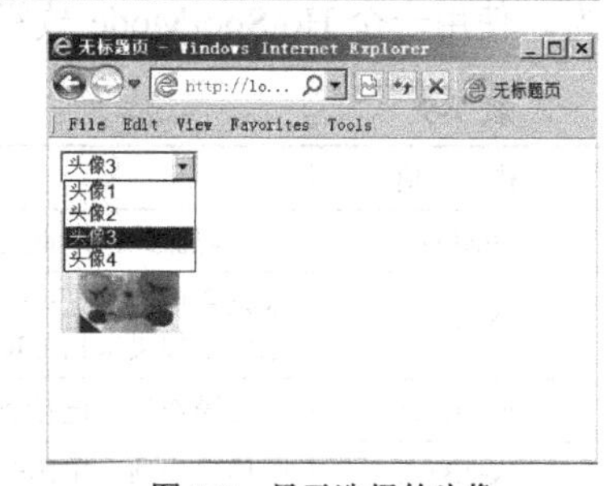

图 7-7　显示选择的头像

程序实现步骤如下。

（1）在 ch7_3 网站中添加一个新的页面，名为 MyImage.aspx。在网页中添加一个 DropDownList 控件和一个 Image 控件。

（2）在 DropDownList 控件中添加 4 个项目，每个项目的 Value 值是相应头像的路径。代码如下。

```
<asp:DropDownList ID="ddlselect" runat="server" AutoPostBack="True" Height="22px" Width="98px"
        onselectedindexchanged="DropDownList1_SelectedIndexChanged">
        <asp:ListItem Selected="True" Value="1.jpg">头像 1</asp:ListItem>
        <asp:ListItem Value="2.jpg">头像 2</asp:ListItem>
        <asp:ListItem Value="3.jpg">头像 3</asp:ListItem>
        <asp:ListItem Value="4.jpg">头像 4</asp:ListItem>
</asp:DropDownList>
```

（3）在 DropDownList 控件的 SelectedIndexChanged 事件中添加如下代码。

```
protected void DropDownList1_SelectedIndexChanged(object sender, EventArgs e)
{
    //动态改变控件显示的图像
    img.ImageUrl = ddlselect.SelectedValue;
}
```

注意：在使用 DropDownList 控件选择头像时，首先要将控件的 AutoPostBack 属性设置为 true。这样，当选择某个头像后，会自动回发到服务器，执行 DropDownList 控件 SelectedIndexChanged 事件以下的代码。

2. ImageMap 控件

ImageMap 控件允许在图片中定义一些热点（HotSpot）区域，当用户单击这些热点区域时，将触发超链接或者单击事件。当需要对某幅图片的局部实现交互时，使用 ImageMap 控件。例如，以图片形式展示网站地图、流程图等。

ImageMap 控件的常用属性及说明如表 7-8 所示。

表 7-8　　ImageMap 控件常用的属性及说明

属　性	说　明
AltemateText	获取或设置当图像无法显示时显示的替换文本
HotSpotMode	获取或设置单击 HotSpot 对象时 ImageMap 控件的 HotSpot 对象的默认行为
HotSpots	获取 HotSpot 对象的集合，这些对象表示 ImageMap 控件中定义的作用点区域
ImageAlign	获取或设置 ImageMap 控件相对于网页上其他元素的对齐方式
ImageUrl	获取或设置 ImageMap 控件中显示的图像的来源 URL
Enabled	获取或设置一个值，该值指示是否已启用控件
Target	获取或设置单击 ImageMap 控件时显示链接到的网页内容的目标窗口或框架

下面介绍其中几个比较重要的属性。

（1）HotSpotMode 属性

该属性用于获取或者设置单击热点区域后的默认行为方式。属性值为枚举值之一，默认为 NotSet。使用 HotSpotMode 属性，可以指定 ImageMap 控件内 HotSpot 对象的默认单击行为。使用一个 HotSpotMode 枚举值设置属性。表 7-9 列出了 HotSpotMode 属性的枚举值。

表 7-9　　HotSpotMode 属性的枚举值

枚 举 值	说　明
Inative	无任何操作，即此时打开同一张没有热点区域的普通图片
NotSet	未设置项，也是默认项。虽然名为未设置，但是默认情况下将执行定向操作，即链接到指定的 URL 地址。如果未指 URL 地址，则默认链接到应用程序根目录下
Navigate	定向操作项。链接到指定的 URL 地址。如果未指定 URL 地址，则默认链接到应用程序根目录下
PostBack	回传操作项。单击热点区域后，将触发控件的 Click 事件

HotSpotMode 属性虽然为图片中所有热点区域定义了单击事件的默认行为方式，但在某些情况下，图片中热点区域的行为方式各不相同，需要单独为每个热点区域定义 HotSpotMode 属性及其相关属性。

（2）HotSpots 属性。

该属性用于获取 HotSpot 对象的集合，这些对象表示 ImageMap 控件中定义的作用点区域。属性值为一个 HotSpotCollection 对象，表示 ImageMap 控件中定义的作用点区域。HotSpot 类是一个抽象类，其中包含 CircleHotSpot（圆形热点区）、RectangleHotSpot（方形热区）和 PolygonHotSpot（多边形热区）3 个子类，这些子类的实例称为 HotSpot 对象。创建 HotSpot 对象的步骤如下。

① 在 ImageMap 控件上单击鼠标右键，在弹出的快捷菜单中选择“属性”命令，弹出属性窗口。在属性窗口中，单击 HotSpots 属性后面的...按钮，弹出“HotSpot 集合编辑器”对

话框。在该对话框中，单击“添加”按钮右侧的下拉按钮，在弹出的下拉菜单中包括 CircleHotSpot（圆形热点区）、RectangleHotSpot（方形热区）和 PolygonHotSpot（多边形热区）3 个对象，可以通过单击添加所需对象，如图 7-8 所示。

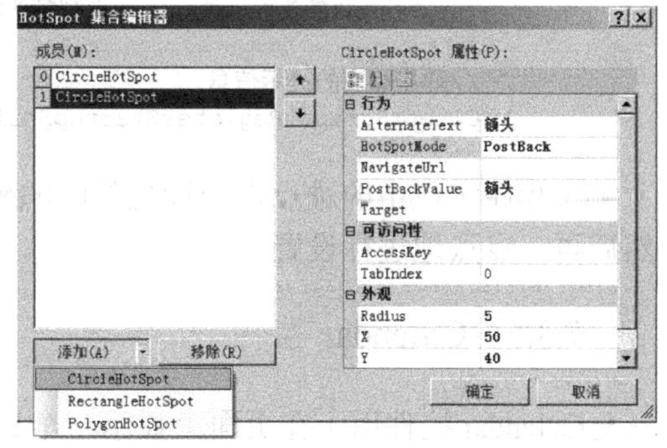

图 7-8　HotSpot 集合编辑器

② 在右侧窗口中为热点区域设置属性。

在定义每个热点区域的过程中，主要设置两个属性，一个是 HotSpotMode 及其相关属性，用于指定图像映射是否导致回发或导航行为；另一个是热点区域坐标属性。对于 CircleHotSpot，需要设置半径 Radius 和圆心坐标 X 和 Y；对于 RectangleHotSpot，需要设置其左上右下的坐标，即 Left、Top、Right、Bottom 属性；对于 PolygonHotSpot，需要设置每个关键点的坐标 Coordinates 属性。

③ 单击“确定”按钮，完成 HotSpot 对象的创建。

以下实例主要使用 ImageMap 控件展示图片中的链接热区。在卡通人物的额头和嘴巴位置设置热区，当单击某个热区后，会弹出相应的提示。例如，单击卡通人物的额头，弹出“点到额头啦！”的提示。实例运行结果如图 7-9 所示。

图 7-9　单击 ImageMap 控件中的热区弹出提示信息

程序实现的主要步骤如下。

① 在 ch7_3 网站中添加一个新的页面，名为 MyImageMap.aspx，在网页中添加一个 ImageMap 控件。

② 在 ImageMap 控件中根据设置的坐标添加热点区域，并且设置热点区域的返回值，代码如下。

```
    <asp:ImageMap ID="ImageMap1" runat="server" ImageUrl="~/2.jpg" onclick="ImageMap1
_Click">
        <asp:CircleHotSpot AlternateText="嘴巴" HotSpotMode="PostBack" PostBackValue="嘴巴"
            Radius="5" X="50" Y="60" />
        <asp:CircleHotSpot AlternateText="额头" HotSpotMode="PostBack" PostBackValue="额头"
            Radius="5" X="50" Y="40" />
    </asp:ImageMap>
```

③ 在 ImageMap 控件的 Click 事件中，通过 PostBackValue 属性获取单击某个热区后的返回值，然后弹出相应的提示。代码如下。

```
protected void ImageMap1_Click(object sender, ImageMapEventArgs e)
{
        //获取所单击热区的 PostBackValue 值
        string backValue = e.PostBackValue;
        //声明字符串记录提示信息
        string str = string.Empty;
        //switch 语句根据不同的 PostBackValue 值，设置相应的提示信息
        switch (backValue)
        {
            //如果 PostBackValue 为"嘴巴"，则字符串 str 赋值为"点到嘴巴啦！"
            case "嘴巴": str = "点到嘴巴啦！"; break;
            //如果 PostBackValue 为"额头"，则字符串 str 赋值为"点到额头啦！"
```

```
            case "额头": str = "点到额头啦！"; break;
        }
        //弹出相应的提示信息
        ClientScript.RegisterStartupScript(this.GetType(),"","alert('"+str+"');",true);
    }
```

该程序实现中的难点在于设置热区的坐标。此时需要凭借观察力先大概地估算一个值，然后再一点点地进行设置。

7.3.5 Calendar 控件

Calendar控件用于在页面上显示一个日历，该控件在ASP.NET应用程序开发中十分常用。Calendar 控件主要可以完成显示和选择日期、在日历网络中显示约会或其他信息。

1. 属性

Calendar 控件的常用属性及说明如表 7-10 所示

表 7-10　　Calendar 控件的常用属性及说明

属　性	说　明
SelectionMode	设置日期选择模式，可设为 Day（只能选择某一天）、None（不能选择日期，只能显示日期）、DayWeek（选择整星期或某一天）、DayWeekMonth（选择单个日期、整星期或整月）
SelectionDate	用户选中的日期
SelectionDates	用户选择的多个日期，是一个数组

Calendar 控件具有 SelectionChanged 事件，当用户选择日期时，会触发该事件。

2. Calendar 控件实例

该实例运用 Calendar 的 3 个属性，选择日期并将其显示出来。具体步骤如下。

（1）在 ch7_3 网站中新建一个 Web 页 CalendarDemo.aspx，在页面上添加一个 Label 控件和一个 Calendar 控件。默认情况下，VS 2010 生成如下代码。

```
<asp:Calendar ID="Calendar1" runat="server"</asp:Calendar>
```

（2）可以使用 Calendar 控件的智能标签按钮为 Calendar 控件选择一个外观，外观效果如图 7-10 所示。

图 7-10　Calendar 控件外观

双击控件后处理 SelectionChanged 事件，主要代码如下。

```
protected void Calendar1_SelectionChanged(object sender,
EventArgs e)
{Label1.Text = "当前选择的日期为：" +Calendar1.SelectedDate.
ToShortDateString();}
```

这里使用了 SelectedDate 属性来获取当前选择的日期，选择的日期会在 Label 控件上显示。

（3）将 Calendar 控件的 SelectionMode 属性改为 DayWeek 或 DayWeekMonth，设置为 DayWeekMonth 时的外观效果如图 7-11 所示。

图 7-11　SelectionMode 属性为 DayWeekMonth 时的外观

与图 7-10 相比较，日历的左侧多出一个双箭头和 6 个单箭头，单击双箭头链接可以选择整月，单击单箭头链接可以选择整个星期。主要代码如下。

```
protected void Calendar1_SelectionChanged(object sender,
EventArgs e)
{     Label1.Text = "当前选择的日期为：<br/>";
```

```
        foreach (DateTime dt in Calendar1.SelectedDates)
        {  Label1.Text += dt.ToShortDateString() + "<br/>";  }
}
```

该代码中使用 foreach 遍历所选择的日期，这样就能在 Label 控件中显示所有的日期。单击某个星期的单箭头，可以获取该星期的日期，如图 7-12 所示。

图 7-12　获取一个星期的日期

7.3.6　FileUpLoad 控件

FileUpLoad 控件用来在页面上显示一个<input type="file"/>标签，供用户选择并上传文件到服务器。

该控件有一个核心方法 SaveAs（string filename），其中 filename 表示保存在服务器中的上传文件的绝对路径。在文件上传过程中，文件数据作为页面请求的一部分，上传并缓存到服务器内存中，然后再写入服务器硬盘空间。

1. 属性

FileUpLoad 控件的常用属性及说明如表 7-11 所示。

表 7-11　FileUpLoad 控件的常用属性及说明

属　性	说　明
FileBytes	获取上传文件的字节数组，数据类型为 byte[]
FileContent	获取指向上传文件的 Stream 对象，数据类型为 Stream
FileName	获取上传文件在客户端的文件名称，数据类型为 String
HasFile	表示 FileUpLoad 控件是否已经包含一个文件，数据类型为 bool
PostedFile	获取一个与上传文件相关的 HttpPostedFile，使用该对象可获取上传文件的相关属性，数据类型为 HttpPostedFile

表 7-11 提供了 3 种访问上传文件的方式，一种是通过 FileBytes 属性，将上传文件数据置于字节数组中，遍历该数组，能以字节方式了解上传文件内容。第二种是通过 FileContent 属性获得一个指向上传文件的 Stream 对象，使用该对象可以读取上传文件数据，并使用 FileBytes 属性显示文件内容。最后一种是通过 PostedFile 属性获得一个与上传文件相关的 HttpPostedFile 对象，使用该对象可以获得与上传文件相关的信息，如可以使 ContentLength 属性获得上传文件大小；使用 ContentType 属性获得上传文件类型；使用 FileName 属性获得上传文件在客户端的完整路径（这与 FileUpLoad 控件的 FileName 属性不同，FileUpLoad 控件的该属性只能获取文件名称）。

FileUpLoad 控件每次只能上传一个文件，文件可以是普通的文件，也可以是可执行文件。通常情况下，服务器端禁止上传可能造成潜在危险的脚本和可执行文件，所以在上传文件前，应设置一定的规则对文件进行筛选。另外，要注意上传文件的大小，默认情况下，经 FileUpLoad 控件上传的文件，大小为 4 MB（4 096 KB）。可以在 web.config 中的<httpRuntime>配置节中的 maxRequestLength 属性设置上传文件大小。例如：

```
<system.web>
   <httpRuntime maxRequestLength="9000"/>
</system.web>
```

但是上传文件也不能无限大，它的大小不能超过服务器内存大小的 60%，这里的 60%也是 web.config 中的默认设置，是<processModel>配置节中的 memoryLimit 属性的默认值。虽然可以修改，但后果可想而知。上传的文件越大，成功的几率越小。

2．FileUpLoad 控件实例

该实例使用 FileUpLoad 控件上传图像文件，并显示上传是否成功，实例运行结果如图 7-13 所示。

图 7-13　使用 FileUpLoad 控件上传图片

程序的实现步骤如下。

（1）在 ch7_3 网站中新建一个 Web 页 FileUpload.aspx，在网页中添加一个 FileUpLoad 控件、一个 Label 控件和一个 Button 控件，分别用来选择文件、显示上传后的效果和执行上传操作。

（2）在 Button 控件的 Click 事件中编写如下代码。

```
protected void Button1_Click(object sender, EventArgs e)
{
        if (IsPostBack)
        {
            Boolean fileOK = false;
        //获取文件上传目录
            String path = Server.MapPath("~/Images/");
        //如果选择了上传文件
              if (FileUpload1.HasFile)
        {
                String fileExtension =
                    System.IO.Path.GetExtension(FileUpload1.FileName).ToLower();
                //定义上传文件的类型
                String[] allowedExtensions ={ ".gif", ".jpg", ".bmp"};
             for (int i = 0; i < allowedExtensions.Length; i++)
                {
                //上传的文件类型与定义的是否一致
                    if (fileExtension == allowedExtensions[i])
                    {
                        fileOK = true;
                    }
                }
            }
            if (fileOK)
            {
                try
                {
                    FileUpload1.PostedFile.SaveAs(path+ FileUpload1.FileName);
                  Label1.Text = "文件上传成功!";
                }
                catch (Exception ex)
                {
                    Label1.Text = "文件没有上传成功.";
```

```
                }
            }
            else
            {
                Label1.Text = "文件类型不对.";
            }
        }
    }
```

本实例要求上传的图片类型为“.gif”、“.jpg”、“.bmp”，如果上传其他类型，将会提示“文件类型不对.”的信息。

7.3.7　其他常用 Web 服务器控件

除了前面介绍的常用控件外，还有很多服务器控件，它们的用法也都类似，在此只对这些控件做简单介绍。

1. DropDownList 和 ListBox 控件

DropDownList 控件允许用户从预定义的下拉列表中选择一项。DropDownList 控件有 SelectedIndexChanged 事件，当用户选择一项时，DropDownList 控件将引发 SelectedIndexChanged 事件。ListBox 控件与 DropDownList 控件的功能基本相似，ListBox 控件将所有选项都显示出来，提供单选或多选的列表框。

2. CheckBox 和 CheckBoxList 控件

CheckBox 控件用于创建单个复选框，供用户选择。CheckBox 控件具有 CheckedChanged 事件。当 Checked 属性的值改变时，会触发此事件。CheckBoxList 控件用来生成一组复选框。

3. RadioButton 和 RadioButtonList 控件

RadioButton 控件用于创建单个单选框，供用户选择。RadioButton 控件的常用属性和事件与 CheckBox 控件基本相同。RadioButton 控件有一个特殊的属性 GroupName，用于设置单选按钮所属的组名，通过将多个单选按钮的组名设为相同值，将其分为一组相互排斥的选项。RadioButtonList 控件是一个 RadioButton 控件组，当存在多个单选框时，用该控件比 RadioButton 控件简单。

4. Panel 控件

Panel 控件是一个放置其他控件的容器，可以在其内放置不同的控件。利用它的这个特性，可以将不同的控件组成一个群组，并控制它们的显示或隐藏。Panel 控件在页面呈现为<div>标签。

5. MultiView 和 View 控件

MultiView 和 View 控件可以制作选项卡的效果，MultiView 控件用做一个或多个 View 控件的外部容器。View 控件又可包含标记和控件的任何组合。在 MultiView 控件中，一次只能将一个 View 控件定义为活动视图。如果某个 View 控件定义为活动视图，它所包含的子控件则会呈现到客户端。可以使用 MultiView 控件的 ActiveViewIndex 属性或 SetActiveView 方法定义活动视图。如果 ActiveViewIndex 为-1，则 MultiView 控件不向客户端呈现任何内容。

6. AdRotator 控件

这个控件允许在 Web 站点上显示随机广告。这些广告来自服务器上创建的 XML 文件。

每次刷新页面时都将更改显示的广告。广告可以加权以控制广告条的优先级别，这可以使某些广告的显示频率比其他广告高；还能编写在广告间循环的自定义逻辑。

7.4 验 证 控 件

7.4.1 验证控件概述

当创建一个输入控件（如 TextBox 控件）时，希望用户输入正确类型的数据，为了验证用户的输入是否满足要求，必须对输入的值、范围或格式进行检查。验证控件就是用于检查用户的输入是否有效，并显示应提示的信息。

1. 客户端和服务器端验证

验证既可以发生在服务器端，也可以发生在客户端（浏览器），但在客户端会被黑客手段绕开数据验证，而 ASP.NET 验证控件支持客户端验证，也运行服务器端验证。图 7-14 说明了验证控件的验证过程。

（1）客户端验证。

在提交 Web 窗口中的数据到服务器端前就发现客户端的错误，从而避免服务器端验证所必需的请求与响应往返过程。对于开发人员来说，需要编写多个版本的验证代码。ASP.NET 中的验证控件解决了这个问题：因为验证逻辑被封装在控件中，这些控件创建了针对特定浏览器的代码，如果浏览器支持 JavaScript 脚本，就进行客户端验证，否则验证失效。

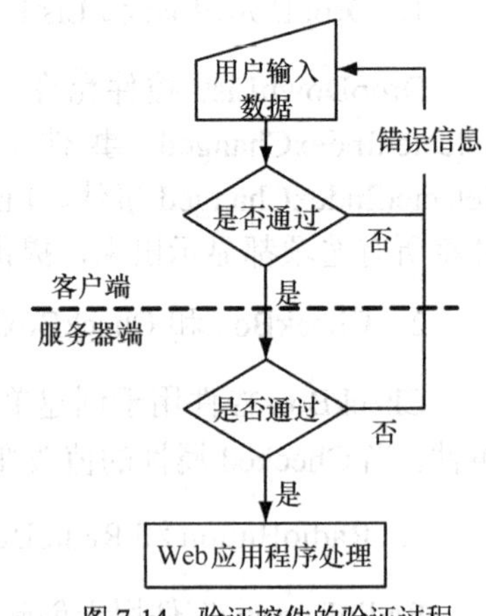

图 7-14 验证控件的验证过程

（2）服务器端验证。

当 Web 页被发回到服务器时，服务器端重复执行客户端验证，这可以防止用户绕过客户端脚本。

2. ASP.NET 验证控件

（1）CompareValidator 控件：与给定的值比较。

（2）CustomValidator 控件：用户自己定制校验逻辑。

（3）RangeValidator 控件：检查输入控件的值是否在给定的有效值范围内。

（4）RegularExpressionValidator 控件：使用正则表达式验证用户输入的数据是否符合预定义的格式。

（5）RequiredFieldValidator 控件：防止用户输入空值。

（6）ValidationSummary 控件：汇总 Web 页上所有验证控件的错误信息。

所有的验证控件都是从基类 BaseValidator 中继承来的。BaseValidator 为所有的验证控件提供了一些公用的属性，如表 7-12 所示。

表 7-12　　验证控件的公用属性及说明

属　性	说　明
ControlToValidate	指定要验证控件的 ID

续表

属　性	说　明
Display	指定验证控件在页面上显示的方式。值“Static”表示验证控件始终占用页面空间；值“Dynamic”表示只有显示验证的错误信息时才占用页面空间；值“None”表示验证的错误信息都在 ValidationSummary 中显示
Enabled	是否进行服务器端的验证
EnableClientScript	设置是否启用客户端验证，默认值为 true
ErrorMessage	设置在 ValidationSummary 控件中显示的错误信息，若属性 Text 值为空会代替它
IsValid	确定输入控件的值是否通过验证
SetFocusOnError	当验证无效时，确定是否将焦点定位在被验证控件中
Text	设置验证控件显示的信息
ValidationGroup	设置验证控件的分组名

属性使用说明如下。

（1）EnableClientScript：为保证响应速度，一般设置验证控件的 EnableClientScript 属性值为 true。这样，当在页面上改变 ControlToValidate 属性指定控件的值并将焦点移出时，就会产生客户端验证。此时验证用的 JavaScript 代码不是由开发人员开发，而是由系统产生的。若将 EnableClientScript 值设为 false，则只有当页面有往返时，才会实现验证工作，此时完全使用服务器端验证。

（2）若要对一个控件设置多个规则，可通过多个验证控件共同作用，此时验证控件的 ControlToValidate 属性值应相同。

（3）若要对同一个页面上不同的控件提供分组验证功能，可以通过将同一组控件的 ValidationGroup 属性设置为相同的组名来实现。

7.4.2　RequiredFieldValidator 控件

该控件强制用户在输入控件中输入值，对于这个验证控件任何输入字符都是有效的，只有空白或空格才认为无效，而其他验证控件都把空白或空格作为有效响应接受。该控件的主要属性如下。

（1）InitialValue：该属性用于获取或设置关联的输入控件的初始值，仅当关联的输入控件的值与此 InitialValue 属性值不同时，验证才通过；反之，控件的值与 InitialValue 的值相同时，验证失败。

（2）SetFocusOnError：布尔值，将焦点设置到要验证的控件上。

下面通过一个具体的实例来介绍 RequiredFieldValidator 控件的应用。该实例中使用 RequiredFieldValidator 控件验证用户是否在指定的控件中输入了数据值。具体步骤如下。

（1）新建一个 ch7_4 网站，添加 RequiredFieldValidator.aspx 页面，在页面上添加一个 TextBox 控件和一个 RequiredFieldValidator 控件，设计视图如图 7-15 所示。

用户名： 不允许为空 注册

图 7-15　RequiredFieldValidator 控件设计视图

（2）将 RequiredFieldValidator 控件的 ControlToValidate 属性设置为“txtUserName”，Display 属性为“Dynamic”，ErrorMessage 属性为“不允许为空”。

（3）浏览该页面，当在 txtUserName 文本框中未输入任何内容，直接单击“注册”按钮时，将提示“不允许为空”的错误信息，验证失败，效果如图 7-16 所示。只有在 txtUserName 文本框中输入内容后，验证才通过。

图 7-16 RequiredFieldValidator 控件页面运行效果

7.4.3 CompareValidator 控件

该控件用于测试用户的输入是否符合指定的值或符合另一个输入控件的值（如修改密码要求两次输入的密码一致），空输入作为有效验证。该控件的主要属性如下。

（1）ControlToCompare：获取或设置要与所验证的输入控件进行比较的控件。

（2）ControlToValidate：表示要进行验证的控件 ID。如果没有指定有效输入控件，则在显示页面时引发异常。另外，该 ID 的控件必须和验证控件在相同的容器中。

（3）Operator：设置或读取要进行的比较操作，可以设置大于、大于或等于、小于、小于或等于、不等于、等于，或只对数据类型进行比较，默认是等于。

（4）Type：要比较的数据类型，有货币、日期、Double、整型、字符串。

（5）ValueToCompare：用来指定将输入控件的值与某个常数值比较，而不是比较两个控件的值，ControlToCompare 和 ValueToCompare 属性应用时只能选择一个。

下面通过一个具体的实例介绍 CompareValidator 控件的应用。该实例主要测试密码文本框和确认密码文本框，要求验证输入值是否一致；答案文本框验证值是否为“A”；金额文本框验证数据类型是否为 Currency。具体步骤如下。

（1）在 ch7_4 网站中新建 Compare.aspx 页面，界面设计如图 7-17 所示。

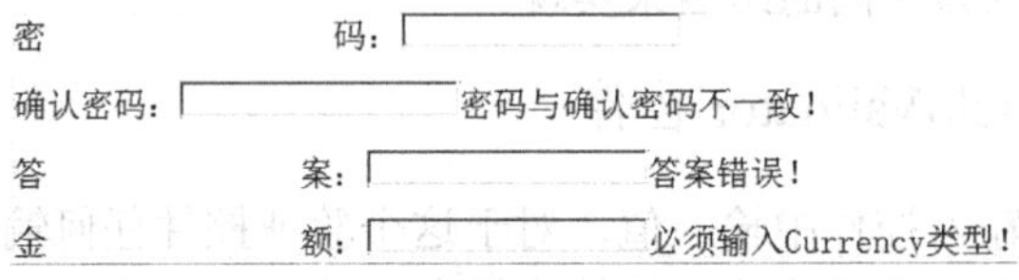

图 7-17 CompareValidator 控件设计视图

（2）视图中用到了 3 个 CompareValidator 控件，其中确认密码的属性设置如下。

```
<asp:CompareValidator ID="cvPassword" runat ="server" ControlToCompare= "txtPassword"
ControlToValidate ="txtPasswordAgain" ErrorMessage= "密码与确认密码不一致！"></asp:CompareV
alidator>
```

答案的属性设置如下。

```
<asp:CompareValidator ID="cvAnswer" runat="server" ControlToValidate = "txtAnswer"
ErrorMessage= "答案错误！" ValueToCompare= "A"></asp:CompareValidator>
```

金额的属性设置如下。

```
<asp:CompareValidator ID="cvAmount" runat="server" ControlToValidate= "txtAmount"
ErrorMessage="必须输入 Currency 类型！" Operator="DataTypeCheck" Type="Currency"></asp:
CompareValidator>
```

（3）运行过程中，密码和确认密码如果输入不一致、答案不是“A”、金额类型不是“Currency”，都会出现如图 7-18 所示的提示信息。

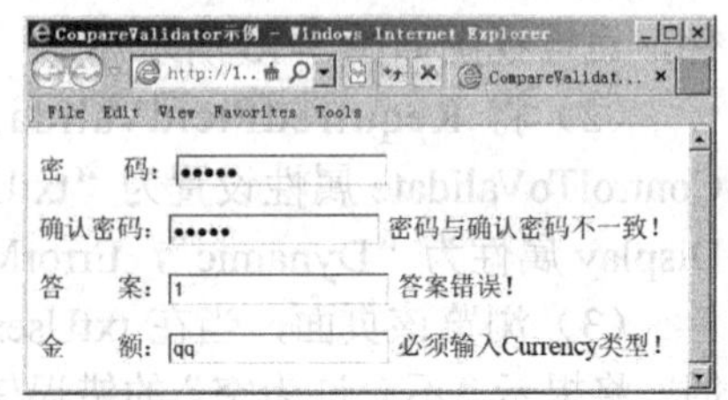

图 7-18 CompareValidator 控件运行效果

从运行情况可以看出，当验证不合法时，会出现 ErrorMessage 提示信息，提示用户输入错误。此例中，如果不用 RequiredFieldValidator 控件对 txtPasswordAgain、txtAnswer、txtAmount 控件进行验证，则用户不输入任何信息，CompareValidator 也会认为验证成功。因为输入控件为空时，同样不会调用 CompareValidator 的任何验证函数，从而认为验证成功，所以一般都要与 RequiredFieldValidator 控件结合使用。

7.4.4　RangeValidator 控件

RangeValidator 控件用来测试输入值是否在给定的范围内。输入的值介于最小值和最大值之间（包含最大值和最小值）。该控件的主要属性如下。

（1）MinimumValue：指定最小值（对数字），或最小字符串。

（2）MaximumValue：指定最大值（对数字），或最大字符串。

（3）Type：指定要比较的值的数据类型，默认为 String 类型。

下面通过一个具体的实例介绍 RangeValidator 控件的应用。该实例主要测试成绩文本框，要求值为 0～100，日期文本框要求值为 2000-1-1～2013-1-1。具体步骤如下。

成绩：　　　　　　应输入0～100之间的数！

日期：　　　　　　日期错误！

图 7-19　RangeValidator 控件设计视图

（1）在 ch7_4 网站中新建 Range.aspx 页面，界面设计如图 7-19 所示。

（2）视图中用到了两个 RangeValidator 控件，其中成绩的属性设置如下。

```
<asp:RangeValidator ID="rvGrade" runat="server" ControlToValidate="txtGrade" Error
Message="应输入 0～100 之间的数！"MaximumValue="100" MinimumValue="0" Type="Integer"></asp:
RangeValidator>
```

日期的属性设置如下。

```
<asp:RangeValidator ID="rvDate" runat="server" ControlToValidate="txtDate" Error
Message="日期错误！ "MaximumValue="2013-1-1" MinimumValue="2000-1-1" Type="Date"></asp:
RangeValidator>
```

（3）运行过程中，输入的成绩不是 0～100 之间的数、日期也不在 2000-1-1 与 2013-1-1 之间，都会出现如图 7-20 所示的提示信息。

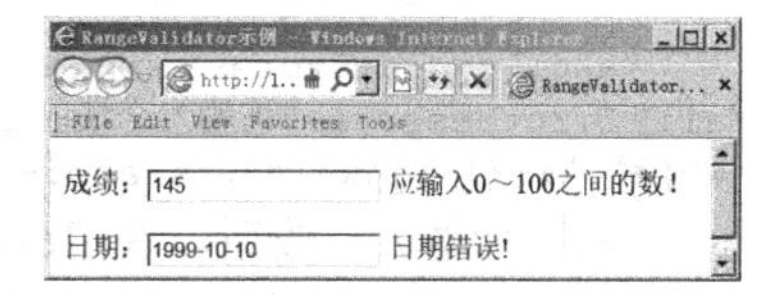

图 7-20　RangeValidator 控件运行界面

与 CompareValidator 控件相同，如果不用 RequiredFieldValidator 控件对 txtGrade、txtDate、控件进行验证，则用户不输入任何信息，RangeValidator 也会认为验证成功。因为输入控件为空时，同样不会调用 RangeValidator 控件的任何验证函数，从而认为验证成功。

7.4.5　RegularExpressionValidator 控件

RegularExpressionValidator 控件用来测试输入值与所定义的正则表达式是否匹配。有些输入具有一定的固定模式，如电话、电子邮件、身份证号码等。需要使用 RegularExpressionValidator 控件来实施验证，设置 RegularExpressionValidator 控件的 ValidationExpression 属性，即验证表达式，该控件将按正则表达式的设置来判断输入是否满足条件。正则表达式常用字符的含义如表 7-13 所示。

表 7-13　　正则表达式常用的字符集

属　　性	说　　明
?	零次或一次匹配前面的字符或子表达式
*	零次或多次匹配前面的字符或子表达式
+	一次或多次匹配前面的字符或子表达式
.	匹配任意一个字符

续表

属　性	说　明
\w	匹配任意单词字符（任何字母或数字）
\d	匹配任意一个数字字符
\.	匹配一个点字符
{n,m}	长度是 n～m 的字符串，必须与\d 或\S 合用
[0-n]	0～n 的整数值
|	分隔多个有效的模式

下面通过一个具体的实例介绍 RegularExpressionValidator 控件的应用。该实例主要测试输入的电子邮件地址是否符合规则。具体步骤如下。

（1）在 ch7_4 网站中新建 Regular.aspx 页面，界面设计如图 7-21 所示。

（2）选中 RegularExpressionValidator 控件，在属性窗口中选择 ValidationExpression 属性，打开“正则表达式编辑器”对话框，如图 7-22 所示。在该对话框中选择“Internet 电子邮件地址”后，设置 RegularExpressionValidator 控件属性如下。

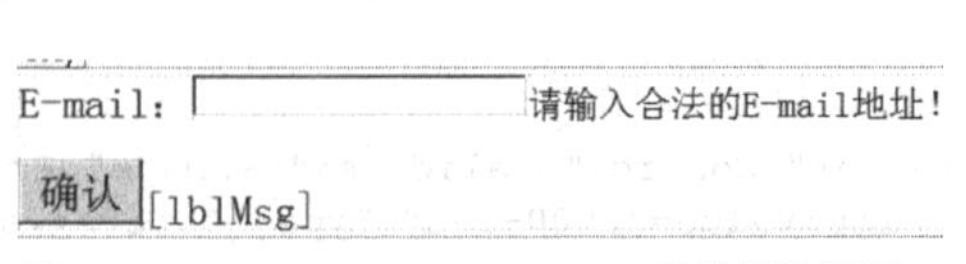

图 7-21　RegularExpressionValidator 控件设计视图

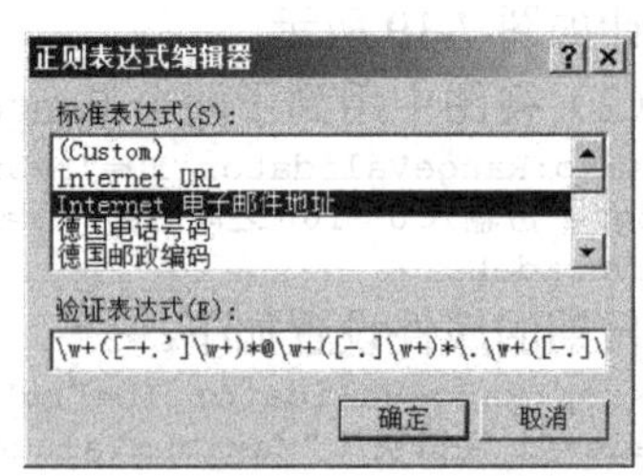

图 7-22　正则表达式编辑器

```
<asp:RegularExpressionValidator ID="revMail" runat="server" ControlToValidate="txtMail" ErrorMessage="请输入合法的E-mail地址!"ValidationExpression= "\w+([-+.']\w+)*@\w+([-.]\w+)*\.\w+([-.]\w+)*"> </asp:RegularExpressionValidator>
```

单击“确认”按钮，在 Regular.aspx.cs 中添加如下代码。

```
protected void btnSubmit_Click(object sender, EventArgs e)
{
        if (Page.IsValid)
        {lblMsg.Text = "验证成功! "; }
}
```

每个验证控件都有 IsValid 属性，若一个页面上有多个验证控件，则只有当所有验证控件的 IsValid 属性值都为 true 时，Page.IsValid 属性值才为 true。

（3）浏览该页面，在输入框中输入“swift”后，单击“确认”按钮，将出现“请输入合法的 E-mail 地址”的错误信息。再次输入“swift.sina.com”后，单击“确认”按钮，将出现“验证成功”的信息。

7.4.6　CustomValidator 控件

如果前面所介绍的几种验证控件都无法满足验证要求，可以使用 CustomValidator 控件来完成自定义验证。可在服务器端自定义一个验证函数，然后使用该控件来调用它从而完成服务器端验证；还可以通过编写 ECMAScript（JavaScript）函数，重复服务器验证的逻辑，在客户端进行验证，即在提交页面之前检查用户输入的内容。CustomValidator 的主要属性和事件如下。

（1）ClientValidationFunction 属性：指定一个用于完成客户端验证的函数名称。

（2）ServerValidate 事件：在该事件中添加要执行服务器端验证的代码。

下面通过一个具体的实例介绍 CustomValidator 控件的应用。该实例的主要目的是输入一个数值，单击按钮后判断奇偶数并返回验证结果。具体步骤如下。

（1）在 ch7_4 网站中新建 Custom.aspx 页面，设计如图 7-23 所示的界面，并设置相关属性。

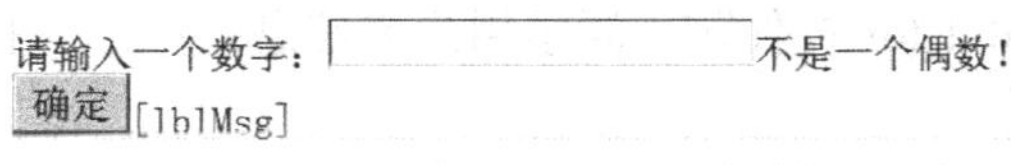

图 7-23　CustomValidator 控件设计视图

（2）双击 CustomValidator 控件，生成服务器端验证事件，并自动生成如下函数。

```
    protected void Custom cvInput_ServerValidate(object source, ServerValidateEvent
Args args){}
```

函数中的两个参数很重要，source 代表客户端的 CustomValidator 对象，arguments 有两个属性 Value（要验证的控件的值）和 IsValid（布尔值，用于返回结果，表示是否验证通过）。根据题目的要求，将该函数补充完整，具体如下。

```
protected void cvInput_ServerValidate(object source, ServerValidateEventArgs args)
{
       int value = int.Parse(args.Value);
       if ((value % 2) == 0)
       { args.IsValid = true; }
       else
       {args.IsValid = false;}
}
```

（3）在控件的 ClientValidationFunction 属性中输入客户端验证用的 JavaScript 函数名 ClientValidate，打开设计中的 HTML 源，在<head>标签中加入 JavaScript 函数。

```
<script language="javascript" type="text/javascript">
   function ClientValidate(source, args)
  {  if ((args.Value % 2) == 0)
        args.IsValid=true;
      else
</script>
```

（4）浏览该页面，在输入框中输入“1”后，单击“确认”按钮，将出现“不是一个偶数!”的错误信息。再次输入“2”后，单击“确认”按钮，将出现“验证成功”的信息。

7.4.7　ValidationSummary 控件

ValidationSummary 控件提供了统一的显示验证错误信息的方式，该控件并不完成任何的验证工作。ValidationSummary 控件显示每个验证控件的 ErrorMessage 属性的信息。可以在验证控件的 Text 属性中输入一个代表错误象征的符号，然后在 ErrorMessage 属性中输入错误的详细信息。其主要属性如下。

DisplayMode：要显示的格式（分为项目列表形式、段落形式、列表形式）。

ShowSummary：是否显示汇总信息。

ShowMessageBox：弹出信息框报错。

HeaderText：用于在验证摘要上方显示标题文本。

如果把 ShowMessageBox 属性设为 true，并把 ShowSummary 属性设为 false，那么验证摘要只在弹出的警告对话框中显示。下面通过一个具体的实例介绍如何使用 ValidationSummary 控件显示错误信息摘要。具体步骤如下。

（1）在 ch7_4 网站中新建 MultiValidate.aspx 页面，设计如图 7-24 所示的界面。

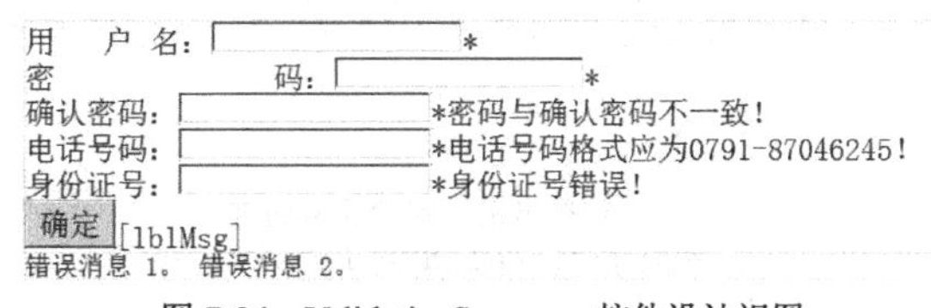

图 7-24　ValidationSummary 控件设计视图

用户名的属性设置如下。

```
<asp:RequiredFieldValidator ID="rfvName" runat="server" ControlToValidate="txtName"
ErrorMessage="请输入用户名！" SetFocusOnError="True">*</asp:RequiredFieldValidator>
```

使用 RequiredFieldValidator 控件防止漏填用户名信息。

密码的属性设置如下。

```
<asp:RequiredFieldValidator ID="rfvPassword" runat="server" ControlToValidate="txtPa-
ssword" ErrorMessage="请输入密码！" SetFocusOnError="True">*</asp:RequiredFieldValidator>
```

使用 RequiredFieldValidator 控件防止漏填密码信息。

确认密码的属性设置如下。

```
<asp:RequiredFieldValidator ID="rfvPasswordAgain" runat="server" ControlToValidate=
"txtPasswordAgain" ErrorMessage="请输入确认密码！" SetFocusOnError="True">*</asp:Require
dFieldValidator>
<asp:CompareValidator ID="cvPassword" runat="server" ControlToCompare="txtPassword"
ControlToValidate="txtPasswordAgain" ErrorMessage="密码与确认密码不一致！" SetFocusOnError=
"True"> </asp:CompareValidator>
```

使用 CompareValidator 控件验证两次输入的密码是否一致。

电话号码的属性设置如下。

```
<asp:RequiredFieldValidator ID="rfvTelephone" runat="server" ControlToValidate=
"txtTelephone" ErrorMessage="请输入电话号码！" SetFocusOnError="True">*</asp:Required
FieldValidator>
<asp:RegularExpressionValidator ID="revTelephone" runat="server" ControlToValidate
="txtTelephone" ErrorMessage="电话号码格式应为 0791-87046245！" ValidationExpression="\d{4}
-\d{8}" SetFocusOnError="True"></asp:RegularExpressionValidator>
```

使用 RequiredFieldValidator 控件防止漏填电话号码信息，使用 RegularExpressionValidator 控件验证输入电话号码格式是否正确。

身份证号的属性设置如下。

```
<asp:RequiredFieldValidator ID="rfvIdentity" runat="server" ControlToValidate="txtI-
dentity" ErrorMessage="请输入身份证号！"SetFocusOnError="True">*</asp:RequiredFieldValidator>
<asp:CustomValidator ID="cvIdentity" runat="server" ControlToValidate="txtIdentity"
ErrorMessage="身份证号错误！" OnServerValidate="cvInput_ServerValidate" SetFocusOnError=
"True"></asp:CustomValidator>
```

使用 RequiredFieldValidator 控件防止漏填身份证号信息，使用 CustomValidator 验证身份证号码，当身份证号码中包含的出生年月格式经验证无效时产生验证错误，最后一行放置的 ValidationSummary 控件，用于汇总所有的验证错误信息。当上述验证控件出现验证错误时，焦点会定位在出现验证错误的文本框中，这是因为设置了所有验证控件的 SetFocusError 属性值为 true。

（2）双击 CustomValidator 控件，生成服务器端验证事件，具体如下。

```
protected void cvInput_ServerValidate(object source, ServerValidateEventArgs args)
{
    //获取输入的身份证号码
string cid = args.Value;
//初使设置
    args.IsValid = true;
 try
    {
      //获取身份证号码中的出生日期并转换为 DateTime 类型
      DateTime.Parse(cid.Substring(6,4)+"-"+cid.Substring(10,2)+"-"+cid.Substring(12,2));
}
    catch
    {
        //若转换出错，则验证未通过
         args.IsValid = false;
    }
}
```

若页面中有其他验证控件未通过验证，则单击“确定”按钮后，CustomValidator 控件的 ServerValidate 事件也不会被触发。

（3）双击“确定”按钮后，生成 Click 事件，具体如下。

```
protected void btnSubmit_Click(object sender, EventArgs e)
{
        lblMsg.Text = "";
        if (Page.IsValid)
        { lblMsg.Text = "验证通过！"; }
}
```

只有页面上所有的验证控件都通过，IsValid 属性才返回 true。

（4）浏览该页面，如果不输入任何内容就提交，那么 ErrorMessage 的错误信息显示在 ValidationSummary 控件中，如图 7-25 所示。如果按要求将用户名、密码、确认密码和电话号码都输入正确，而身份证号输入错误，ValidationSummary 控件中只显示身份证号的错误信息，如图 7-26 所示。

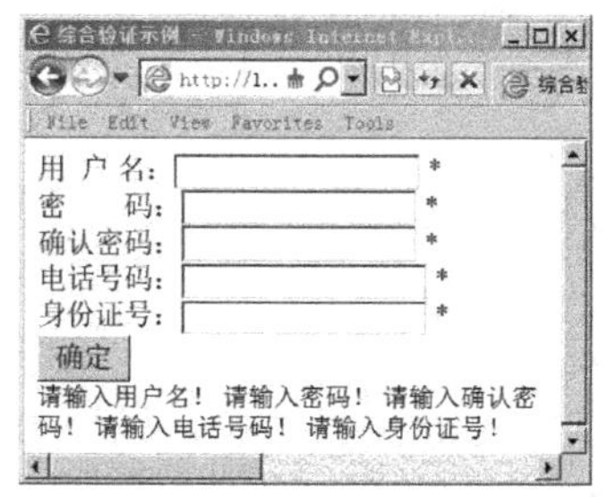

图 7-25　ValidationSummary 控件页面运行效果一

图 7-26　ValidationSummary 控件页面运行效果二

ValidationSummary 控件必须结合其他验证控件使用，这个控件在表单比较大时特别有用。

7.5 用户控件

用户控件（User Control）是一种自定义的组合控件，通常由系统提供的可视化控件组合而成。在用户控件中不仅可以定义显示界面，还可以编写事件处理代码。当多个网页中包括部分相同的用户界面时，可以将这些相同的部分提取出来，做成用户控件。Web 用户控件与完整的 ASP.NET 网页（即.aspx 文件）非常相似，同时具有自己的用户界面页和代码。开发人员可以采用与创建 ASP.NET 页相似的方式创建 Web 用户控件，然后向其中添加所需的标记和子控件。

7.5.1 用户控件与 ASP.NET 网页的比较

用户控件本身就相当于一个小型的网页，同样可以为它选择单文件模式或者代码分离模式。用户控件与网页之间还是存在着一些区别，这些区别包括如下几方面。

（1）用户控件文件的扩展名为 .ascx 而不是.aspx；代码的分离（隐藏）文件的扩展名是.ascx.cs 而不是.aspx.cs。

（2）在用户控件中不能包含<html>、<body>和<form>等 HTML 标记。

（3）用户控件中没有@Page 指令，而是包含@Control 指令，该指令对配置及其他属性进行定义。

（4）用户控件可以单独编译，但不能单独运行。只有将用户控件嵌入.aspx 文件中，才能和 ASP.NET 网页一起运行。

7.5.2 创建用户控件

在 Visual Studio 2010 中，创建用户控件的步骤与创建 Web 窗体页的步骤非常相似。新建一个名为 ch7_5 的网站，下面创建一个用户注册窗体用户控件。步骤如下。

（1）在解决方案资源管理器中右击鼠标，选择“添加新项”命令，在弹出的“添加新项”对话框中选择 Web 用户控件，如图 7-27 所示。将该用户控件命名为 Registration.ascx，单击“添加”按钮。VS 2010 自动为用户控件添加一个.ascx 文件和一个.cs 后置代码文件。在用户控件文件中可以看到如下代码。

```
<%@ Control Language="C#" AutoEventWireup="true" CodeFile="Registration.ascx.cs"
Inherits="Registration" %>
```

注意创建用户控件以<%@ Control%>开头，创建窗体以<%@ Page%>开头。

图 7-27 创建用户控件窗口

（2）在设计视图中设计如图 7-28 所示的用户注册界面。

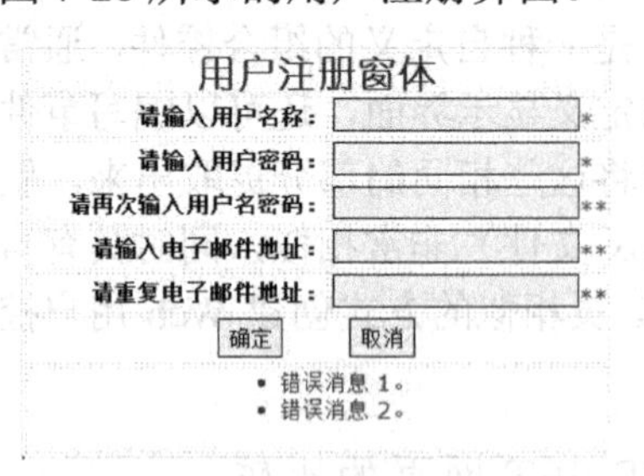

图 7-28 用户注册界面

该界面中控件的属性设置与 7.4.7 小节中所介绍的控件属性比较类似，“请输入用户名称”和“请输入用户密码”的属性设置中用到了 RequiredFieldValidator 控件，以防止漏填用户名信息和密码信息；“请再次输入用户名密码”的属性设置用到了 RequiredFieldValidator 控件（防止漏填该项信息）和 CompareValidator 控件（验证两次输入的密码是否一致）；“请输入电子邮件地址”的属性设置中用到了 RequiredFieldValidator 控件（防止漏填该项信息）和 RegularExpressionValidator 控件（验证输入邮件格式是否正确）；“请重复电子邮件地址”的属性设置用到了 RequiredFieldValidator 控件（防止漏填该项信息）和 CompareValidator 控件（验证两次输入的电子邮件地址是否一致）；最后一行放置的 ValidationSummary 控件用于汇总所有的验证错误信息。

一个用户注册的控件就创建完成了，该文件无法独立运行，必须嵌入网页中，接下来介绍如何使用该控件。

7.5.3　使用用户控件

为了在 Web 页面上使用用户控件，需要以下两个步骤。

（1）使用@Register 指令在页面顶部注册用户控件。

（2）在想要使用用户控件的位置放置用户控件。

下面介绍如何在 VS 2010 中使用用户控件，新建一个名为 Login.aspx 的 Web 窗体页面，在该页面中添加一个 div 标签，使用 CSS 让其保持居中状态，从解决方案资源管理器中将一个用户控件拖到 div 标签中，VS 2010 会自动帮助生成注册用户控件的代码，该代码中最主要的部分就是 VS 2010 在<%@ Page%>标签下面添加的<%@Register%>指令。

```
<%@ Register src="Registration.ascx" tagName="Registration" tagPrefix="ucl" %>
```

- tagPrefix 属性：指定与用户控件关联的命名空间，可以指定任何字符串。
- tagName 属性：指定在 ASP.NET Web 页面中使用的用户控件的名称，可以指定任何字符串。
- Src 属性：指定用户控件的虚拟路径。

VS 2010 默认生成的 tagPrefix 以 uc 开头，tagName 则直接使用用户控件的名称，用户可以要求取有意义的名称，以便于维护。

还可以直接在 web.config 中配置用户控件，这样就可以直接在整个 Web 应用程序中使用该用户控件而无须再次声明。主要代码如下。

```
<controls>
<add tagPrefix="myUserControl" tagName="registration" src="~/UserControl/Registration.
ascx"/>
</controls>
```

现在可以运行界面，目前还没有为该控件添加任何内容，下面讨论如何访问用户控件的属性。

7.5.4　访问用户控件的属性

用户控件的属性是一种有效的向类型使用者公开数据的字段，从类型使用者的角度来看，属性是一个 public 字段，通过实现一个属性，可以将使用者和实现细节相互隔离，同时还可以在属性被访问时提供数据有效性检查、跟踪等处理字段。

首先在用户控件中公开属性，这样宿主页可以通过访问和设置用户控件的属性来与用户控件交互。下面的代码为 7.5.2 小节中创建的用户控件的输入域定义一个属性。

```
public string UserName
{
       get { return txtUserName.Text; }
       set { txtUserName.Text = value; }
}
public string EmailAddress
{
       get { return txtEmail.Text; }
       set { txtEmail.Text = value; }
}
```

当用户控件中定义了 public 级别属性之后，有 3 种方式可以在用户控件宿主中设置属性。

（1）选中用户控件，在属性窗口中设置属性，如图 7-29 所示。

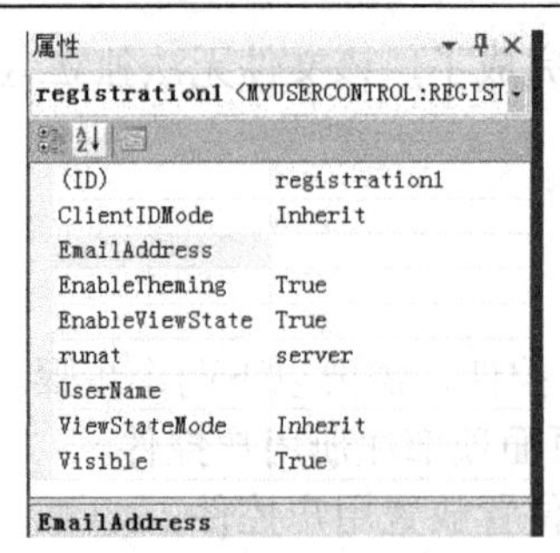

图 7-29　在属性窗口中设置属性

（2）直接在声明代码中设置属性。例如：

```
<myUserControl: registration EmailAddress= "Email@Email.com" UserName = "Input User
Name" ID="registration1" runat="server" />
```

（3）通过编程的方式来设置属性。例如：

```
protected void Page_Load(object sender, EventArgs e)
   {
 registration1.UserName = "Input User Name";
      registration1.EmailAddress = "Email@Email.com";
}
```

7.5.5　用户控件的事件

可以像普通控件一样为自定义控件定义事件。例如，要使在 7.5.2 小节中创建的控件中单击"确定"按钮后触发一个 Registered 事件，可为用户控件创建一个自定义的事件。步骤如下。

（1）从 EventArgs 类中派生一个自定义的事件参数类。代码如下。

```
public class RegistEventArgs : EventArgs
{
   private string _userName;
   public string UserName
   {
      get { return _userName; }
   }
   private string _emailAddress;
   public string EmailAddress
   {
      get { return _emailAddress; }
   }
   private string _password;
   public string Password
   {
      get { return _password; }
   }
}
   //在构造函数中获取用户名、密码和 E-mail 地址
public RegistEventArgs(string userName, string emailAddress, string passWord)
{
      _userName = userName;
      _emailAddress = emailAddress;
      _password = passWord;
}
```

（2）在用户控件类中声明一个事件，指定事件参数的类型为刚才创建的自定义事件类，代码如下。

```
public event EventHandler<RegistEventArgs> OnRegistered;
```

这里使用泛型 EventHandler 来传递自定义的事件参数类。

（3）在单击"确定"按钮后，添加如下的触发事件的代码。

```
protected void btnok_Click(object sender, EventArgs e)
{
  //判断事件源是否为空
if (OnRegistered != null)
  {OnRegistered(sender, new RegistEventArgs(txtUserName.Text, txtEmail.Text, txtUser
Pass.Text));}
}
```

（4）在宿主页的 Page_Load 事件中为用户控件关联一个事件处理器，然后在该事件处理器中添加事件处理代码。

```
protected void Page_Load(object sender, EventArgs e)
{
       registration1.UserName = "Input User Name";
       registration1.EmailAddress = "Email@Email.com";
       //为用户控件关联 OnRegistered 事件
       registration1.OnRegistered += new EventHandler<RegistEventArgs>(registration1
_OnRegistered);
}
//在该事件处理器中，将用户输入的信息显示在 Label 控件上
void registration1_OnRegistered(object sender, RegistEventArgs e)
{
       lblInfo.Text = "您的注册信息是：<br/>";
       //这里使用在 RegistEventArgs 中定义的参数信息
       lblInfo.Text += "用户名：" + e.UserName + "<br/>";
       lblInfo.Text += "用户密码：" + e.Password + "<br/>";
       lblInfo.Text += "电子邮箱：" + e.EmailAddress + "<br/>";
}
```

运行界面，可以看到嵌入了用户控件的页面运行效果。

7.6　在 ASP.NET 中使用 JavaScript

本章的最后一节简要总结一下在使用以上服务器控件时，嵌入 JavaScript 语言的方法。关于 JavaScript 语言在第 3 章中已做了较为详细的介绍，它是一种嵌入式语言，JavaScript 代码直接嵌入其他文档，这段代码被下载到客户端计算机并被浏览器执行。ASP.NET 开发人员通常借助客户端编程来弥补服务器端网页代码的不足。通过这些客户端脚本，用户可以创建响应更及时的网页并且能够完成某些服务器不可能完成的任务。

7.6.1　客户端提示确认后再执行服务器端事件

以单击按钮为例，经用户确认后再执行删除操作。实现方法有以下两种。

（1）直接在 HTML 源中的 OnClientClick 属性中加入 JavaScript 语句。

```
<asp:Button ID="Button1" runat="server" Text="Button" OnClick="Button1_Click"
OnClientClick="if(confirm('你确定要删除么？')){return true;}else{return false;}"/>
```

（2）在页面启动时自动为 Button 控件生成的标签添加对应的 JavaScript 脚本，适用于提示信息变化的情况。

```
protected void Page_Load(object sender, EventArgs e)
{
   if (!IsPostBack)
   {
     this.btnOk.Attributes.Add("onclick", "if(confirm('你确定要删除么')){return
true;}else{return false;}");
    }
}
```

7.6.2 服务器端执行完成后再执行客户端代码

服务器端执行完成后再执行客户端代码这种方式用得比较少，一般都通过如下两种方法来实现。

```
    public void RegisterClientScriptBlock(Type type, string key, string script, bool addScriptTags)
    public void RegisterStartupScript(Type type, string key, string script, bool addScriptTags)
```

例如：

```
    ClientScript.RegisterClientScriptBlock(this.GetType(),"MessageBox", "alert('用户名已注册');", true);
    ClientScript.RegisterStartupScript(this.GetType(),"MessageBox", "alert('用户名已注册');", true);
```

可以看出两种方法的语法相同，其中各参数含义如下。

type：要注册的启动脚本的类型。

key：要注册的启动脚本的键，也就是这段脚本的名称。相同 key 的脚本被当作是重复的，对于这样的脚本只输出最先注册的，ClientScriptBlock 和 StartupScript 中的 key 相同不算是重复的。

scrip：脚本代码。

addScriptTags：是否添加<script>标签，如果脚本代码中不含<script>标签，则应该指定该值为 true，若不指定该值，会被当作 false 对待。

这两种方法的主要区别就是 RegisterClientScriptBlock 是注册在 body 最前面，而 RegisterStartupScript 是注册在 body 最后面，也就是说 RegisterClientScriptBlock 将脚本代码写在<form>之后，而 RegisterStartupScript 将代码写在</form>（注意是结束标签）之前。一般情况下 script 要放在 body 最后加载，RegisterStartupScript 使用得要多些。但根据一些应用的实际情况，必须在最初就加载 script，这时就要使用 RegisterClientScriptBlock 了。

本章实验

一、实验目的

熟悉 ASP.NET 服务器控件的使用，学会使用 ASP.NET 服务器控件设计 Web 页面。

二、实验内容和要求

（1）新建一个名为 Experiment7 的网站。

（2）添加一个名为 Button.aspx 的 Web 页面，在该页面上使用 Button 控件，单击按钮后，在 Label 控件中显示鼠标单击的位置。

（3）添加一个名为 HyperLink.aspx，在该页面上使用 HyperLink 控件，单击该控件，在一个新窗口中打开 Taobo 网页。

（4）添加一个名为 Calendar.aspx 的 Web 页面，在该页面上添加一个 Calendar 控件来实现日历的显示和选择，设置日历显示样式为彩色型 1，并将选择的日期通过标签显示出来。

（5）添加一个名为 RangeValidator.aspx 的 Web 页面，在其中添加一个“考生年龄”的输入文本框，要求输入的值必须为 18～50，使用 RangeValidator 控件验证用户在文本框中输入的内容是否在有效范围内。

（6）添加一个名为 CompareValidator.aspx 的 Web 页面，在其中添加一个文本框，用于输入日期，要求输入的必须是 2000 年 1 月 1 日以后的日期，使用 CompareValidator 控件来验证文本框的输入。

（7）添加一个名为 RegularExpressionValidator.aspx 的 Web 页面，该窗体中包含 2 个文本框控件，分别用来输入“姓名（拼音）”和“出生日期”，再创建 2 个 RegularExpressionValidator 控件来验证文本框的输入是否正确。

（8）添加一个名为 Updown.ascx 用户自定义控件，该控件显示一个文件框和两个 up 和 down 按钮，用户可单击两个按钮来增加或减少文本框中的值（值的范围可以设置）。

（9）添加一个名为 Test.aspx 的 Web 页面，将（8）中控件嵌入该页面，通过访问控件属性和添加该控件的事件来验证该控件。

第 8 章　ADO.NET 数据访问

从本章开始，将介绍数据库驱动的 ASP.NET 应用程序开发。现今大多数 Web 应用程序都是基于数据库，如电子商务、CRM 等。数据库具有强大和灵活的后台管理与存储数据库的能力，ADO.NET 则是一个中间的数据访问层，ASP.NET 通过 ADO.NET 来操作数据。ADO.NET 本身也是基于多层架构设计的，除了能应用于普通的应用程序之外，在分布式系统开发方面，同样具有强大的功能。

8.1　ADO.NET 概述

8.1.1　ADO.NET 简介

Microsoft 在.NET Framework 中集成了最新的 ADO.NET，到目前已经是 4.0 版本。ADO.NET 4.0 基本上保持了与 ADO.NET 2.0 一致的特性，但在该平台上，Microsoft 集成了语言集成查询（LINQ）功能，这是一项重大的技术改进。LINQ 的内容将在第 10 章中介绍。

要想掌握 ADO.NET，必须熟悉它的对象模型。通常把 ADO.NET 的各种对象分为在线对象和离线对象，对应的有两种数据访问模式：在线模式和离线模式。在线对象与数据库进行交互时要求保持与数据库通信的持久连接；离线对象通常是一个数据容器，通过在本地建立远程数据库的副本实现数据库的脱机修改。

在线对象主要有如下几个。

（1）Connection：数据库连接对象，用来和数据库建立连接。

（2）Conmmand：表示执行的数据操作命令。

（3）Parameter：表示数据操作命令中的参数。

（4）DataReader：用来以只读只进方式读取数据。

（5）Transaction：用来实现事务。

（6）DataAdapter：用来为数据容器加载数据和把更新后的数据传回数据库。

离线对象主要有如下几个。

（1）DataSet：数据容器，就好像一个数据库，容纳多个 DataTable 和关系。

（2）DataTable：数据容器，就好像一个数据表，由 DataRow 和 DataColumn 构成。

（3）DataRow：代表 DataTable 中的一行记录。

（4）DataColumn：代表 DataTable 中的列，就好像字段。

（5）DataView：和数据库的视图相似，用来为一个 DataTable 建立多种视图。

（6）DataRelation：表示各个 DataTable 之间的关系，并提供浏览父表记录和子表记录的方式。

（7）Constraint：表示 DataTable 的主键和外键约束。

有了这些对象，就能实现在线操作和离线操作了，一般情况下在线操作和离线操作需要用到的对象如下。

（1）在线操作：Connection、Command、Parameter（可选）、DataReader（可选）、Transaction（可选）、DataAdapter（可选）。

（2）离线操作：Connection、DataAdapter、DataSet、DataTable、DataRow、DataColumn、DataView（可选）、DataRelation（可选）、Constraint（可选）。

8.1.2 ADO.NET 的体系结构

ADO.NET 的目标是在 ASP.NET 对象和后台数据库之间建立一座桥梁。ADO.NET 提供了面向对象的数据库视图，并在 ADO.NET 对象中封装了许多数据库属性和关系。最重要的是，ADO.NET 通过多种方式封装和隐藏很多数据库访问的细节。用户可能完全不知道对象在与 ADO.NET 对象交互，也不用担心数据移动到另外一个数据库或者从另外一个数据库获得数据的细节问题。这些优点是由 ADO.NET 的体系结构决定的。

ADO.NET 包括两个核心组件：.NET 框架数据提供程序和 DateSet。在 ASP.NET 网页上，可以使用这两个组件来访问和处理数据，通过它们达到将数据访问与数据处理分离的目的。ADO.NET 的体系结构如图 8-1 所示。

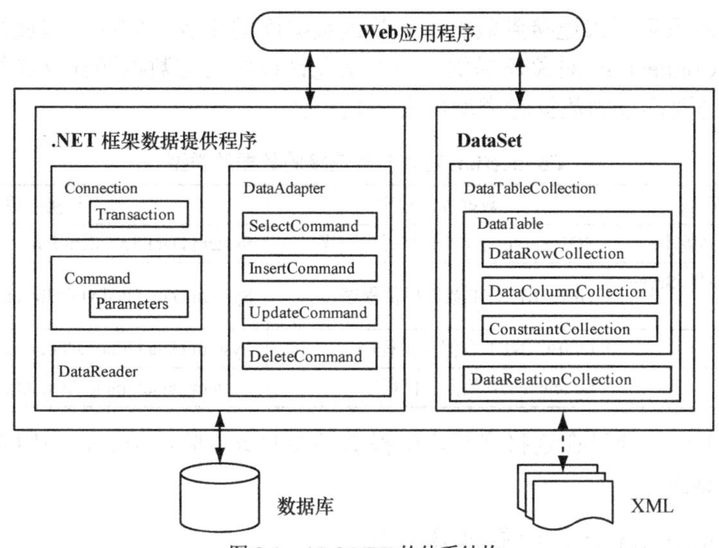

图 8-1 ADO.NET 的体系结构

.NET 框架数据提供程序提供了物理数据存储和代码中所使用的 DataSet 之间的抽象，用于连接数据库、执行命令和检索结果。创建 DataSet 之后，数据从哪里来或存储在什么地方都无关紧要了。由于 DataSet 不依赖于数据源，所以这种架构被认为是无连接的。

由于具有.NET 框架数据提供程序模型，ADO.NET 可以使用一组类和命令与不同的数据源进行交互，通过定义的一组接口和类挂钩来提供对一个特定数据源的存储和检索功能。这种模型的灵活性使得开发人员只需编写一组数据访问代码就能够访问多种类型的数据。

8.1.3 数据库应用程序的开发流程

ASP.NET 通过 ADO.NET 访问数据库，ASP.NET 数据库应用程序的开发流程如下。

（1）创建数据库。具体方法不在本书中介绍，读者可参考相关书籍。

（2）利用 Connection 对象创建到数据库的连接。

（3）利用 Command 对象对数据源执行 SQL 命令并返回结果。

（4）利用 DataReader 对象读取数据源的数据。DataReader 对象只能将数据源从头至尾按顺序读取数据，不能只读取某条数据，也不能写入数据。因此，利用 DataReader 对象只能完成读取数据的功能，更复杂的功能将由 DataSet 对象完成。

（5）DataSet 对象是 ADO.NET 的核心，与 DataAdapter 对象配合，完成数据库的增加、删除、修改、更新等操作。

本章主要以使用 SQL Server Express 2008（本书中简称为 SQL Server）为例介绍 ADO.NET 的使用方法，其他数据源的访问操作方法只需要依照类似方法操作即可。

8.2 建立数据库连接 Connection 对象

应用程序要与数据库进行数据交互，首先要建立与数据库的连接。在 ADO.NET 中使用 Connection 对象完成此项功能。因为 Connection 对象是数据提供程序的一部分，所以每个数据提供程序都使用了与自身相适应的 Connection 对象。

8.2.1 Connection 对象概述

Connection 对象可用来连接到数据库和管理数据库的事务。它的一些属性描述数据源和用户身份验证。Connection 对象还提供一些方法允许程序员与数据源建立连接或断开连接。Connection 对象与要连接的数据源类型如表 8-1 所示。

表 8-1　Connection 对象与要连接的数据源类型

数　据　源	数据提供程序	连接对象
SQL Server 7.0 或更高版本	SQL Server .NET 数据提供程序	System.Data.SqlCilent.SqlConnection
OLE DB 数据源、SQL Server 6.x 或更低版本	OLE DB .NET 数据提供程序	System.Data.Oledb.OledbConnection
ODBC 数据源	ODBC .NET 数据提供程序	System.Data.Odbc.OdbcConnection
Oracle 数据库	Oracle .NET 数据提供程序	System.Data.OracleClient.OracleConnection

在 ADO.NET 中，通过在连接字符串中提供必要的身份验证信息，使用 Connection 对象连接到特定的数据源。

8.2.2 Connection 对象的属性及方法

在 ADO.NET 中，连接以单个 Connection 类的形式建模。Connection 类表示一个数据源的单个连接，但并不一定表示单个调用。Connection 对象的属性如表 8-2 所示。

表 8-2　Connection 对象的属性

属　性	说　明
ConnectionString	打开数据库的字符串
ConnectionTimeOut	尝试建立连接时终止尝试并生成错误之前所等待的时间
Database	获取当前数据库或连接打开后要使用的数据库的名称
DataSource	包含数据库的位置和文件
Provider	数据提供程序的名称
State	当前的连接状态，包括 Broken、Closed、Connecting、Fetching 或 Open
ServerVersion	数据库服务器版本的字符串
PacketSize	用来与 SQL Server 的实例通信的网络数据包的大小（以 Byte 为单位）。这个属性只适用于 SqlConnection 类型

这些属性中，除了 ConnectionString 外，都是只读属性，只能通过连接字符串的标记配置数据库连接。

Connection 对象的常用方法及说明如表 8-3 所示。

表 8-3　Connection 对象的常用方法

属　性	说　明
BeginTransaction	开始记录数据库事务日志
ChangeDatabase（database）	将目前数据库更改为参数 database 指定的数据库
Close	关闭数据库，数据源使用后，必须关闭数据库连接
CreateCommand	创建并返回与 Connection 对象有关的 Command 对象
Open	打开数据库连接，ConnectionString 属性并没有真正打开数据库，必须通过 Open 方法来打开，但打开方式由 ConnectionString 属性指定

8.2.3　数据库连接字符串

为了连接到数据源，需要一个连接字符串，即 Connection 对象的 ConnectionString 属性。连接字符串通常由分号隔开的名称和值组成，它指定数据库运行库的设置。连接字符串中包含的典型信息包括数据库的名称、服务器的位置和用户的身份。还可以指定其他操作的信息，如连接超时和连接池设置等。连接字符串的常用参数及其说明如表 8-4 所示。

表 8-4　数据库连接字符串常用的参数及说明

参数名称	默认值	说　明
Provider	无	用于设置或返回连接提供程序的名称，仅用于 OleDbConnection 对象
Connection Timeout	15	在终止尝试并产生异常前，等待连接到服务器的连接时间，单位为 s，若超时，则返回连接数据库的失败消息
DataSource 或 Server	无	设置要连接的数据库名称。连接打开使用的是 SQL Server 名称，或者是 Microsoft Access 数据库的文件名
Initial Catalog 或 Database	无	数据库的名称
Password 或 pwd	无	设置登录 SQL Server 的密码
User ID 或 uid	无	设置登录 SQL Server 的用户账号
Integrated Security	False	设置是否使用信任连接，可以设置的值有 True、False 和 SSPI，SSPI 与 True 同义，表示使用信任连接

8.2.4　使用 SqlConnection 对象连接 SQL Server 数据库

1. 连接字符串的设置方法

对于 SQL Server 数据库，可以使用如下两种方式连接数据库，即采用集成的 Windows 身份验证和使用 SQL Server 身份验证进行数据库登录。数据库连接字符串不区分大小写。

（1）集成的 Windows 身份验证语法范例。

```
    string connectionString="server=(local)\SQLEXPRESS; DataBase=master;integrated
security=SSPI";
```

在上述语法范例的程序代码中，设置了一个针对 SQL Server 数据库的连接字符串。其中 server 表示运行 SQL Server 的计算机名，由于在本书中，ASP.NET 程序和数据库系统位于同一台计算机，所以可以用 local 取代当前的计算机名。database 表示所使用的数据库名。由于采用集成的 Windows 身份验证方式，所以设置 integrated security 为 SSPI 即可。在使用集成的 Windows 身份验证方式时，并不需要输入用户名和口令，而是把登录 Windows 时输入的用户名和口令传递到 SQL Server。然后 SQLServer 检查用户清单，检查其是否具有访问数据库的权限。

（2）采用 SQL Server 身份验证的语法范例。

```
string connectionString = "Server=(local)\SQLEXPRESS;User Id=sa;Pwd=frock;DataBase
=master";
```

在上述语法范例的程序代码中，使用已知的用户名和密码验证进行数据库登录。uid 为指定的数据库用户名，pwd 为指定的用户口令。为了安全，一般不要在代码中包括用户名和口令，可以采用前面的集成的 Windows 身份验证方式或者加密 Web.Config 文件中的连接字符串的方式提高程序的安全性。

2. 可视化方法生成字符串

如果用户不熟悉这种连接字符串的设置方法，可以通过 Visual Studio 2010 的可视化界面进行设置。首先在 Web 页面中添加一个 SqlDataSource 对象，为该对象配置数据源，打开“配置数据源”对话框，单击“新建连接”按钮，弹出“添加连接”对话框，在该对话框中设置要连接的服务器的名称；选择登录 SQL Server 数据库的方式，输入登录 SQL Server 2008 的用户名和密码；在下拉列表中选择连接到一个数据库，如图 8-2 所示。

设置完成后单击“测试连接”按钮，如果提示连接成功，单击“确定”按钮，关闭“添加连接”对话框，回到“配置数据源”对话框，单击“连接字符串”左侧的“+”号，可以看到自动生成了连接字符串。

```
Data Source=(local)\SQLEXPRESS;Initial Catalog=master;User ID=sa;Password=frock
```

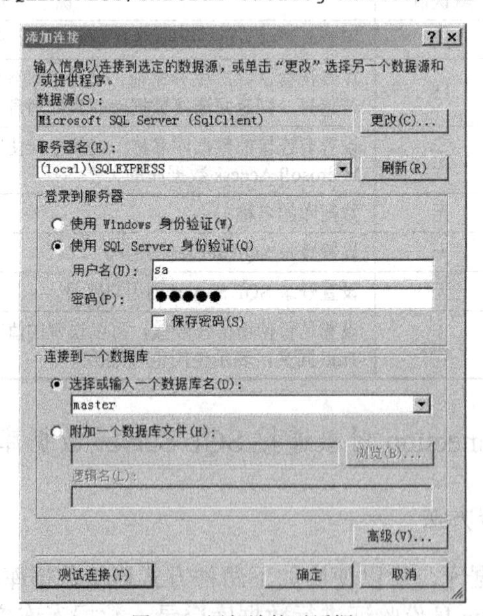

图 8-2 添加连接对话框

3. 具体实例

该实例创建一个数据库连接字符串，并通过 SqlConnection 对象连接到本地 SQL Server 2008 数据库中的 master 数据库，同时应用 SqlConnection 对象的 State 属性判断数据库的连接状态。主要步骤如下。

（1）新建一个名为 ch8_2 网站，默认主页为 Default.aspx。

（2）将数据库连接字符串写在 Web.config 配置文件的 appSettings 配置节中，代码如下。

```
<appSettings>
   <add key="conStr" value="Server=(local)\SQLEXPRESS;User Id=sa;Pwd=frock;DataBase=
master"/> </appSettings>
```

（3）在 Default.aspx 页面的 Page_Load 事件中应用 SqlConnection 对象的 State 属性判断数据库的连接状态，代码如下。

```
protected void Page_Load(object sender, EventArgs e)
{
   //创建连接数据库的字符串
  string SqlStr = ConfigurationSettings.AppSettings["conStr"];
  //创建 SqlConnection 对象并设置连接数据库的字符串
  SqlConnection con = new SqlConnection(SqlStr);
   //打开数据库的连接
   con.Open();
  if (con.State == System.Data.ConnectionState.Open)
  {
    //关闭数据库的连接
     Response.Write("SQL Server 数据库连接开启! <p/>");
     con.Close();
  }
  if(con.State==System.Data.ConnectionState.Closed)
  {  Response.Write("SQL Server 数据库连接关闭!<p/>");  }
}
```

图 8-3　使用 SqlConnection 对象连接数据库

（4）运行该页面，效果如图 8-3 所示。

8.3　使用 Command 对象执行数据库命令

当建立与数据源的连接后，可以使用 Command 对象来执行命令并从数据源中返回结果。从本质上讲，ADO.NET 的 Command 对象就是 SQL 命令或是对存储过程的引用。除了检索和更新数据外，Command 对象还可用来对数据源执行一些不返回结果集的查询任务，以及用来执行改变数据源结构的数据定义命令。

8.3.1　Command 对象概述

Command 对象继承于.NET 框架的 IDbCommand 接口。Command 对象提供对数据库（或数据源）的查询、插入、修改、删除等操作，而且它可以使用 3 种不同方式（即 CommandType 属性的值）执行数据库的命令，具体执行方法描述如下。

（1）Text（文本）类型：为 Command 对象的系统默认执行方式，它用于执行 SQL 语句，Command 对象不需要进行任何处理就可以把该文本直接传递给数据库并执行。

（2）Stored Procedure（存储过程）类型：用于执行存储过程，存储过程是一种特殊的数据库命令，它把多个命令（如 SQL 语句）集中起来一次性提交给数据库并执行，因此可以提高数据库的执行效率。

（3）TableDirect 类型：执行 Command 命令时，该类型执行方式返回一个完整的表，等价于 Command 对象使用 Text 执行方式执行“Select * from TableName”语句。该类型执行方式只有 OLE DB 托管提供程序支持。

8.3.2　Command 对象的属性及方法

Command 对象的常用属性及其说明如表 8-5 所示。

表 8-5　　Command 对象的属性及说明

属　性	说　明
CommandText	获取或设置要对数据源执行的 SQL 命令、存储过程名称或者数据表名称，当调用 ExecuteNon Query. ExecuteReader、ExecuteScalar、ExecuteXmlReader 中的任意一个方法时，Command 对象会执行 CommandText 属性所指定的内容
CommandTimeou	获取或设置 CommandText 对象的超时时间，单位为 s，默认值为 30s，如果 Command 对象无法在 30s 内执行 CommandText 属性设定的内容便返回失败。当设为 0 时表示对时间无限制
CommandType	获取或设置 CommandText 属性代表的意义，可以为 CornmandType.StroreProcedure（存储过程）、CommandType.Text 等，默认为 CommandType.Text
Connection	获取或设置 Command 对象要使用的数据连接，值为 Connection 对象
Parameters	获取 ParameterCollection
UpdateRawSaurce	获取或设置当执行 DataAdapter 对象的 Update 方法时，执行结果要如何应用到行，默认为 Both，属性值为 UpdateRowSource.FirstReturnRecord、UpdateRawSource.Both 等格式

Command 对象的常用方法及其说明如表 8-6 所示。

表 8-6　　Command 对象的方法及说明

方　法	说　明
Cancel	取消 Command 对象的执行
CreateParameter	执行 CommandText 属性指定的内容，并返回被影响的列数。只有 Update、Insert 和 Delete 3 个 SQL 语句会返回被影响的列数，其他 SQL 语句的返回值都是-1
ExcuteNonQuery	执行 SQL 语句并返回受影响的行数
ExecuteReader	执行 CommandText 属性指定的内容，并创建 DataReader 对象，此方法与 ExecuteNonQuery 方法都是用来执行 CommandText 属性的内容，最大的不同是 ExcuteNonQuery 方法返回的是被影响的行数，而 ExecuteReader 方法返回的是 DataReader 对象
ExecuteScalar	执行 CommandText 属性指定的内容，并返回执行结果第一列第一行的值。此方法只用来执行 Select 语句
ExecuteXmlReader	执行 CommandText 属性指定的内容，返回值为 XmlReader 对象，此方法只有 SQL Server 数据库才可以使用

8.3.3　使用 SqlCommand 对象执行数据库命令实例

该实例主要通过 SQL 语句实现对客户信息的添加、修改和删除等操作，程序实现的主要步骤如下。

（1）新建一个名为 ch8_3 网站，默认主页为 Default.aspx，作为登录窗口。

（2）创建一个名为 OperateDataBase 公共类，在该类的默认构造函数中定义连接 SQL Sever 2008 数据库的字符串；分别定义私有方法 Open()打开数据库连接和公有 Close()方法关闭数据库连接；在该类中定义一个 ExceSql()方法，主要应用 SqlCommand 对象的 ExecuteNon Query()方法执行 INSERT、DELETE 或者 UPDATE 3 个 SQL 命令，以便实现对数据库的添加、修改和删除操作。

```
public class OperateDataBase
{
    protected SqlConnection conn;
    protected string conStr;
    //默认构造函数，初始化类对象
    public OperateDataBase()
     {conStr="Server=(local)\\SQLEXPRESS;User Id=sa;Pwd=frock;DataBase=custom;";}
    //定义一个私有方法，防止外界访问
    private void Open()
    {
        //判断数据库连接是否存在
```

```
            if (conn == null)
            {
                //不存在，新建数据库连接
             conn = new SqlConnection(conStr);
               //打开数据库连接
             conn.Open();
             }
           else
           {
               //存在，判断是否关闭
               if(conn.State.Equals(ConnectionState.Closed))
             //连接处于关闭状态，重新打开
                 conn.Open();
            }
    }
    //定义一个公有方法，关闭数据库连接
    public void Close()
    {
       //判断数据连接的当前状态是否为打开状态
        if (conn.State.Equals(ConnectionState.Open))
        //连接处于打开状态，关闭连接
        {     conn.Close();   }
    }
    public bool ExceSql(string strSqlCom)
    {
        Open();
        SqlCommand sqlcom=new SqlCommand(strSqlCom,conn);
        try
        {
             //执行添加操作的 SQL 语句
            sqlcom.ExecuteNonQuery();
            return true;
        }
        catch
        {
            //执行 SQL 语句失败，返回 false
            return false;
        }
        Finally
            //关闭数据库连接
        {        Close();        }
     }
}
```

（3）右击网站名称，在弹出的快捷菜单中选择相应的命令，创建一个名为 LinkManage 的文件夹，在该文件夹中创建 3 个 Web 窗体，分别用于添加、修改、删除操作。首先看一下用于添加的 Web 窗体 LinkManManage.aspx，主要用来实现添加联系人信息，页面设计如图 8-4 所示。

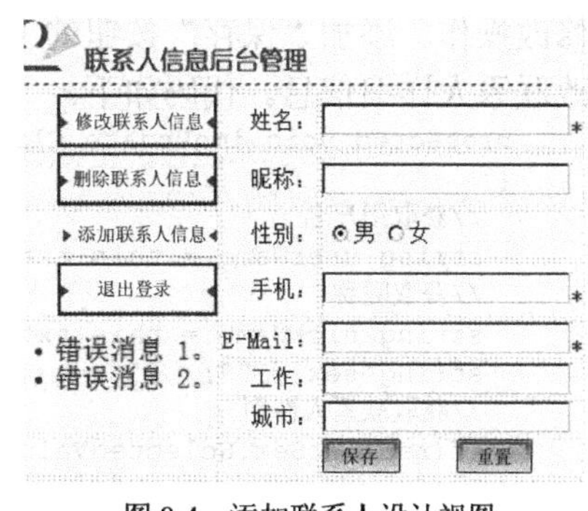

图 8-4　添加联系人设计视图

（4）添加“保存”按钮的 Click 事件代码，实现添加联系人详细信息。代码如下：

```
protected void imgAdd_Click(object sender, ImageClickEventArgs e)
{
    //获取用户名
    string userName = this.txtName.Text;
    //获取昵称
    string nickName = this.txtNickName.Text;
    //获取联系人性别
```

```
 string sex = "";
 if (radlistSex.SelectedValue.Trim() == "男")
 {
     sex = "男";
 }
 else
 {
     sex = "女";
 }
 string phone = this.txtphone.Text;//获取手机号
 string email = this.txtMail.Text;//获取邮件地址
 string work = this.txtWork.Text;//获取地址信息
 string city = this.txtCity.Text;//获取所在城市
 //创建 SQL 语句，用来添加用户详细信息
string sqlInsert="insert into AddLinkMen values('"+userName+"','"+nickName+"','"
+sex+"','"+phone+ "','"+email+"','"+work+"','"+city+"')";
 //实例化类对象
 OperateDataBase odb = new OperateDataBase();
 bool add = odb.ExceSql(sqlInsert);
 if(add == true)
{
   Response.Write("<script        language=javascript>alert('添加成功!');location=
'LinkManManage.aspx'</script>");
 }
 else
{
Response.Write("<script      language=javascript>alert('添加失败! ');location='java
script:history.go(-1)'</script>");
 }
}
```

（5）添加用于修改的 Web 窗体 UpdateLinkMan.aspx，页面设计如图 8-5 所示。

与添加联系人的设计视图比较，多了一个 DropDownList 控件，它主要是用来查询要修改的联系人，该控件所触发的 SelectedIndexChanged 事件将在 8.4 节中详细介绍。修改数据库中的记录时，首先创 SqlConnection 对象连接数据库，然后定义修改数据的 SQL 字符串，最后调用 SqlCommand 对象的 ExcuteNonQuery 方法执行记录的修改操作。添加“保存”按钮的 Click 事件代码，实现修改联系人详细信息。代码如下。

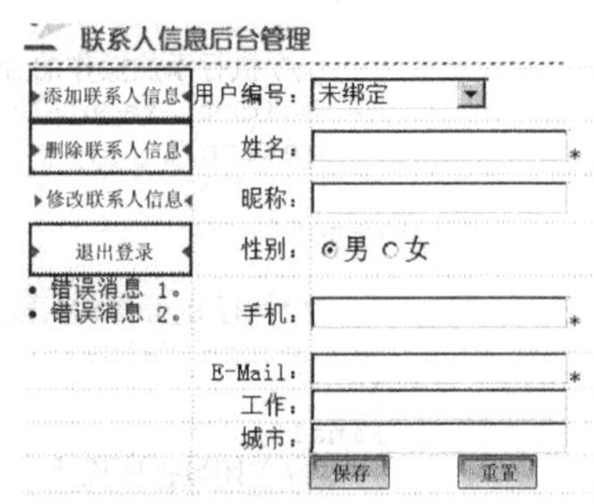

图 8-5　修改联系人设计视图

```
protected void imgUpdate_Click(object sender, ImageClickEventArgs e)
{
  //获取用户名
  string userName = this.txtName.Text;
  //获取昵称
  string nickName = this.txtNickName.Text;
  string sex = "";
  //获取联系人性别
  if(radlistSex.SelectedValue.Trim() == "男")
{
   sex = "男";
}
  else
  {
    sex = "女";
  }
  //获取手机号
  string phone = this.txtphone.Text;
  //获取邮件地址
```

```
    string email = this.txtMail.Text;
    //获取地址信息
    string work = this.txtWork.Text;
    //获取所在城市
    string city = this.txtCity.Text;
    string update_sql = "update AddLinkMen set userName='" + userName + "',UserNickName='"
  + nickName + "',UserSex='" + sex + "',UserPhone='" + phone + "'" + ",UserEmail='" + email
  + "',UserAdress='" + work + "',UserCity='" + city + "'";
    bool update_data = odb.ExceSql(update_sql);
    if(update_data == true)
    {
     Response.Write("<script        language=javascript>alert('修改成功!');location=
  'UpdateLinkMan.aspx'</script>");
    }
    else
    {
     Response.Write("<script
  language=javascript>alert('修改失败!');location=
  'javascript:history.go(-1)'</script>");
    }
   }
```

（6）添加用于删除的 Web 窗体 DeleteLinkMan.aspx，页面设计如图 8-6 所示。

删除的界面设计相对简单，执行删除操作之前必须保证有数据可删除，删除操作执行之前必须判断有无数据。“删除”按钮的 Click 事件代码如下。

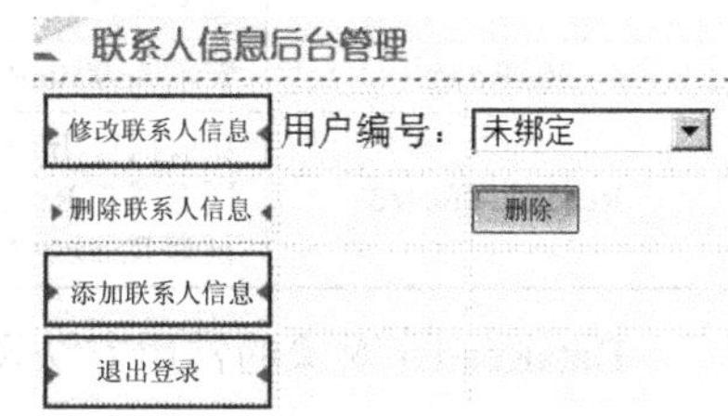

图 8-6　使用 SqlCommand 对象删除联系人设计视图

```
  protected void imgDel_Click(object sender, ImageClickEventArgs e)
  {
     if(DropDownList1.SelectedValue != "" && DropDownList1.SelectedIndex != 0)
     {
         string   delete_sql   =   "delete   from   AddLinkMen   where   UserID='"   +
         Convert.ToInt32(DropDownList1.SelectedValue) + "'";
         bool delete_data = odb.ExceSql(delete_sql);
         if (delete_data == true)
         {
         Response.Write("<script language=javascript>alert('删除成功!');location=
   'DeleteLinkMan.aspx'</script>");
  }
  else
  {
        Response.Write("<script language=javascript>alert('删除失败!');location='Delete
   LinkMan.aspx'</script>");
  }
  }
  else
  {
      Response.Write("<script language=javascript>alert('暂无数据!');location='Delete
  LinkMan.aspx'</script>");
  }
}
```

8.4　连线模式数据访问 DataReader 对象

使用 DataReader 对象可以从数据库中检索数据。每个.NET 框架数据提供程序都包括一个 DataReader 对象，如 SqlDataReader 对象和 OleDbDataReader 对象（命名空间分别为 System.Data.SqlClient 和 System.Data.OleDb）。DataReader 对象返回一个来自 Command 的只读的、只能向前的数据流。DataReader 每次只能在内存中保留一行，所以开销非常小。

8.4.1 DataReader 对象的属性及方法

DataReader 对象在读取数据时，需要与数据源保持实时连接，以循环的方式读取结果集中的数据。该对象不能直接实例化，而必须调用 SqlCommand 对象的 ExecuteReader 方法才能创建有效的 SqlDataReader 对象。SqlDataReader 对象一旦创建，即可通过对象的属性、方法访问数据源中的数据。

DataReader 对象的常用属性及其说明如表 8-7 所示。

表 8-7　DataReader 对象的属性及说明

属　性	说　明
FieldCount	获取字段的数目，若 DataReader 对象没有任何行，返回 0
IsClosed	获取 DataReader 对象的状态，True 表示 DataReader 对象已经关闭，False 表示 DataReader 对象打开
HasRows	表示 SqlDataReader 是否包含数据
RecordsAffected	获取执行 Insert、Delete、Update 等 SQL 命令后受影响的行数。若受到影响的行数为 0，则返回 0。RecordsAffected 属性必须在读取完所有行且 DataReader 对象关闭后才会被指定。只有 RecordsAffected 属性和 IsClosed 属性可以在 DataReader 对象关闭后还能够使用

DataReader 对象的常用方法及其说明如表 8-8 所示。

表 8-8　DataReader 对象的方法及说明

方　法	说　明
Close()	不带参数，无返回值，用来关闭 SqlDataReader 对象
Read()	让记录指针指向本结果集中的下一条记录，返回值是 true 或 false
NextResult()	当返回多个结果集时，使用该方法让记录指针指向下一个结果集。当调用该方法获得下一个结果集后，依然要用 Read 方法来遍历访问该结果集
GetValue(int i)	根据传入的列的索引值，返回当前记录行里指定列的值。由于事先无法预知返回列的数据类型，所以该方法使用 Object 类型来接收返回数据
GetValues (Object[] values)	该方法会把当前记录行里所有的数据保存到一个数组里。可以使用 FieldCount 属性来获知记录里字段的总数，据此定义接收返回值的数组长度
GetDataTypeName(int i)	通过输入列索引，获得该列的类型
GetName(int i)	通过输入列索引，获得该列的名称。综合使用 GetName 和 GetValue 两个方法，可以获得数据表里的列名和列的字段
IsDBNull(int i)	判断指定索引号的列的值是否为空，返回 True 或 False

8.4.2 使用 SqlDataReader 读取数据库实例

1. 使用 SqlDataReader 对象读取数据库的一般步骤

（1）创建 SqlConnection 对象，设置连接字符串。

（2）创建 SqlCommand 对象，设置它的 Connection 和 CommandText 属性，分别表示数据库连接和需要执行的 SQL 命令。

（3）打开与数据库的连接。

（4）使用 SqlCommand 对象的 ExecuteReader 方法执行 CommandText 中的命令，并把返回的结果放在 SqlDataReader 对象中。

（5）通过循环处理数据库查询结果。

（6）关闭与数据库的连接。

2. 使用 SqlDataReader 对象时的注意事项

（1）读取数据时，SqlConnection 对象必须处于打开状态。
（2）必须通过 SqlCommand 对象的 ExecuteReader()方法，产生 SqlDataReader 对象的实例。
（3）只能按向下的顺序逐条读取记录，不能随机读取，且无法直接获知读取记录的总数。
（4）SqlDataReader 对象管理的查询结果是只读的，不能修改。

3. 具体实例

以 8.3.3 小节创建的用于修改 Web 窗体的 UpdateLinkMan.aspx 为例，在该例中，当用户选择用户编号时，会自动显示出相应的用户信息，如姓名、手机、城市等。

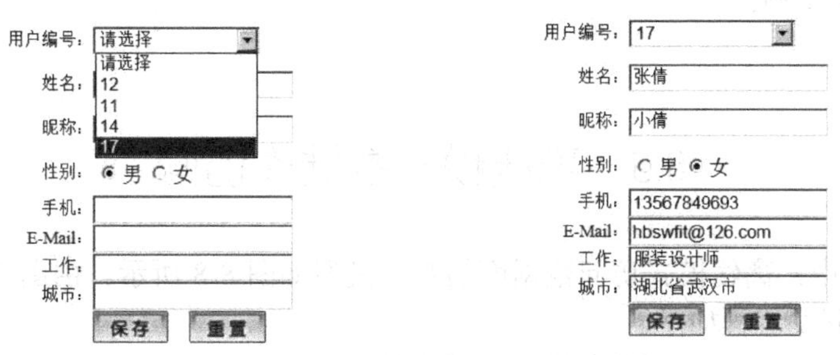

图 8-7　SqlDataReader 对象读取数据库数据运行界面

当在“用户编号”下拉列表框中选择 17 用户时，显示相关信息，如图 8-7 右图所示。这项功能是通过 DataReader 对象来实现的，程序实现的主要步骤如下。

（1）在创建的公共类 OperateDataBase 中自定义一个 SqlDataReader 类型的 ExceRead()方法，在该方法中通过 SqlCommand 对象的 ExecuteReader()方法创建一个 SqlDataReader 对象。代码如下。

```
public class OperateDataBase
{
  public SqlDataReader ExceRead(string sqlCom)
    {
       Open();                                              //打开数据库连接
       SqlCommand com = new SqlCommand(sqlCom,conn);        //创建命令对象
       SqlDataReader read = com.ExecuteReader();            //创建数据阅读器
       return read;
    }
}
```

（2）在 UpdateLinkMan.aspx 页面的后台代码中，触发 DropDownList1 控件的 DropDownList1_SelectedIndexChanged 事件，在该事件中实现当选择用户编号时自动显示该编号的用户联系信息。代码如下。

```
protected void DropDownList1_SelectedIndexChanged(object sender, EventArgs e)
{
 if (DropDownList1.SelectedValue != null && DropDownList1.SelectedIndex!=0)
 {
  string    cmdsql    =    "select    *    from    AddLinkMen    where    UserID='"    +
Convert.ToInt32(DropDownList1.SelectedValue) + "'";
//调用公共类中的 ExceRead 方法创建数据阅读器
SqlDataReader myRead = odb.ExceRead(cmdsql);
//判断是否有数据
if(myRead.HasRows)
  {
    //读取数据
    while (myRead.Read())
    {
```

```
            txtName.Text = myRead["UserName"].ToString();
            txtNickName.Text = myRead["UserNickName"].ToString();
            txtphone.Text = myRead["UserPhone"].ToString();
            txtMail.Text = myRead["UserEmail"].ToString();
            txtWork.Text = myRead["UserAdress"].ToString();
            txtCity.Text = myRead["UserCity"].ToString();
        }
          //关闭数据阅读器
        myRead.Close();
      }
   }
   else
    {
     txtName.Text = txtNickName.Text = txtphone.Text = txtMail.Text = txtWork.Text =
txtCity.Text = "";
    }
}
```

8.5 离线模式数据库访问

在 Web 应用中，离线模式访问数据库的对象模型如图 8-8 所示。由图 8-8 可知，断开模式访问数据库的开发流程如下。

（1）创建 SqlConnection 对象与数据库建立连接。

（2）创建 SqlDataAdapter 对象对数据库执行 SQL 命令或存储过程，包括增加、删除、修改及查询数据库等命令。

（3）如果查询数据库的数据，则使用 SqlDataAdapter 的 Fill 方法填充 DataSet；如果是对数据库进行增、删、改操作，首先要更新 DataSet 对象，然后使用 SqlDataAdapter 的 Update 方法将 DataSet 中的修改内容更新到数据库中。使用 SqlDataAdapter 对数据库进行操作的过程中，连接的打开和关闭是自动完成的，无须手动编码。

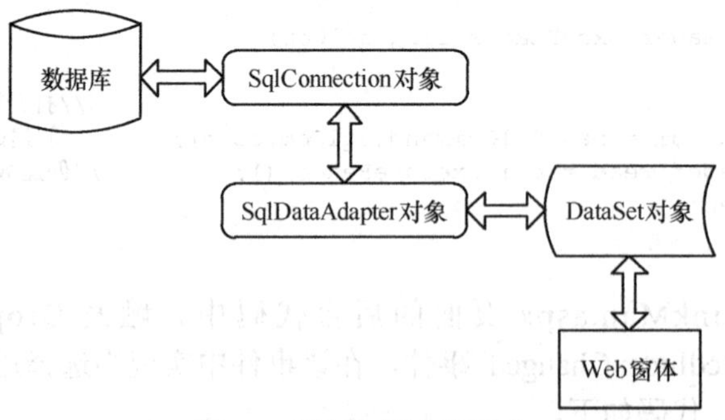

图 8-8　离线模式访问数据库

DataSet 对象是支持 ADO.NET 的断开式或分布式数据方案的核心对象；DataAdapter（数据适配器）对象是一种用来充当 DataSet 对象与实际数据源之间桥梁的对象，所以二者结合访问数据库中数据的模式可称为离线数据访问模式。

8.5.1 DataSet 数据集

数据集（DataSet）对象是 ADO.NET 的核心，是实现离线访问技术的载体。数据集相当于内存中暂存的数据库，不仅可以包括多张数据表（DataTable），还可以包括数据表之间的关系和约束。由于 DataSet 对象使用无连接传输模式访问数据源，因此，在用户要求访问数据源时，无须经过冗长的连接操作，而且有数据读入 DataSet 对象之后，便关闭数据连接，解除数据库的锁定，其他用户可以再使用该数据库，避免了用户之间对数据源的争夺。

DataSet 对象的创建方法如下。

```
DataSet myDS=new DataSet(" scores");
```

其中，scores 为指定的 DataSet 名称。也可以通过已经存在的 DataSet 对象来创建新的 DataSet 对象。例如，通过上面已经创建的 DataSet 对象 myDS，可以把对象赋值给新的 DataSet 对象，代码如下。

```
DataSet myNewDS=myDS;
```

DataSet 对象的常用属性和方法如表 8-9 所示。

表 8-9　　DataSet 对象的常用属性和方法

DataSetName 属性和方法	获取或设置 DataSet 对象的名称
Tables 属性	获取数据集的数据表集合
Clear 方法	删除 DataSet 对象中的所有表
Copy 方法	复制 DataSet 的结构和数据，返回与本 DataSet 对象具有相同结构和数据的 DataSet 对象

8.5.2　DataAdapter 对象

DataAdapter 对象通常称为数据适配器，其作用是作为数据源与 DataSet 对象之间沟通的桥梁。DataAdapter 提供了双向的数据传输机制，它可以在数据源上执行 Select 语句，把查询结果集传送到 DataSet 对象的数据表（DataTable）中，还可以执行 Insert、Update 和 Delete 语句，提取 DataTable 对象更改过的数据并更新回数据源。下面介绍该对象的常用属性、方法和事件。

1. DataAdapter 对象的常用属性

DataAdapter 对象的常用属性及说明如表 8-10 所示。

表 8-10　　DataAdapter 对象的常用属性及说明

属　性	说　明
DeleteCommand	获取或设置用来从数据源删除数据行的 SQL 命令，属性值必须为 Command 对象，并且此属性只有在调用 Upadate 方法且从数据源删除数据行时使用，其主要用途是告知 DataAdapter 对象如何从数据源删除数据行
InsertCommand	获取或设置将数据行插入数据源的 SQL 命令，属性值为 Command 对象，使用原则与 DeleteCommand 属性一样
SelectCommand	获取或设置用来从数据源选取数据行的 SQL 命令，属性值为 Command 对象
UpdateCommand	获取或设置用来更新数据源数据行的 SQL 命令，属性值为 Command 对象

2. DataAdapter 对象的常用方法

DataAdapter 对象的常用方法有如下几种。

（1）Fill(dataSet, srcTable)：将 SelectCommand 属性指定的 SQL 命令执行结果所选取的数据行置入 DataSet 对象，返回值为置入 DataSet 对象的数据行，参数 dataSet 为要置入数据行的 DataSet 对象，参数 srcTable 为数据表对应的来源数据表名称。

（2）Update(dataSet, srcTable)：调用 InsertCommand、UpdateCommand 或 Delete Command 属性指定的 SQL 命令，将 DataSet 对象更新到数据源，参数 dataSet 用来指定要更新到数据源的 DataSet 对象，参数 srcTable 为数据表对应的来源数据表名称，用来告知 DataAdapter 对象

有关 DataSet 对象的数据表与来源数据的对应关系，返回值为成功更新的数据行数。

（3）Update(dataRows, tableMapping)：此方法是上一方法的不同调用形式，参数 dataRows 用来更新数据源的 DataRow 对象数组，参数 tableMapping 是要使用的 TableMappings 集合，返回值为成功更新的数据行数。

3. DataAdapter 对象的事件

DataAdapter 对象的常用事件有如下几种。

（1）FillError：当执行 DataAdapter 对象的 Fill 方法发生错误时会触发此事件。

（2）RowUpdated：当调用 Update 方法并执行完 SQL 命令时会触发此事件。

（3）RowUpdating：当调用 Update 方法且在开始执行 SQL 命令之前会触发此事件。

8.5.3 使用 DataAdapter、DataSet 对象综合实例

该实例使用 SqlDataAdapter、DataSet 对象访问 custom 数据库中的 tb_asp 表，应用 foreach 循环语句读取该表中的图书编号、名称和价格。程序实现的主要步骤如下：

（1）新建一个网站，将其命名为 ch8_5，默认主页为 Default.aspx。

（2）当页面加载时，在 Default.aspx 页面的 Page_Load 事件应用一个 foreach 循环，声明 DataRow 类型的变量 mydr，将数据集 ds 中 tb_asp 表的 Rows 集合的内容逐一读取出来，并把它们显示在前台页面上的 Label 控件中。代码如下。

```
protected void Page_Load(object sender, EventArgs e)
{
  string strCon = @"Server=(local)\SQLEXPRESS;User Id=sa;Pwd=frock;DataBase=custom;";
//创建数据库连接对象
SqlConnection con = new SqlConnection(strCon);
//创建 SqlDataAdapter 对象
  SqlDataAdapter ada = new SqlDataAdapter("select * from tb_asp", con);
  //创建 DataSet 对象
DataSet ds = new DataSet();
//填充数据集
  int counter = ada.Fill(ds, "tb_asp");
  Response.Write("获得：" + counter.ToString() + "条数据！" + "<br/>");
  foreach (DataRow mydr in ds.Tables["tb_asp"].Rows)
  {
     Label1.Text += mydr["bccdID"].ToString() + "-"+ mydr["bccdName"].ToString() + "--价格："+ mydr["bccdPrice"].ToString() + "<br/>";
  }
}
```

（3）运行该页面，效果如图 8-9 所示。

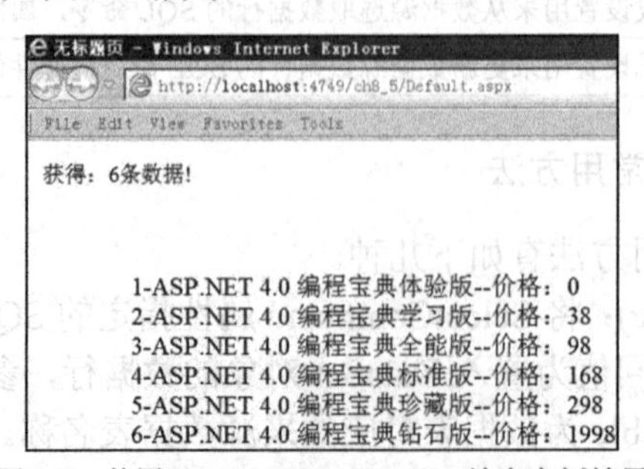

图 8-9 使用 DataAdapter、DataSet 综合实例效果

该实例的总体思路为首先使用 DataAdapter 对象取出数据，然后调用 DataAdapter 对象的 Fill 方法，将取得的数据导入 DataSet 中。

本章实验

一、实验目的

熟悉 ADO.NET 数据访问技术，掌握用连接和断开两种模式访问数据库。

二、实验内容和要求

（1）新建一个名为 Experiment8 的网站。

（2）在网站的 App_Data 文件夹中，新建数据库 STUDENT.mdf。该数据库中包含 Major、StuInfo 和 UserInfo 三张表，其表结构分别如图 8-10～图 8-12 所示。

列名	数据类型	允许 Null 值
MajorId	int	☐
MajorName	varchar(50)	☐

图 8-10　Major 表结构

列名	数据类型	允许 Null 值
StuNo	varchar(8)	☐
Name	varchar(20)	☐
Sex	char(2)	☐
Birth	datetime	☐
MajorId	int	☐

图 8-11　StuInfo 表结构

列名	数据类型	允许 Null 值
UserId	varchar(20)	☐
Password	varchar(20)	☐

图 8-12　UserInfo 表结构

（3）在 web.config 中配置连接字符串。

（4）添加一个名为 InsertStudent.aspx 的 Web 页面，利用连接模式实现新学生的录入。

（5）添加一个名为 DeleteStudent.aspx 的 Web 页面，利用连接模式删除指定学生的记录。

（6）添加一个名为 EditStudent.aspx 的 Web 页面，利用连接模式修改指定学号的学生记录。

（7）添加一个名为 SearchStudent.aspx 的 Web 页面，利用断开模式查询指定专业的学生信息，并将查找到的学生信息在 Label 控件中显示。

第 9 章　数据绑定技术与绑定控件

第 8 章介绍了使用 ADO.NET 访问数据库的技术，使用该技术可以通过编码的方式访问数据库。在 ASP.NET 4.0 中简化了数据访问的过程，引入了一系列数据源控件，采用声明式编程的方法访问数据源，避免了手工编写代码的烦琐，简化了开发过程。同时，在 Visual Studio 2010 工具箱的数据栏中，提供了几个开发 ASP.NET 应用程序的数据绑定控件。这些控件可以使用声明式的语法进行数据绑定，功能强大，使用灵活。将数据源控件与数据绑定控件一起使用，几乎不需要编写任何代码。

9.1　数据绑定技术基础

数据绑定允许开发人员将一个数据源和一个服务器端控件进行关联，免除了手工编写代码进行数据显示的麻烦。在 ASP.NET 中，开发人员可以使用声明式的语法对控件进行数据的绑定，而且大多数服务器控件都提供了对数据绑定的支持。根据所绑定控件的不同或者需要绑定属性的不同，ASP.NET 中的数据绑定又可分为单值数据绑定和重复值数据绑定。

9.1.1　单值数据绑定

单值数据绑定允许为控件的某个属性指定一个绑定表达式，可以在声明代码中直接使用绑定表达式进行绑定。单值数据绑定通常使用如下语法来指定数据绑定表达式。

```
<%# 数据表达式 %>
```

使用数据绑定并不只限于绑定到数据库中的数据，一个变量、表达式或一个函数，都可以在表达式中指定。但是必须注意，如果绑定类级别的变量或者函数，则必须指定其访问级别为 public 或者 pretected 类型。下面以一个具体的实例讲解单值数据绑定的使用。

（1）新建一个名为 ch9_1 的网站，在该网站中添加一个名为 SingleValueBinding.aspx 的网页。在该网页中放两个 Label 控件，将第一个控件使用数据绑定表达式将 Label 控件的 Text 属性绑定到当前的日期。声明代码如下。

```
<asp:Label ID="Label1" runat="server" Text=<%#DateTime.Now.ToString() %>></asp:Label>
```

运行该页面，看不到结果。为了计算数据绑定表达式的值，必须显式调用 Page.DataBind() 方法。

（2）在 SingleValueBinding.aspx.cs 的 Page_Load 中加入如下代码，会看到在页面上显示出当前的时间。

```
protected void Page_Load(object sender, EventArgs e)
{
      Page.DataBind();
}
```

也可以调用 Label1.DataBind()方法来计算特定控件的绑定表达式。

（3）设置第二个 Label 控件，当前网页文件路径的属性绑定到页面上，声明代码如下。

```
<asp:Label ID="Label2" runat="server" Text=<%#Path %>></asp:Label>
```

在后台代码中添加一个显示当前网页文件路径的属性，代码如下。

```
//定义一个属性，用于进行数据绑定
```

```
private string _path = null;
public string Path
{
   get {return _path; }
   set { _path = value; }
}
protected void Page_Load(object sender, EventArgs e)
{
   _path = Server.MapPath(Request.Url.LocalPath);
   Page.DataBind();
}
```

（4）运行该页面，可以看到如图 9-1 所示的效果。

使用单值数据绑定非常方便，然而，过多地使用单值数据绑定也会带来维护负担，使用时要根据实际情况综合考虑。

图 9-1　单值数据绑定运行效果

9.1.2　重复值绑定

在第 8 章介绍 ADO.NET 时，将 SqlDataReader 记录绑定到 DropDownList 控件后，可以看到并不是只显示一个单值而是显示了一个列表，这种绑定方式称为重复值数据绑定。重复值数据绑定控件通常具有如表 9-1 所示的属性，用来绑定数据源。

表 9-1　重复值绑定控件的属性

属　性	说　明
DataSource	包含要显示的数据的数据对象，该对象必须实现 ASP.NET 数据绑定支持的集合，通常是 ICollection
DataSourceID	使用该属性连接到一个数据源控件，使开发人员能用声明式编程而不用编写程序代码
DataTextField	指定列表控件将显示为控件文本的值，数据源集合通常包括多个列或者多个属性，使用 DataTextField 属性可以指定显示哪一列或属性数据
DataTextformatString	指定 DataTextValue 属性将显示的格式
DataValueField	该属性与 DataTextField 属性类似，但是该属性的值是不可见的，可以使用代码对该属性的值进行访问

下面以一个具体的实例介绍重复值数据绑定的使用，运行效果如图 9-2 所示，具体步骤如下。

（1）在 ch9_1 网站中添加一个名为 RepeatValueDataBinding.aspx 的网页，在该网页中添加 DropDownList 控件、ListBox 控件、CheckBoxList 控件、RadioButtonList 控件和 BulletedList 控件。

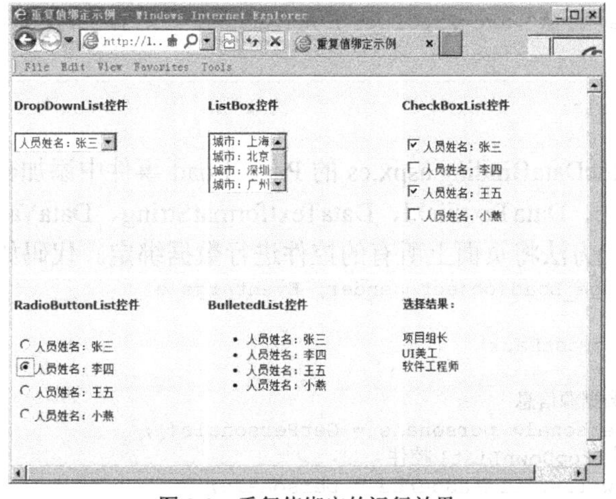

图 9-2　重复值绑定的运行效果

（2）将这些列表控件绑定到一个 List<Person>泛型集合类。新建一个名为 Person 的类，该类简单地表示员工的个人信息。代码如下。

```
public class Personal
{
    //使用自动属性特性定义 5 个属性
    public string  Name { get; set; }
    public string City { get; set; }
    public int Age { get; set; }
    public string Gender { get; set; }
    public string Position { get; set; }
    public Personal()
    { }
     public Personal(string name,string ctiy,int age,string gendar,string position)
     {
        Name = name;
        City = City;
        Age = age;
        Gender = gender;
        Position = position;
     }
}
```

（3）在 RepeatValueDataBinding.aspx.cs 中添加一个函数 GetPersonals，该函数初始化一个泛型集合类，作为列表控件的数据源。代码如下。

```
protected List<Personal> GetPersonals()
{
     List<Personal> personals = new List<Personal>()
     {
         //以下代码使用 C#的集合初始化语法
         new Personal()
         {
                Name="张三",Age=27,City="上海",Gender="男",Position="软件工程师"
         },
         new Personal()
          {
                Name="李四",Age=28,City="北京",Gender="男",Position="软件工程师"
         },
        new Personal()
        {
                Name="王五",Age=30,City="深圳",Gender="男",Position="项目组长"
        },
       new Personal()
       {
               Name="小燕",Age=23,City="广州",Gender="女",Position="UI 美工"
       }
    };
       return personals;
}
```

（4）在 RepeatValueDataBinding.aspx.cs 的 Page_Load 事件中添加数据绑定代码，为每个列表控件的 DataSource、DataTextField、DataTextformatString、DataValueField 属性赋值，最后调用 Page.DataBind()方法将页面上所有的控件进行数据绑定。代码如下。

```
protected void Page_Load(object sender, EventArgs e)
{
        if(!Page.IsPostBack)
        {
            //获取数据源信息
            List<Personal> personals = GetPersonals();
           //绑定到 DropDownList1 控件
            DropDownList1.DataSource = personals;
            DropDownList1.DataTextField = "Name";
```

```
            DropDownList1.DataTextFormatString = "人员姓名: {0}";
            DropDownList1.DataValueField = "Position";
            //绑定到 ListBox 控件
            ListBox1.DataSource = personals;
            ListBox1.DataTextField = "City";
            ListBox1.DataTextFormatString = "城市: {0}";
            ListBox1.DataValueField = "Name";
            //绑定到 CheckBoxList 控件
            CheckBoxList1.DataSource = personals;
            CheckBoxList1.DataTextField = "Name";
            CheckBoxList1.DataTextFormatString = "人员姓名: {0}";
            CheckBoxList1.DataValueField = "Gender";
            //绑定到 RadioButtonList 控件
            RadioButtonList1.DataSource = personals;
            RadioButtonList1.DataTextField = "Name";
            RadioButtonList1.DataTextFormatString = "人员姓名: {0}";
            RadioButtonList1.DataValueField = "Gender";
            //绑定到 BulletedList 控件
            BulletedList1.DataSource = personals;
            BulletedList1.DataTextField = "Name";
            BulletedList1.DataTextFormatString = "人员姓名: {0}";
            BulletedList1.DataValueField = "Gender";
            Page.DataBind();
        }
    }
```

（5）为了获取 DataTextField 的值，这里为 DropDownList 控件添加一个 SelectedIndex Changed 事件，该事件在 DropDownList 控件中的选项发生改变时触发。代码如下。

```
//当选择不同的选择项时，使用 SelectedValue 可以获取绑定的选择值
protected void DropDownList1_SelectedIndexChanged(object sender, EventArgs e)
{
  lblInfo.Text += DropDownList1.SelectedValue + "<br/>";
}
```

9.2　数据源控件

数据源控件是管理连接到数据源以及进行数据处理等任务的 ASP.NET 服务器控件。数据源控件不包含 UI（用户界面），而是作为特定数据源（如数据库、业务对象或 XML 文件）与 ASP.NET 网页上的其他控件之间的联系人出现。数据源控件实现了丰富的数据检索和更新功能，包括查询、排序、分页、筛选、更新、删除以及插入等，UI 控件能够自动利用这些功能而无需代码。ASP.NET 4.0 中主要包括如下 6 种数据源控件。

- SqlDataSource 控件：支持绑定到 ADO.NET 提供程序（如 Microsoft SQL Server、OLEDB、ODBC 或 Oracle）表示的 SQL 数据库。
- ObjectDataSource 控件：该数据源控件允许连接到一个自定义的数据访问类，在型应用程序一般可以使用 ObjectDataSource。
- LinqDataSource 控件：可以使用 LINQ 查询访问不同类型的数据对象。
- AccessDataSource 控件：能够处理 Microsoft Access 数据库。
- XmlDataSource 控件：允许连接到 XML 文件，提供 XML 文件的层次结构信息。
- SiteMapDataSource 控件：支持绑定到 ASP.NET 4.0 站点导航提供程序公开的层次结构。

下面分别介绍 SqlDataSource、ObjectDataSource、LinqDataSource 控件的使用。

9.2.1 SqlDataSource 数据源控件

SqlDataSource 是 ASP.NET 4.0 中应用最为广泛的数据源控件。该控件能够与多种常用数据库进行交互，并且能够在数据绑定控件的支持下，完成多种数据访问任务，表示到 ADO.NET SQL 数据库提供程序（如 SQL、OLE DB、ODBC 或 Oracle）的连接。和所有的数据源控件一样，SqlDataSource 控件能够以声明方式绑定到支持 DataSourceID 属性的任何数据绑定控件。SqlDataSource 还能描述其功能（选择、插入、更新、删除、排序），这样，当存在某项功能时，数据绑定控件可以提供自动的行为。该控件提供了一个易于使用的向导来引导用户完成配置过程（将在 9.3.1 小节中详细介绍）。完成配置后，该控件就可以自动调用 ADO.NET 中的类来查询或更新数据库数据。表 9-2 列出了 SqlDataSource 控件的主要属性。

表 9-2　　SqlDataSource 控件的主要属性

属　性	说　明
DeleteCommand	获取或设置 SqlDataSource 控件删除数据库数据所用的 SQL 命令
DeleteCommandType	获取或设置删除命令类型，可取的值有 Text 和 StoredProduce，分别对应 SQL 命令、存储过程
DeleteParameters	获取 DeleteCommand 属性所使用的参数的参数集合
InsertCommand	获取或设置 SqlDataSource 控件插入数据库数据所使用的 SQL 命令
InsertCommandType	获取或设置插入命令类型，可取的值有 Text 和 StoredProduce
InsertParameters	获取 InsertCommand 属性所使用的参数的参数集合
SelectCommand	获取或设置 SqlDataSource 控件查询数据库数据所使用的 SQL 命令
SelectCommandType	获取或设置查询命令类型，可取的值有 Text 和 StoredProduce
SelectParameters	获取 SelectCommand 属性所使用的参数的参数集合
UpdateCommand	获取或设置 SqlDataSource 控件更新数据库数据所使用的 SQL 命令
UpdateCommandType	获取或设置更新命令类型，可取的值有 Text 和 StoredProduce
UpdateParameters	获取 UpdateCommand 属性所使用的参数的参数集合
DataSourceMode	设置 SqlDataSource 控件检索数据时，是使用 DataSet 还是使用 DataReader
EnableCaching	获取或设置一个值，该值指示 SqlDataSource 控件是否启用数据缓存

关于使用 SqlDataSource 控件选择数据、进行数据筛选和更新数据的操作将在 9.3 节的实例中详细介绍。

9.2.2 ObjectDataSource 数据源控件

使用 SqlDataSource 控件无须编写任何代码就可以选择、更新、插入和删除数据库数据，为开发工作提供了极大的方便。在使用这些控件进行两层体系结构的开发非常容易，适用于规模较小的开发任务，其特点是表示层（ASP.NET 网页）可以与数据层（数据库和 XML 文件等）直接进行通信。但对于开发企业级 N 层体系结构的应用就效果不佳，因为其开发和维护的时间和成本难以控制，在代码的复用、灵活性和可维护性等方面都有欠缺。SqlDataSource 等控件在开发中迫使表示层与业务逻辑层混合在一起，这正是造成它们在开发 N 层体系结构应用效果不佳的关键问题。

ASP.NET 提供了另外一个强大的控件：ObjectDataSource。ObjectDataSource 控件能在 N 层体系结构应用程序中为业务对象提供相同的易用性。ObjectDataSource 控件表示具有数据检索和更新功能的中间层对象。作为数据绑定控件（如 GridView、FormView 或 DetailsView

控件）的数据接口，ObjectDataSource 控件可以使这些数据绑定在 ASP.NET 网页上并显示。ObjectDataSource 控件使用反射调用业务对象的方法对数据执行选择、更新、插入和删除操作。使用 ObjectDataSource 对象的三层结构示意图如图 9-3 所示。

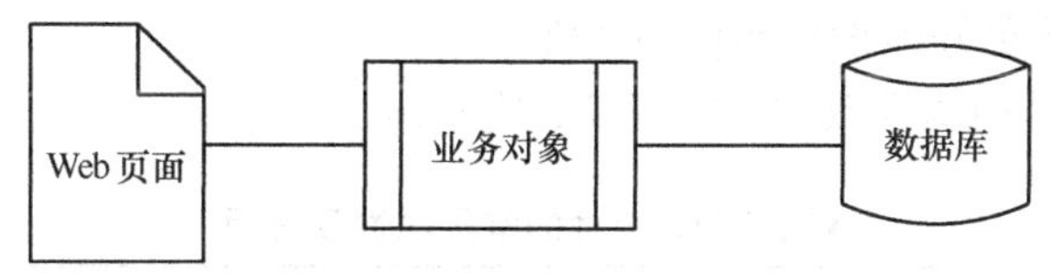

图 9-3 使用 ObjectDataSource 对象的三层结构示意图

9.2.3 LinqDataSource 数据源控件

从.NET Framework 3.5 开始引入了功能强大的 LINQ 特性，该特性又可以分为 LINQtoObject、LINQtoSQL、LINQtoXML 以及一些其他类型的 LINQtoxx。其中，LINQtoSQL 是最重要的一个特性。LINQtoSQL 在数据库的表和对象之间建立一个映射，开发人员对映射的对象进行操作，而不用关心底层的实现细节。LINQ 可以使用 C#或 VB.NET 编写实体类的查询，这些操作将被映射为相应的底层 SQL 操作，用户完全不用担心异构数据源的差异。

ASP.NET 4.0 中引入了一个功能强大的 LinqDataSource 控件，该控件的用法与 SqlDataSource 控件相似，但 LinqDataSource 控件将从语言集成查询中获取数据源。当与数据库中的数据进行交互时，不会将 LinqDataSource 控件直接连接到数据库，而是把属性设置转换为有效的 LINQ 查询，当与数据库中的数据进行交互时，不会将 LinqDataSource 控件直接连接到数据库，而是与表示数据库和表的实体类进行交互。

LinqDataSource 控件需要与一个数据源实体上下文对象 DataContext 进行绑定。DataContext 类是一个 LINQtoSQL 类，它充当 SQL Server 数据库与映射到该数据库的 LINQtoSQL 实体类之间的管道。DataContext 包含多个可以调用的方法，如用于将已更新数据从 LINQtoSQL 类发送到数据库的 SubmitChanges 方法。还可以创建其他映射到存储过程和函数的 DataContext 方法。也就是说，调用这些自定义方法将运行数据库中 DataContext 方法所映射的存储过程或函数。和可以添加方法对任何类进行扩展一样，开发人员也可以将新方法添加到 DataContext 类。

9.3 数据绑定控件

在 VS 2010 工具箱的数据栏中，提供了几个开发 ASP.NET 应用程序的数据绑定控件。这几个控件的功能强大，使用灵活，在应用系统开发中的使用频率也相当高。本节将介绍 GridView、Datalist、ListView 和 DataPager 4 个数据绑定控件。

9.3.1 GridView 控件

GridView 是一个显示表格式数据的控件，它是 ASP.NET 服务器控件中功能最强大、最实用的一个控件。GridView 显示一个二维表格式数据，每列表示一个字段，每行表示一条记录。GridView 控件的主要功能是通过数据源控件自动绑定数据源的数据，然后按照数据源中的一行显示为输出表中的一行的规则将数据显示出来。使用该控件无须编写任何代码即可实现选择、排序、分页、编辑和删除功能。

1．GridView 控件的常用属性、方法和事件

要使 GridView 控件完成更高级的效果，就要在程序中应用 GridView 控件的事件与方法，通过它们的辅助才能够更好地设置事件与属性。

GridView 控件的常用属性及说明如表 9-3 所示。

表 9-3　　GridView 控件的常用属性及说明

属　性	说　明
AllowPaging	指示是否启用分页功能
AllowSorting	指示是否启用排序功能
AutoGenerateColumns	指示是否为数据源中的每个字段自动创建绑定字段
AutoGenerateDeleteButton	指示每个数据行是否添加“删除”按钮
AutoGenerateEditButton	指示每个数据行是否添加“编辑”按钮
AutoGenerateSelectButton	指示每个数据行是否添加“选择”按钮
EditIndex	获取或设置要编辑行的索引
DataKeyNames	获取或设置 GridView 控件中的主键字段的名称。多个主键字段间以逗号隔开
DataSource	获取或设置对象，数据绑定控件从该对象中检索其数据项列表
DataMember	当数据源有多个数据项列表时，获取或设置数据绑定控件绑定到的数据列表的名称
PageCount	获取在 GridView 控件中显示数据源记录所需的页数
PageIndex	获取或设置当前显示页的索引
PageSize	获取或设置每页显示的记录数
SortDirection	获取正在排序列的排序方向
SortExpression	获取与正在排序的列关联的排序表达式

GridView 控件提供了多种方法，其中用于数据源绑定的 DataBind 方法和用于排序的 Sort 方法最为重要。表 9-4 列出了 GridView 控件的常用方法。

表 9-4　　GridView 控件的常用方法及说明

方　法	说　明
DataBind	将数据源绑定到 GridView 控件
DeleteRow	根据行索引删除数据行。参数 rowIndex 用于设置具体的行索引值
FindControl	在当前的命名容器中搜索指定的服务器控件
Focus	为控件设置输入焦点
GetType	获取当前实例的 Type
HasControls	确定服务器控件是否包含任何子控件
IsBindableType	确定指定的数据类型是否能够绑定到 GridView 控件中的列
Sort	根据参数对 GridView 控件进行排序。参数 sortExpression 表示排序表达式；参数 sortDirection 表示排序方向值。该方法主要在 OnSorted 和 OnSorting 事件处理方法中使用
UpdateRow	根据参数更新数据记录。参数 rowIndex 表示要更新的数据行索引值；参数 causesValidation 表示是否在调用该方法时，执行验证。true 表示执行验证，否则为 false

GridView 控件提供了多个事件，其中用于处理分页操作之前发生的 PageIndexChanging 事件和单击 GridView 控件按钮时发生的 RowCommand 事件最为重要。表 9-5 列出了 GridView 控件的常用事件。

表 9-5　　**GridView 控件的常用事件及说明**

事　件	说　明
PageIndexChanged	该事件发生在单击分页导航按钮，且 GridView 控件处理完分页操作之后
PageIndexChanging	该事件发生在单击分页导航按钮，且 GridView 控件处理分页操作之前
RowCancelingEdit	该事件发生在单击取消按钮，且 GridView 控件脱离编辑状态之前
RowCommand	该事件发生在 GridView 控件中的一个按钮被单击时
RowCreated	该事件在创建一个新的数据行时发生。通常在该事件中修改数据行的内容
RowDataBound	该事件在一个数据行绑定数据时发生。通常在该事件中修改数据行的内容
RowDeleted	该事件发生在单击删除按钮，且 GridView 控件从数据源中删除数据之后
RowDeleting	该事件发生在单击删除按钮，且 GridView 控件从数据源中删除数据之前
RowEditing	该事件发生在单击编辑按钮，且 GridView 控件进入编辑模式之前
RowUpdated	该事件发生在单击更新按钮，且 GridView 控件从数据源中更新数据之后
RowUpdating	该事件发生在单击更新按钮，且 GridView 控件从数据源中更新数据之前
SelectedIndexChanged	该事件发生在单击选择按钮，且 GridView 控件从数据源中选择数据之后
SelectedIndexChanging	该事件发生在单击选择按钮，且 GridView 控件从数据源中选择数据之前
Sorted	该事件发生在单击一个超链接形式的排序按钮，且 GridView 控件处理排序操作之后
Sorting	该事件发生在单击一个超链接形式的排序按钮，且 GridView 控件处理排序操作之前

2. 使用 GridView 控件对数据进行编辑

在 GridView 控件的按钮列中包括“编辑”、“更新”、“取消” 3 个按钮，这 3 个按钮分别触发 GridView 控件的 Rowediting、RowUpdating、RowCancelingEdit 事件，从而完成对指定项的编辑、更新和取消操作。下面的实例使用 GridView 控件对数据进行编辑、更新和取消操作，具体步骤如下。

（1）新建一个文件夹 ch9_3，在该文件夹下创建一个名为 GridViewEdit 的网站，默认主页为 Default.aspx。在该页面上添加一个 GridView 控件，然后单击弹出的智能标记中的“编辑列”超链接，如图 9-4 所示。

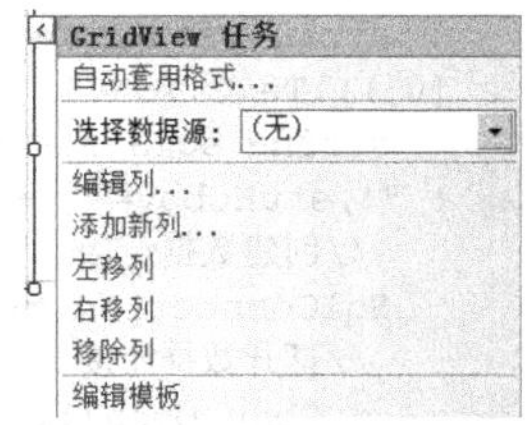

图 9-4　单击“编辑列”超链接

在弹出的“字段”对话框中可以看到“可用字段”，如图 9-5 所示。

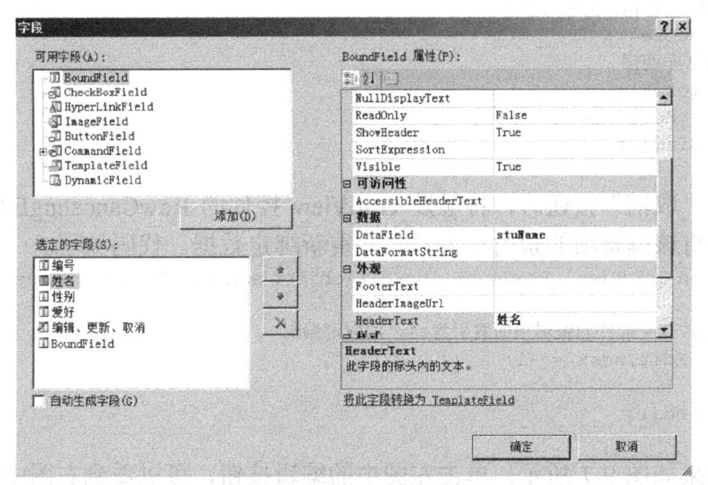

图 9-5　“字段”对话框

选择 BoundField（普通数据绑定列），添加“编号”、“姓名”、“性别”、“爱好”4 个字段，并设置其属性，完成后单击“确定”按钮可以看到如图 9-6 所示的设计视图。

图 9-6　对数据进行编辑设计视图

（2）当单击“编辑”按钮时，将触发 GridView 控件的 RowEditing 事件。在该事件的程序代码中将 GridView 控件编辑项索引设置为当前选择项的索引，并重新绑定数据。代码如下。

```
protected void GridView1_RowEditing(object sender, GridViewEditEventArgs e)
{
//设置 GridView 控件的编辑项的索引为选择的当前索引
GridView1.EditIndex = e.NewEditIndex;
//数据绑定
GridViewBind();
}
```

（3）当单击“更新”按钮时，将触发 GridView 控件的 RowUpdating 事件。在该事件的程序代码中，首先获得编辑行关键字段的值并取得各文本框中的值，然后将数据更新至数据库，最后重新绑定数据。代码如下。

```
protected void GridView1_RowUpdating(object sender, GridViewUpdateEventArgs e)
{
  //取得编辑行关键字段的值
  string stuID = GridView1.DataKeys[e.RowIndex].Value.ToString();
  //取得文本框中输入的内容
  string stuName = ((TextBox)(GridView1.Rows[e.RowIndex].Cells[1].Controls
[0])).Text.ToString();
  string stuSex = ((TextBox)(GridView1.Rows[e.RowIndex].Cells[2].Controls
[0])).Text.ToString();
  string stuHobby = (TextBox)(GridView1.Rows[e.RowIndex].Cells[3].Controls
[0])).Text.ToString();
  string sqlStr = "update tb_StuInfo set stuName='" + stuName + "',stuSex='" + stuSex
+ "',stuHobby='" + stuHobby + "' where stuID=" + stuID;
   //创建数据连接
  SqlConnection myConn = GetCon();
   //打开数据连接
   myConn.Open();
   //创建 Command 对象
   SqlCommand myCmd = new SqlCommand(sqlStr, myConn);
   //执行 SQL 语句
   myCmd.ExecuteNonQuery();
   myCmd.Dispose();
    //关闭数据库连接
   myConn.Close();
   GridView1.EditIndex = -1;
   GridViewBind();
}
```

（4）当单击“取消”按钮时，将触发 GridView 控件的 RowCancelingEdit 事件。在该事件的程序代码中将该编辑项的索引设为-1，并重新绑定数据。代码如下。

```
protected void GridView1_RowCancelingEdit(object sender, GridViewCancelEditEventArgs e)
{
  //设置 GridView 控件的编辑项的索引为-1，即取消编辑
  GridView1.EditIndex = -1;
  //数据绑定
  GridViewBind();
}
```

（5）运行效果如图 9-7 所示。单击左图中的编辑按钮，可以看到右图中呈现的可编辑状态，修改完成后可单击“更新”保存。

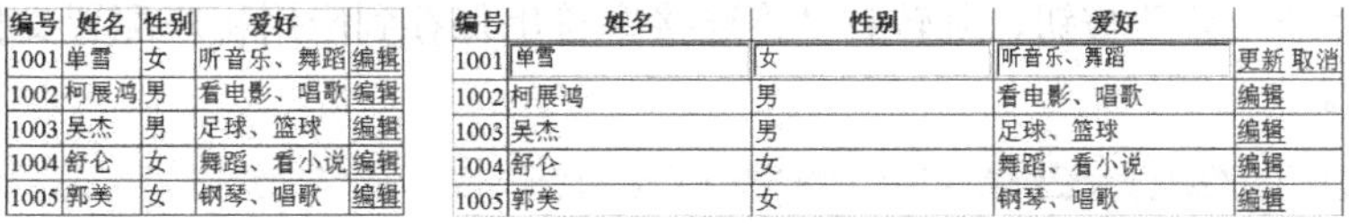

编号	姓名	性别	爱好	
1001	单雪	女	听音乐、舞蹈	编辑
1002	柯展鸿	男	看电影、唱歌	编辑
1003	吴杰	男	足球、篮球	编辑
1004	舒仑	女	舞蹈、看小说	编辑
1005	郭美	女	钢琴、唱歌	编辑

编号	姓名	性别	爱好	
1001	单雪	女	听音乐、舞蹈	更新 取消
1002	柯展鸿	男	看电影、唱歌	编辑
1003	吴杰	男	足球、篮球	编辑
1004	舒仑	女	舞蹈、看小说	编辑
1005	郭美	女	钢琴、唱歌	编辑

图 9-7　使用 GridView 控件对数据进行编辑的运行效果

3. 使用 GridView 控件绑定数据源

数据源控件主要实现存储数据和针对所包含的数据执行操作（如增加、删除、修改数据），数据源控件可以与数据绑定控件（如 GridView、DataList）很好地结合起来，通过数据绑定控件的 DataSourceID 属性与一个数据源控件相关联。本实例使用 SqlDateSource 数据源控件绑定 GridView 实现数据的显示。使用 SqlDateSource 控件配置数据源，连接数据库，然后使用 GridView 控件绑定 SqlDateSource 数据源。具体步骤如下。

（1）在 ch9_3 的文件夹下创建一个名为 SqlDateSource 的网站，默认主页为 Default.aspx。在该页中添加一个 GridView 控件和一个 SqlDateSource 控件。

（2）配置 SqlDateSource 控件。单击 SqlDateSource 控件，在弹出的智能标记中单击“配置数据源...”超链接，如图 9-8 所示。打开配置数据源向导，如图 9-9 所示。

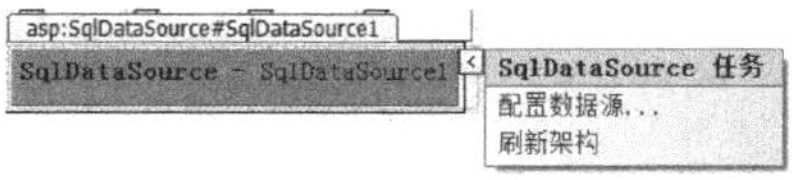

asp:SqlDataSource#SqlDataSource1
SqlDataSource - SqlDataSource1
SqlDataSource 任务
配置数据源...
刷新架构

图 9-8　使用 SqlDateSource 控件的任务框

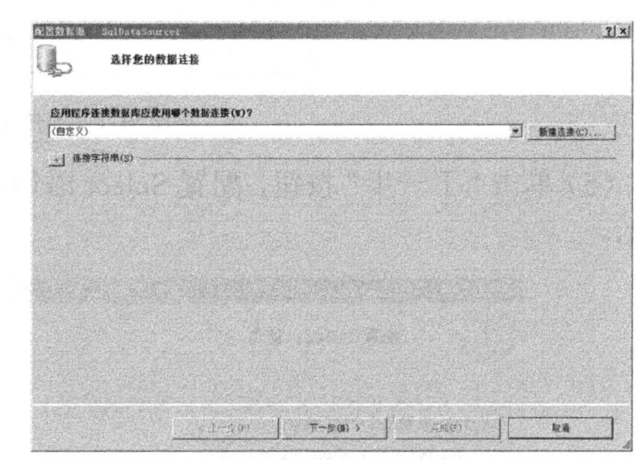

图 9-9　配置数据源向导

（3）选择数据链接，单击“新建连接”按钮，打开“添加连接”对话框。填写服务器名（通常与计算机同名，计算机名太复杂，可以写成 local）；选择“使用 SQL Sever 身份验证”，设置用户名为 sa，密码为 frock；输入要连接的数据库名称，本实例中为 Student，如图 9-10 所示。如果配置信息填写正确，单击“测试连接”按钮，将弹出有“测试连接成功”的内容提示对话框。单击“确定”按钮，返回配置数据源向导。

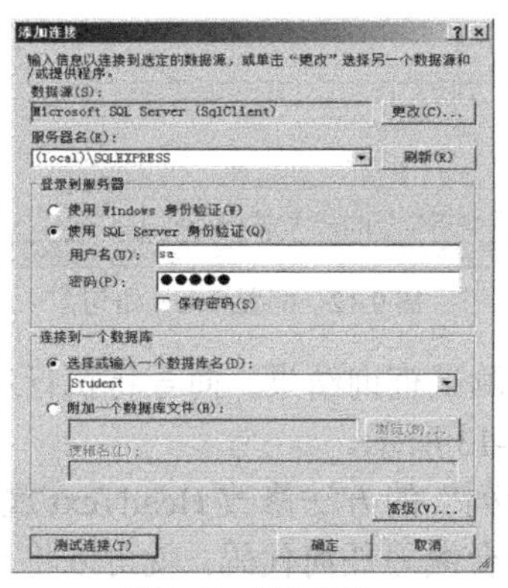

图 9-10　添加连接

（4）单击“下一步”按钮，跳转到“将连接字符串保存到应用程序配置文件中”对话框，如图 9-11 所示。

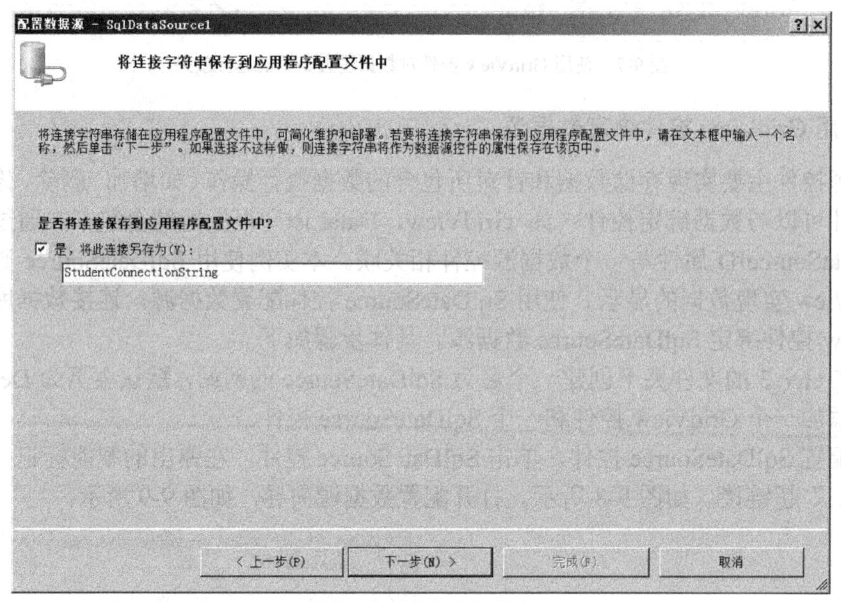

图 9-11　保存连接字符串

（5）单击“下一步”按钮，配置 Select 语句，选择要查询的表和要查询的列，如图 9-12 所示。

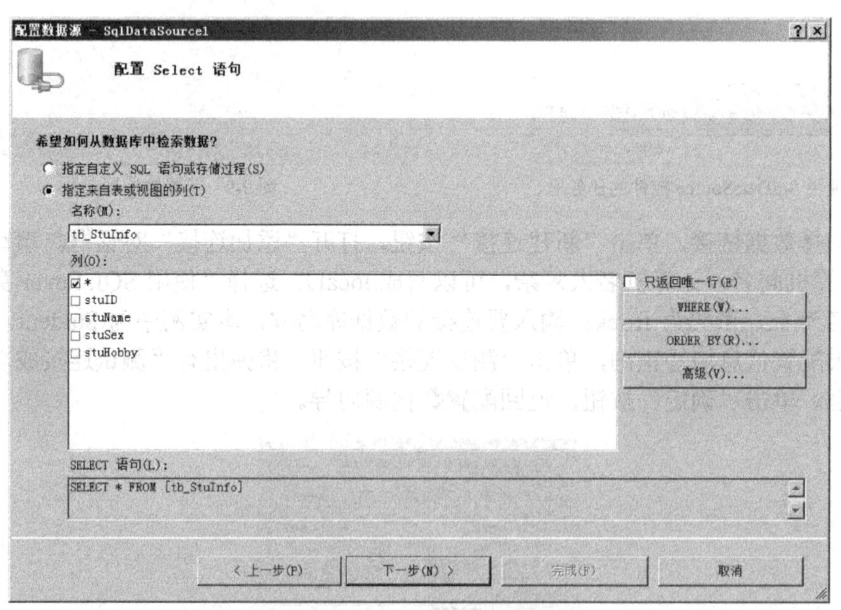

图 9-12　配置 Select 语句

（6）单击“下一步”按钮，测试查询结果。向导将执行对话框下方的 SQL 语句，将查询结果显示在对话框中间，如图 9-13 所示。

（7）按图 9-5 介绍的“编辑列”的方法修改 HeadText 属性，将其设置为中文列标题。

可以看出，本实例没有在后台编写任何代码，就可以将 Student 数据库中 tb_StuInfo 表的信息显示出来。

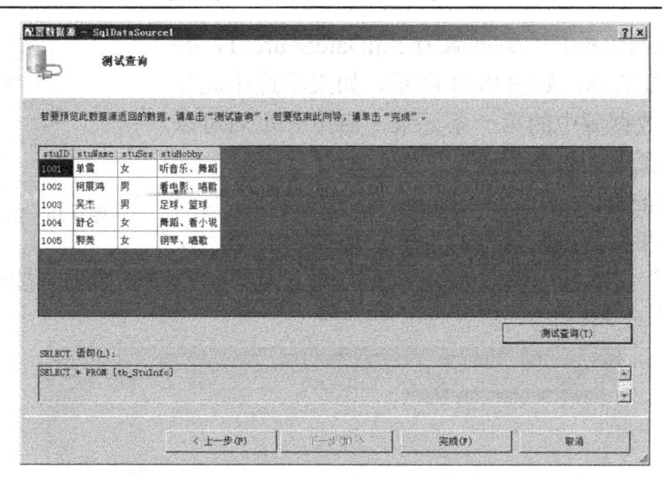

图 9-13　显示查询结果

9.3.2　DetailsView 控件

1. DetailsView 控件概述

GridView 控件适合显示多行数据。在某些时候用户希望一次只看到某一行中所包含数据字段的详细数据，即页面一次只显示一条记录。DetailsView 控件的主要功能是以表格形式显示和处理来自数据源的单条数据记录，其表格只包含两个数据列。一个数据列逐行显示数据列名，另一个数据列显示与对应列名相关的详细数据值。DetailsView 控件提供了与 GridView 相同的许多数据操作和显示功能，可以对数据进行分页、更新、插入和删除操作。

DetailsView 控件具有许多与 GridView 控件相同的属性和事件，这里就不再重复介绍了。但 DetailView 有一个 DefaultMode 属性，可以控制默认的显示模式，该属性有 3 个可选值。

- DetailsViewMode.Edit：编辑模式，用户可以更新记录的值。
- DetailsViewMode.Insert：插入模式，用户可以向数据源中添加新记录。
- DetailsViewMode.ReadOnly：只读模式，这是默认的显示模式。

DetailsView 控件提供了与切换模式相关的两个事件：ModeChanging 事件（在模式切换前触发）和 ModeChanged 事件（在模式切换后触发）。此外，DetailsView 控件提供了 ChangeMode 方法，用来改变 DetailsView 的显示模式。将 DetailsView 控件的模式改为编辑模式的代码如下。

```
DetailsView1.ChangeMode(DetailsViewMode.Edit);
```

可以在 DetailView 控件外放置控制 DetailView 显示模式的按钮，当单击不同的模式按钮时，调用 ChangeMode 方法进行模式切换。

2. 使用 DetailsView 控件的实例

该实例通过 DetailsView 控件显示 Student 数据库中 tb_StuInfo 表的信息，并且可以进行插入、更新和删除操作。具体步骤如下。

（1）在 ch9_3 文件夹下新建一个 DetailsView 网站，添加一个 DetailsViewDemo.aspx 页面。从工具箱中拖放一个 DetailsView 控件和一个 SqlDateSource 控件，ID 分别为 DetailsView1 和 SqlDateSource1。

（2）按 9.3.1 小节所介绍的方法配置 SqlDateSource 控件数据源，查询 Student 数据库中 tb_StuInfo 表的所有记录。

（3）设置 DetailsView1 的数据源为 SqlDateSource1，并选择“启用分页”复选框，如图 9-14 所示。如果不选中此复选框，则只能查看数据源中的第一条记录，启用分页后可以通过翻面显示数据源中的每条记录。

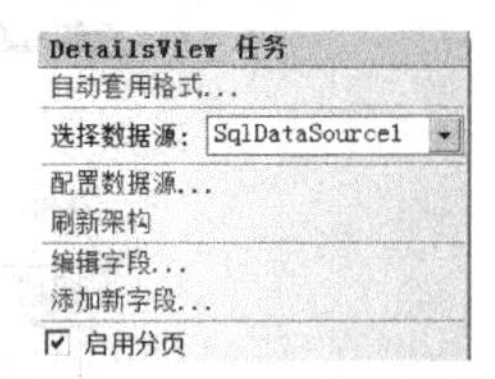

图 9-14 DetailsView 控件任务选项

（4）单击 SqlDateSource1 的 DeleteQuery 属性右侧的“...”按钮，弹出“命令和参数编辑器”对话框，如图 9-15 所示，在“DELETE 命令”文本框中输入 SQL 代码（建议借助“查询生成器”按钮协助生成代码）。

```
DELETE FROM tb_StuInfo where stuID=@stuID
```

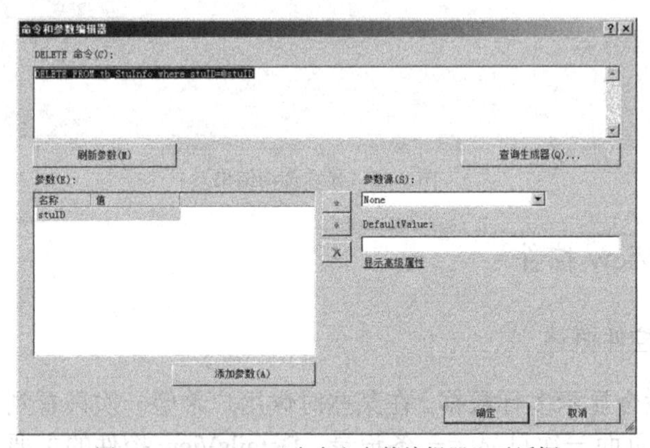

图 9-15 DELETE“命令和参数编辑器”对话框

（5）单击 SqlDateSource1 的“InsertQuery”属性右侧的“...”按钮，弹出“命令和参数编辑器”对话框，在“INSERT 命令”文本框中输入 SQL 代码。

```
INSERT INTO tb_StuInfo VALUES (@stuID, @stuName, @stuSex, @stuHobby)
```

（6）单击 SqlDateSource1 的“UpdateQuery”属性右侧的“...”按钮，弹出“命令和参数编辑器”对话框，在“UPDATE 命令”文本框中入 SQL 代码。

```
UPDATE tb_StuInfo SET stuName =@stuName, stuSex =@stuSex , stuHobby =@stuHobby
```

（7）设置完成 SqlDateSource1 控件的插入、更新和删除命令后。单击 DetailsView1 右上角的小三角按钮，在弹出的“DetailsView 任务”中，选中“启用插入”、“启用编辑”和“启用删除”复选框，如图 9-16 所示。此时在 DetailsView 控件中添加“编辑”、“删除”和“新建”按钮。

（8）运行该页面，可以对 tb_StuInfo 表进行编辑、删除和新建操作，效果如图 9-17 所示。

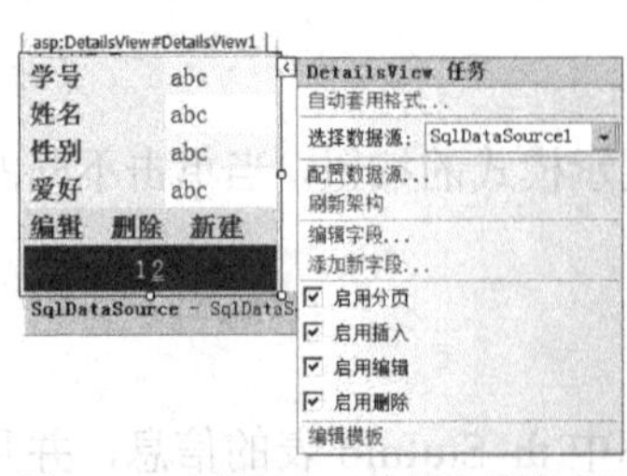

图 9-16 启用插入、编辑和删除功能

图 9-17 DetailsView 控件编辑、删除和新建功能效果

9.3.3 ListView 控件和 DataPager 控件

1. ListView 控件和 DataPager 控件简介

ListView 控件集成了 GridView、DataList、Repeater、DetailsView 和 FormView 控件的所

有功能，可以在页面上自定义多条记录的显示布局。ListView 控件允许用户编辑、插入和删除数据，以及对数据进行排序和分页。ListView 控件是一个相当灵活的数据绑定控件，该控件不会以默认的格式呈现，所有格式都需要使用模板设计实现。

ListView 控件中至少包含两个模板：LayoutTemplate 和 ItemTemplate。LayoutTemplate 模板是用来显示数据的布局模板，ItemTemplate 则是每一条数据的显示模板，将 ItemTemplate 模板放置在 LayoutTemplate 模板中可以实现定制的布局。

ListView 控件本身没有分页功能，可以通过 DataPager 控件实现分页。DataPager 控件是一个专门用于分页的服务器控件。

2. ListView 控件和 DataPager 控件使用实例

该实例首先在 ListView 控件中创建组模板，并结合 DataPager 控件分页显示数据。具体步骤如下。

（1）在 ch9_3 文件夹下新建一个 ListViewPager 网站，添加一个 Default.aspx 页面。从工具箱中拖放一个 ListView 控件、一个 DataPager 控件和一个 SqlDateSource 控件，ID 分别为 ListView1、DataPager1 和 SqlDateSource1。

（2）按 9.3.1 小节介绍的方法配置 SqlDateSource 控件数据源，查询 Student 数据库中 tb_StuInfo 表的所有记录。

（3）将 ListView 控件绑定到数据源控件时，ListView 控件没有自动生成任何创建呈现的代码，必须通过手工定义模板，或单击 ListView 控件右上角的三角符号，在弹出的“ListView 任务”中选择“配置 ListView”，出现“配置 ListView”对话框，如图 9-18 所示。

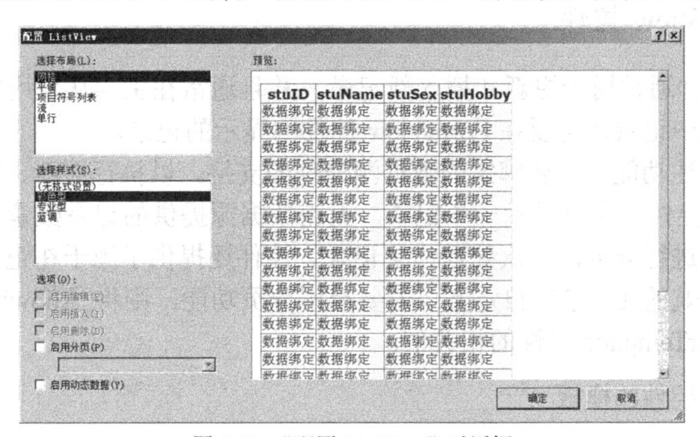

图 9-18 “配置 ListView”对话框

（4）选择网格布局，从预览中可以看出列名是英文的，ListView 控件没有提供“编辑列”功能，需要修改设计视图中的源代码，主要是修改<LayoutTemplate>区的代码，修改情况如下。

```
<tr runat="server" style="background-color: #FFFBD6;color: #333333;">
    <th runat="server"> 学号</th>
    <th runat="server"> 姓名 </th>
    <th runat="server"> 性别</th>
    <th runat="server"> 爱好</th>
</tr>
```

（5）设置 DataPager 控件的属性。将 PageControlID 属性设为 ListView1，使该控件与 ListViw1 控件相关联。PageSize 属性设置为 2，表示每页显示 2 条记录。单击 DataPager 右上角的小三角符号，在弹出的 DataPager 任务窗口中提供了定义 DataPager 显示样式的方法，选择“数字页导航字段”可以设置导航的显示属性，如图 9-19 所示。

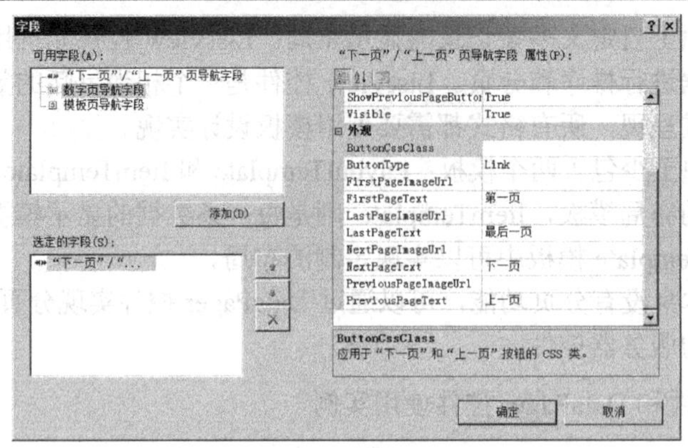

图 9-19 数字页导航字段

将图 9-19 中的 ShowFirstPageButton 属性(可显示"第一页")设置为"True",ShowLastPageButton 属性(可显示"最后一页")设置为"True",这个属性的默认值是 False。如果不设为 True,分页信息中只显示"上一页"、"下一页",对于记录比较多的数据,只有这两项显示起来是不方便的。

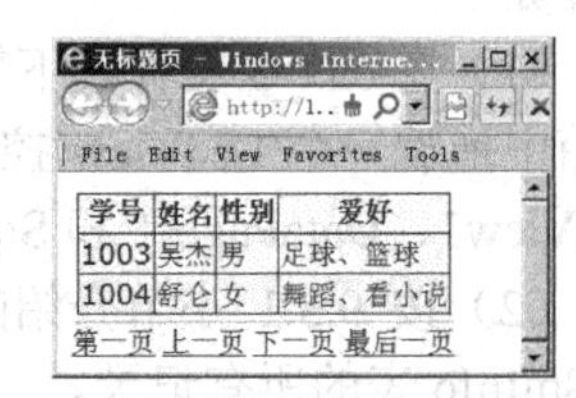

图 9-20 具有分页功能的 ListView 控件

(6)运行该页面,效果如图 9-20 所示,可以看出 ListView 控件具有分页功能。

9.3.4 FormView 控件

FormView 控件通常用于更新和插入新记录,并且通常在主—从应用中使用,在这些应用中,主控件的选中记录决定要在 FormView 控件中显示的记录。

控件要实现上述功能,需要绑定的数据源控件的支持,以执行更新、新增和删除记录的操作。FromView 控件一次仅显示一条记录,无论数据源提供的记录数量有多少。并且控件自动对获取的数据进行分页,一次处理一条记录。控件还提供了用于在记录之间导航的用户界面,也可以对导航的 UI 进行自定义;若要启用分页功能,则将 AllowPaging 属性设置为 True,并指定 PagerTemplate 属性的相关值。

1. FormView 控件的模板

FormView 控件最大的特征就是具有 7 个用于完成自定义用户界面的模板。不同的操作对应不同的模板。ItemTemplate 模板用于显示(ItemTemplate)、插入(InsertItemTemplate)和编辑(EditItemTemplate)数据。各模板的详细说明如表 9-6 所示。

表 9-6 FormView 控件的模板

模板类型	说 明
EditItemTemplate	定义数据行在 FormView 控件处于编辑模式时的内容,此模板通常包含用户可以用来编辑现有记录的输入控件和命令按钮
EmptyDataTemplate	定义在 FormView 控件绑定到不包含任何记录的数据源时所显示的空数据行的内容,此模板通常包含用来警告用户数据源不包含任何记录的内容
FooterTemplate	定义脚注行的内容,此模板通常包含任何要在脚注行中显示的附加内容
HeaderTemplate	定义标题行的内容,此模板通常包含任何要在标题行中显示的附加内容
ItemTemplate	定义数据行在 FonnView 控件处于只读模式时的内容,通常包含用来显示现有记录的值的内容

续表

模板类型	说　明
InsertItemTemplate	定义数据行在 FonnView 控件处于插入模式时的内容，通常包含用来添加新记录的输入控件和命令按钮
PagerTemplate	定义在启用分页功能时所显示的页导航行的内容，通常包含用户可以用来导航至另一个记录的控件

2. 使用 FormView 控件进行数据绑定

FormView 控件提供了以下两个用于绑定数据的属性。

（1）使用 DataSourceID 属性进行数据绑定。

使用此属性可以将 FormView 控件绑定到数据源控件，允许 FormView 控件利用数据源控件的功能并提供了内置的更新和分页功能。当使用 DataSourceID 属性绑定到数据源时，FormView 控件支持双向数据绑定。除了可以使该控件显示数据外，还可以使它自动支持对绑定数据的插入、更新和删除操作。

（2）使用 DataSource 属性进行数据绑定。

使用此属性可以绑定到包括 ADO.NET 数据集和数据读取器在内的各种对象，但需要为附加功能（如更新和分页等）编写代码。

3. 使用 FormView 控件实例

该实例通过 FormView 控件显示 Student 数据库中 tb_StuInfo 表的信息，并且可以进行插入、更新和删除操作。对性别和爱好两个属性分别用 RadioButtonList 和 DropDownList 控件，便于操作。具体步骤如下。

（1）在 ch9_3 文件夹下新建一个 FormView 网站，添加一个 Default.aspx 页面。从工具箱中拖放一个 FormView 控件和 3 个 SqlDateSource 控件，ID 分别为 DetailsView1、SqlDateSource1、SqlDateSource2 和 SqlDateSource3。

（2）单击 SqlDateSource1 控件，然后在属性窗口中单击 UpdateQuery 框中的“…”按钮，打开“命令和参数编辑器”对话框，在“UPDATE 命令”文本框中输入以下 SQL 语句。

```
UPDATE tb_StuInfo SET stuName =@stuName, stuSex =@stuSex , stuHobby =@stuHobby
```

单击 InsertQuery 框中的“…”按钮，打开“命令和参数编辑器”对话框，在“INSERT 命令”文本框中输入以下 SQL 语句。

```
INSERT INTO tb_StuInfo VALUES (@stuID, @stuName, @stuSex, @stuHobby)
```

单击 DeleteQuery 框中的“…”按钮，打开“命令和参数编辑器”对话框，在“DELETE 命令”文本框中输入以下 SQL 语句。

```
DELETE FROM tb_StuInfo where stuID=@stuID
```

（3）添加两个 SqlDataSource 控件，并将其 ID 设置为 ds2、ds3，ds2 的 SelectCommand 属性设置为以下语句。

```
SELECT DISTINCT [stuSex] FROM [tb_StuInfo]
```

ds3 的 SelectCommand 属性设置为以下语句。

```
SELECT DISTINCT [stuHobby] FROM [tb_StuInfo]
```

（4）单击在“FormView 任务”菜单中的“编辑模板”命令，进入 ItemTemplate 模板编辑模式后，将原来的英文标签改写成中文，如图 9-21 所示。

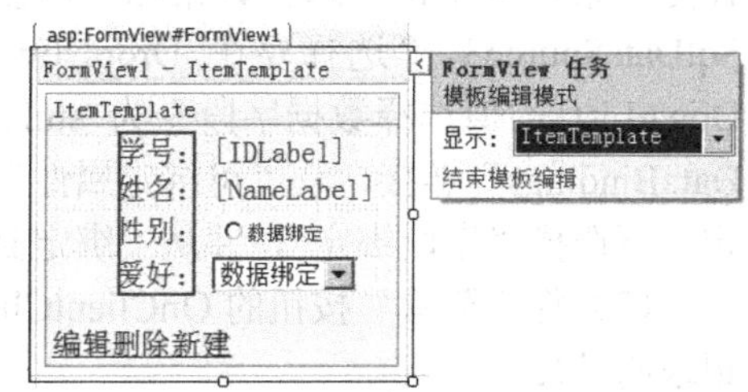

图 9-21　ItemTemplate 模板编辑模式

（5）移除“性别”右边的文本框控件，并添加一个 RadilButtonList 控件；在“RadilButtonList

任务”菜单中单击“选择数据源”链接；在“数据源配置向导”对话框中，“选择数据源为SqlDataSource2”，“选择要在 RadilButtonList 中显示的数据字段”为 stuSex，“为 RadilButtonList 的值选择数据字段”为 stuSex，如图 9-22 所示；在“RadilButtonList 任务”菜单中单击“编辑 DataBindings”链接，从“可绑定属性”列表中选择 SelectValue 属性，在“为 SelectValue 绑定”下选择“字段绑定”，并在代码表达式框中写上 Bind（“stuSex”），如图 9-23 所示。

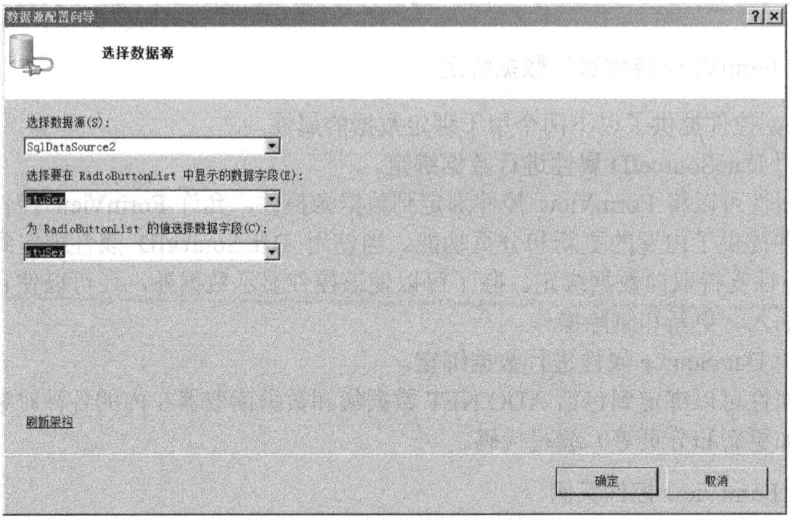

图 9-22 “数据源配置向导”对话框

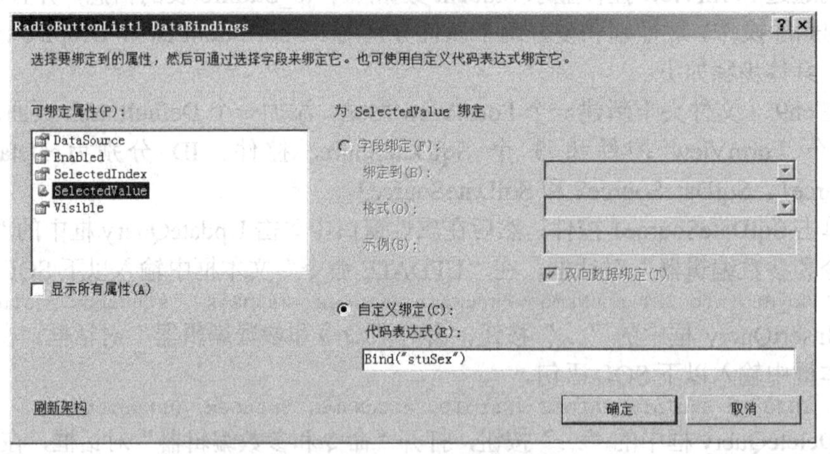

图 9-23　编辑 DataBindings 对话框

（6）移除“爱好”右边的文本框控件，并添加一个 DropDownList 控件；在“DropDownList 任务”菜单中单击“选择数据源”链接；在“数据源配置向导”对话框中，选择数据源为 SqlDataSource3，“选择要在 DropDownList 中显示的数据字段”为 stuHobby，“为 Drop DownList 的值选择数据字段”为 stuHobby；在“DropDownList 任务”菜单中单击“编辑 DataBindings”链接，从“可绑定属性”列表中选择 SelectValue 属性，在“为 SelectValue 绑定”下选择“字段绑定”，并从“绑定到”列表中选择 stuHobby。

（7）将“删除”按钮的 OnClientClick 属性值设置为 return confirm（“你确实要删除这条记录吗?”）。

（8）运行该页面，效果如图 9-24 所示。单击“删除”，可以看到提示信息，如图 9-25 所示，这样可以防止误删除。

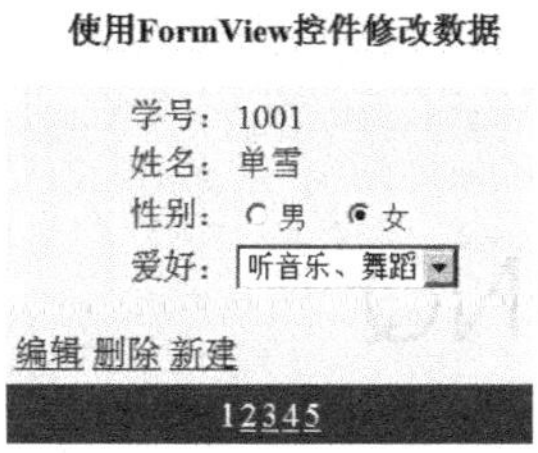

图 9-24　FormView 控件运行界面

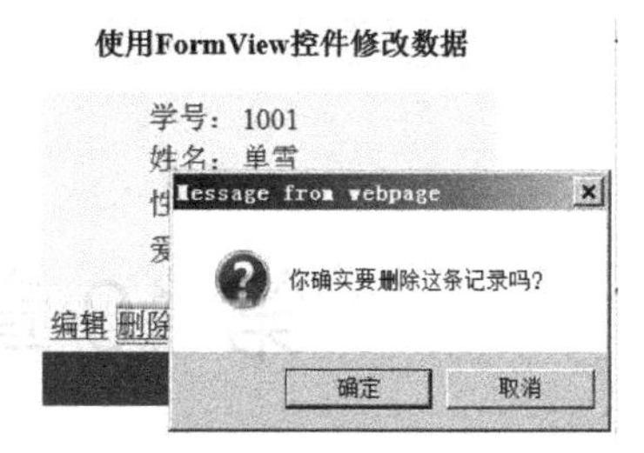

图 9-25　单击“删除”提示信息

本章实验

一、实验目的

了解 ASP.NET 的数据绑定技术，掌握数据源控件及数据绑定控件的使用。

二、实验内容和要求

（1）新建一个名为 Experiment9 的网站。

（2）在网站的 App_Data 文件夹下，添加第 8 章所使用的 custom 数据库。

（3）添加一个名为 GridView.aspx 的 Web 页面，在该页面上利用 GridView 控件和 SqlDataSource 控件实现数据的分页显示、修改和删除功能。

（4）添加一个名为 DataView.aspx 的 Web 页面，在该页面上利用 DataView 控件实现数据显示、插入、修改和删除功能。

（5）添加一个名为 FormView.aspx 的 Web 页面，在该页面上利用 FormView 控件和 SqlDataSource 控件实现数据的分页显示、插入、修改和删除功能，要求自定义 FormView 的界面和布局。

（6）添加一个名为 ListView.aspx 的 Web 页面，在该页面上利用自定义 ListView 控件的模板，并结合 DatePage 控件实现分页显示功能。

第 10 章　使用 LINQ

LINQ 是.NET Framework 3.5 中非常重要的新成员，其目标是以一致的方式，直接利用程序语言本身访问各种不同类型的数据。本章先介绍 LINQ 技术的主要概念以及在程序开发过程中可以解决的问题，接着介绍 LinqDataSource 数据源控件，最后说明使用 LINQ 技术实现数据访问的方法。

10.1　LINQ 技术基础

语言集成查询（Language-Integrated Query，LINQ）是 Microsoft 公司推出的一项新技术，它能够将查询直接引入.NET Framework 3.5 所支持的编程语言（如 C#和 VB.NET 等）。LINQ 查询操作可以通过编程语言自身传达，而不是以字符串嵌入应用程序中。LINQ 主要由 3 部分组成：LINQ to ADO.NET、LINQ to Objects 和 LINQ to XML。

（1）LINQ to ADO.NET：可以分为两部分，即 LINQ to SQL 和 LINQ to DataSet。

- LINQ to SQL 组件：可以查询基于关系数据库的数据，并对这些数据进行检索、插入、修改、删除、排序、聚合、分区等操作。
- LINQ to DataSet 组件：可以查询 DataSet 对象中的数据，并对这些数据进行检索、过滤、排序等操作。

（2）LINQ to Objects 组件：可以查询 Ienumerable 或 Ienumerable<T>集合，也就是说可以查询任何可枚举的集合，如数据（Array 和 ArrayList）、泛型列表 List<T>、泛型字典 Dictionary<T>，以及用户自定义的集合等，而不需要使用 LINQ 提供程序或 API。

（3）LINQ to XML 组件：可以查询或操作 XML 结构的数据（如 XML 文档、XML 片段、XML 格式的字符串等），并提供修改文档对象模型的内存文档和支持 LINQ 查询表达式等功能，以及处理 XML 文档的全新编程接口。

LINQ 可以查询或操作任何存储形式的数据，如对象（集合、数组、字符串等）、关系（关系数据库、ADO.NET 数据集等）以及 XML。LINQ 架构如图 10-1 所示。

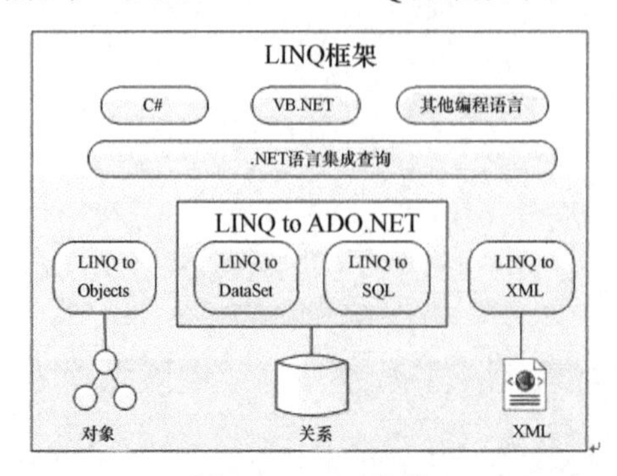

图 10-1　LINQ 架构

10.2　LinqDataSource 数据源控件

LinqDataSource 控件是 ASP.NET 3.5 引入的一个新数据源控件，它可以使用 ASP.NET 3.5 的 LINQ 功能查询应用程序中的数据对象。下面介绍如何使用 LinqDataSource 控件及其在设计期间的配置选项。

LinqDataSource 控件的工作方式与其他数据源控件一样，也是把在控件上设置的属性转换为可以在目标数据对象上执行的查询。SqlDataSource 控件可以根据属性设置生成 SQL 语句，LinqDataSource 控件也可以把属性设置转换为有效的 LINQ 查询。利用 LINQ 访问数据库时，首先要建立数据源的上下文对象，该对象包含要查询的数据的基对象，它实质是一个 LINQ to SQL 类文件。把该控件拖放到 Visual Studio 设计界面上，就可以使用智能标记配置控件了，图 10-2 显示了配置向导的初始页面。

在图 10-2 所示界面上，可以选择要用作数据源的上下文对象。在默认情况下，向导仅显示派生自 System.Data.Linq.DataContext 基类的对象，该基类一般是由 LINQ to SQL 创建的数据上下文类。向导允许查看应用程序中的所有对象（包括在项目中引用的对象），选择其中一个作为上下文对象。

选择了上下文对象后，向导允许选择上下文对象中的特定表或属性，以返回要绑定的数据，如图 10-3 所示。如果绑定到一个派生自 DataContext 的类上，Table 下拉列表会显示该上下文对象所包含的所有数据表。如果绑定到一个标准类上，该下拉列表允许选择上下文对象中的任意可枚举属性。

选择表后，单击完成按钮，完成向导。在设计视图中可以看到如下源代码。

```
<asp:LinqDataSource ID="LinqDataSource1" runat="server" ContextTypeName="MyPetShop
DataContext" TableName="Category"></asp:LinqDataSource>;
```

LinqDataSource 现在就可以绑定到数据控件上了，如 GridView 或 ListView。注意控件生成的标记包含 3 个属性：EnableInsert、EnableUpdate 和 EnableDelete，这 3 个属性默认是 False，要把它们改为 True 才可生效。这些属性可以配置控件，执行插入、更新和删除操作（假设底层的数据源支持这些操作）。因为数据源控件知道它连接到 LINQ to SQL 数据上下文对象上，而该对象默认支持这些操作，所以数据源控件自动支持这些操作。

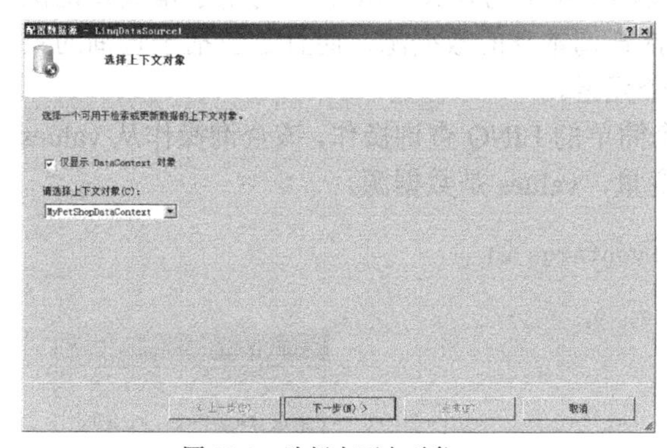

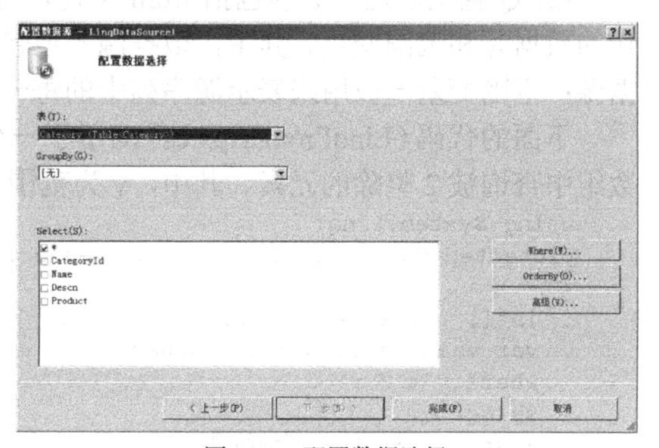

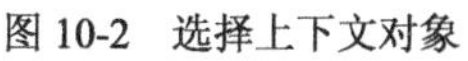

图 10-2　选择上下文对象　　　　图 10-3　配置数据选择

LinqDataSource 还包含许多其他的基本配置选项，它们可用于控制从上下文对象中选择数据。如图 10-3 所示，配置向导还允许选择要包含在其结果集中的指定字段。

```
<asp:LinqDataSource ID="LinqDataSource1" runat="server" ContextTypeName="MyPetShop
DataContext"
```

```
    TableName="Category" EntityTypeName="" Select="new (CategoryId, Name)"></asp:Linq
DataSource>
```

把控件绑定到 GridView 上，现在就只能看到这 2 个指定的字段了。如果没有指定 Select 属性，LinqDataSource 控件就返回数据对象的所有公共属性。

10.3 使用 LINQ 实现数据访问

LINQ 集成于.NET Framework 3.5 中，提供了统一的语法实现多种数据源的查询和管理。它与.NET 支持的编程语言整合为一体，使得数据的查询和管理直接被嵌入编程语言的代码中，这样，就能充分利用 Visual Studio 2010 的智能提示功能，并且编译器也能检查查询表达式中的语法错误。

10.3.1 LINQ 查询表达式

LINQ 查询表达式是 LINQ 中非常重要的部分，它可以从一个或多个给定的数据源中检索数据，并指定检索结果的数据类型和表现形式。LINQ 查询表达由一个或多个 LINQ 查询子句按照一定规则组成，其中包括以下子句。

- from 子句：指定查询操作的数据源和范围变量。
- select 子句：指定查询结果的类型和表现形式。
- where 子句：指定筛选元素的逻辑条件。
- group 子句：对查询结果进行分组。
- orderby 子句：对查询结果进行排序。
- join 子句：连接多个查询操作的数据源。
- let 子句：引入用于存储查询表达式中的子表达式结果的范围变量。
- into 子句：提供一个临时标识符，该标识符可以在 join、group 或 select 子句中引用。

查询表达式必须以 from 子句开始，以 select 或 group 子句结束，中间可以包含一个或多个 from、where、orderby、group、join、let 等子句。

1. From 子句

LINQ 查询表达式必须包括 from 子句，且以 from 子句开头。from 子句用于指定查询操作的数据源和范围变量。其中，数据源不但包括查询本身的数据源，而且还包括子查询的数据源；范围变量一般用来表示源序列中的每一个元素。

下面的代码（LinqFrom.aspx.cs）演示了一个简单的 LINQ 查询操作，该查询操作从 values 数组中查询被 2 整除的元素。其中，v 为范围变量，values 是数据源。

```
using System.Linq;
protected void Page_Load(object sender, EventArgs e)
{
   int[] values = { 1, 2, 3, 4, 5, 6, 7, 8, 9, 0 };
   var value = from v in values
   where v % 2 == 0
   select v;
   Response.Write("查询结果：<br>");
   foreach (var v in value)
   {
     Response.Write(v.ToString() + "<br>");
   }
}
```

运行效果如图 10-4 所示。

图 10-4 from 子句的查询结果

2. Where 子句

在 LINQ 查询表达式中，where 子句指定筛选元素的逻辑条件，一般由逻辑运算符组成。以下实例（LinqWhere.aspx.cs）使用 where 子句查询数组中能被 2 整除并且数值大于 2 的元素。

```
using System.Linq;
protected void Page_Load(object sender, EventArgs e)
{
      int[] values = { 1, 2, 3, 4, 5, 6, 7, 8, 9, 0 };
      var value = from v in values
                 where v % 2 == 0 && v > 2
                 select v;
      Response.Write("查询结果: <br>");
      foreach (var v in value)
      {
          Response.Write(v.ToString() + "<br>");
      }
}
```

该程序的运行效果如图 10-5 所示。

图 10-5　where 子句的查询结果

3. select 子句

在 LINQ 查询表达式中，select 子句指定查询结果的类型和表达式。LINQ 查询表达式必须以 select 子句或 group 子句结束。以下实例（LinqSelect.aspx.cs）实现最简单的 select 子句的查询操作，代码如下。

```
using System.Linq;
protected void Page_Load(object sender, EventArgs e)
{
    int[] values = { 11, 2, 3, 14, 5, 6, 17, 8, 9, 0 };
    var value = from v in values
                where  v > 10
                select v;
    Response.Write("查询结果: <br>");
    foreach (var v in value)
    {
        Response.Write(v.ToString() + "<br>");
    }
}
```

该程序的运行效果如图 10-6 所示。

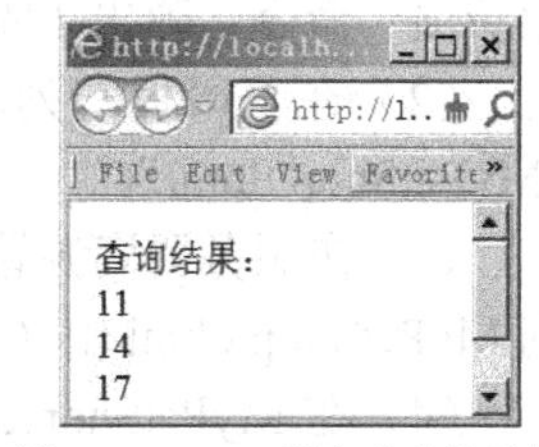

图 10-6　select 子句的查询结果

4. orderby 子句

在 LINQ 查询表达式中，orderby 子句可以对查询结果进行排序。排序表达式可以为“升序”或“降序”，且排序的主键可以是一个或多个。默认排序方式为“升序”。以下实例（LinqOrderby.aspx.cs）使用 orderby 子句对查询结果进行降序排序，代码如下。

```
using System.Linq;
protected void Page_Load(object sender, EventArgs e)
{
       int[] values = { 1, 12, 3, 14, 11, 6, 19, 18, 9, 10 };
       var value = from v in values
                          where v <5 || v > 15
                          orderby v descending
                          select v;
       Response.Write("查询结果: <br>");
       foreach (var v in value)
       {
           Response.Write(v.ToString() + "<br>");
        }
}
```

该程序的运行效果如图 10-7 所示。

图 10-7　使用 orderby 子句对查询结果进行排序

10.3.2 LINQ to SQL 概述

LINQ 最大的特点是使用 LINQ 的查询表达式来查询数据库，LINQ 将查询语法转换为相应的 SQL 语句。LINQ to SQL 为关系数据库提供了一个对象模型，即将关系数据库映射为类对象。开发人员将以操作对象的方式实现对数据的查询、修改、插入和删除等操作。

当 LINQ to SQL 从数据库中读出记录时，这些数据库记录将被转换为一组内存对象。表 10-1 概括了 LINQ to SQL 对象模型中最基本的元素及其与关系数据模型中元素的关系。

表 10-1　　　　数据库与对象间的映射关系

SQL Server 对象	LINQ to SQL 对象
SQL Server 数据库	DataContext 类
表	实体类
属性	属性
外键关系	关联
存储过程	方法

10.3.3 建立 LINQ 数据源

使用 LINQ 查询或管理数据库，需要建立 LINQ 数据源。LINQ 数据源专门使用 DBML 文件作为数据源。下面以 SQL Sever 2008 数据库为例，建立一个 LINQ 数据源。具体步骤如下。

（1）在解决方案资源管理器中，右击 App_Code 文件夹，在弹出的快捷菜单中选择“添加新项”命令，弹出“添加新项”对话框，如图 10-8 所示。

（2）在“模板”列表框中选择“LINQ to SQL 类”选项，在“名称”文本框中输入“MyPetShop.dbml”。

（3）在服务器资源管理器中连接 SQL Sever 2008 数据库，然后将指定数据库中的表映射到 MyPetShop.dbml 中（可以将表拖到设计视图中），如图 10-9 所示。

（4）在 MyPetShop.dbml 文件中创建一个名为 MyPetShopDataContext 的数据上下文类，用于为数据库提供查询或操作数据库的方法。LINQ 数据源创建完成，MyPetShopDataContext 类中的程序代码均自动生成。

图 10-8 “添加新项”对话框

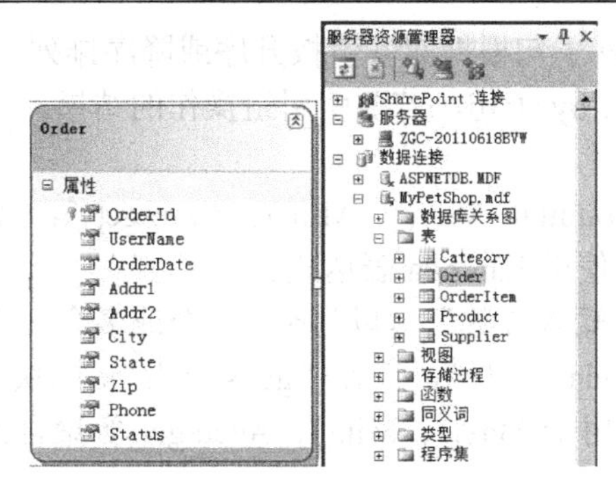

图 10-9 将数据表映射到 dbml 文件

下面该实例在建立 LINQ 数据源过程中产生了以下 3 个文件。

➢ MyPetShop.dbml 定义 MyPetShop 数据库的架构。

➢ MyPetShop.dbml.layout 定义每个表在设计视图中的布局。

➢ MyPetShop.designer.cs 定义自动生成的类，包括派生自 DataContext 类的 MyPetShop DataContext 类，与 MyPetShop 数据库对应的类；以 MyPetShop 数据库中各表的表名作为类名的各实体类。

MyPetShop.designer.cs 中的代码会自动生成，下面简单介绍主要代码的含义。

➢ 实体类通过 TableAttribute 类的属性 Name 描述与数据表的映射关系。

```
[Table(Name="dbo.Category")]
```

实体类的属性通过 ColumnAttribute 类映射到数据库表的属性。

```
[Column(Storage="_CategoryId", AutoSync=AutoSync.OnInsert, DbType="Int NOT NULL
IDENTITY", IsPrimaryKey=true, IsDbGenerated=true)]
```

➢ 通过 AssociationAttribute 类映射数据库表间的外键关系。

```
//实体类 Category 中的定义
[Association(Name="Category_Product",Storage="_Product", OtherKey="CategoryId")]
//实体类 Product 中定义
[Association(Name="Category_Product",  Storage="_Category",  ThisKey="CategoryId",
IsForeignKey=true)]
```

➢ 存储过程通过 FunctionAttribute 类实现映射并使用 ParameterAttribute 类描述存储过程和方法的参数。

```
[Function(Name="dbo.CategoryInsert")]
public int CategoryInsert([Parameter(Name="Name", DbType="VarChar(80)")] string name,
[Parameter(Name="Descn", DbType="VarChar(255)")] string descn)
```

10.3.4 使用 LINQ to SQL 查询数据

在 LINQ to SQL 技术中，经过 DataContext 类和数据表类将数据库和数据表进行封装后，就可以使用 LINQ 的查询表达式或操作方法进行数据查询了。如果使用 LINQ 查询表达式，则先转换成操作方法，再由操作方法转换成相应的 SQL 语句。因此，能够使用查询表达式的查询肯定可以使用操作方法完成，但操作方法的写法没有表达式这么直接。常用的操作方法有如下几种。

（1）投影：可采用 select 子句通过投影操作实现。投影后的结果将生成一个新对象，该对象通常是匿名的。

（2）选择：实现了记录的过滤，由 where 子句完成。

（3）排序：使用 orderby 子句根据属性值按升序或降序排列。

（4）分组：使用 group…by 子句，若要引用组操作的结果，可以使用 into 子句创建用于进一步查询的标识符。

（5）聚合：主要涉及 Count()、Max()、Min()、Average()等方法。当使用 Max()、Min()、Average()等方法时，参数常使用 Lambda 表达式。

（6）Lambda 表达式："输入参数"可以为空、1 个或多个。当输入参数个数为 1 时，可省略括号；"=>"称为 Lambda 运算符，读作"goes to"；语句块反映了 Lambda 表达式的结果。当把 Lambda 表达式运用于 Max()、Min()、Average()等聚合方法时，编译器会自动推断输入参数的数据类型。

（7）连接：多表连接查询使用 join 子句，但对于具有外键约束的多表，可以直接通过引用对象的形式进行查询，当然也可以使用 join 子句实现。

下面通过一个实例讲解查询数据的一些常用操作方法，具体步骤如下。

（1）在网站 ch10_3 中添加一个新的页面，名为 LinqSqlQuery.aspx，在该页面中添加"所有"、"投影"、"选择"、"排序"、"分组"、"聚合"、"直接引用"、"连接"和"模糊"按钮，以及一个 GridView 控件。

（2）在 LinqSqlQuery.aspx.cs 页面的事件下编写"所有"和"投影"按钮的 Click 事件代码。

```
protected void btnAll_Click(object sender, EventArgs e)
{
     var results = from r in db.Product
                   select r;
     GridView1.DataSource = results;
     GridView1.DataBind();
}
protected void btnProject_Click(object sender, EventArgs e)
{
    var results = from r in db.Product
                  select new
                  {
                      r.ProductId,
                      r.CategoryId,
                      r.Name
                    };
    GridView1.DataSource = results;
    GridView1.DataBind();
}
```

以上代码中，多次出现的 db 是通过如下代码创建的。

```
MyPetShopDataContext db = new MyPetShopDataContext();
```

在"投影"按钮的 Click 事件中，首先声明 MyPetShopDataContext 对象（10.3.3 小节中已经介绍）的实例 db，使用 LINQ 查询表达式查询包含 ProductID、CategoryID、Name 属性的信息，并将查询结果保存到 result 变量中，然后将 result 中存储的结果设置为 GridView 控件的数据源，并且绑定数据显示查询结果。

（3）在 LinqSqlQuery.aspx.cs 页面中编写"选择"按钮的 Click 事件代码。

```
protected void btnSelect_Click(object sender, EventArgs e)
{
    var results = from r in db.Product
                  where r.UnitCost > 20
                  select r;
    GridView1.DataSource = results;
    GridView1.DataBind();
}
```

以上代码中，使用 LINQ 查询表达式查询 UnitCost 大于 20 的查询结果。

（4）在 LinqSqlQuery.aspx.cs 页面中编写“排序”按钮的 Click 事件代码。

```
protected void btnOrder_Click(object sender, EventArgs e)
{
        var results = from r in db.Product
                      orderby r.UnitCost descending
                      select r;
        GridView1.DataSource = results;
        GridView1.DataBind();
}
```

以上代码中，使用 LINQ 查询表达式查询以 UnitCost 值降序排列的查询结果，默认为升序。

（5）在 LinqSqlQuery.aspx.cs 页面中编写“分组”按钮的 Click 事件代码。

```
protected void btnGroup_Click(object sender, EventArgs e)
{
        //按 CategoryId 分组后结果存入 results
        var results = from r in db.Product
                      group r by r.CategoryId;
        foreach (var g in results)
        {
            //获取键为 5 的列表数据
            if (g.Key == 5)
            {
                var results2 = from r in g
                               select r;
                GridView1.DataSource = results2;
                GridView1.DataBind();
            }
        }
}
```

以上代码中使用 group…by 子句，分组后的结果集合将采用列表的形式。列表中的每个元素包括键值及根据该键值分组的元素列表。因此，要访问分组后的结果集合，必须使用循环语句，在循环体内获取 CategoryID 值为 5 的列表，然后在 GridView 控件中显示出来。

（6）在 LinqSqlQuery.aspx.cs 页面中编写“聚合”按钮的 Click 事件代码。

```
protected void btnPolymerize_Click(object sender, EventArgs e)
{
        var results = from r in db.Product
                      group r by r.CategoryId into g
                      select new
                      {
                          Key = g.Key,
                          Count = g.Count(),
                          MaxPrice = g.Max(p => p.ListPrice),
                          MinPrice = g.Min(p => p.ListPrice),
                          AvgPrice = g.Average(p => p.ListPrice)
                      };
        GridView1.DataSource = results;
        GridView1.DataBind();
}
```

以上代码中的 p => p.ListPrice 为 Max()、Min()、Average()的参数，“=>”称为 Lambda 运算符，表示按 CategoryId 分组后，在 ListPrice 这一列中求最大值、最小值以及平均值，并在 GridView 控件中显示结果。

（7）在 LinqSqlQuery.aspx.cs 页面中编写“连接”按钮的 Click 事件代码。

```
protected void btnJoin_Click(object sender, EventArgs e)
{
        var results=from product in db.Product
                            join category in db.Category on product.CategoryId equals
category.CategoryId
```

```
                        select new
                        {
                            product.ProductId,
                            product.CategoryId,
                            CategoryName = category.Name   //直接引用 Category 对象
                        };
        GridView1.DataSource = results;
        GridView1.DataBind();
}
```

以上代码将 Product 表与 category 表通过 CategoryId 属性连接，最后将 ProductId、CategoryId、Name 属性显示在 GridView 控件中。

（8）“直接引用”和“模糊”按钮的代码就不再详细介绍了，运行该页面，单击“模糊”按钮可以看到如图 10-10 所示的运行情况。

图 10-10　查询的运行页面

10.3.5　使用 LINQ to SQL 管理数据

使用 LINQ to SQL 不仅可以查询数据库的数据，还能向数据库中添加、修改、删除数据。这些功能主要通过 Table<T>泛型类的 InsertOnSubmit()、DeleteOnSubmit()和 SubmitChanges()方法来实现。其中 SubmitChanges()方法计算要插入、更新或删除的已修改对象的集合，并执行相应命令以实现对数据库的更改。程序实现的步骤如下。

（1）在网站 ch10_3 中添加一个新的页面，名为 LinqSqlManageData.aspx，在该页面中添加 3 个 Label 控件、3 个 TextBox 控件、4 个 Button 控件（“插入”、“修改”、“删除”、“存储过程”）和一个 GridView 控件。在 LinqSqlManageData.aspx.cs 中添加如下代码。

```
//创建 MyPetShopDataContext 类对象
MyPetShopDataContext db = new MyPetShopDataContext();
protected void Page_Load(object sender, EventArgs e)
{
        if (!IsPostBack)
        {
            ShowData();
        }
}
protected void ShowData()
{
        var results = from r in db.Category
                        select r;
        GridView1.DataSource = results;
        GridView1.DataBind();
}
```

以上代码中，首先创建在后面执行增加、删除、修改操作时要使用的对象 db，接下来填写 Page_Load 事件中的信息，该事件主要用于在 GridView 控件中显示 Category 表中的所有数据。

（2）在 LinqSqlQuery.aspx.cs 页面中编写“插入”按钮的 Click 事件代码。

```
protected void btnInsert_Click(object sender, EventArgs e)
{
         //建立 Category 实体 category
        Category category = new Category();
        category.Name = txtName.Text;
        category.Descn = txtDescn.Text;
          //插入实体 category
        db.Category.InsertOnSubmit(category);
```

```
        //提交更改
        db.SubmitChanges();
        //自定义方法，用于在 GridView1 中显示最新结果
        ShowData();
}
```

以上代码首先建立一个实体，为实体的属性赋值，然后调用 InsertOnSubmit()方法将实体类对象 category 添加到 db 对象的 Category 表中，最后调用 SubmitChanges 方法将实体类中的数据添加到数据库中。

（3）在 LinqSqlQuery.aspx.cs 页面中编写“修改”按钮的 Click 事件代码。

```
protected void btnUpdate_Click(object sender, EventArgs e)
{
        var results = from r in db.Category
                      where r.CategoryId == int.Parse(txtCategoryID.Text)
                      select r;
        if (results != null)
        {
            foreach (Category r in results)
            {
                r.Name = txtName.Text;
                r.Descn = txtDescn.Text;
            }
            db.SubmitChanges();
            ShowData();
        }
}
```

以上代码首先找到需要编辑的记录，然后直接将要修改的值赋予相应字段，最后调用 DataContext 类的 SubmitChanges 方法执行对数据库的更改命令。

（4）在 LinqSqlQuery.aspx.cs 页面中编写“删除”按钮的 Click 事件代码。

```
protected void btnDelete_Click(object sender, EventArgs e)
{
        var results = from r in db.Category
                      where r.CategoryId == int.Parse(txtCategoryID.Text)
                      select r;
       foreach (Category r in results)
        {
            db.Category.DeleteOnSubmit(r);
        }
        db.SubmitChanges();
        ShowData();
}
```

以上代码主要通过 Table<T>泛型类的 DeleteOnSubmit 方法和 DataContext 类的 SubmitChanges 方法来实现，根据 txtCategoryID 输入的 Id，删除相应的记录。

（5）在 LinqSqlQuery.aspx.cs 页面中编写“存储过程”按钮的 Click 事件代码。将利用存储过程实现数据插入操作，首先建立存储过程 CategoryInsertLinq，再生成对应的 CategoryInsertLinq()方法。建立存储过程 CategoryInsertLinq 要使用原来 SQL Server 中定义的存储过程，需要在建立 MyPetShop.dbml 时将存储过程拖入 O/R 设计器窗口，这样，Visual Studio 2010 会自动建立与存储过程对应的方法。在具体使用存储过程时，只要调用对象的方法就可以了。

```
protected void btnProcedure_Click(object sender, EventArgs e)
{
        db.CategoryInsertLinq(txtName.Text, txtDescn.Text);
        ShowData();
}
```

运行情况如图 10-11 所示。

图 10-11　使用 LINQ to SQL 管理数据的运行页面

10.3.6　LINQ to XML 概述

LINQ to XML 是一种启用了 LINQ 的内存 XML 编程接口，使用它，可以在.NET Framework 编程语言中处理 XML。它将 XML 文档置于内存中，这一点很像文档对象模型（DOM）。用户可以查询和修改 XML 文档，修改之后，可以将其另存为文件，也可以将其序列化然后通过网络发送。但是，LINQ to XML 与 DOM 不同：它提供一种新的对象模型，这是一种更轻量的模型，使用也更方便，这种模型利用了 Visual C# 2008 在语言方面的改进。

LINQ to XML 最重要的优势是它与 LINQ 的集成。由于实现了这一集成，因此，可以对内存 XML 文档编写查询，以检索元素和属性的集合。LINQ to XML 的查询功能在功能上（尽管不是在语法上）与 XPath 和 XQuery 具有可比性。Visual C# 2008 集成 LINQ 后，可提供更强的类型化功能、编译时检查和改进的调试器支持。通过将查询结果用作 XElement 和 XAttribute 对象构造函数的参数，实现了一种功能强大的创建 XML 树的方法。这种方法称为“函数构造”，利用这种方法，用户可以方便地将 XML 树从一种形状转换为另一种形状。

LINQ to XML 提供了改进的 XML 编程接口，这一点可能与 LINQ to XML 的 LINQ 功能同样重要。通过 LINQ to XML 对 XML 编程时，可以实现任何预期的操作，包括：

- 从文件或流加载 XML。
- 将 XML 序列化为文件或流。
- 使用函数构造从头开始创建 XML。
- 使用类似 XPath 的轴查询 XML。
- 使用 Add、Remove、ReplaceWith 和 SetValue 等方法对内存 XML 树进行操作。
- 使用 XSD 验证 XML 树。
- 使用这些功能的组合，可将 XML 树从一种形状转换为另一种形状。

10.3.7　使用 LINQ to XML 管理 XML 文档

使用 LINQ to XML 将 XML 结构文档保存到内存中，可以方便地实现查询、插入、修改、删除等操作。常用 LINQ to XML 类有以下几种。

XDocument 类：表示一个 XML 文档。调用其 Save()方法可建立 XML 文档。

XDeclaration 类：表示 XML 文档中的声明，包括版本、编码等。

XComment 类：表示 XML 文档中的注释。

XAttribute类：表示XML元素的属性，是一个名称/值对。

XElement类：表示XML文档中的元素，可包含任意多级别的子元素。通过Name属性获取元素名称；Value属性获取元素的值。通过Load()方法将XML文档导入内存，并创建XElement实例；Save()方法保存XElement实例到XML文档；Attribute()方法获取元素的属性；Remove()方法删除一个元素；ReplaceNodes()方法替换元素的内容；SetAttributeValue()方法设置元素的属性值。

下面通过一个具体的实例说明如何使用LINQ to XML管理XML文档。该实例中首先创建一个XML文档，并保存到BookLinq.xml文件中，然后对该文档进行查询、插入、修改、删除操作，具体步骤如下。

（1）在网站ch10_3中添加一个新的页面，名为LinqXml.aspx，在该页面中添加5个Button按钮，分别是“创建”、“查询”、“插入”、“修改”和“删除”按钮，分别为这些按钮添加Click事件代码。

（2）在LinqXml.aspx.cs页面中编写“创建”按钮的Click事件代码。

```
protected void btnCreate_Click(object sender, EventArgs e)
{
            //要建立的XML文件路径
            string xmlFilePath = Server.MapPath("~/chap10/BookLinq.xml");
            //建立XDocument对象doc
            XDocument doc = new XDocument
               (
               new XDeclaration("1.0", "utf-8", "yes"),
               new XComment("Book示例"),
               new XElement("Books",
                   new XElement("Book",
                       new XAttribute("ID", "100"),
                       new XElement("BookName", "ASP.NET高级编程"),
                       new XElement("Price", 156)
                             ),
                   new XElement("Book",
                       new XAttribute("ID", "101"),
                       new XElement("BookName", "精通LINQ数据访问"),
                       new XElement("Price", 39.8)
                           ),
                   new XElement("Book",
                       new XAttribute("ID", "102"),
                       new XElement("BookName", "ASP.NET 3.5教程"),
                       new XElement("Price", 41.6)
                             )
                          )
                      );
                      //保存到文件
                      doc.Save(xmlFilePath);
                      //以重定向方式显示BookLinq.xml
                      Response.Redirect("~/chap10/BookLinq.xml");
}
```

以上代码主要利用了XDocument对象，首先要按照XML文档的格式，分别把XML文档的声明、元素、注释等内容添加到XDocument对象中；然后再用Save()方法保存到Web服务器硬盘。要注意的是Save()方法必须使用物理路径。

（3）在LinqXml.aspx.cs页面中编写“查询”按钮的Click事件代码。

```
protected void btnQuery_Click(object sender, EventArgs e)
{
         //导入XML文件
         string xmlFilePath = Server.MapPath("~/chap10/BookLinq.xml");
         XElement els = XElement.Load(xmlFilePath);
```

```
        //查询元素
        var elements = from el in els.Elements("Book")
                       where (string)el.Element("BookName") == "ASP.NET 高级编程"
                       select el;
        foreach (XElement el in elements)
        {
            //输出元素的 ID 属性的值
            Response.Write(el.Name + "的 ID 为:" + el.Attribute("ID").Value + "<br />");
            //输出元素 BookName 的值
            Response.Write("书名为:" + el.Element("BookName").Value + "<br />");
            //输出元素 Price 的值
            Response.Write("价格为:" + el.Element("Price").Value);
        }
    }
```

以上代码首先查询 BookName 元素值为"ASP.NET 高级编程"的元素，然后输出元素的属性 ID 值、下一级子元素 BookName 和 Price 的值。使用 LINQ 查询表达式可方便地读取 XML 文档、查询根元素、查询指定名称的元素、查询指定属性的元素、查询指定元素的子元素等。

（4）在 LinqXml.aspx.cs 页面中编写“插入”按钮的 Click 事件代码。

```
protected void btnInsert_Click(object sender, EventArgs e)
{
        string xmlFilePath = Server.MapPath("~/chap10/BookLinq.xml");
        XElement els = XElement.Load(xmlFilePath);
        //新建 Book 元素
        XElement el = new XElement
            ("Book",
            new XAttribute("ID", "104"),
            new XElement("BookName", "C#高级编程"),
            new XElement("Price", 119.8)
            );
        //添加 Book 元素到文件并保存
        els.Add(el);
        els.Save(xmlFilePath);
        Response.Redirect("~/chap10/BookLinq.xml");
}
```

以上代码首先建立一个 XElement 实例，并添加相应内容，再利用 Add()方法添加到上一级元素中；最后利用 Save()方法保存到 XML 文档。

（5）在 LinqXml.aspx.cs 页面中编写“修改”按钮的 Click 事件代码。

```
protected void btnUpdate_Click(object sender, EventArgs e)
{
        string xmlFilePath = Server.MapPath("~/chap10/BookLinq.xml");
        XElement els = XElement.Load(xmlFilePath);
        var elements = from el in els.Elements("Book")
                       where el.Attribute("ID").Value == "106"
                       select el;
        foreach (XElement el in elements)
        {
            //设置属性 ID 值
            el.SetAttributeValue("ID", "109");
            //修改 Book 元素的子元素
            el.ReplaceNodes
                (
                new XElement("BookName", "基于 C#精 gjgjjj 通 LINQ 数据访问"),
                new XElement("Price", 480)
                );
        }
        els.Save(xmlFilePath);
        Response.Redirect("~/chap10/BookLinq.xml");
}
```

要修改元素首先需要根据关键字查找到该元素，再利用 SetAttribute()方法设置属性，使用 ReplaceNodes()方法修改元素的内容，最后利用 Save()方法保存到 XML 文档。

（6）在 LinqXml.aspx.cs 页面中编写“删除”按钮的 Click 事件代码。

```
protected void btnDelete_Click(object sender, EventArgs e)
{
        string xmlFilePath = Server.MapPath("~/chap10/BookLinq.xml");
        XElement els = XElement.Load(xmlFilePath);
        var elements = from el in els.Elements("Book")
                    where el.Attribute("ID").Value == "109"
                    select el;
        foreach (XElement el in elements)
        {
           //删除一个节点
           el.Remove();
        }
        els.Save(xmlFilePath);
        Response.Redirect("~/chap10/BookLinq.xml");
    }
```

首先需要根据关键字查找到该元素，再利用 Remove()方法删除元素，最后利用 Save()方法保存到 XML 文档。

10.4　数据绑定与 LINQ 技术结合

LinqDataSource 控件是一个新的数据源绑定控件，通过该控件可以直接插入、更新、删除 DataContext 实体类下的数据，从而实现操作数据库的功能。

下面结合一个简单的实例，介绍两种 LinqDataSource 控件绑定数据的方法，一种是借助于 VS 2010 向导实现数据绑定，另一种是编程方式。具体步骤如下。

（1）在网站 ch10_4 中添加一个新的页面，名为 LinqBind.aspx，在该页面中添加两个 DropDownList 控件和一个 LinqDataSource 控件，ID 分别为 DropDownList1、DropDownList2 和 LinqDataSource1。

（2）对 DropDownList1 采用编程的方式进行数据绑定，在 LinqBind.aspx.cs 的 Page_Load 事件中添加如下代码。

```
protected void Page_Load(object sender, EventArgs e)
{
        MyPetShopDataContext db = new MyPetShopDataContext();
        var results = from r in db.Category
                   select new
                   {
                      Name=r.Name,
                   };
        //设置绑定字段
        DropDownList1.DataTextField = "Name";
        //绑定查询结果
        DropDownList1.DataSource = results;
        DropDownList1.DataBind();
    }
```

以上代码首先通过 LINQ 查询表达式查询结果，然后将 DropDownList1 绑定到 Category 表的 Name 字段，将 Name 信息显示在 DropDownList 下拉列表框中。使用编程方式进行数据绑定对于编程能力不强的用户来讲，并不是最好的选择。

（3）对 DropDownList2 采用向导方式进行数据绑定，首先单击 LinqDataSource 控件右上角的“>”按钮，选择“配置数据源”命令，在打开的“选择上下文对象”对话框中选择 MyPetShopDataContext，单击“下一步”按钮，在“配置数据选择”对话框中选择数据表及字段，如图 10-12 所示。

（4）单击图 10-12 中的“Where”按钮，在弹出的对话框中设置 CategoryId 大于 2 的过滤条件，如图 10-13 所示。单击“添加”按钮，添加过滤条件成功。单击“完成”按钮，完成对 LinqDataSource1 控件的配置。

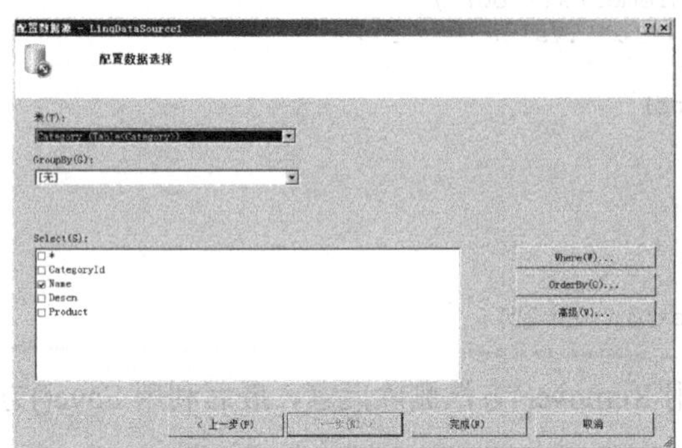

图 10-12　选择数据表及字段

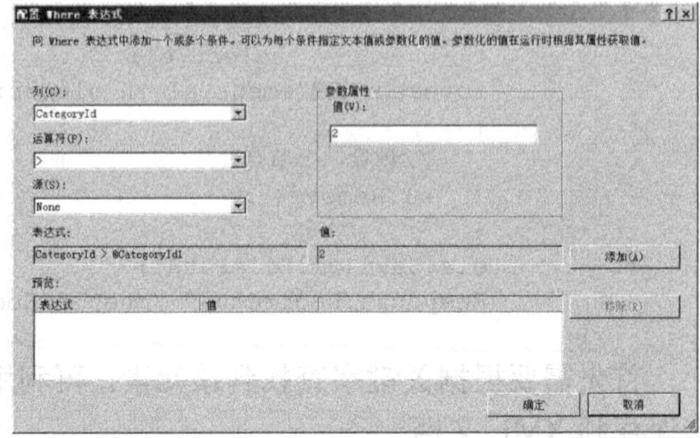

图 10-13 “配置 Where 表达式”对话框

（5）单击 DropDownList2 控件右上角的“>”按钮，选择“选择数据源”命令，弹出“数据源配置向导”对话框，如图 10-14 所示，单击“确定”按钮，将 DropDownList2 控件绑定到 Name 字段中。

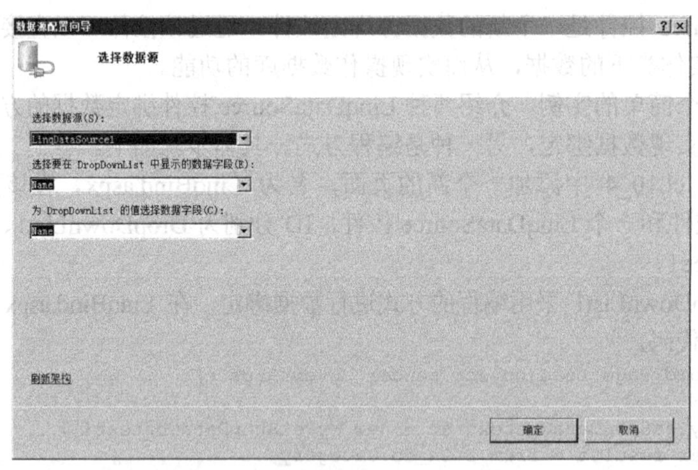

图 10-14 “数据源配置向导”对话框

关于这两种方法的选择，一般初学者都喜欢使用向导式进行数据绑定，但对于程序的维护来说，使用编程方式进行数据绑定会更有利。

本章实验

一、实验目的

灵活运用 LinqDataSource 控件，掌握使用 LINQ to SQL 管理数据。

二、实验内容和要求

（1）新建一个名为 Experiment10 的网站。

（2）在网站的 App_Data 文件夹下，添加第 9 章所使用的 STUDNET 数据库。

（3）在网站的 App_Code 文件夹下，添加“LINQ to SQL 类”，命名为 Student.dbml。将 StuInfo 表和 Major 表拖到“对象关系设计器”窗口中。

（4）添加一张名为 LinqDataSourceBind.aspx 的 Web 页面，将一个 LinqDataSource 控件和一个 DropDownList 控件拖到该页面，并将 LinqDataSource1 控件绑定到 Major 表中的所有记录。设置 DropDownList 数据源为 LinqDataSource1，DataTextField 属性设置为 MajorName，DataValueField 属性设置为 MajorId。

（5）在该页面上拖入一个 LinqDataSource 控件和一个 GridView 控件，将 LinqDataSource2 控件绑定到 StuInfo 表中的所有记录。

（6）根据 MajorId 过滤学生信息，配置“Where 表达式”，设置 MajorId 根据 DropDownList 控件中的选定值进行过滤。

（7）设置 GridView 控件数据源为 LinqDataSource2，并实现对数据的修改、插入和删除操作。

第 11 章　ASP.NET 网页布局与标准化

具有 Web 应用程序开发经验的用户都会知道 Web 应用程序主要包括一系列的页面，通过这些页面来呈现内容或者与用户进行交互，但很多页面可能会包括相同的呈现内容，并具有统一的外观。如有些页面根据用户的不同需求可以呈现英语、中文或其他语言，要完成这些功能，就需要用到本章将要介绍的母版页、主题、Web 部件、导航和站点地图，了解和熟悉这些技术对于快速开发应用程序非常有帮助。

11.1　概　　述

大型系统对应用程序统筹的需求如下。

（1）所有页面具有一个或者几个统一的布局（实质上是对母版页的设计）。

（2）网站具有多个风格并且风格可以切换（实质上是对主题和皮肤的设计）。

（3）网站中的一些元素可以被重用（实质上是对 Web 部件的设计）。

（4）网站具有多个语言并且可以根据用户浏览器设置的语言进行切换（实质上是对本地化和资源的设计）。

（5）网站的页面层次比较复杂，需要使用各种方式的导航提示信息（实质上是对导航控件和站点地图的设计）。

对于一些大型的系统来说，对系统布局、语言、风格、导航进行整体控制，对模块尽可能多地重用是非常有意义的。因为系统越大，后期修改和维护成本就越高，牵一发而动全身的设计是非常失败的。

为了给访问者一致的感受，每个网站都需要具有统一的风格和布局。例如，整个网站具有相同的网页头尾、导航栏、功能条以及广告区。前面已经学习了使用用户控件来实现网站的一致性。ASP.NET 4.0 为了提高工作效率，降低开发和维护强度，提供了母版页功能。Web 应用程序的公用元素，如网站标志、广告条、导航条、版权声明等内容都整合到母版页中，母版页可看做是一种页面模板，最根本的目的是为应用程序创建统一的用户界面和样式。

11.2　母 版 页

母版页类似于 Word 中的模板，允许在多个页面中共享相同的内容。例如，网站的 LOGO 如果需要在多个页面中重用，则可以将其放在母版页中。在 Dreamweaver 中可以使用模板页，ASP.NET 的母版页与此类似。使用母版页可以简化维护、扩展和修改网站的过程，并能提供一致、统一的外观。母版页是不能单独运行的，必须和内容页相结合。

11.2.1　母版页和内容页

在实现一致性的过程中，必须包含两种文件：母版页（.master）和内容页（.aspx）。母版页封装页面中的公共元素，内容页实际是普通的.aspx 文件，包含除母版页之外的其他非公共内容。在运行过程中，ASP.NET 引擎将两种页面内容文件合并执行，最后将结果发给客户端浏览器，如图 11-1 所示。

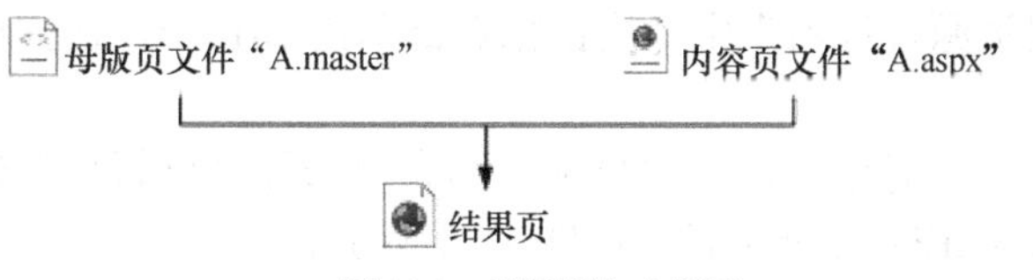

图 11-1 母版页与内容页

ASP.NET 提供的母版页功能，可以创建真正意义上的页面模板，整个应用过程可归纳为“两个包含，一个结合”。两个包含：公共部分包含在母版页，非公共部分包含在内容页。对于页面内容中的非公共部分，只需在母版页中使用一个或多个 ContentPlaceHolder 控件来占位即可。一个结合：是指通过控件应用以及属性设置等行为，将母版页和内容页结合，例如，母版页中 ContentPlaceHolder 控件的 ID 属性必须与内容页中 Content 控件的 ContentPlaceHolderID 属性绑定。以下是一个内容页设计视图的部分源代码，该代码将内容页与 MasterPage.master 母版页结合。

```
    <%@ Page Language="C#" MasterPageFile="~/MasterPage.master" AutoEventWireup="true"
CodeFile="Default.aspx.cs" Inherits="_Default" Title="Untitled Page" %>
    <asp:Content ID="Content1" ContentPlaceHolderID="ContentPlaceHolder1"Runat="Server">
```

11.2.2 母版页的运行机制

单独的母版页是不能被用户所访问。母版页和内容页的控件对应关系如图 11-2 所示。

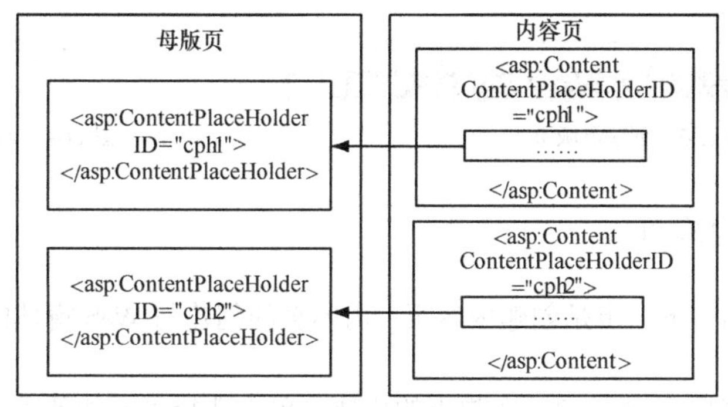

图 11-2 母版页和内容页的控件对应关系

母版页的运行过程如下。

（1）用户访问内容页。

（2）获取内容页后，读取@Page 指令，若指令引用到一个母版页，则也读取该母版页，若为第一次请求，则两个页都要进行编译。

（3）母版页合并到内容页的控件树中。

（4）各个 Content 控件的内容合并到母版页中对应的 ContentPlaceHolder 控件中。

（5）呈现结果页。

在运行时，母版页成为内容页的一部分，实际上，母版页的作用与用户控件的作用方式大致相同，即作为内容页的一个子级和容器。

11.2.3 创建母版页

母版页的使用与普通页面类似，可以在其中放置文件或者图形、任何 HTML 控件和 Web

控件、后置代码等。母版页的扩展名为.master，不能被浏览器直接查看。母版页必须在被其他页面使用后才能显示。创建母版页的具体步骤如下。

（1）新建一个 asp.net 网站，命名为 ch11_2，编程语言采用 C#。

（2）在“解决方案资源管理器”中，用鼠标右键单击 ch11_2，在弹出的快捷菜单中选择“添加新项”命令。

（3）打开“添加新项”对话框，在“模板”列表中选择“母版页”选项，在“名称”文本框中将其命名为“MasterPage.master”，如图 11-3 所示。

（4）单击“添加”按钮，母版页就被添加到“解决方案资源管理器”中，在 VS 2010 视图模式下，可看到创建的默认母版页设计视图，如图 11-4 所示。该论坛最上部显示博客基本信息，最下部显示版权信息，中间部分为动态内容，在动态内容的位置使用 ContentPlaceHolder 占位即可。

图 11-3　创建母版页

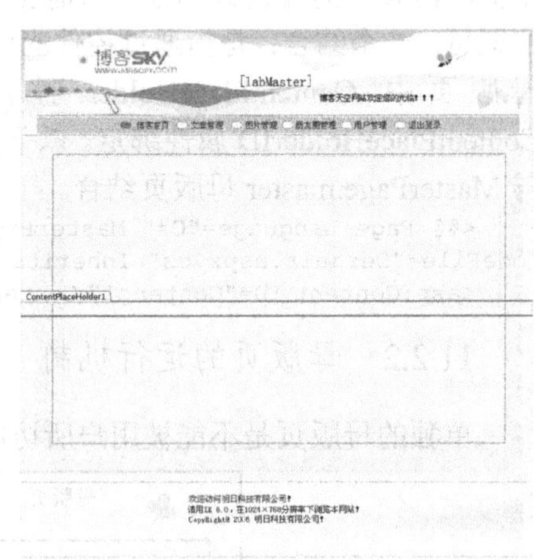

图 11-4　母版页设计视图

11.2.4　创建内容页

创建完母版页后，下一步是创建内容页。内容页的创建与 Web 窗体的创建基本相似，具体创建步骤如下。

（1）用鼠标右键单击 ch11_2，在弹出的快捷菜单中选择“添加新项“命令。

（2）打开“添加新项“对话框，如图 11-3 所示，选择新建文件类型。由于内容页与普通.aspx 页面的扩展名相同，因此，在“模板”列表框中选择“Web 窗体”图标，在“名称”文本框中将其命名为 Default.aspx，与普通.aspx 页面不同的是，要选中“将代码放在单独的文件中”和“选择母版页”两个复选框。

（3）单击“添加”按钮，打开“选择母版页”对话框，如图 11-5 所示。对话框左侧是项目文件夹，右侧是文件夹的母版页列表。在列表中选择 MasterPage.master 文件，单击“确定”按钮，即可完成一个绑定到母版页的内

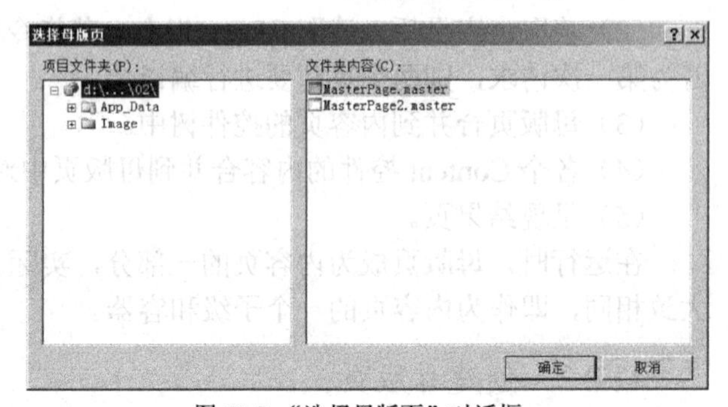

图 11-5　“选择母版页”对话框

容页 Default.aspx。

这时这个页面上没有任何<html>、<body>、<head>和<form>等基本元素，取而代之的只有一个 Content 控件。原因也容易理解，<html>、<body>、<head>和<form>等在母版页中都有了，内容页唯一需要做的就是填充母版页中的占位符 ContentPlaceHolder 和指定页面的标题。Content 控件的 ContentPlaceHolderID 对应母版页中的 ContentPlaceHolder 控件的 ID 属性，用来告诉 ASP.NET 把哪个 Content 控件中的内容填入哪个 ContentPlaceHolder 控件中。

11.2.5　设置母版页应用范围

ASP.NET 提供了将内容附加到母版页的 3 种级别，即提供了 3 种母版页的应用范围。

1. 页级

可以在每个内容页中使用 Page 指令将内容页绑定到一个母版页，代码如下。

```
<%@ Page Language="C#" MasterPageFile="~/MasterPage.master" AutoEventWireup="true"
CodeFile="Default.aspx.cs" Inherits="_Default" Title="Untitled Page" %>
```

也可以通过编程方式动态应用母版页，代码如下。

```
protected void Page_PreInit(object sender, EventArgs e)
{
            Page MasterPageFile="~/MasterPage.master";
}
```

2. 应用程序级

通过在应用程序的配置文件 Web.config 的 pages 元素中进行设置，可以指定应用程序中的所有 ASP.NET 页（.aspx 文件）都自动绑定一个母版页。Web.config 中设置母版页的代码如下。

```
<system.web>
        <pages MasterPageFile="~/MasterPage.master">
</system.web>
```

3. 文件夹级

文件夹级和应用程序级的绑定类似，不同的是只需在文件夹中的 Web.config 文件中进行设置，然后母版页绑定会应用于该文件夹中的所有 ASP.NET 页，而不会影响文件夹以外的页面。

11.2.6　访问母版页上的控件

在普通的页面中，可以直接访问控件。那么，能否访问母版页中的控件呢？答案是肯定的，只不过步骤比普通页面中的要复杂一点。以下实例实现在内容页中获取母版页中 Label 控件显示的值。实现步骤如下。

（1）在 11.2.3 小节中创建的母版页中添加一个 Label 控件显示母版页中的系统日期，在内容页中添加一个 Label 控件，用于显示母版页中的 Label 控件的 Text 属性值。

（2）在母版页 MasterPage.master 的 Load 事件下获取当前日期，并且通过 Label 控件显示出来。代码如下。

```
protected void Page_Load(object sender, EventArgs e)
{
    this.labMaster.Text = "今天是"+DateTime.Today.Year+"年"+DateTime.Today.Month+"月
"+DateTime .Today.Day+"日";
}
```

（3）在 Default.aspx 内容页的 Page_LoadComplete 事件中，使内容页的 Label 控件显示母版页中 Label 控件的 Text 属性值。代码如下。

```
protected void Page_LoadComplete(object sender, EventArgs e)
{
    //母版页中查询 ID 为 labMaster 的 Label 控件的 Text 属性值
    Label MLable1 = (Label)this.Master.FindControl("labMaster");
    //将查询的值通过内容页中的 Label 控件显示出来
    this.labContent.Text = MLable1.Text;
}
```

运行情况如图 11-6 所示。

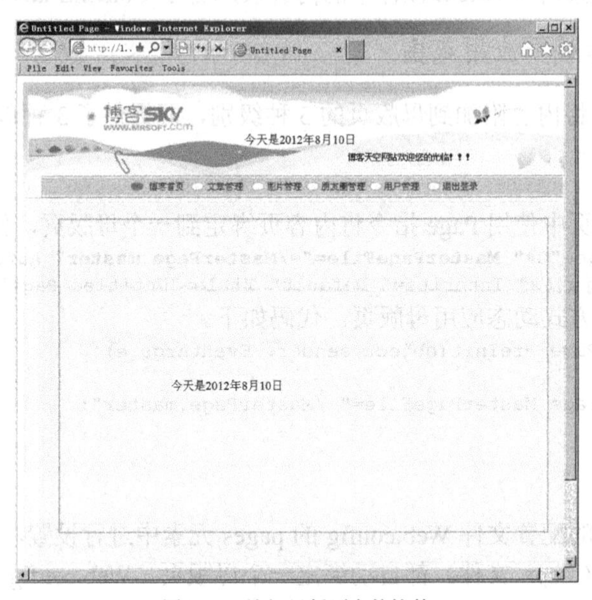

图 11-6　访问母版页上的控件

11.3　主题与外观

站点的外观主要与页面控件的样式属性有关，同时控件还支持将样式设置与控件属性分离的级联样式表（CSS）。在实现站点的过程中，开发人员可能不得不为多数控件添加样式属性，这种做法很繁琐，并且不易保持站点外观的一致性和独立性。理想的方法是：只为控件定义一次样式属性，就能方便应用到站点的所有页面中。

11.3.1　主题概述

主题由一组元素组成：外观、级联样式表（CSS）、图像和其他资源。主题至少包含外观。主题文件必须存储在根目录的 App_Themes 文件夹下（除全局主题之外），使用 IDE 可自动创建，在这个目录下，建议只存储主题文件夹及与主题有关的文件。

（1）外观：外观文件是主题的核心内容，用于定义页面中服务器控件的外观。

（2）级联样式表（CSS）：主题还可以包含级联样式表（.css 文件）。将.css 文件放在主题目录中时，样式表自动作为主题的一部分应用。主题中可以包含一个或多个级联样式表。

（3）图像和其他资源。

主题还可以包含图像和其他资源，如脚本文件或视频文件等。通常，主题的资源文件与该主题的外观文件位于同一个文件夹中，但也可以在 Web 应用程序中的其他地方，如主题目录的某个子文件夹中。

11.3.2 外观概述

外观文件的扩展名为.skin，它包含各个控件的属性设置。控件外观设置类似于控件标记本身，但只包含要作为主题的一部分来设置的属性。有两种类型的控件外观：默认外观和命名外观。

（1）默认外观：如果控件外观没有 SkinID 属性标记，则为默认外观。在向页面应用主题时，默认外观将自动应用于同一类型的所有控件。另外，默认外观严格按控件类型来匹配，但不适用于 LinkButton 控件或从 Button 对象派生的控件。需要注意的是，针对一种类型控件，仅能设置一个默认外观。

（2）命名外观：设置了 SkinID 属性的控件外观称为命名外观。SkinID 属性不能重复，且命名要唯一。命名外观不会自动按类型应用于控件，要通过设置控件的 SkinID 属性来显式声明。在创建控件外观时，可为一种类型控件设置多个命名外观。

11.3.3 创建主题和外观

在 VS 2010 解决方案中，要创建一个新主题，首先在 App_Themes 下创建一个新的文件夹。最简单的方法是右击 App_Themes 节点，并选择一个主题文件夹。接着把主题文件添加到该文件中。下面为 Label 和 Calendar 两个控件设置不同的外观，创建步骤如下。

（1）新建一个网站，将其命名为 ch11_3，默认主页为 Default.aspx。

（2）创建主题文件夹。在该网站的解决方案下，用鼠标右键单击网站名称，在弹出的快捷菜单中选择“新建文件夹”命令，创建一个名为 App_Themes 的文件夹，然后用鼠标右键单击该文件夹，在弹出的快捷菜单中选择“添加 ASP.NET 文件夹”→“主题”命令，创建一个名为 mytheme 的子文件夹。

（3）添加外观文件。用鼠标右键单击子文件夹 mytheme，在弹出的快捷菜单中选择“添加新项”命令，弹出“添加新项”对话框，如图 11-7 所示。

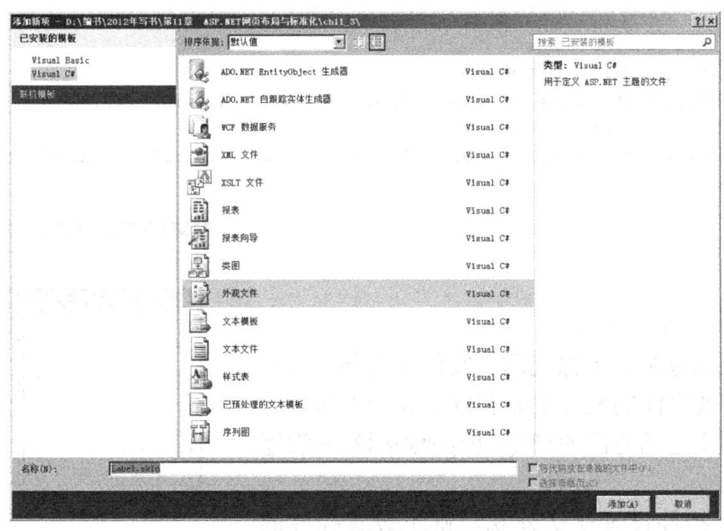

图 11-7 添加外观文件

（4）在“模板”列表中选中“外观文件”选项，并在“名称”文本框中将其命名为“Label.skin”，单击“添加”按钮，将外观文件保存在 App_Themes 文件夹下的子文件夹 mytheme 中。

（5）在 Label.skin 外观文件中添加相关代码，用来设置页面中 Label 控件的外观。在下面代码中创建了两个外观，外观的区别通过设置 SkinID 属性实现。

Label.skin 外观文件的源代码如下。

```
<asp:label runat="server" font-bold="true" forecolor="orange"/>
<asp:label runat="server" SkinID="Blue" font-bold="true" forecolor="blue"/>
```

以上代码中包含 SkinID 属性的 Label 控件将拥有命名外观，而没有添加 SkinID 属性的 Label 控件将被设置为默认外观。

（6）以同样的方法创建 Calendar.skin 外观文件，在该文件中添加相关代码，同样创建两个外观，外观的区别通过设置 SkinID 属性实现。

11.3.4 应用主题和外观

1. 简单应用

在 11.3.3 中创建了两个外观文件，现在将这两个文件应用到页面的控件外观设置中。修改 Default.aspx 页面，源代码如下。

```
<%@ Page Language="C#" AutoEventWireup="true"  CodeFile="Default.aspx.cs"
Inherits="_Default" Theme= "mytheme"  %>
<!DOCTYPE html PUBLIC "-//W3C//DTD XHTML 1.0 Transitional//EN"
"http://www.w3.org/TR/xhtml1/ DTD/xhtml1-transitional.dtd">
<html xmlns="http://www.w3.org/1999/xhtml" >
<head runat="server">
    <title>主题示例</title>
</head>
<body>
    <form id="form1" runat="server">
    <table>
     <tr>
       <td style="width: 100px">
       <asp:Calendar ID="Calendar1" runat="server"/></td>
       <td style="width: 100px">
       <asp:Calendar ID="Calendar2" runat="server" SkinID="Simple" /></td>
     </tr>
     <tr>
       <td style="width: 100px">
       <asp:Label ID="Label1" runat="server" Text="Label"/></td>
       <td style="width: 100px">
       <asp:Label ID="Label2" runat="server" Text="Label" SkinID="Blue"/></td>
      </tr>
    </table>
    </form>
</body>
</html>
```

运行结果如图 11-8 所示。

图 11-8　应用外观文件效果

从运行结果来分析上述源代码，发现应用外观文件的页面不同于普通页面的地方主要有以下 3 个方面。

（1）在应用主题的方法的<%@ Page%>标签中设置一个 Theme 属性。

（2）如果为控件设置默认外观，则不设置控件的 SkinID 属性；如果为控件设置了命名外观，则需要设置控件的 SkinID 属性。

（3）如果在控件代码中添加了与控件外观相同的属性，则页面最终显示的是控件外观的设置效果。

2. 动态加载主题

除了在页面声明和配置文件中指定主题，还可以通过编程方式应用主题，即动态加载主题。ASP.NET 运行库在 PreInit 事件激发后，立即加载主题信息。用户可以在程序运行时和 Web 应用程序进行交互，自定义 Web 应用程序的颜色和总体外观。实现动态加载主题的核心是修改 Page 对象的 Theme 属性值。但使用 Theme 属性只能在页面的 Page_PreInit 事件发生时或者之前设置。

下面来看一个实例，该实例还是利用上一节的日历控件，上一节是同时显示两个不同主题的日历控件，这里将实现根据用户的不同选择，显示不同主题的控件。该实例中除了日历控件外，增加了下拉列表控件进行选择。下拉列表控件中包含两个选项：启用主题样式 1 和启用主题样式 2。默认情况下，页面启用主题样式 1，如图 11-9 所示；当更改下拉列表框选项后，页面自动回转，并加载选中项所指示的主题，如图 11-10 所示。

图 11-9　启用样式 1 主题

图 11-10　启用样式 2 主题

程序实现的主要步骤如下。

（1）按 11.3.3 所示的步骤，首先在 App_Themes 文件夹下建立两个主题文件夹 Theme1 和 Theme2，分别在这两个主题文件夹下建立 Calendar1.skin 和 Calendar2.skin 两个外观文件。Theme1 文件夹下的日历外观文件 Calendar1.skin 源代码如下。

```
<asp:Calendar runat="server" BackColor="Beige" ForeColor="Brown" BorderWidth="3"
BorderStyle= "Solid" BorderColor="Black" Height="283px" Width="230px"
Font-Size="12pt" Font-Names="Tahoma,Arial" Font-Underline="false" CellSpacing=2
CellPadding=2 ShowGridLines=true>
<SelectedDayStyle BackColor="#CCCCFF" Font-Bold="True" />
<SelectorStyle BackColor="#FFCC66" />
<OtherMonthDayStyle ForeColor="#CC9966" />
<TodayDayStyle BackColor="#FFCC66" ForeColor="White" />
<NextPrevStyle Font-Size="9pt" ForeColor="#FFFFCC" />
<DayHeaderStyle BackColor="#FFCC66" Font-Bold="True" Height="1px" />
<TitleStyle BackColor="#990000" Font-Bold="True" Font-Size="9pt"
ForeColor="#FFFFCC" />
</asp:Calendar>
```

Theme2 文件夹下的日历外观文件 Calendar2.skin 源代码如下。

```
<asp:Calendar  runat="server" BackColor="Beige" ForeColor="Brown"
BorderWidth="3" BorderStyle="Solid" BorderColor="Black" Height="283px"
Width="230px" Font-Size="12pt" Font-Names="Tahoma,Arial"
Font-Underline="false" CellSpacing=2 CellPadding=2 ShowGridLines=true>
<SelectedDayStyle BackColor="#666666" Font-Bold="True" ForeColor="White"/>
<SelectorStyle BackColor="#CCCCCC" />
<WeekendDayStyle BackColor="#FFFFCC" />
<OtherMonthDayStyle ForeColor="#808080" />
```

```
<TodayDayStyle BackColor="#CCCCCC" ForeColor="Black" />
<NextPrevStyle VerticalAlign="Bottom" />
<DayHeaderStyle BackColor="#CCCCCC" Font-Bold="True" Font-Size="7pt" />
<TitleStyle BackColor="#999999" BorderColor="Black" Font-Bold="True" />
</asp:Calendar>
```

（2）在 ch11_3 下添加新项，主页名为“DynamicLoad.aspx”。

（3）将创建的两个日历外观文件（Calendar1.skin 和 Calendar2.skin）分别应用到这个页面的日历控件外观设置中。修改动态加载主题.aspx 文件的后台源代码，主要是在 Page_PreInit 事件处理程序中修改 Theme 属性，代码如下。

```
void Page_PreInit(Object sender, EventArgs e)
{
    if (Request.QueryString["theme"] == null)
    {
       theme = "Theme1";
    }
    else
    {
       theme = Request.QueryString["theme"];
    }
    Page.Theme = theme;//加载主题
    ListItem item = DropDownList1.Items.FindByValue(theme);
    if (item != null)
    {
       item.Selected = true;
    }
}
```

下拉列表框控件中包含两个选项：“启用样式 1 主题”和“启用样式 2 主题”，用户选择任意一个选项，都会触发 DropDownList 控件的 SelectedIndexChanged 事件，在该事件下，将选项的主题名存放在 URL 的 QueryString（即 theme）中，并重新加载页面。代码如下。

```
protected void DropDownList1_SelectedIndexChanged(object sender, EventArgs e)
{
    string url = Request.Path + "?theme=" + DropDownList1.SelectedItem.Value;
    Response.Redirect(url);
}
```

11.4 Web 部件

主题、母版和用户控件为网站提供了统一的风格，但众口难调，有些用户希望对网站界面进行个性化设置。利用 Web 部件能很好地解决这个问题。

11.4.1 Web 部件基础

为了开发这类具有高度可定制的 Web 部件应用程序，VS 2010 提供了一套 WebPart 控件，如图 11-11 所示。Web 部件由 3 部分组成，分别是个性化设置、用户界面结构组件以及 Web 部件控件，其层次结构如图 11-12 所示。

从图 11-12 中可以看到，最上层的是 Web 部件控件，Web 部件从 Part 类中派生，这些控件构成了 Web 部件的用户界面。当开发人员将现有的 ASP.NET 服务器控件、用户控件或自定义服务器控件放入 Web 部件区域控件中时，这些控件自动成为 Web 部件控件。当然开发人员也可以创建自己的 Web 部件控件。

处于中间层的是 Web 部件的重要层次：用户界面结构组件，结构组件用于协调和管理 Web 部件控件中的控件，包括 WebPartManager 和各种区域控件。WebPartManager 是一个不可见的控件，该控件协调页面上所有的 Web 部件控件，如跟踪 Web 部件控件、管理 Web 部件区域等。它是开发 Web 部件应用程序的一个核心控件。

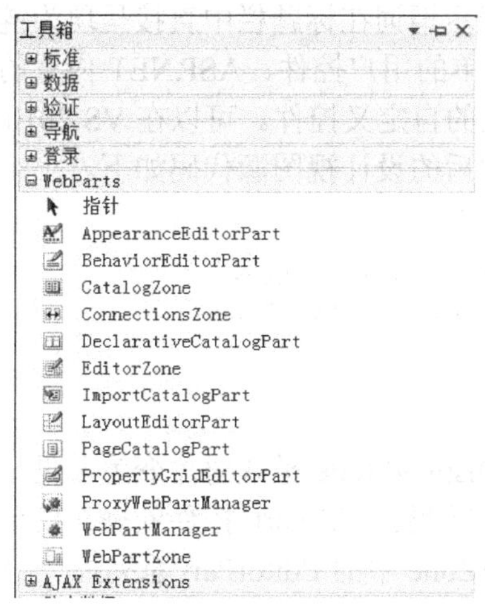

图 11-11　VS 2010 的 WebPart 工具条

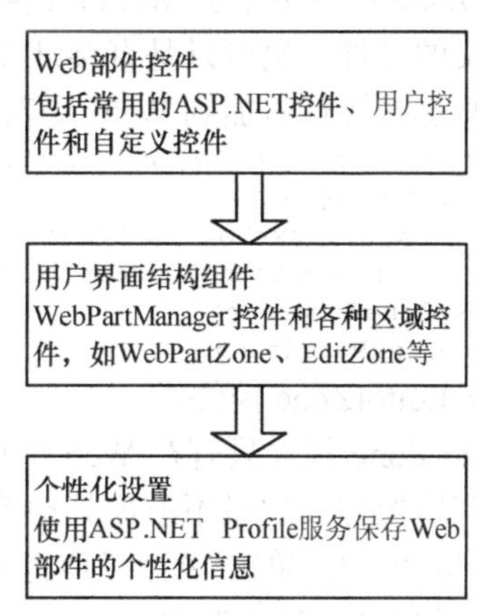

图 11-12　Web 部件层次结构

11.4.2　用户界面结构组件

1. WebPartManager 控件

它是 Web 部件的总控中心，管理页面上的其他 Web 部件，是一个非可视控件。在一个 Web 部件网页中，有且仅有一个 WebPartManager 控件。在建立 Web 部件网页时，应首先建立 WebPartManager 控件。也就是说，有关 WebPartManager 控件的源代码应出现在<form>元素中其他 Web 部件控件的前面。从工具箱的 WebParts 栏将一个 WebPartManager 控件拖到页面顶端，VS 2010 声明代码如下所示。

```
<asp:WebPartManager ID="WebPartManager1" runat="server"> </asp:WebPartManager>
```

WebPartManager 的 DisplayMode 属性能变页面显示模式，有如下 5 种可选项。

- BrowseDisplayMode：默认的显示模式，用户可以查看网页上的内容，也可以将 WebPart 控件最小化、最大化或关闭，但不能编辑、拖动。
- DesignDisplayMode：有 BrowseDisplayMode 模式的功能，用户可以将 WebPart 控件从一个区域拖到另一个区域；也可以在同一个区域内拖动，从而改变网页的布局。
- EditDisplayMode：有 DesignDisplayMode 模式的功能，用户能编辑 WebPart 控件的外观和行为。具体实现时，还需配合使用 EditorZone 控件。
- CatalogDisplayMode：有 DesignDisplayMode 模式的功能，用户能添加和删除 WebPart 控件。常用于重新启用被用户关闭的 WebPart 控件。具体实现时，还需配合使用 CatalogZone 控件。
- ConnectDisplayMode：有 DesignDisplayMode 模式的功能，用户能在不同的 WebPart 控件之间建立连接，实现数据的相互传输。

在同一时刻，只能选择这 5 种模式中的一种。

2. 区域控件

常用的区域控件有 WebPartZone 控件、CatalogZone 控件和 EditorPart 控件。

（1）WebPartZone 控件。

WebPartZone 控件用于承载网页上的 WebPart 控件，并为其包含的控件提供公共的用户界面。WebPartZone 控件的 WebPartVerbRenderMode 属性用来改变显示方式，其值为 Menu 表示谓词呈现在标题栏的菜单中，其值为 TitleBar 表示谓词在标题栏中直接呈现为链接。在 WebPartZone 控件中添加 WebPart 控件，可以使用简单的用户控件、ASP.NET 内置的控件或者自定义的控件，也可以是直接从 WebPart 控件派生的自定义控件。可以在 VS 2010 的设计视图中将这些控件添加到 WebPartZone 区域中，添加后的设计视图源代码如下。

```
<asp:WebPartZone ID="WebPartZone1" runat="server">
    <ZoneTemplate>
        <asp:TextBox ID="TextBox1" runat="server"></asp:TextBox>
        <asp:Button ID="Button1" runat="server" Text="Button" />
    </ZoneTemplate>
</asp:WebPartZone>
```

（2）EditorZone 控件。

EditorZone 控件只有在 Web 部件网页进入 EditDisplayMode 模式时才变为可见。该控件是一个容器控件，如果不添加其他控件将不产生任何效果。WebPart 控件的操作菜单中增加了一个“编辑”项，单击“编辑”项将显示包含于 EditorZone 中的 EditorPart 系列控件。VS 2010 提供了 4 种 EditorPart 控件。

- AppearanceEditorPart：用于编辑 WebPart 控件的外观属性。
- BehaviorEditorPart：用于重新排列或删除 WebPart 控件以更改页面布局。
- LayoutEditorPart：用于编辑 WebPart 控件的布局属性。
- PropertyGridEditorPart：用于编辑 WebPart 控件的自定义属性。

（3）CatalogZone 控件。

CatalogZone 控件只有在 Web 部件网页进入 CatalogDisplayMode 模式时才变为可见。该控件是一个容器控件，如果不添加其他控件将不产生任何效果。CatalogZone 控件只能包含 CatalogPart 系列控件，VS 2010 提供了 3 种 CatalogZone 控件。

- DeclarativeCatalogPart：显示声明在<WebPartsTemplate>中的 WebPart 控件列表。
- PageCatalogPart：显示页面中已删除的 WebPart 控件列表。
- ImportCatalogPart：显示从 webpart 文件中导入的 WebPart 控件列表。

3. web.config 文件

要建立包含 Web 部件的网页，需要对 web.config 文件中的<webParts>和<authentication>配置节进行配置。

<webParts>配置节代码如下。

```
<webParts enableExport="true">
  <personalization defaultProvider="AspNetSqlProvider">
    <providers>
      <add connectionStringName="AspNetDbProvider" applicationName="/" name="AspNet
SqlProvider" type="System.Web.UI.WebControls.WebParts.SqlPersonalizationProvider"/>
    </providers>
    <authorization>
      <allow users="*" verbs="enterSharedScope"/>
    </authorization>
  </personalization>
</webParts>
```

当页面启用 Windows 验证时，建立的 Web 部件网页在浏览时可以直接对 WebPart 控件进行个性化设置；而当页面启用 Forms 验证时，以匿名用户访问 Web 部件网页将不能对 WebPart 控件进行个性化设置。只有当用户登录成功后才能对 Web 部件网页中的 WebPart 控件进行个性化设置。

11.4.3　建立 Web 部件网页

创建一个 Web 部件页面的步骤如下。

（1）新建一个网站，将其命名为 ch11_4，主页名改为 WebParts.aspx，并使用 Div+CSS 来进行页面布局。

（2）添加 WebPartManager 控件到页面上，必须注意要添加到所有其他 Web 部件控件的前面。WebPartManager 会自动获取页面所有的 WebPartZone 控件，并管理个性化、根据当前登录的用户自定义页面布局等。

（3）从工具箱中将 WebPartZone 控件拖动到每个 div 控件内，在 WebPartZone 中可以添加 WebPart 控件来实现 WebPart 页面的外观。本示例也放置了一个 CatalogZone 控件，该控件包含用户可添加到页面上的可用 Web 部件控件的列表。声明代码如下。

```
<asp:CatalogZone runat="server" ID="SimpleCatalog">
  <ZoneTemplate>
      <asp:PageCatalogPart runat="server" ID="MyCatalog" />
  </ZoneTemplate>
</asp:CatalogZone>
```

（4）为每个 WebPartZone 添加 WebPart 控件来实现用户界面，可以在 WebPartZone 中添加用户控件、自定义控件等。主要代码如下。

```
<asp:WebPartZone runat="server" ID="MainZone" Width="190px">
  <ZoneTemplate>
     <uc1:SearchUserControl ID="SearchUserControl1" runat="server" Text="搜索" />
  </ZoneTemplate>
</asp:WebPartZone>
<asp:WebPartZone runat="server" ID="HelpZone" Style="margin-left: 0px">
  <ZoneTemplate>
      <asp:Calendar runat="server" ID="MyCalendar" ShowTitle="true" />
      <asp:FileUpload ID="FileUpload1" runat="server" />
  </ZoneTemplate>
</asp:WebPartZone>
```

（5）为了使用户在网页运行时动态编辑 WebPartZone 的呈现方式，从工具箱中拖动一个 EditorZone 控件到设计视图中，在该控件中添加一个 AppearanceEditorPart，设计视图如图 11-13 所示，这样就可以动态编辑 WebPart 控件的外观属性。

图 11-13　EditorZone 控件示例

（6）当页面首次载入时，给每个 WebPart 控件设置标题，因为包含于 WebPartZone 中的 WebPart 控件是用户控件和服务器控件，会自动被 GenericWebPart 类封装，所以，在判断语句中使用“part is GenericWebPart”进行判别。代码如下。

```
protected void Page_Load(object sender, EventArgs e)
{
   if (!IsPostBack)
   {
      //给每个 WebPart 控件设置标题
      int i = 1;
      foreach (WebPart part in MyPartManager.WebParts)
      {
         if (part is GenericWebPart)
         {
            part.Title = string.Format("WebPart 控件 NO. {0}", i);
            i++;
         }
      }
   }
}
```

（7）运行界面后，发现 CatalogZone 区域和 EditorZone 区域一片空白，这是由 WebPartManager 的显示模式决定的。当在下拉列表中选择不同的浏览模式时，将触发 SelectedIndexChanged 事件，修改属性 MyPartManager.DisplayMode 的值，从而呈现不同的页面模式。其中 DisplayModes["Browse"]对应 BrowseDisplayMode；DisplayModes["Design"]对应 DesignDisplayMode；DisplayModes["Catalog"]对应 CatalogDisplayMode；DisplayModes["Edit"]对应 EditDisplayMode。在 WebParts.aspx.cs 中添加如下代码。

```
protected void ddlMode_SelectedIndexChanged(object sender, EventArgs e)
{
      //根据 ddlMode 列表框中选择的模式修改 MyPartManager.DisplayMode，改变页面模式
      MyPartManager.DisplayMode = MyPartManager.DisplayModes[ddlMode.SelectedValue];
}
```

运行后发现有 4 种模式可选：Browse、Design、Catalog 和 Edit。Catalog 模式下会显示 CatalogZone 区域的信息，Edit 会显示 EditorZone 信息。

11.5 导航控件和站点地图

在含有大量页面的站点中，构造一个可使用户随意在页面间切换的导航系统可能颇有难度，尤其是在更改站点时。使用 ASP.NET 站点导航可以创建页面的集中站点地图。面向导航的服务器控件包括 Menu、TreeView、SiteMapPath 和 SiteMapDataSource 控件。这些控件都是建立在站点导航类的顶端，它们使用和显示导航数据时都不用考虑数据存储的特定细节问题。

11.5.1 站点地图概述

站点地图是一种扩展名为.sitemap 的标准 XML 文件，用来定义整个站点的结构、各页面的链接、相关说明和其他相关定义。站点地图的默认名为 Web.sitemap，存储在应用程序的根目录下。.sitemap 文件的内容是以 XML 形式描述的树状结构文件，其中包括站点结构信息。TreeView、Menu、SiteMapPath 控件的网站导航信息和超链接的数据都是由.sitemap 文件提供的。

右击解决方案资源管理器中的 Web 站点，在弹出的快捷菜单中选择“添加新项”命令可以创建站点地图文件，如图 11-14 所示。

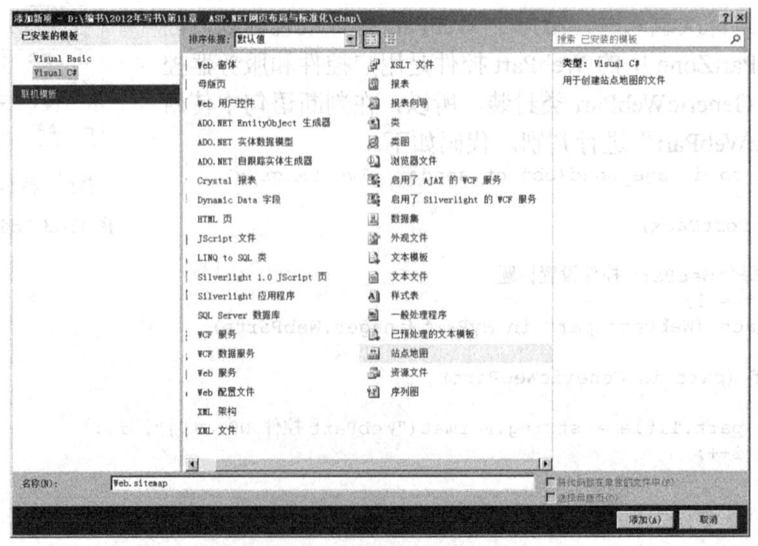

图 11-14 创建站点地图文件

创建成功后将得到一个空白的结构描述内容。

```
<?xml version="1.0" encoding="utf-8" ?>
<siteMap xmlns="http://schemas.microsoft.com/AspNet/SiteMap-File-1.0" >
   <siteMapNode url="" title="" description="">
      <siteMapNode url="" title="" description="" />
      <siteMapNode url="" title="" description="" />
   </siteMapNode>
</siteMap>
```

站点地图的文档结构是由多个不同层级的节点元素组成的，该文件中包含一个根节点 siteMap，在根节点下包括多个 siteMapNode 子节点，siteMapNode 子节点的常用属性如表 11-1 所示。

表 11-1　siteMapNode 节点的常用属性

属　性	说　明
url	设置用于节点导航的 URL 地址。在整个站点地图文件中，该属性值必须唯一
title	设置节点名称
description	设置节点说明文字
keyword	定义表示当前节点的关键字
roles	定义允许查看该站点地图文件的角色集合。多个角色可使用“;”和“,”进行分隔
siteMapFile	设置包含其他相关 SiteMapNode 元素的站点地图文件
Provider	定义处理其他站点地图文件的站点导航提供程序名称。默认值为 XmlSiteMapProvider

创建 Web.sitemap 文件后，需要根据文件架构来填写站点结构信息。如果 siteMapNode 节点的 URL 所指定的网页名称重复，则会造成导航控件无法正常显示，最后运行时会产生错误。站点导航控件位于工具箱的“导航”栏中，如图 11-15 所示。

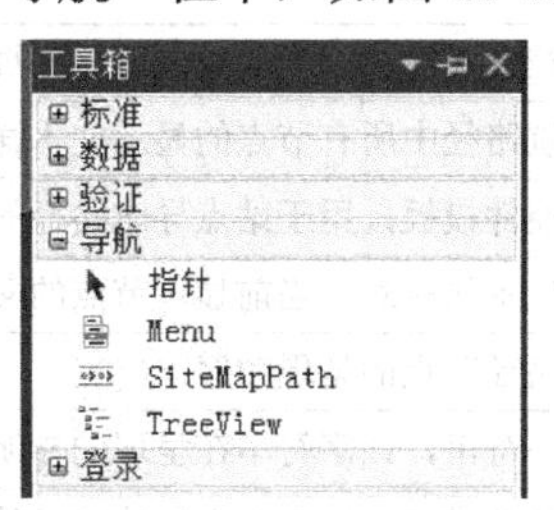

图 11-15　导航控件

11.5.2　使用 SiteMapPath 控件显示导航

SiteMapPath 控件可以轻松定位所在当前网站中的位置。该控件会显示一条导航路径，用于显示当前页的位置，并显示返回到主页的路径链接。它包含来自地点地图的导航数据，只有在站点地图中列出的页才能在 SiteMapPath 控件中显示导航数据。如果将 SiteMapPath 控件放置在站点地图中未列出的页上，则该控件将不会向客户端显示任何信息。

1. SiteMapPath 控件概述

SiteMapPath 控件用于显示一组文本或图像超链接，以便在使用最少页面空间的同时轻松地定位当前所在网站中的位置。该控件会显示一条导航路径，此路径为用户显示当前页的位置，并显示返回到主页的路径链接。它包含来自站点地图的导航数据，只有在站点地图中列出的页才能在 SiteMapPath 控件中显示导航数据。如果将 SiteMapPath 控件放置在站点地图中未列出的页上，该控件将不会向客户端显示任何信息。SiteMapPath 控件及其常用任务快捷菜单如图 11-16 所示。

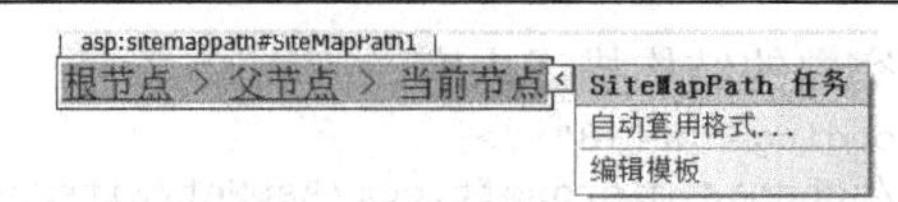

图 11-16　SiteMapPath 控件及其任务快捷菜单

SiteMapPath 控件及其任务快捷菜单的每个节点都可由 SiteMapNodeItem 对象表示，节点通常显示为静态文本或者超链接。SiteMapPath 控件提供模板，通过定义模板，能够在很大程度上提高 SiteMapPath 控件的灵活性。

SiteMapPath 控件包含 4 种模板，如图 11-17 所示。这些模板能够对 SiteMapPath 控件的当前节点、普通节点、节点分隔符和根节点自行定义。需要注意的是，如果为节点设置了自定义模板，那么模板将自动覆盖节点定义的任何属性。

图 11-17　SiteMapPath 控件的 4 种模板

与其他普通服务器控件一样，SiteMapPath 控件的使用非常简单。将 SiteMapPath 控件放置到 Web 窗体后，该控件将根据默认站点地图文件（Web.sitemap 文件）中的数据自动显示导航信息，所以在应用程序中必须定义 Web.sitemap 文件的内容。

2. SiteMapPath 控件的常用属性

SiteMapPath 控件的常用属性及说明如表 11-2 所示。

表 11-2　　SiteMapPath 控件的常用属性及说明

属　性	说　明
CurrentNodeTemplate	获得或设置一个控件模板，用于代表当前显示页的站点导航路径节点
NodeStyle	获取用于站点导航路径中所有节点的显示文本样式
NodeTemplate	获取或设置一个控件模板，用于站点导航路径的所有功能节点
ParentLevelsDisplayed	获取或设置控件显示的相对于当前显示节点的父节点级别数
PathDirection	获取或设置导航路径节点的呈现顺序
PathSeparator	获取或设置一个字符串，该字符串在呈现的导航路径中分隔 SiteMapPath 节点
PathSeparatorTemplate	获取或设置一个控件模板，用于站点导航路径的路径分隔符
RootNodeTemplate	获取或设置一个控件模板，用于站点导航路径的根节点
SiteMapProvider	获取或设置用于呈现站点导航控件的 SiteMapProvider 的名称

下面介绍其中一些比较重要的属性。

（1）ParentLevelsDisplayed 属性。

该属性用于获取或设置相对于当前节点显示的父节点级别数。默认值为-1，表示将所有节点完全展开。语法如下。

```
public virtual int ParentLevelsDisplayed{get;set;}
```

属性值是一个整数，用于指定相对于当前上下文节点显示的父节点级别数。默认值为-1，指示对控件显示的父级别数没有限制。

例如，设置 SiteMapPath 控件在当前节点之前，还要显示 3 级父节点，代码如下。

```
SiteMapPath1.ParentLevelsDisplayed=3;
```

（2）PathDirection 属性。

该属性用于设置导航路径节点的呈现顺序。语法如下：

```
public virtual PathDirection PathDirection{ get;set;}
```

属性值是导航节点的呈现顺序。默认值为 RootToCurrent，表示节点以从最顶部的节点到当前节点、从左到右的分层顺序呈现。

当 PathDirection 属性设置为 CurrentToRoot 时，显示方式为从当前节点到最顶部节点；当 PathDirection 属性设置为 RootToCurrent 时，显示方式为从最顶部的节点到当前节点。

3. 应用 SiteMapPath 控件实现站点导航

使用 SiteMapPath 控件无需代码和绑定数据就能创建站点导航。此控件可自动读取和呈现站点地图信息。下面通过实例来说明 SiteMapPath 控件的使用方法。

程序实现的主要步骤如下。

（1）新建一个网站 ch11_5，默认主页为 Hardware.aspx。由于 SiteMapPath 控件会用到 Web.sitemap，所以先添加一个.sitemap 文件，命名为 Products.sitemap。该文件的源代码如下。

```
<?xml version="1.0" encoding="utf-8" ?>
<siteMap xmlns="http://schemas.microsoft.com/AspNet/SiteMap-File-1.0" >
  <siteMapNode title="Products" description="Our products"url="~/chap11/Products.aspx">
    <siteMapNode title="Hardware"  description="Hardware we offer"url="~/chap11/
Hardware.aspx" />
    <siteMapNode title="Software"  description="Software for sale"url="~/chap11/
Software.aspx" />
  </siteMapNode>
</siteMap>
```

（2）根据 Products.sitemap 文件中的 URL 节点所定义的网页名称添加网页。

（3）在每个页面中添加一个 SiteMapPath 控件，SiteMapPath 控件会直接将路径呈现在页面上。运行情况如图 11-18 左图所示。如果将 PathSeparator="| "，运行情况如图 11-18 右图所示。

图 11-18　SiteMapPath 控件实现站点导航

11.5.3　使用 TreeView 控件显示导航

TreeView 控件用于在树型结构中显示分层数据，如目录或文件目录。对于导航文字很多，并且可以对导航内容进行分类的网站来说，可以将页面的导航文字以树形结构形式显示，这样既可以有效地节约页面，又可以方便用户查看。

1. TreeView 控件概述

TreeView 控件支持数据绑定和站点导航，其节点文本既可以显示为纯文本也可以显示为超链接，该控件也支持客户端节点填充以及在每个节点旁显示复选框的功能，通过编程方式可以访问 TreeView 对象模型，以动态创建树、填充节点以及设置属性等，并且允许通过主题、用户定义的图像和样式对 TreeView 控件的外观进行自定义。

TreeView 控件的主要功能如下。

（1）支持数据绑定，即允许通过数据绑定方式，使控件节点与 XML、表格、关系型数据等结构化数据建立紧密联系。

（2）支持站点导航功能，即通过集成 SiteMapDataSource 控件实现站点导航功能。

（3）单击文字可显示为普通文本或超链接文本。

（4）自定义树型和节点的样式、主题等外观特征。

（5）可通过编程方式访问 TreeView 对象模型，完成动态创建树形结构、构造节点和设置属性等任务。

（6）在客户端浏览器支持的情况下，通过客户端到服务器的回调填充节点。

（7）具有在节点旁显示复选框的功能。

TreeView 控件由节点组成，每个节点用一个 TreeNode 对象表示。各种节点类型定义如下。

（1）父节点：包含其他节点的节点。

（2）子节点：被其他节点包含的节点。

（3）叶节点：没有子节点的节点。

（4）根节点：不被其他节点包含同时是所有其他节点的上级节点。

一个节点可以同时是父节点和子节点，但不能同时为根节点、父节点和叶节点。节点的类型决定它的可视化属性和行为属性。TreeView 控件允许向树形结构中添加多个根节点。若要在不显示单个根节点的情况下显示项列表（如同在产品类别列表中），这种控件就很有用。

每个节点具有一个 Text 属性和一个 Value 属性，其中 Text 属性的值显示在 TreeView 中，而 Value 属性用于存储有关节点的任何数据，如传递到与该节点相关的回发事件的数据。

2. TreeView 控件的常用属性

TreeView 控件的常用属性及说明如表 11-3 所示。

表 11-3　TreeView 服务器控件的常用属性及说明

属　性	说　明
AutoGenerateDataBindings	获取或设置一个值，该值指示 TreeView 控件是否自动生成树节点绑定
CheckedNodes	获取 TreeNode 对象的集合，这些对象表示在 TreeView 控件中显示的选中了复选框的节点
DataSource	获取或设置对象，数据绑定控件从该对象中检索其数据项列表
CollapseImageUrl	获取或设置自定义图像的 URL，该图像用作可折叠节点的指示符
ExpandDepth	获取或设置第一次显示 TreeView 控件时所展开的层次数
LeafNodeStyle	获取对 TreeNodeStyle 对象的引用，该对象可用于设置叶节点的外观
Nodes	获取 TreeNode 对象的集合，它表示 TreeView 控件中的根节点
PathSeparator	获取或设置用于分隔由 ValuePath 属性指定的节点值的字符
ValuePath	获取从根节点到当前节点的路径
SelectedNode	获取表示 TreeView 控件中选定节点的 TreeNode 对象
SelectedValue	获取选定节点的值
ShowCheckBoxes	获取或设置一个值，它指示哪些节点类型将在 TreeView 控件中显示复选框
Style	获取将在 Web 服务器控件的外部标记上呈现为样式属性的文本属性的集合
Target	获取或设置要在其中显示与节点相关联的网页内容的目标窗口或框架
Visible	已重写。获取或设置一个值，该值指示控件是否作为 UI 呈现在页面上

下面介绍其中一些比较重要的属性。

（1）ExpandDepth 属性。

设置默认情况下 TreeView 服务器控件展开层次数。例如，若将该属性设置为 2，则将展开根节点及根节点下方紧邻的所有父节点。

语法如下。

```
public int ExpandDepth{get;set;}
```

属性值：最初显示 TreeView 时要显示的深度。默认值为-1，表示显示所有节点。

（2）Nodes 属性。

使用 Nodes 属性可以获取一个包含树中所有根节点的 TreeNodeCollection 对象。Nodes 属性通常用于快速循环访问所有根节点，或者访问树中的某个特定节点，还可以使用 Nodes 属性以编程方式管理树中的根节点，即可在集合中添加、插入、移除和检索 TreeNode 对象。

语法如下。

```
Public TreeNodeCollection Nodes{get;}
```

属性值：TreeNodeCollection，其中包含 TreeView 中的根节点。

（3）SelectedNodes 属性。

该属性用于获取用户选中节点的 TreeNode 对象。当节点显示为超链接文本时，该属性返回值为 null，不可用。

语法如下。

```
TreeNode parentNode = TreeView1.SelectedNode.Parent;
```

3. TreeView 控件的常用事件和方法

（1）常用事件。

① SelectedNodeChanged 事件。

该事件在 TreeView 控件中选定某个节点时发生。TreeView 服务器控件的节点文字有两种模式：选择模式和导航模式。默认情况下，节点文字处于选择模式，如果节点的 NavigateUrl 属性设置不为空，则该节点处于导航模式。当 TreeView 服务器控件处于选择模式时，用户单击 TreeView 服务器控件的不同节点文字时，将触发 SelectedNodeChanged 事件，在该事件下可以获得所选择节点对象。

```
protected void TreeView1_SelectedNodeChanged(object sender, EventArgs e)
{
   MyLabel.Text = TreeView1.SelectedNode.ToolTip;
}
```

② TreeNodeExpanded 事件和 TreeNodeCollapsed 事件。

TreeNodeExpanded 事件和 TreeNodeCollapsed 事件分别在 TreeView 控件中某个节点展开和折叠时发生。下面的代码演示如何处理 TreeNodeCollapsed 事件和 TreeNode Expanded 事件，以及如何访问折叠或展开的 TreeNode 对象。

```
protected void TreeView1_TreeNodeCollapsed(object sender, TreeNodeEventArgs e)
{
   MyLabel.Text = "You collapsed the " + e.Node.Value + " node.";
}
protected void TreeView1_TreeNodeExpanded(object sender, TreeNodeEventArgs e)
{
   MyLabel.Text = "You expanded the " + e.Node.Value + " node.";
}
```

③ TreeNodePopulate 事件。

该事件在 TreeView 控件中展开某个 PopulateOnDemand 属性设置为 true 的节点时发生。若要动态填充某个节点，首先将该节点的 PopulateOnDemand 属性设置为 True，其次，从数据源中检索节点数据，将该数据放入一个节点结构中，最后将该节点结构添加到正在被填充节点的 ExildNodes 集合中。下面的代码示例演示如何处理 TreeNodePopulate 事件，以及如何以编程方式将一个新的 TreeNode 对象添加到引发该事件的节点的 ChildNodes 集合中。

```
protected void TreeView1_TreeNodePopulate(object sender, TreeNodeEventArgs e)
{
   e.Node.ChildNodes.Add(new TreeNode("New Node Populated on Demand"));
}
```

（2）常用方法。

① 利用 TreeView 控件的 CollapseAll()和 ExpandAll()方法折叠和展开节点。

② 利用 TreeView 控件的 Nodes.Add()方法添加节点到控件中。

③ 利用 TreeView 控件的 Nodes.Remove()方法删除指定的节点。

4. 使用 TreeView 控件动态添加和移除节点

以下实例利用 TreeView 控件显示城市结构图，并能动态地添加和移除节点、折叠和展开节点。具体步骤如下。

（1）添加一个网页，名为 myTreeView.aspx，在该页面中添加一个 TreeView 控件，在 Web 页上显示如图 11-19 所示的 TreeView 控件和“TreeView 任务”快捷菜单。

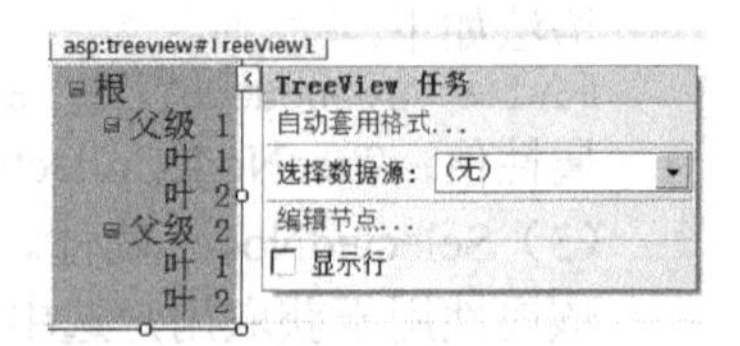

图 11-19　添加 TreeView 控件

“TreeView 任务”快捷菜单中显示了设置 TreeView 控件常用的任务：自动套用格式（用于设置控件外观）、选择数据源（用于连接一个现在数据源或创建一个数据源）、编辑节点（用于编辑在 TreeView 中显示的节点）和显示行（用于显示 TreeView 的上行）。

（2）选择“编辑节点”命令，在弹出的如图 11-20 所示的对话框中可以定义 TreeView 控件的节点和相关属性。在该对话框的左侧是操作节点的命令按钮（包括添加根节点、添加子节点、删除节点、调整节点相对位置等）和控件预览窗口；对话框右侧是当前选中节点的属性列表，可根据需要设置节点属性。

（3）TreeView 控件的外观属性既可以通过“属性”窗口，也可以通过 VS 2010 内置的 TreeView 控件外观样式进行设置。选择“自动套用格式”命令，弹出如图 11-21 所示的“自动套用格式”对话框。左侧列出 TreeView 控件外观样式的名称，右侧是对应外观样式的预览窗口。

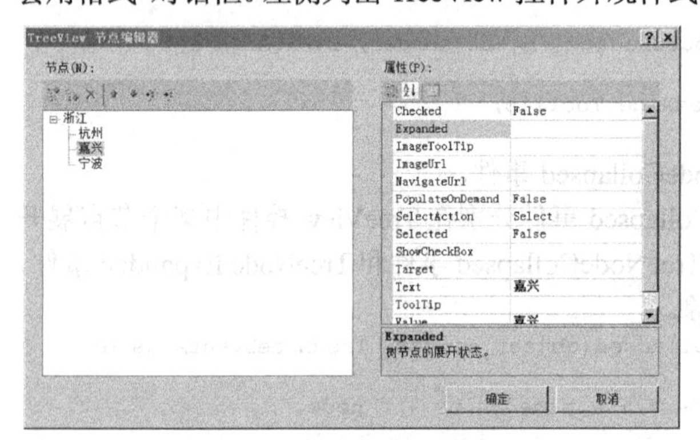

图 11-20　TreeView 节点编辑器

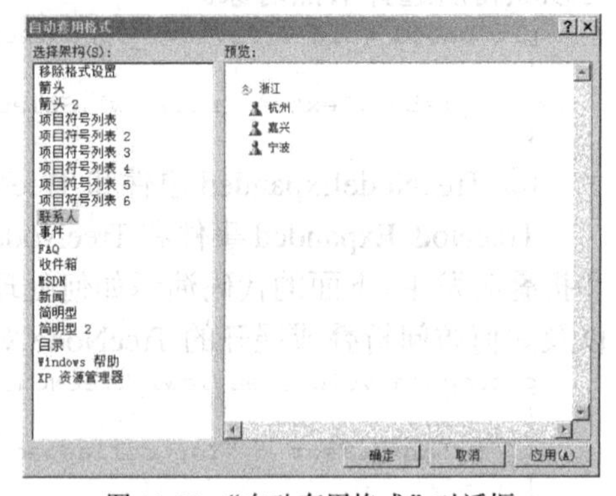

图 11-21　“自动套用格式”对话框

（4）添加 4 个 Button 控件，分别为“添加节点”、“移除当前节点”、“全部展开”、“全部折叠”，为这 4 个控件的 Click 事件编写代码。

“添加节点”控件的 Click 事件代码如下。

```
protected void btnAddNode_Click(object sender, EventArgs e)
{
  //添加节点的值为空则返回
  if (txtNode.Text.Trim().Length < 1)
  {
      return;
  }
   //建立新节点 childNode，设置 Value 属性值
   TreeNode childNode = new TreeNode();
   childNode.Value = txtNode.Text.Trim();
//存在当前节点
   if (TreeView1.SelectedNode != null)
   {
```

```
        //将 childNode 添加到当前节点
        TreeView1.SelectedNode.ChildNodes.Add(childNode);
      }
      else  //不存在当前节点
      {
        //childNode 作为根节点添加到 TreeView1 中
        TreeView1.Nodes.Add(childNode);
      }
        txtNode.Text = "";  //清除文本框
  }
```

“移除当前节点”控件的 Click 事件代码如下。

```
  protected void btnRemoveNode_Click(object sender, EventArgs e)
  {
      //存在当前节点
      if (TreeView1.SelectedNode != null)
      {
        //获取当前节点的父节点
        TreeNode parentNode = TreeView1.SelectedNode.Parent;
        //移除当前节点
        parentNode.ChildNodes.Remove(TreeView1.SelectedNode);
       }
  }
```

“全部展开”控件的 Click 事件代码如下所示。

```
  protected void btnExpandAll_Click(object sender, EventArgs e)
  {
      TreeView1.ExpandAll();  //全部展开
  }
```

“全部折叠”控件的 Click 事件代码如下所示。

```
  protected void btnCollapseAll_Click(object sender, EventArgs e)
  {
      TreeView1.CollapseAll();  //全部折叠
  }
```

（5）运行界面，效果如图 11-22 所示。在文本框内添加杭州的县级市临安和富阳，再添加一个浙江的地级市湖州，运行情况如图 11-23 所示。

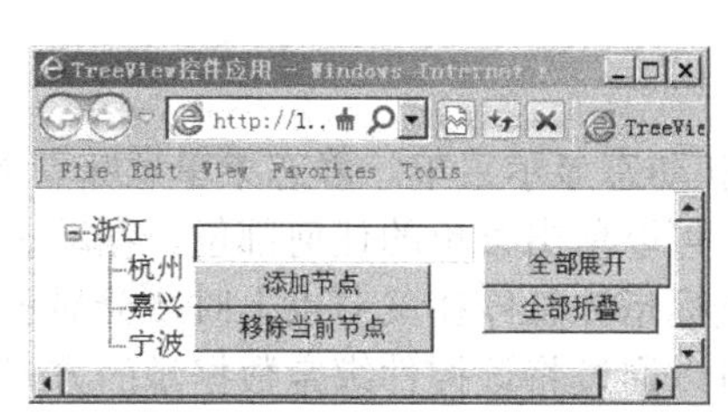

图 11-22 TreeView 控件运行初始界面

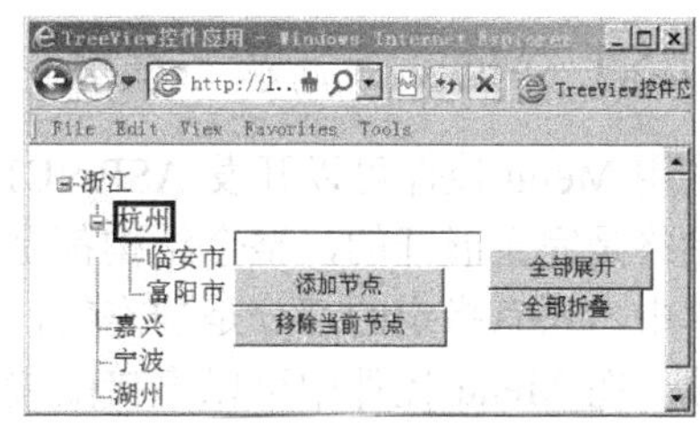

图 11-23 添加节点后的运行情况

5. 使用 TreeView 控件显示导航

与 SiteMapPath 控件不同，TreeView 控件需要数据源控件的支持。它与 SiteMapDataSource 控件配合使用可以显示站点导航的树形结构。

程序实现的主要步骤如下。

（1）新建一个网页，名称为 Home.aspx。在本页面上添加一个 TreeView 控件和一个 SiteMapDataSource 控件。由于 SiteMapDataSource 控件会用到 Web.sitemap，所以先添加一个 Web.sitemap 文件，该文件的源代码如下。

```
  <?xml version="1.0" encoding="utf-8" ?>
  <siteMap >
    <siteMapNode title="Home" description="Home" url="~/chap11/Home.aspx" >
      <siteMapNode title="Products" description="Our products"
```

```
        url="~/chap11/Products.aspx">
      <siteMapNode title="Hardware" description="Hardware we offer"
          url="~/chap11/Hardware.aspx" />
      <siteMapNode title="Software" description="Software for sale"
          url="~/chap11/Software.aspx" />
    </siteMapNode>
    <siteMapNode title="Services" description="Services we offer"
        url="~/chap11/Services.aspx">
      <siteMapNode title="Training" description="Training"
          url="~/chap11/Training.aspx" />
      <siteMapNode title="Consulting" description="Consulting"
          url="~/chap11/Consulting.aspx" />
      <siteMapNode title="Support" description="Support"
          url="~/chap11/Support.aspx" />
    </siteMapNode>
  </siteMapNode>
</siteMap>
```

（2）SiteMapDataSource 控件能自动绑定 Web.sitemap，SiteMapDataSource 控件的 ID 为 smdsSiteMap，TreeView 控件的数据源设为 smdsSiteMap，这样就将 Web.sitemap 中的导航信息通过 TreeView 控件呈现在网页上。

（3）TreeView 控件以树形结构的形式显示站点的结构图，运行情况如图 11-24 所示。

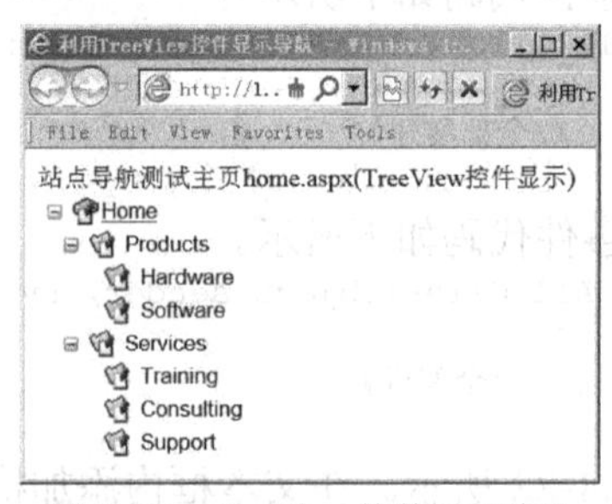

图 11-24　TreeView 控件运行结果

11.5.4　Menu 控件显示导航

利用 Menu 控件可以开发 ASP.NET 网页的静态和动态显示菜单。静态菜单意味着 Menu 控件始终是完全展开的，整个结构都是可视的，用户可以单击菜单的任何部位。在动态显示的菜单中，只有指定的部分是静态的，只有用户将鼠标指针悬停在父节点上时才会显示其子菜单项。在 Menu 控件中可以直接配置其内容，也可以通过将该控件绑定数据源的方式来指定其内容。不需要编写任何代码，就可以控制 Menu 控件的外观、方向和内容。该控件除了公开的可视属性外，还支持 ASP.NET 控件外观和主题。

1. Menu 控件的常用属性

Menu 控件的常用属性及说明如表 11-4 所示。

表 11-4　　Menu 控件的常用属性及说明

属　性	说　明
DataSource	获取或设置对象，数据绑定控件从该对象中检索其数据项列表
DisappearAfter	获取或设置鼠标指针不再悬停于菜单上后显示动态菜单的持续时间
Items	获取 MenuItemCollection 对象，该对象包含 Menu 控件中的所有菜单项
ItemWarp	获取或设置一个值，该值指示菜单项的文本是否换行
Orientation	获取或设置 Menu 控件的呈现方向

续表

属　性	说　明
SelectedItem	获取选定的菜单项
SelectedValue	获取选定菜单项的值

（1）DisappearAfter 属性。用于获取或设置鼠标指针不再置于菜单上后显示动态菜单的持续时间，语法如下。

```
public int DisappearAfter{get;set;}
```

属性值用来获取或设置当鼠标指针离开 Menu 控件后，菜单的延迟显示时间，默认值为 500，单位是 ms。

在默认情况下，当鼠标指针离开 Menu 控件后，菜单将在一定时间内消失。如果希望菜单立刻消失，可单击 Menu 控件以外的空白区域。当设置该属性值为-1 时，菜单将不会自动消失，在这种情况下，只有用户在菜单外部单击鼠标时，动态菜单项才会消失。

（2）Items 属性。使用 Items 属性（集合）可获取 MenuItemCollection 对象，该对象包含 Menu 控件中的所有菜单项。此集合通常用于快速循环访问所有菜单项或访问特定菜单项，语法如下。

```
public MenuItemCollection Item{get;}
```

另外，Items 属性（集合）也可用于以编程方式管理菜单项，如添加、插入、移除和检索 MenuItem 集合对象。在与服务器之间的下次往返过程之后，集合的所有更新都自动反映在 Menu 控件中。

（3）Orientation 属性。获取或设置 Menu 控件的呈现方向，语法如下。

```
public Orientation Orientation {get;set;}
```

属性值 Orientation 为枚举值，默认为 Orientation.Vertical。

Orientation 属性值为 Horizontal 时，水平显示 Menu 控件；为 Vertical 时，垂直显示 Menu 控件。

2. 使用 Menu 控件的显示导航

设置 Menu 控件的 Orientation 属性，可以实现水平和垂直显示菜单。与 TreeView 控件类似，它也需要数据源控件的支持，如配合使用 SiteMapDataSource 控件。

程序实现的主要步骤如下。

（1）新建一个网页，名称为 Home.aspx。在该页面上添加一个 TreeView 控件和一个 SiteMapDataSource 控件。由于 SiteMapDataSource 控件会用到 Web.sitemap，所以先添加一个 Web.sitemap 文件（源代码见 11.5.3 的 Web.sitemap 文件）。

（2）SiteMapDataSource 控件能自动绑定 Web.sitemap，SiteMapDataSource 控件的 ID 为 smdsSiteMap，TreeView 控件的数据源设为 smdsSiteMap，这样就将 Web.sitemap 中的导航信息通过 Menu 控件呈现在网页上。

（3）通过 Menu 控件的 Orientation 属性设置菜单的呈现方向，图 11-25 为水平显示菜单效果，图 11-26 为垂直显示菜单效果。

图 11-25　垂直显示动态菜单

图 11-26　水平显示动态菜单

11.5.5 在母版页中使用网站导航

在母版页中使用网站导航控件，可以在母版页中创建包含导航控件的布局，再将母版页应用于所有的内容页。结合前面所创建的 Web.sitemap 文件，具体的实现步骤如下。

（1）创建用于导航的母版页，打开“添加新项”对话框，在“模板”列表中选择“母版页”项，在“名称”文本框中将其命名为“SitMapMasterPage.master”。

（2）在母版页中添加一个 SiteMapPath 控件、SiteMapDataSource 控件、一个 TreeView 控件和一个站点地图文件 Web.sitemap（源代码见 11.5.3 的 Web.sitemap 文件）。

（3）SiteMapDataSource 控件能自动绑定 Web.sitemap，SiteMapDataSource 控件 ID 为 SiteMapDataSource1，TreeView 控件的数据源设为 SiteMapDataSource1，这样就将 Web.sitemap 中的导航信息通过 TreeView 控件呈现在网页上。SiteMapPath 控件可以自动绑定网站地图，会直接将路径呈现在页面上。

（4）创建网站的内容页，打开“添加新项”对话框，在“模板”列表中选择“Web 窗体”项，在“名称”文本框中将其命名为“Services.aspx”，利用 MasterPageFile 属性与母版页关联，设计视图的部分源代码如下。

```
<%@ Page Language="C#" MasterPageFile="~/chap11/SitMapMasterPage.master" AutoEvent
Wireup="true"
CodeFile="Services.aspx.cs" Inherits="chap11_Services" Title="实现基于母版页的网站导航" %>
```

页面运行效果如图 11-27 所示。

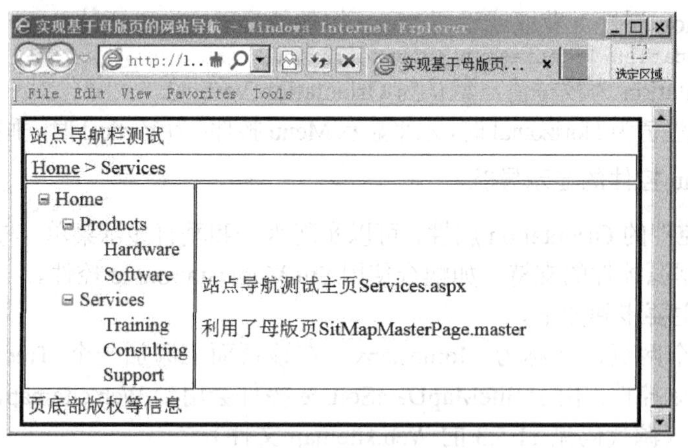

图 11-27 在母版页中使用网站导航的运行效果

本章实验

一、实验目的

了解网页布局和站点导航技术，掌握母版页和站点地图文件的创建方法及常用站点导航控件的使用。

二、实验内容和要求

（1）新建一个名为 Experiment11 的网站。

（2）按图 11-28 配置站点地图文件。

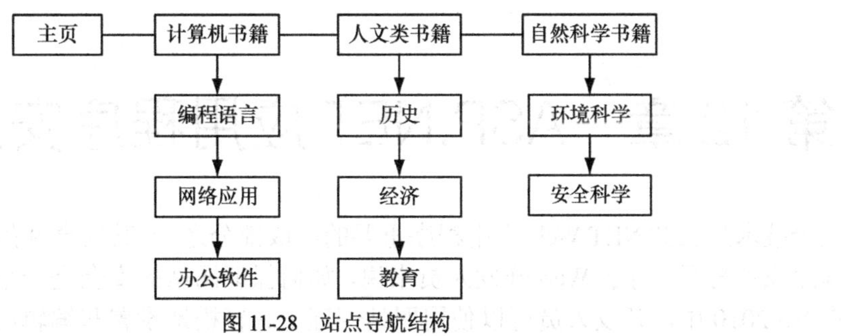

图 11-28　站点导航结构

（3）在母版页中，分别使用 TreeView 和 Menu 控件显示上述站点地图。

（4）增加所有内容页（见图 11-28），在主页中进行链接。

第 12 章　ASP.NET 应用程序安全技术

安全技术是 ASP.NET Web 应用程序重要的组成部分之一，其安全性的优劣往往决定 Web 应用程序成功与否。对于 Web 开发人员来说，如何保证网站的安全是一个关键而又复杂的问题。在 VS 2010 中，开发人员可以使用网站管理工具轻松地设置和编辑用户、角色对站点的访问权限，也可以通过登录系列控件执行各种任务而无需任何附加代码，此外还可以借助成员资格服务以编程方式来创建新用户、验证凭据和获取用户信息。本章将介绍通过 ASP.NET 成员资格和角色来管理网站安全性，主要内容包括使用网站管理工具配置安全性、登录系列控件的应用以及通过编程方式管理用户和角色。

12.1　ASP.NET 安全结构

在介绍 ASP.NET 安全结构之前，首先介绍与安全技术相关的名词。

（1）身份验证：许多 Web 应用程序的一个重要功能是能够识别用户和控制对资源的访问。确定请求实体的标识的行为称为身份验证。通常，用户必须提供凭据（如名称/密码对）才能进行身份验证。

（2）授权：经过身份验证的标识可用后，确定该标识是否可以访问给定资源的过程称为授权。ASP.NET 与 IIS 一起使用为应用程序提供身份验证和授权服务。

（3）模拟：在默认情况下，ASP.NET 使用本地系统账号的权限执行（而不是请求的用户），使用模拟后，ASP.NET 应用程序可以用发出请求的用户的 Windows 标识（用户账户）执行。

（4）基于角色安全性：一个庞大的用户系统不可能为每一个用户都单独授权，如果把用户划分成不同的角色，然后对角色进行授权，那么这个工作会简单很多。

ASP.NET 中安全系统之间的关系如图 12-1 所示。

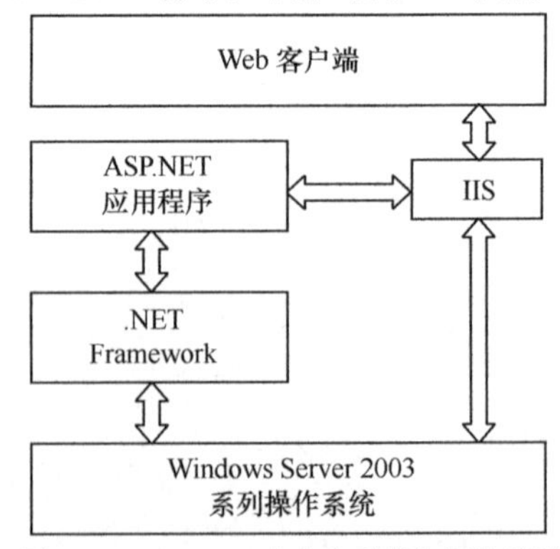

图 12-1　ASP.NET 中安全系统之间的关系

在图 12-1 中，所有 Web 客户端都通过 Internet 信息服务（IIS）与 ASP.NET 应用程序通信。IIS 根据需要对请求进行身份验证，然后找到请求的资源（如 ASP.NET 应用程序）。如果客户端已被授权，则资源可用。ASP.NET 应用程序运行时，可以使用内置的 ASP.NET 安全功能。另外，ASP.NET 应用程序还可以使用.NET 框架的安全功能。

12.2　基于 Windows 的身份验证

和表单验证有所不同，Windows 验证没有在 ASP.NET 中内置。相反，Windows 验证将验证的责任移交给了 IIS。IIS 通过提供映射到 Windows 用户账号的凭证要求浏览器进行验证。

如果验证成功，则 IIS 允许这次网页请求，并且将用户和角色信息传递给 ASP.NET，这样程序就可以用几乎和表单验证一样的方式处理这些信息了。

基于 Windows 的身份验证整个过程如图 12-2 所示。

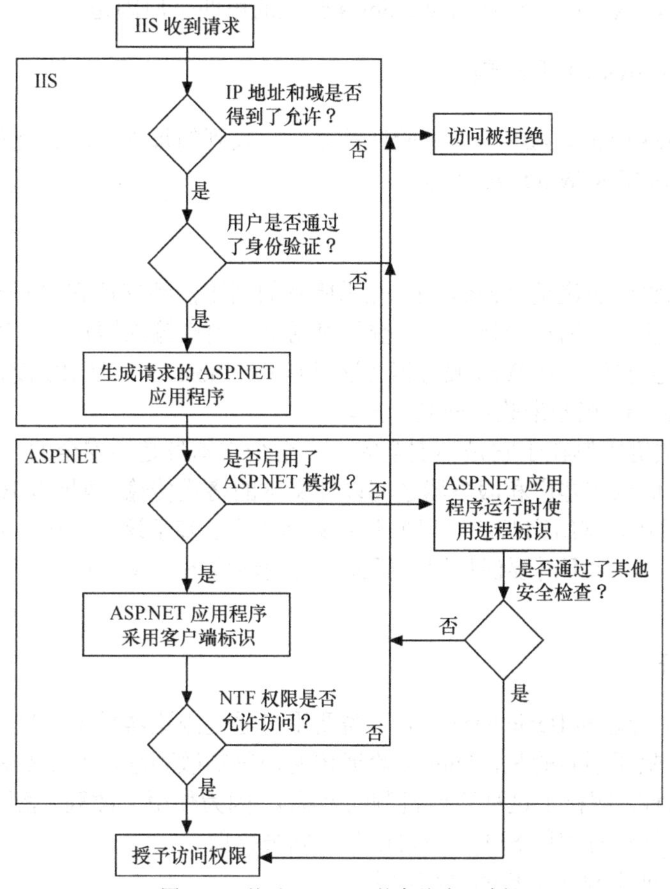

图 12-2　基于 Windows 的身份验证过程

12.2.1　使用 Windows 验证的原因

使用 Windows 验证有下面 4 点原因。

（1）对于开发者来说，几乎不需要进行多少编程工作。

（2）它允许使用已有的用户进行登录。

（3）它为多种类型的应用程序提供了一个单独的验证模型。

（4）它允许使用身份模拟和 Windows 安全机制。

第一个原因非常简单——Windows 验证允许使用 IIS 和客户端浏览器来处理验证流程，这样就不需要创建登录页面，检查数据库或者编写其他任何自定义的代码。同样，Windows 已经提供了基本的用户账号功能，如密码过期、密码锁定和用户分组。

第二个原因允许使用现有的 Windows 账号。通常，在应用程序中使用 Windows 验证时，用户是和 Web 服务器相同的本地网络或者企业内部互连网络的一部分。这意味着可以使用登录到计算机的凭证来验证用户。最重要的是，根据所使用的配置和网络结构，可以提供一个无需单独登录步骤的“隐藏的”验证机制。相反，浏览器只使用当前用户已登录的身份。

第三个原因很吸引人。当使用 Windows 验证时，可以在不同的应用程序中使用一个单独的验证模型。例如，可以为 Web 服务、ASP.NET 应用程序和基于 WCF 的服务（不管它们托管在何处）使用相同的验证模型。因此，Windows 验证可以免去让身份信息在计算机间流动的艰辛工作。其实，这个原因与使用 Windows 验证的第四个原因是一致的。

12.2.2 Windows 验证机制

当部署 Windows 验证时，IIS 有 3 种验证策略对它收到的每次请求进行验证，分别为 Basic 验证、Digest 验证和集成 Windows 验证。

1. Basic 验证

支持最广泛的验证协议是 Basic 验证，几乎所有的浏览器都支持它。当一个网站使用 Basic 验证请求客户端验证时，浏览器显示一个登录对话框，用来输入用户名和密码。当用户提供这些信息后，信息会被传送到 Web 服务器（这里是 localhost）。一旦 IIS 接收到验证数据，它会使用相应的 Windows 账号来验证网站用户。

Basic 验证的关键限制在于它是不安全的——至少它本身是不安全的，通过 Basic 验证获得的用户名和密码信息在客户和服务器之间以纯文本的格式传输。数据以 Base64 的形式编码（不是加密）为字符串，网络窃听者可以非常容易地读取。基于这个原因，应当只在安全的场合下使用 Basic 验证，如不需要保护用户凭证信息的环境下，或者和一个 HTTP 网络加密协议捆绑在一起使用。

2. Digest 验证

Digest（摘要）验证和 Basic 验证一样，需要用户通过浏览器显示的登录对话框提供账号信息。但和 Basic 验证不同的是，Digest 验证传递密码的散列串，而不是密码本身（摘要是散列的另外一个名称，解释了这种验证机制的名称）。因为使用了散列，密码本身不在网络上进行传输，这样即使没有使用 SSL，也可以防止它被窃取。

使用 Digest 验证来验证用户的过程如下。

（1）未经验证的客户端请求一个受限的网页。

（2）服务器返回一个 HTTP401 响应。这个响应含有一个 nonce 值——一个随机生成的字节序列。Web 服务器在发送 nonce 之前会保证每个 nonce 值都是唯一的。

（3）客户端使用这个 nonce、密码、用户名和其他一些值来创建一个散列。这个散列值就是摘要，它与纯文本的用户名一起被发回服务器。

（4）服务器使用 nonce 值、为当前用户保存的密码以及其他的值创建一个散列，然后和客户端提供的散列进行比较。如果相匹配，则验证成功。

因为对于每一个验证请求，nonce 值都会发生变化，所以对于一个攻击者来说，摘要就没有太大的意义了。原来的密码无法从这个摘要里提取。同样，由于 nonce 是随机生成的，摘要无法用来重复攻击。一个攻击者试图发送一个先前截获的摘要来获取权限是行不通的。

3. 集成 Windows 验证

集成 Windows 验证对基于广域网或基于局域网的企业内联网应用程序来说是最方便的验证标准，因为它无需任何客户端的交互即可执行验证。当 IIS 要求客户端进行验证时，浏览器会发送一个代表当前用户的 Windows 账户身份的标志。如果 Web 服务器无法使用这个信息进行验证，它会显示一个登录框让用户输入一个不同的用户名和密码。

为了让集成 Windows 验证工作，客户端和 Web 服务器必须在同一个局域网或者企业内联网上，这是因为集成 Windows 验证实际上并不发送用户名和密码信息。相反，它和它所属的域服务器或者活动目录实例互相协作，以此登录并将获得的验证信息发送到 Web 服务器的客户端机器上。

12.2.3　实现 Windows 验证

在 ASP.NET 应用程序中使用 Windows 验证并访问 ASP.NET 中的用户身份的步骤如下。

（1）使用 IIS 管理器配置 Windows 验证的类型。

（2）通过 web.config 文件配置 ASP.NET 来使用 IIS 验证信息。

（3）限制匿名用户对某个网页、某个下级目录或整个应用程序的访问。

1. 配置 IIS 6.0

运行 IIS 6.0 时，Windows 验证都是在 HTTP 模块管道里以模块实现的。这个管道是 IIS 发布的原生模块以及 ASP.NET 发布的托管模块的混合。这个模型的一个巨大优势是可以为 IIS 6.0 里配置的所有应用程序使用标准的 ASP.NET HTTP 模块——甚至那些不是基于 ASP.NET 的应用程序也是如此。

IIS 6.0 的另一个巨大优势是统一的配置系统，这就是说不需要在 IIS 6.0 和 ASP.NET 中单独配置某些配置项。可以直接通过 IIS 管理控制台完成所有的配置。IIS 在自己的中央存储以及应用程序的 web.config 中执行配置。在 IIS 6.0 中可以通过管理控制台的验证配置功能配置验证方法，如图 12-3 所示。

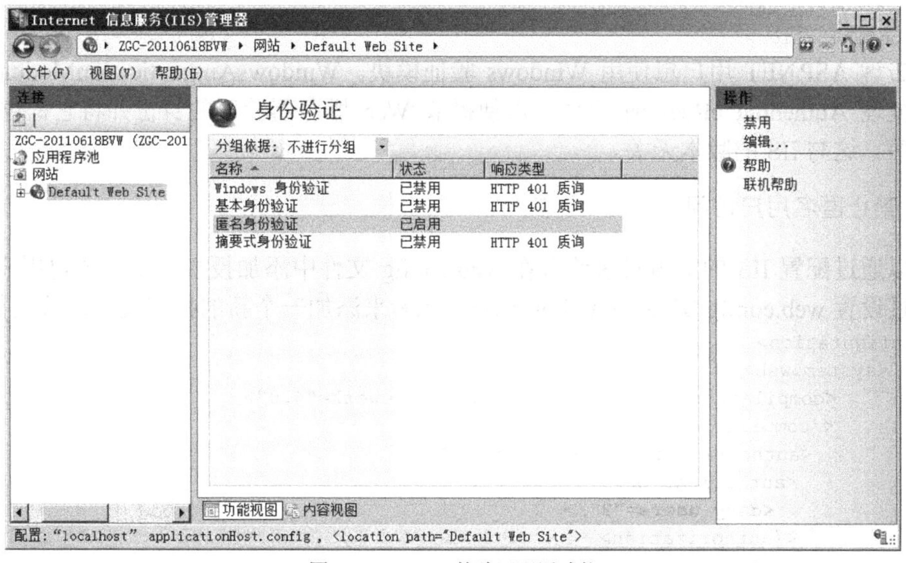

图 12-3　IIS 6.0 的验证配置功能

可以通过单击控件台右边的“操作”任务窗格里的相应链接（如“启用”或“禁用”）启用或禁用某些验证模块，如 Windows 验证模块。其他验证模块，如 Basic 验证模块，通过单击“操作”任务窗格中的“编辑”按钮可以进行更详细的设置，如图 12-4 所示。对于 Basic 验证有默认设置。如果用户通过验证对话框登录网站时没有以域\用户名的格式指定域，就会使用默认的域。

2. 配置 ASP.NET

一旦配置了 IIS，验证流程就会自动发生。但是，如果正在使用 Visual Studio 测试 Web 服务器且想访问 ASP.NET 应用程序中已验证用户的身份信息，就需要手动配置 ASP.NET 应

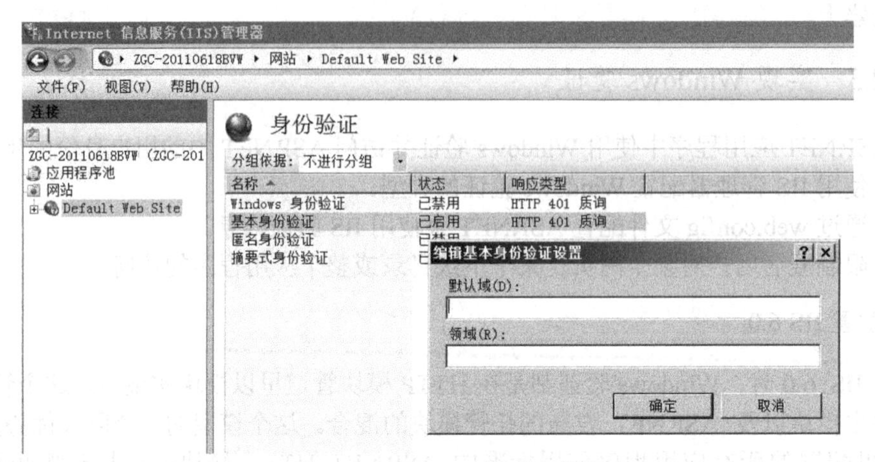

图 12-4　配置 Basic 验证的细节

用程序的 web.config 文件以使用 Windows 验证，如下所示。

```
<configuration>
    <system.web>
        <compilation debug="true" targetFramework="4.0">
        </compilation>
          <authentication mode="Windows"/>
    </system.web>
</configuration>
```

这告诉 ASP.NET 用户想使用 Windows 验证模块。WindowsAuthenticationModule HTTP 模块将处理 AuthenticateRequest 事件，以便提取 Web 服务器验证的身份并将它提供给 Web 应用程序。这与 IIS 的版本无关。

3. 禁止匿名用户访问

可以通过配置 IIS 的虚拟目录或者在 web.config 文件中添加授权规则来强迫用户进行登录。通过设置 web.config 文件的<authorization>元素来添加一个新的授权规则，代码如下。

```
<configuration>
    <system.web>
        <compilation debug="true" targetFramework="4.0">
        </compilation>
          <authentication mode="Windows"/>
           <authorization>
             <deny users="?"/>
           </authorization>
        </system.web>
</configuration>
```

问号（?）是一个通配符，匹配任何匿名用户。如果 web.config 文件中包含这条规则，则指定不允许匿名用户访问。每一个用户都必须经过某种 Windows 验证协议来进行验证。

使用 IIS 6.0 时，可以直接在 IIS 管理控制台中配置授权规则，如图 12-5 所示。

在 IIS 6.0 中禁用了匿名验证模块时，甚至不需要配置任何授权规则，因为 Web 服务器自身在请求到达授权规则之前就会拒绝它。

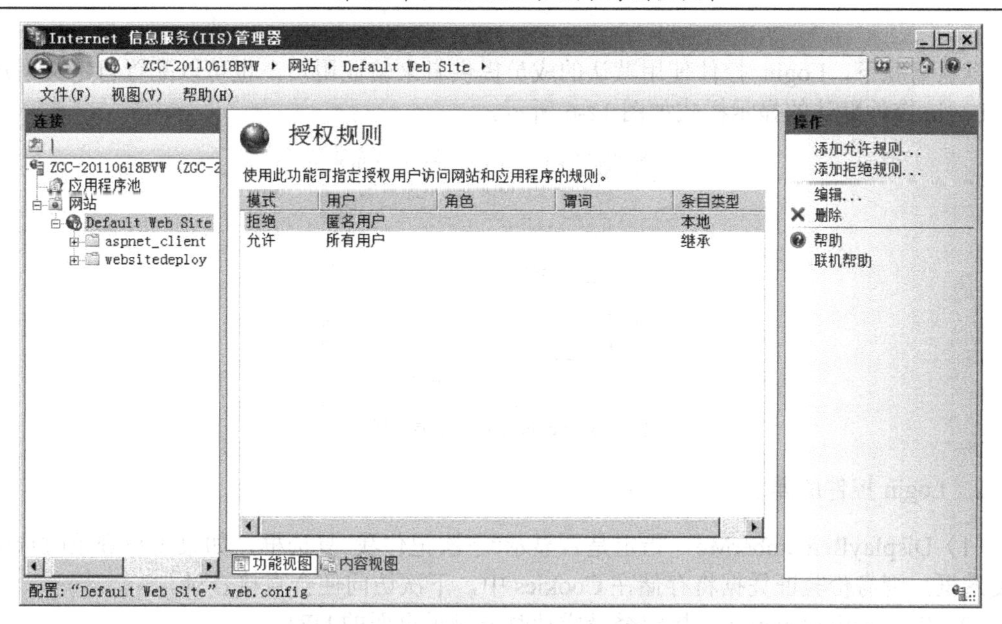

图 12-5　配置 Windows 验证的 IIS 授权

12.3　使用登录控件

用户通过验证之后，ASP.NET 4.0 提供了各种用于处理用户信息的登录型控件，在 VS 2010 的登录控件中，可以看到 7 个用户登录控件，分别如下。

（1）Login：显示一个窗体。

（2）CreateUserWizard：提供一个向导式的窗口注册新用户。

（3）LoginStatus：显示一个登录或注销的链接，依赖于用户授权状态。

（4）LoginName：显示当前登录的用户名。

（5）ChangePassword：显示一个更改密码的窗体。

（6）PasswordRecovery：允许用户找回密码的窗体。

（7）LoginView：根据用户授权的状态和角色，显示不同的内容给不同的用户。

这些控件可以放在页面上的任何位置，每个控件都具有相同的工作方式：如果不响应任何控件的自定义事件，则控件将使用默认的 Membership API 来处理。一旦响应了控件的事件，就需要完成控件职责。例如，Login 控件支持 Authenticate 事件，如果不处理这个事件，将自动使用在 web.config 中配置的 Membership API 来验证用户，如果响应了该事件，则需要提供自定义的用户验证过程。下面介绍除 LoginName 外的 6 个控件。

12.3.1　Login 控件

1. Login 控件概述

Login 控件提供了一个用户登录的窗口，该控件是一个组合控件，提供两个文本框允许用户输入用户名和密码，以及一个复选框指定是否在 Cookies 中保存一个持久身份验证信息以便下次登录时使用。当从工具箱的登录栏中拖动一个 Login 控件到窗体后，VS 2010 将生成如下代码。

```
<asp:Login ID="Login1" runat="server"> </asp:Login>
```

默认情况下，Login 控件使用默认的成员提供者来验证用户，也可以配置自定义用户验证。Login 控件默认的显示样式如图 12-6 所示。

图 12-6　Login 控件默认显示样式

2. Login 控件的属性

（1）DisplayRememberMe：指定是否显示“下次记住我”复选框，如果用户登录时选中了该复选框，则身份验证凭据将存储在 Cookies 中，下次访问便会直接登录。

（2）DestinationPageUrl：指定登录成功时要显示页面的 URL。

（3）InsertuctionText：向登录到网站的用户显示的说明文本。该文本显示在 Login 控件中的标题后。

（4）TitleText：指定显示在 Login 控件顶端的标题。

（5）VisibleWhenLoggedIn：如果希望只在用户未登录时显示 Login 控件，则将该属性设置为 false。

3. Login 控件模板的特定控件

在使用模板定制 Login 控件时，必须注意几个控件的 ID，否则将会引发异常。默认情况下，Login 控件至少需要两个文本框。这两个文本框的 ID 分别必须是 Username 和 Password。如果 Login 控件中没有具有这两个 ID 值的控件，会引发异常。

Login 控件模板的特定控件如表 12-1 所示。

表 12-1　Login 控件模板的特定控件

控件作用	控件 ID 值	控件类型
用户名文本框	UserName	TextBox
密码文本框	Password	TextBox
记住我复选框	Remember	CheckBox
登录失败文本	FailureText	Literal
登录按钮	Login	Button

4. Login 控件的事件

Login 控件提供了几个事件和属性使开发人员能够定制 Login 控件的行为。Login 控件提供了如下事件。

LoggingIn：在用户提交登录信息但进行身份验证前引发。

LoggedIn：在用户登录到网站并已进行身份验证后引发。

LoginError：当登录尝试失败时引发。

Authenticate：当用户使用 Login 控件登录到网站时，引发 Authenticate 事件。

在用户提交登录信息后，Login 控件先引发 LoggingIn 事件，然后引发 Authenticate 事件，最后引发 LoggedIn 事件，自定义身份验证方案可以使用 Authenticate 事件对用户进行身份验证。

5. Login 控件实例

（1）新建一个网站，命名为 ch12_3，将默认主页名称改为 Login.aspx。使用 CSS 样式表控制 Login 控件的显示外观，设计登录窗口如图 12-7 所示。

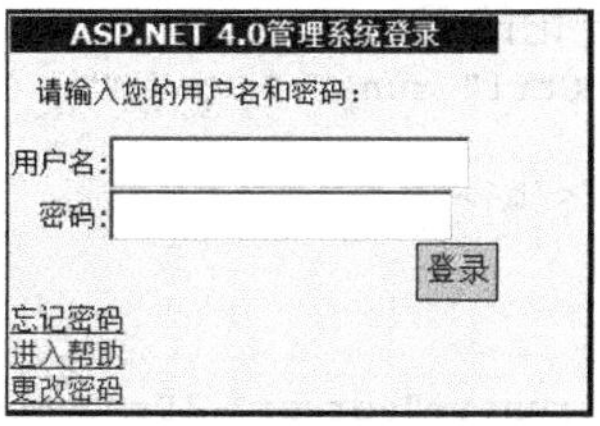

图 12-7　登录窗口

（2）通过响应 Authenticate 事件来实现自定义的验证过程。用户名为 ecjtu，密码为 9319 时登录成功。代码如下。

```
protected void Login1_Authenticate(object sender, AuthenticateEventArgs e)
{
          if (CheckUsers(Login1.UserName, Login1.Password))
          {
               //Authenticated 属性指示验证是否成功
               e.Authenticated = true;
          }
          else
          {
              e.Authenticated = false;
          }
     }
     /// <summary>
     /// 自定义验证函数
     /// </summary>
     /// <param name="UserName">要验证的用户名称</param>
     /// <param name="Password">要验证的用户密码</param>
     /// <returns></returns>
     protected bool CheckUsers(string UserName, string Password)
     {
          if (UserName == "ecjtu" && Password == "9319")
          {
               return true;
          }
          else
               return false;
     }
```

12.3.2 LoginStatus 控件

LoginStatus 控件非常简单，它为没有通过身份验证的用户显示“登录”超链接，为通过身份验证的用户显示“注销”超链接。“登录”超链接将重定向到登录页面，“注销”超链接将当前用户的身份重置为匿名用户。声明 LoginStatus 控件的代码如下。

```
<asp:LoginStatus ID="LoginStatus1" runat="server" LoginText="请先登录"
LogoutAction="Redirect" LogoutPageUrl="~/Default.aspx" LogoutText="登出系统" />
```

“登录”超链接将自动重定向到登录窗口，注销超链接将调用 FormsAuthentication.SignOut 方法注销系统。LoginStatus 控件的状态由 Request 属性的 IsAuthenticated 属性决定。

12.3.3 LoginView 控件

LoginView 控件非常有用，它可以向匿名用户和登录用户显示不同的信息。显示给匿名用户的信息放置在 AnonymousTemplate 模板中，显示给通过身份验证用户的信息放置在 LoggedInTemplate 模板中，模板的切换由系统自动完成。

下面的代码声明一个简单的 LoginView 控件，在匿名模式下，向用户显示一条登录的信息，当用户登录则显示一个提交评论的 Form。

```
<asp:LoginView ID="LoginViewCtrl" runat="server">
    <AnonymousTemplate>
    <h4>用户没有登录，请先登录！</h4>
    </AnonymousTemplate>
    <LoggedInTemplate>
     <h2>用户</h2>
       提交评论：<asp:TextBox runat="server" ID="CommentText" /><br />
        <asp:Button runat="server" ID="SubmitCommentAction" Text="提交" />
     </LoggedInTemplate>
</asp:LoginView>
```

12.3.4 PasswordRecovery 控件

PasswordRecovery 控件提供了让用户找回密码的能力，该控件查询用户的名称，然后自动显示密码提示问题。如果用户输入了正确的答案，用户密码将自动发送到用户指定的电子邮箱。该控件提供 3 个视图：用户名视图、问题视图和成功视图，如 12-8 所示。

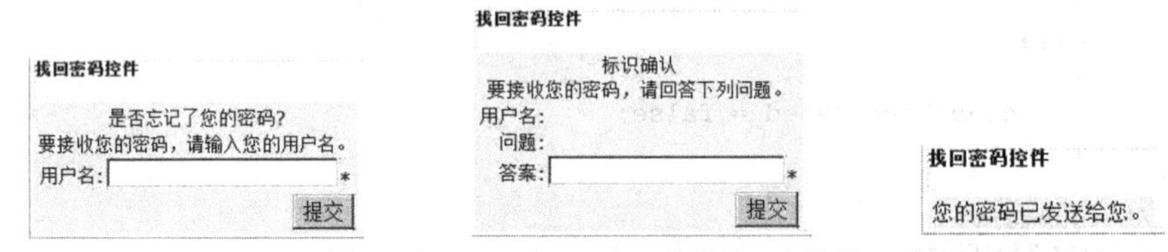

图 12-8 PasswordRecovery 控件的 3 个视图

首先在图 12-8 左图中输入用户名，当单击提交按钮后，控件将使用 Membership API 查询用户的密码提示问题；图 12-8 中图显示密码提示问题，要求用户输入问题的正确答案。当用户输入正确的答案后，将自动获取密码并向用户注册时指定的邮箱发送 E-mail。如果发送成功，则显示图 12-8 右图。

PasswordRecovery 需要发送电子邮件，因此如果没有配置电子邮件信息将会产生异常。可以在 MailDefinition 属性中配置电子邮件的内容和格式，代码如下。

```
<asp:PasswordRecovery ID="PasswordRecovery1" runat="server" BackColor="#EEEEFF"
                BorderColor="#009999">
      <MailDefinition BodyFileName="MailBody.txt" From="cat_317@163.com"
        Priority="High" Subject="您的密码已经找到">
       </MailDefinition>
</asp:PasswordRecovery>
```

这里为 BodyFileName 指定一个文件名，该文件用来指定邮件的发送内容文本，该文件必须与控件所在的页面位于同一个文件夹。本示例定义格式如下。

```
<%UserName%>:
        您好，您的密码已经找到，密码是<%Password%>，请妥善保管好您的密码！
```

12.3.5 ChangePassword 控件

ChangePassword 控件允许用户更改其密码，该控件简单地查询用户名和旧的密码，然后获取用户输入的新密码，并且确认新密码。如果用户登录，该控件将自动隐藏用户名文本框。该控件包括两个视图：更改密码视图（见图 12-9 左图）和更改成功视图（见图 12-9 右图）。同样它也包含一个 MailDefinition 元素，具有与 PasswordRecovery 控件相同的设置。当密码更改成功时，将自动发送电子邮件。

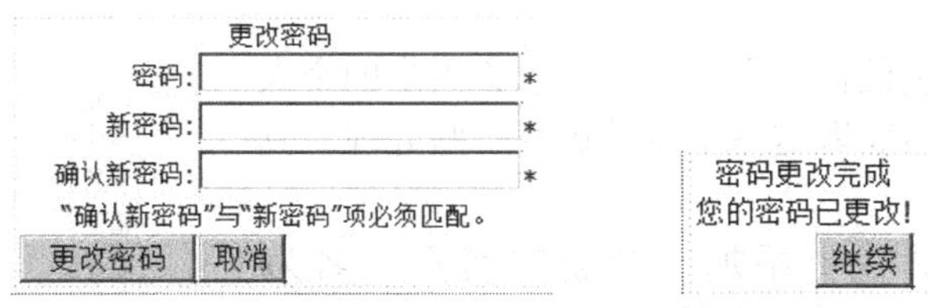

图 12-9　ChangePassword 控件的两个视图

12.3.6　CreateUserWizard 控件

CreateUserWizard 控件是登录控件中功能最强大的，该控件提供了一个让用户注册的窗体。这是一个向导控件，由两个默认步骤组成，一个用于获取通用的用户信息，另外一个显示一些确认信息。CreateUserWizard 控件派生出 Wizard 控件，允许开发人员添加向导步骤。

1. 添加向导步骤

从工具箱将一个 CreateUserWizard 控件拖到页面上时，可以看到 CreateUserWizard 控件由一个 WizardSteps 集合组成，可以任意地向该集合中添加向导步骤。VS 2010 提供了非常好的设计时支持，当拖动 CreateUserWizard 控件到设计视图时，在其任务面板上选择“添加/移除 WizardSteps”选项，会弹出如图 12-10 所示的“WizardStep 集合编辑器”对话框。此对话框中新添加了“个人信息”向导页，用来收集用户的个人喜好信息，这就需要编写程序代码将这些收集到的信息存储到数据库中。

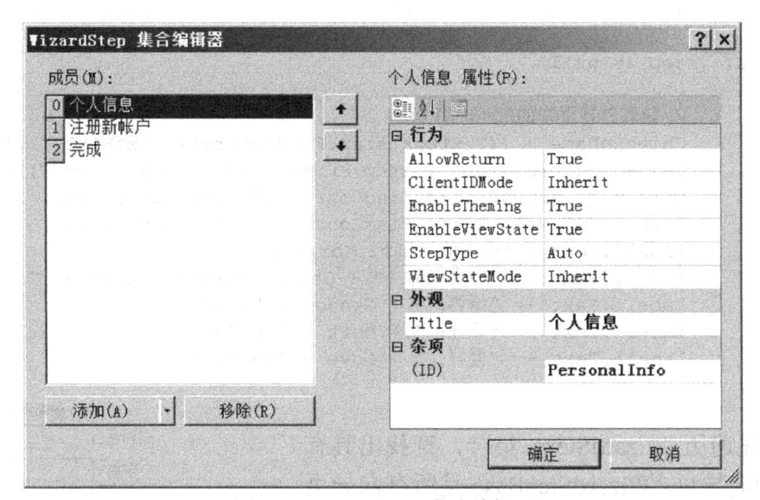

图 12-10　WizardStep 集合编辑器

2. CreateUserWizard 控件的常用事件

（1）ContinueButtonClick：当用户在向导的最后页单击“继续”按钮时触发。
（2）CreatingUser：在 CreateUserWizard 控件使用 Membership API 创建用户之前触发。
（3）CreatedUser：当用户创建成功时触发此事件。

（4）SendingMail：电子邮件服务器配置好后，该控件能够发送邮件，该事件在邮件发送前触发，允许开发人员修改邮件内容。

（5）SendMailError：如果不能发送邮件，如邮件服务器不可用时，将触发该事件。

3. CreateUserWizard 控件实例

该实例演示一个新的向导页面，用于收集用户的个人信息，在创建用户之后获取这些信息并进行一些处理。具体步骤如下。

（1）在网站 ch12_3 中添加一个新的网页，名为 CreateUserWizardDemo.aspx，从工具箱将一个 CreateUserWizard 控件拖到页面上，按图 12-10 添加“个人信息”向导页，设计该页如图 12-11 所示。

图 12-11 “个人信息”向导页设计视图

（2）上一步骤创建的“个人信息”向导页的信息将显示在 Label1 中，为简化本实例，没有写入数据库。为了获取向导页的信息，响应 CreateUser 事件，代码如下。

```
//当用户创建成功后，触发此事件
protected void CreateUserWizard1_CreatedUser(object sender, EventArgs e)
{
        string ChineseName, Gender, Love, work;
        WizardStepBase step = null;
        //获取指定的向导页
        for (int i = 0; i < CreateUserWizard1.WizardSteps.Count; i++)
        {
            if (CreateUserWizard1.WizardSteps[i].ID == "PersonalInfo")
            {
                step = CreateUserWizard1.WizardSteps[i];
                break;
            }
        }
        if (step != null)
        {
            //获取向导页中的值
            ChineseName = ((TextBox)step.FindControl("TextBox1")).Text;
            Gender = ((DropDownList)step.FindControl("DropDownList1")).SelectedValue;
            work = ((TextBox)step.FindControl("TextBox2")).Text;
            Love = ((TextBox)step.FindControl("TextBox3")).Text;
            Label1.Text = "个人信息如下：<br/>";
            Label1.Text += "中文名称：" + ChineseName + "<br/>";
            Label1.Text += "婚否：" + Gender + "<br/>";
            Label1.Text += "职业：" + work + "<br/>";
            Label1.Text += "爱好：" + Love + "<br/>";
        }
}
```

该代码首先遍历 WizardSteps 集合，查找出具有 PersonalInfo 的向导页。WizardStepBase 是所有向导页的基类型，然后从该向导页中查询指定 ID 的控件，获取用户所填入的值，最后显示在 Label 控件上。

（3）运行页面之前，先分析一下“注册新账户”向导页的默认设计，如图 12-12 所示。

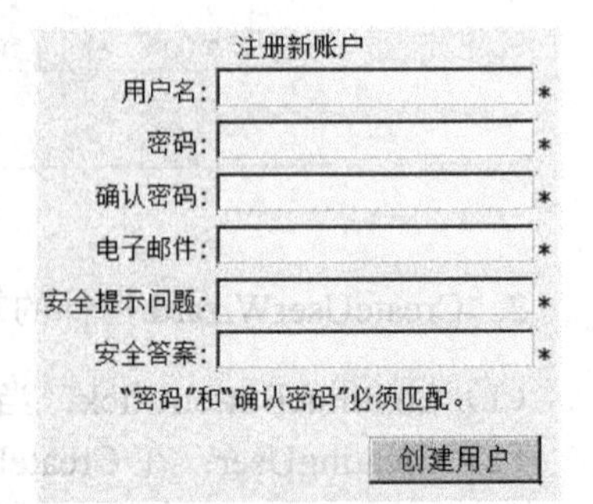

图 12-12 “注册新账户”向导页的设计视图

CreateUserWizard 控件默认要求用户提供的密码最短长度为 7，且必须至少包含 1 个非字母和数字字符（如“#”）。在运行界面时，密码一定要按这个限制输入。如果希望修改这个限制，可以修改 config 文件中成员管理提供节点中的 minRequiredPasswordLength（最短密码长度）和 minRequiredNonalphanumericCharacters（最少非字母数字个数）属性，修改将作用于整个服务器之上。

（4）运行页面，效果如图 12-13 所示。

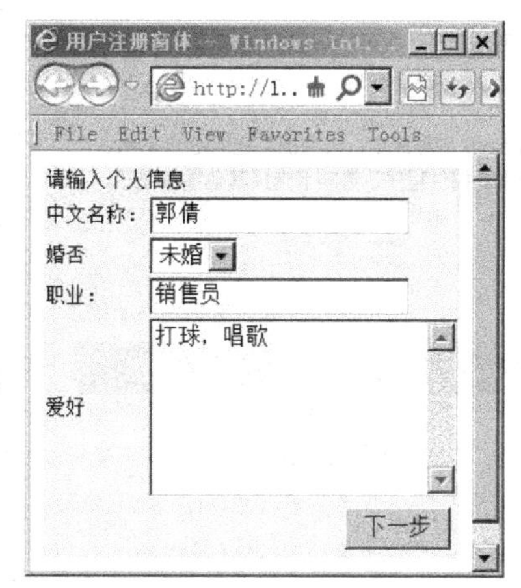

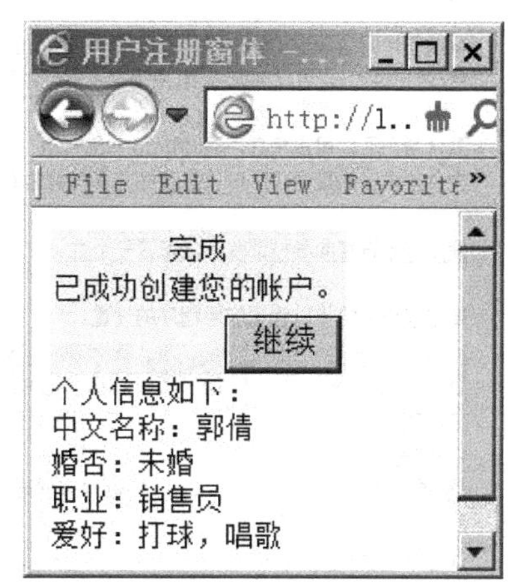

图 12-13　CreateUserWizard 控件运行效果

新用户注册成功后，单击第三个向导页上的“继续”按钮，就会触发 ContinueButtonClick 事件。如果希望注册成功后从注册页面重定向到网站首页，可双击 CreateUserWizard 控件的事件窗口中的 ContinueButtonClick 事件，按如下方式完成事件处理代码。

```
protected void CreateUserWizard1_ContinueButtonClick(object sender, EventArgs e)
{
        Response.Redirect("~/HomePage.aspx");
}
```

12.4　角色与授权

在用户通过验证能够访问 Web 站点之后，系统还需要确定用户可以访问的页面和资源，即解决如何分配用户在系统中所拥有的权限的问题，这个过程称为授权。如果系统中有大批量的用户，为每个用户单独授权是一项费时的工作，也是不明智的。在 ASP.NET 中，可以为指定的用户分配角色，角色是一组用户的集合，这组用户具有相同的指定权限来完成特定的行为。可见，通过角色可以简化授权工作，对于用户数量巨大的 Web 应用，利用角色进行分组是非常有价值的。

12.4.1　创建角色

利用 ASP.NET 中提供的网站管理工具可以很方便地完成角色管理以及其他与安全管理相关的工作。执行“网站”→“ASP.NET 配置”命令，打开 ASP.NET 网站管理工具，切换到“安全”选项卡，单击角色栏中的“启用角色”超链接（角色管理在 ASP.NET 中默认禁用），如图 12-14 所示。启用角色后，网站管理工具将在 web.config 文件中自动添加如下启用角色管理的代码。

```
<system.web>
     <roleManager enabled="true"/>
</system.web>
```

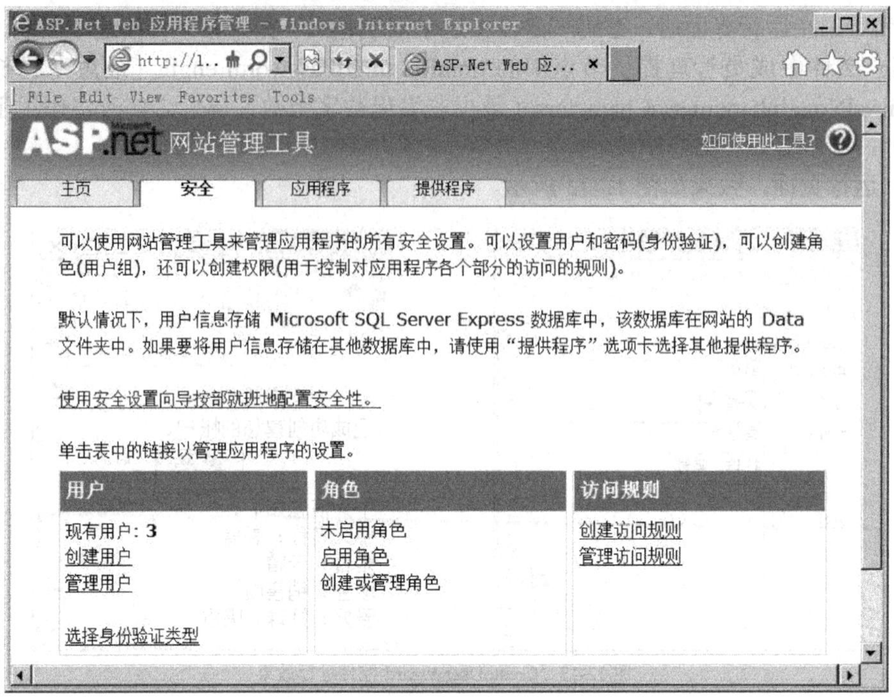

图 12-14　使用网站管理工具启用角色

可见，如果希望禁用或启用角色管理，同样可以在 web.config 中完成。接下来就可以使用网站管理工具创建新的角色或管理已有的角色了。切换到“安全”选项卡，选择创建和管理角色，进入“创建角色”窗口，并在“新角色名称”文本框中输入一个角色名，单击“添加角色”按钮即完成新角色的创建，如图 12-15 所示。

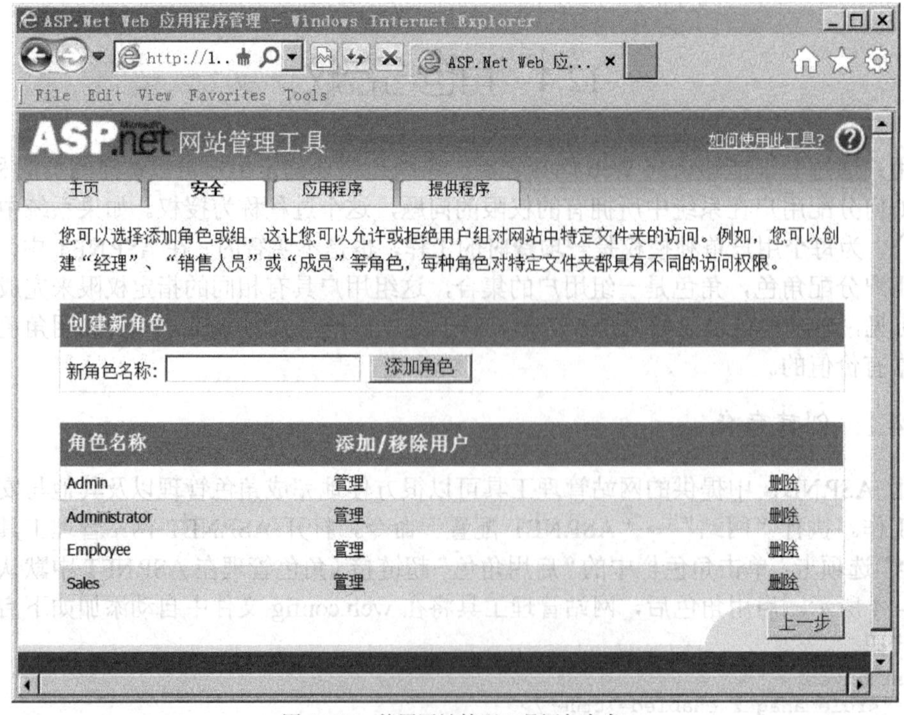

图 12-15　使用网站管理工具添加角色

12.4.2　在 web.config 中授权

通过授权，可以显式地允许或拒绝某个用户或角色对特定目录的访问权限。如果访问了没有权限的页面或资源，访问者将被重定向到登录页面。在 web.config 的<system.web>节点的<authorization>子节点中配置授权。authorization 节点的语法规则如下。

```
<authorization>
     <allow|deny  users|roles  [verbs]/>
</authorization>
```

authorization 节点中共有两种规则节点：允许（allow）和拒绝（deny），二者必选其一。每个规则可以识别一个或多个用户（users）或角色（roles），users 与 roles 必选其一。此外，开发人员也可以使用谓词（verbs）属性来指定 HTTP 请求类型，verbs 属性为可选项。

users、roles 与 verbs 三个属性的具体用法如表 12-2 所示。

表 12-2　　授权属性及说明

属　性	说　明
users	指定被允许或拒绝的用户名，可以使用两种通配符，“?”表示所有匿名用户，“*”表示所有用户
roles	指定被允许或拒绝的角色名
verbs	指定请求应用的 HTTP 谓词，如 GET、POST、HEAD 或 DEBUG，默认值为“*”，即所有谓词

12.4.3　在 web.config 中授权的实例

假设已在 Web 站点中分别创建了一个名为“Syman”的用户和一个名为“Administrator”的角色，下面分别对 Syman 用户和 Administrator 角色成员进行授权访问。

（1）拒绝所有匿名用户访问的规则代码如下。

```
<authorization>
       <deny users="?"/>
</authorization>
```

（2）允许 Administrator 角色成员和 Syman 用户，拒绝所有其他用户访问的规则代码如下。

```
<authorization>
      <allow roles="Administrator"/>
     <allow users="Syman"/>
     <deny users="*"/>
</authorization>
```

从上例可以看出，如果两个规则中存在矛盾部分（Syman 即被允许又被拒绝），则以离 authorization 节点最近的规则为准（即 allow 规则）。

（3）允许所有用户的 GET 请求，但只允许 Syman 执行 POST 请求的规则代码如下。

```
<authorization>
    <allow users="*" verbs="GET"/>
    <allow users="Syman" verbs="POST"/>
     <deny users="*" verbs="POST"/>
</authorization>
```

注意，也可以使用逗号来分隔 users 和 roles 属性值列表中的多个元素，如下所示。

```
<allow users="Syman, Tom, John" />
```

（4）拒绝所有匿名用户访问名为“ch12_3”的目录，但对于其中的“Default.aspx”页面，允许所有用户访问。首先需要在目录“ch12_3”的 web.config 中添加拒绝所有匿名用户的规则，然后在网站根目录的 web.config 中添加一个 location 子节点，代码如下。

```
<location path=" ch12_3/Default.aspx">
          <system.web><authorization>
```

```
            <allow users="*"/>
        </authorization></system.web>
</location>
```

12.5 通过编程方式实现验证与授权

ASP.NET 的验证与授权服务最终是由类库中的一组类和接口实现的，在 10.2 节中介绍的验证与授权方法最终也被系统转化为了对底层类库的调用。有些时候，开发人员希望能够直接调用这些类和接口来实现定制的验证与授权功能，本节将介绍如何以编程方式实现验证与授权功能。

12.5.1 使用成员资格服务类验证

1. 成员资格服务类的主要功能

成员资格服务类由 ASP.NET 中一组创建和管理用户的类和接口组成，位于 System.Web.Security 命名空间中。ASP.NET 成员资格服务主要使用的类及这些类的主要功能如表 12-3 所示。

表 12-3　　成员资格服务类及其主要功能

类	功能及方法
Membership 提供常规成员资格功能	创建一个新用户（CreateUser） 删除一个用户（DeleteUser） 用新信息来更新用户（UpdateUser） 返回用户列表（GetAllUsers） 通过名称查找用户（FindUsersByName） 通过电子邮件查找用户（FindUsersByEmail） （身份）验证用户（ValidateUser） 获取联机用户的人数（GetNumberOfUsersOnline）
MembershipUser 提供有关特定用户的信息	更改密码（ChangePassword） 更改密码问题和答案（ChangePasswordQuestionAndAnswer） 从成员资格数据库获取用户密码（GetPassword） 将用户密码重置为一个自动生成的新密码（ResetPassword） 取消对用户的锁定（UnlockUser）
MembershipUserCollection	存储 MembershipUser 对象集合的引用
MembershipProvider 要求成员资格提供程序自定义的功能	定义要求成员资格提供程序实现的方法和属性

Membership 类用于管理用户，而每个用户是一个 MembershipUser 类，Membership 类的很多方法都接收一个MembershipUser类对象作为其参数，或者返回一个或多个MembershipUser类对象。

Membership 类和 MembershipUser 类二者在实际的成员服务提供程序之间提供了一个抽象层。提供者可以是 SQL Server 数据库，也可以是 XML 文件等。使用这两个类无须理会底层的实现细节，因此也很容易通过更改提供者来改变成员服务的数据存储。

2. 以编程方式创建和删除用户实例

（1）新建一个网站，命名为 ch12_5，将默认主页名称改为 CreatDeleteUser.aspx。在页面左边区域上放置几个用于收集用户基本信息的控件和一个Button控件，当单击Button控件时，将获取控件上的输入信息，用来创建一个新用户。设计视图如图 12-16 所示。

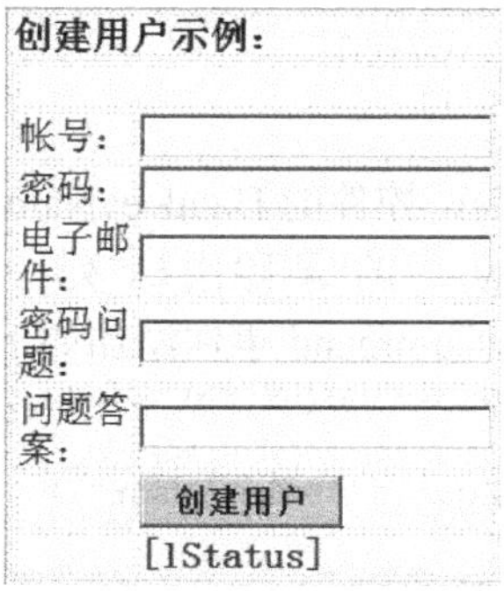

创建用户示例：

帐号：
密码：
电子邮件：
密码问题：
问题答案：
创建用户
[lStatus]

图 12-16　创建成员用户设计视图

（2）为“创建用户”按钮添加如下事件处理代码。

```
protected void Button1_Click(object sender, EventArgs e)
{
   try{
        //用于描述 CreateUser 操作结果的枚举型数据
        MembershipCreateStatus status;
        Membership.CreateUser(tbUser.Text, tbPassword.Text,
                              tbEmail.Text, tbQ.Text, tbA.Text,
                              true, out status);
        if (status != MembershipCreateStatus.Success)
             lStatus.Text = "创建用户失败！";
        else
             lStatus.Text = "创建用户成功！";
        }
        catch (Exception ex)
        {
             this.lStatus.Text = "创建用户失败！";
        }
}
```

（3）在页面右边区域放置一个具有显示所有成员用户信息和删除用户功能的 GridView 控件，并为其添加 3 个 BoundField 型字段，分别用于显示用户账号（DataField 属性为 UserName）、电子邮件（DataField 属性为 CreationDate）。再添加一个 BoundField 型字段，用于删除成员用户。设计视图如图 12-17 所示。

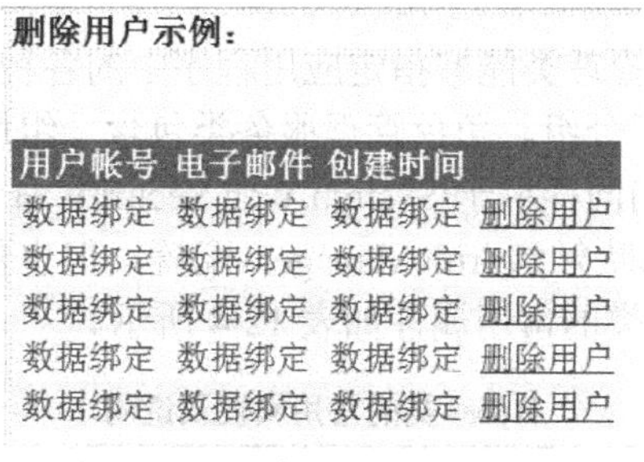

删除用户示例：

用户帐号	电子邮件	创建时间	
数据绑定	数据绑定	数据绑定	删除用户
数据绑定	数据绑定	数据绑定	删除用户
数据绑定	数据绑定	数据绑定	删除用户
数据绑定	数据绑定	数据绑定	删除用户
数据绑定	数据绑定	数据绑定	删除用户

图 12-17　删除成员用户设计视图

（4）为了能够在 GridView 控件中显示所有成员用户信息，需要在页面类中增加一个成员变量并在 Page_Load 事件中添加如下代码。

```
protected void Page_Load(object sender, EventArgs e)
{
          lStatus.Text = "";
```

```
            m_userList = Membership.GetAllUsers();
    // 设置 GridView 控件数据源
            gvUserList.DataSource = m_userList;
            if (!IsPostBack)
    // 将数据源中数据绑定到 GridView 控件
            gvUserList.DataBind();
}
```

（5）实现删除功能。将 GridView 控件的 DataKeyNames 属性值设置为“UserName”（方便在代码中访问），编辑 GridView 中的“删除用户”列，将其 CommandName 属性指定为 DeleteUser，并为 GridView 的 RowCommand 事件添加如下代码。

```
protected void gvUserList_RowCommand(object sender, GridViewCommandEventArgs e)
{
        if (e.CommandName.Equals("DeleteUser"))
        {
            // 获取 UserName 字段
            string userName = (string)gvUserList.DataKeys[0].Value;
            Membership.DeleteUser(userName);
            // 重新获得用户列表并刷新 GridView
            m_userList = Membership.GetAllUsers();
            gvUserList.DataSource = m_userList;
            gvUserList.DataBind();
        }
}
```

（6）运行页面后，创建几个用户并删除，其效果如图 12-18 所示。

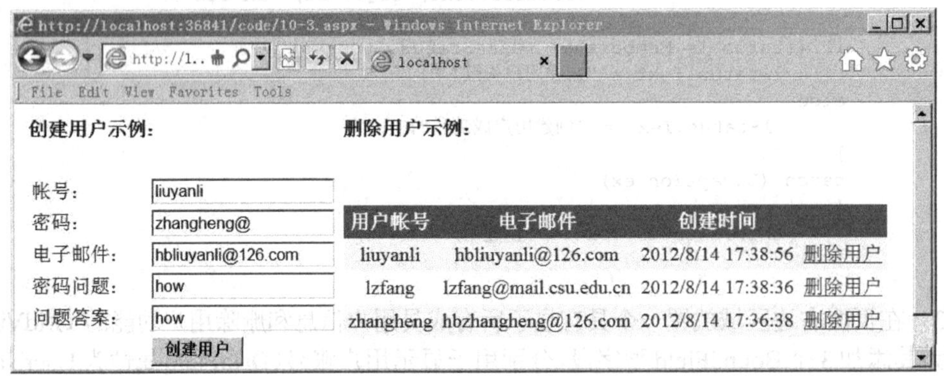

图 12-18　创建和删除用户实例运行界面

12.5.2　使用角色管理类授权

使用 ASP.NET 中的角色管理类能够指定应用程序中的各种用户可访问的资源，可以为用户分配相应的角色来对其进行分组。角色管理服务类包含一组用于为当前用户建立角色并管理角色信息的类和接口，它们同样位于 System.Web.Security 命名空间中，其中以 Roles 类为主。Roles 类的大多数功能都映射到<roleManager>配置，但也包括一些额外的功能使开发人员能够编程进行访问。Roles 类的常用属性如表 12-4 所示。

表 12-4　　Roles 类的常用属性及说明

名　称	说　明
ApplicationName	获取或设置要存储和检索其角色信息的应用程序的名称
Enabled	指示是否为当前 Web 应用程序启用角色管理，默认值为 false
Provider	获取应用程序的默认角色提供程序
Providers	获取 ASP.NET 应用程序的角色提供程序的集合

Roles 类的常用方法如表 12-5 所示。

表 12-5　　Roles 类的常用方法及说明

名　称	说　明
AddUsersToRole	将多个用户添加到一个角色中
AddUsersToRoles	将多个用户添加到多个角色中
AddUserToRole	将一个用户添加到一个角色中
AddUserToRoles	将一个用户添加到多个角色中
CreateRole	创建一个新角色
DeleteRole	删除一个已有的角色
FindUsersInRole	获取属于指定角色的用户列表，其中用户名包含要匹配的指定用户名
GetAllRoles	获取应用程序的所有角色列表
GetRolesForUser	获取一个用户所属角色的列表
GetUsersInRole	获取指定角色所关联的所有用户名
IsUserInRole	如果指定用户属于指定角色的成员则返回 true
RemoveUserFromRole	从指定的一个角色中移除指定的一个用户
RemoveUserFromRoles	从指定的所有角色中移除指定的一个用户
RemoveUsersFromRole	从指定的一个角色中移除指定的所有用户
RemoveUsersFromRoles	从指定的所有角色中移除指定的所有用户
RoleExists	如果角色存在则返回 true，否则返回 false

下面通过具体实例介绍如何以编程方式创建和关联角色。具体步骤如下。

（1）新建一个网页命名为 UsingRoleDemo.aspx，在该页面上放置一个 GridView 控件和一个 ObjectDataSource 控件。选中 ObjectDataSource 控件，在属性窗口中设置其 TypeName 为 System.Web.Security.Roles 类，SelectMethod 为 GetRolesForUser，将 GridView 控件绑定到该数据源。

（2）在 Page_Load 事件中添加代码，用于检查当前的角色中是否存在 Sales 角色，如果不存在则创建一个新角色。然后判断当前登录的用户名是否属于该角色，如果不属于就将该用户添加到角色中。代码如下。

```
protected void Page_Load(object sender, EventArgs e)
{
        //如果请求未通过验证，则返回到登录页
        if (!Request.IsAuthenticated)
        {
              FormsAuthentication.RedirectToLoginPage();
              Response.End();
        }
        //如果不属于 Sales 角色，则创建一个名为 Sales 的角色
        if (!Roles.RoleExists("Sales"))
        {
              Roles.CreateRole("Sales");
        }
        //如果用户不属于 Sales 角色，则添加该用户到角色中
        if (!Roles.IsUserInRole("Sales"))
        {
              Roles.AddUserToRole(User.Identity.Name, "Sales");
        }
}
```

（3）运行该实例，效果如图 12-19 所示。

图 12-19　编程添加角色效果

ObjectDataSource 对象的 Select 方法用于获取当前登录用户所属的角色。

本章实验

一、实验目的

学会配置 IIS 实现 Windows 身份验证；掌握使用 Roles 为用户授权；会使用 ASP.NET 提供的各种登录控件。

二、实验内容和要求

（1）新建一个名为 Experiment12 的网站。

（2）新建用户注册页面 Register.aspx，使用创建用户向导控件 CreateUserWizard 完成用户注册的功能。

（3）新建 PasswordRecovery.aspx 页面，通过获取密码控件 PasswordRecovery 完成获取用户密码的功能。

（4）新建 ChangePassword.aspx 页面，通过更改用户密码控件 ChangePassword 完成更改用户密码的功能。

（5）新建系统登录页面 Login.aspx，使用登录控件 Login 完成用户登录功能，登录成功后，跳转到 Default.aspx 页面；若忘记密码，进入 PasswordRecovery.aspx 页面；若更改密码，跳转到 ChangePassword.aspx 页面。

第 13 章 文 件 操 作

大多数 Web 应用程序依赖数据库来存储信息。在多用户场景中，数据库可以轻易地处理同时访问，它们支持缓存和低层次的磁盘优化，从而保证获得最佳的性能。简而言之，RDBMS 为数据提供了强健高效的存储。当然，大多数 Web 开发人员还是会不可避免地要访问存储在其他地方（如文件系统）的数据。例如，读取其他程序产生的信息、为了测试而编写临时日志、创建管理页面以便管理员可以上传文件以及查看服务器的当前状况。本章重点介绍文件和文件夹的常用操作、如何写入及读取文件以及文件的上传与下载。

13.1 文件的常用操作

文件的常用操作有创建文件、复制文件、移动文件、删除文件及获取文件的基本信息。File 类提供了很多方法帮助完成这些操作，使用这些方法之前首先要导入命名空间 System.IO。

13.1.1 创建文件

通过 File 类的 Create 方法可以方便地创建文件。参数是将要创建的文件的路径及名称。参数支持相对路径，即不带路径时的默认路径，即程序运行的根目录，否则要给出在硬盘上的绝对路径。返回 FileStream 对象，它提供对要创建文件的读/写访问。

在创建文件之前，要通过 File 类的 Exists 方法判断文件是否存在。参数是文件的路径，返回值是 Boolean 型。返回 True 说明文件存在，返回 False 说明文件不存在。例如，判断根目录下是否存在 lyl.txt 文件，代码如下。

```
string path = Server.MapPath(".") + "\\" +"lyl.txt";
File.Exists(path);
```

创建文件实例的步骤如下。

（1）新建一个网站，将其命名为 ch13_1，将 Web 窗体的名称改为 CreateFile.aspx。

（2）在 CreateFile.aspx 中添加一个 TextBox 控件、一个 DropDownList 和一个 Button 控件，分别用来输入创建的文件名称、选择文件扩展名和执行创建文件操作。

（3）双击“创建”按钮，触发其 Click 事件，在该事件中添加如下代码。

```
protected void Button1_Click(object sender, EventArgs e)
{
    string name = TextBox1.Text.ToString();
    string types = DropDownList1.SelectedValue.ToString();
    string path = Server.MapPath(".") + "\\" + name + types;
    if (!File.Exists(path))          //如果指定文件不存在
        {
            File.Create(path);          //创建该文件
            Page.RegisterStartupScript("系统提示", "<script>alert('创建成功')</script>");
        }
        else
         {
          Page.RegisterStartupScript("系统提示", "<script>alert('该文件已经存在')</script>");
```

```
        }
}
```

运行情况如图 13-1 所示。左图是创建失败的界面，创建失败的原因是 zqy.jpg 在当前目录下存在，无须再次创建。右图中是创建成功的界面，文件名和类型都符合要求，而且不存在，可以创建。

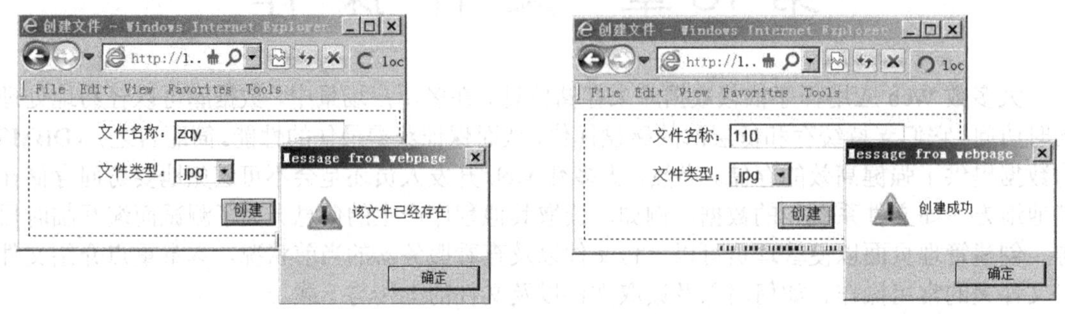

图 13-1　创建文件运行界面

13.1.2　复制文件

通过 File 类的 Copy 方法可以对文件进行复制。Copy 方法有两个参数，第一个参数是源文件的路径及文件名，第二个参数是目标文件的名称，它不能是一个目录或现有文件。

复制文件实例的步骤如下。

（1）新建一个 Web 窗体，将其名称改为 CopyFile.aspx。

（2）在 CopyFile.aspx 中添加两个 TextBox 控件，分别用来输入源文件和目标文件的完整路径。再添加一个 Button 控件，用于执行复制文件操作。

（3）双击“复制”按钮，触发其 Click 事件，在该事件中添加如下代码。

```
protected void Button1_Click(object sender, EventArgs e)
{
        string FromPath = TextBox2.Text.ToString();
        string ToPath = TextBox1.Text.ToString();
        if (!File.Exists(ToPath))          //目标文件不存在
        {
            File.Copy(FromPath, ToPath);    //复制源文件
            Page.RegisterStartupScript("","<script>alert('操作成功')</script>");
        }
        else
        {
            Page.RegisterStartupScript("", "<script>alert('操作失败')</script>");
        }
}
```

运行情况如图 13-2 所示。左图复制成功，右图复制失败，主要原因是 d:\\ll\ss3.doc 文档存在。

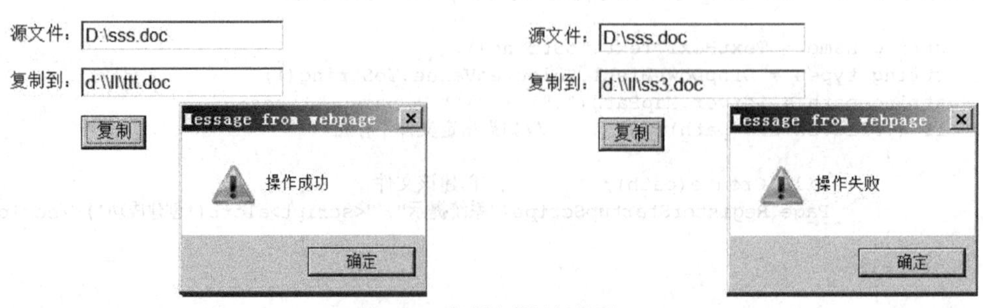

图 13-2　复制文件运行界面

13.1.3　删除文件

File 类的 Delete 方法可以用来删除文件。参数是要删除文件的路径及文件名。参数允许使用相对路径。删除文件的具体步骤如下。

（1）新建一个 Web 窗体，将其名称改为 DeleteFile.aspx。

（2）在 DeleteFile.aspx 中添加一个 TextBox 控件，分别用来输入目标文件的完整路径。再添加一个 Button 控件，用于执行删除文件操作。

（3）双击“删除此文件”按钮，触发其 Click 事件，在该事件中添加如下代码。

```
protected void Button1_Click(object sender, EventArgs e)
{
        string FileName = TextBox1.Text.ToString();
        if (File.Exists(FileName))    //如果文件存在
        {
             File.Delete(FileName);    //删除文件
             Page.RegisterStartupScript("", "<script>alert('操作成功')</script>");
        }
        else
        {
             Page.RegisterStartupScript("", "<script>alert('操作失败')</script>");
        }
}
```

运行情况如图 13-3 所示。左图删除成功，右图删除失败，主要原因是 d:\\ll\ss2.doc 文档不存在。

图 13-3　删除文件运行界面

13.1.4　移动文件

通过 File 类的 Move 方法可以移动文件。Move 方法有两个参数，第一个参数是要移动文件的路径及文件名，第二个参数是文件新路径。

移动文件实例的步骤如下。

（1）新建一个 Web 窗体，将其名称改为 MoveFile.aspx。

（2）在 MoveFile.aspx 中添加两个 TextBox 控件，分别用来输入源文件和目标文件的完整路径。再添加一个 Button 控件，用于执行移动文件操作。

（3）双击“移动”按钮，触发其 Click 事件，在该事件中添加如下代码。

```
protected void Button1_Click(object sender, EventArgs e)
{

                  string FromPath =TextBox2.Text.ToString();
                  string ToPath = TextBox1.Text.ToString();
                  if (!File.Exists(FromPath))          //如果源文件不存在
                    {
```

```
                    Page.RegisterStartupScript("", "<script>alert('源文件不存在,
操作失败')</script>");
                }
                else                          //如果源文件存在
                {
                    if (!File.Exists(ToPath))      //如果目标文件不存在
                    {
                        File.Move(FromPath, ToPath);    //移动源文件
                        Page.RegisterStartupScript("", "<script>alert('操作
成功')</script>");
                    }
                    else                       //如果目标文件存在
                    {
                        File.Delete(ToPath);        //删除原来的文件
                        File.Move(FromPath, ToPath);   //移动源文件
                        Page.RegisterStartupScript("", "<script>alert('操作
成功')</script>");
                    }
                }
    }
```

在该程序中，如果目标文件存在，首先删除目标文件，然后移动源文件。移动文件和复制文件最大的不同在于移动文件后，在原来的目录下找不到源文件，而复制后在原来的目录下还可以看到源文件。该实例的运行情况如图 13-4 所示。左图中已经将 D:\sss.doc 移到了 d:\\ll\qqq.doc，右图中再次移动就会报错。

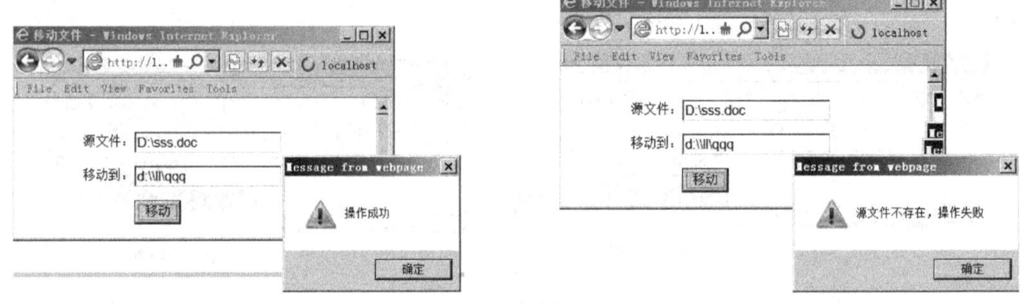

图 13-4　移动文件运行界面

13.2　文件夹的常用操作

本节介绍文件夹的基本操作，包括创建文件夹、移动文件夹、删除文件夹及遍历文件夹中的文件。DirectoryInfo 类用于复制、移动、重命名、创建和删除目录等典型方法，使用这些方法之前首先要导入命名空间 System.IO。

13.2.1　创建文件夹

通过 DirectoryInfo 类的 Create 方法可以方便地创建文件夹。参数是将要创建的文件夹路径，返回值是一个由参数指定的 DirectoryInfo 对象。

在创建文件夹之前，要通过 DirectoryInfo 类的 Exists 方法判断文件夹是否存在。参数是文件的路径，返回值是 Boolean 型。返回 True 说明文件夹存在，返回 False 说明文件夹不存在。例如，判断 D 盘下是否存在名为 db 的文件夹，代码如下。

```
Directory.Exists("D:\\db");
```

以下实例演示如何通过 DirectoryInfo 类的 Create 方法来创建文件夹，具体步骤如下。

（1）新建一个网站，将其命名为 ch13_2，将 Web 窗体的名称改为 CreateFolder.aspx。

（2）在 CreateFolder.aspx 中添加一个 TextBox 控件和一个 Button 控件，分别用来输入创建的文件夹名称和执行创建文件夹操作。

（3）双击“创建文件夹”按钮，触发其 Click 事件，在该事件中添加如下代码。

```
protected void Button1_Click(object sender, EventArgs e)
{
        string Name = TextBox1.Text.ToString();
        string Path = Server.MapPath(".") + "\\" + Name;
        DirectoryInfo di = new DirectoryInfo(Path);
        if (di.Exists)          //指定文件夹不存在
        {
             Page.RegisterStartupScript("","<script>alert('该文件夹已经存在')</script>");
        }
        else
        {
            di.Create();        //创建该文件夹
            Page.RegisterStartupScript("", "<script>alert('创建文件夹成功')</script >");
        }
}
```

13.2.2　移动文件夹

通过 DirectoryInfo 类的 MoveTo 方法可以方便地对文件夹进行移动。在移动的过程中会将目录及其内容一起移动，第一个参数是要移动的文件或目录的路径，第二个参数是文件夹的新路径。以下实例演示如何通过 DirectoryInfo 类的 MoveTo 方法移动文件夹，具体步骤如下。

（1）新建一个 Web 窗体，其名称改为 MoveFolder.aspx。

（2）在 MoveFolder.aspx 中添加两个 TextBox 控件和一个 Button 控件，分别用来输入要移动文件的源文件夹完整路径、目标文件夹完整路径和执行移动文件夹操作。

（3）双击“移动文件夹”按钮，触发其 Click 事件，在该事件中添加如下代码。

```
protected void Button1_Click(object sender, EventArgs e)
{
      DirectoryInfo di = new DirectoryInfo(TextBox1.Text.ToString());
      DirectoryInfo di2 = new DirectoryInfo(TextBox2.Text.ToString());
      if (!di.Exists)                //如果源文件不存在，则返回
         {
               Label1.Text = "源文件夹不存在";
               return;
         }
      if (di2.Exists)                //如果目标文件存在，则返回
         {
               Label1.Text = "目标文件夹已经存在";
               return;
         }
       di.MoveTo(TextBox2.Text.ToString());
       Label1.Text = "移动文件夹成功";      //移动源文件夹
}
```

13.2.3　删除文件夹

DirectoryInfo 类的 Delete 方法可以用来删除文件夹，参数是要删除的文件夹的路径。以下实例演示如何通过 DirectoryInfo 类的 Delete 方法来删除文件夹，具体步骤如下。

（1）新建一个 Web 窗体，其名称改为 DeleteFolder.aspx。

（2）在 DeleteFolder.aspx 中添加一个 TextBox 控件和一个 Button 控件，分别用来输入要删除文件夹的完整路径和执行删除文件夹操作。

（3）双击“删除文件夹”按钮，触发其 Click 事件，在该事件中添加如下代码。

```
protected void Button1_Click(object sender, EventArgs e)
{
      try
      {
            DirectoryInfo di = new DirectoryInfo(TextBox1.Text.ToString());
            if (di.Exists)
            {
                    di.Delete(true);
                    Label1.Text = "删除成功";
            }
            else
            {
                     Label1.Text = "文件夹不存在";
                     return;
            }
       }
       catch (Exception ex)
      {
            Label1.Text = "失败原因：" + ex.ToString();
      }
}
```

13.2.4　遍历文件夹中的文件

遍历一个文件夹中的文件，需要用到 DirectoryInfo 类中的一个重要的方法 GetFileSystemInfos()，此方法返回与指定搜索条件相匹配的文件和子目录的强类型 FileSystemInfo 对象的数组。以下实例通过 foreach 遍历指定文件夹中的文件，具体步骤如下。

（1）新建一个 Web 窗体，其名称改为 ForeachFolder.aspx。

（2）在 ForeachFolder.aspx 中添加一个 TextBox 控件、一个 Button 控件和一个 Label 控件，分别用来输入遍历文件夹的路径、开始遍历文件夹并获取文件数量、显示遍历文件的数量。

（3）单击“获取文件数量”按钮来获取指定文件夹下的文件数量，主要通过调用自定义方法 GetAllFiles 实现。在“获取文件数量”按钮 Click 事件下添加如下代码。

```
protected void Button1_Click(object sender, EventArgs e)
{
            DirectoryInfo dir = new DirectoryInfo(TextBox1.Text.ToString());    //创建
DirectoryInfo 对象
            j = 0;
            Label1.Text = GetAllFiles(dir).ToString();      //调用自定义方法 GetAllFiles
}
```

GetAllFiles 用于实现遍历整个文件夹文件。代码如下。

```
public int GetAllFiles(DirectoryInfo dir)
{
      FileSystemInfo[] fileinfo = dir.GetFileSystemInfos();    //获取指定文件夹下的所有对象
      foreach (FileSystemInfo i in fileinfo)                    //遍历这些对象
            {
                  if (i is DirectoryInfo)                       //如果遍历的当前对象是目录
                   {
                          GetAllFiles((DirectoryInfo)i);        //获取该目录下的所有文件
                   }
                   else
                   {
                          j++;
                   }
            }
   return j;
}
```

程序运行效果如图 13-5 所示。经测试可以看出，自定义方法 GetAllFiles()可以识别文件夹中的隐藏文件，遍历出来的文件数量是文件夹中包括隐藏文件在内的所有文件的数量。

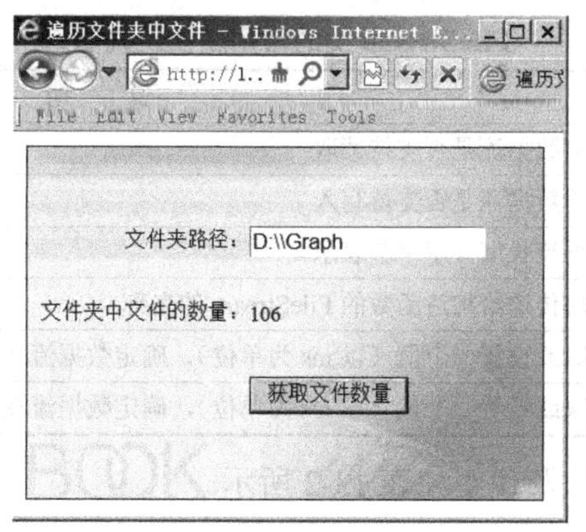

图 13-5　遍历文件夹中的文件

13.3 读写文件

读写文件是 Web 应用程序中的一个重要操作。在保存程序的数据、动态生成网页或修改应用程序的配置信息等方面都需要读写文件。例如，在大型的新闻发布系统中常根据数据库信息生成静态网页文件。

在.NET Framework 中采用基于 Stream 类和 Reader/Writer 类读写 I/O 数据的通用模型，它使得文件读写操作非常简单。读写文件的整体框架如图 13-6 所示。

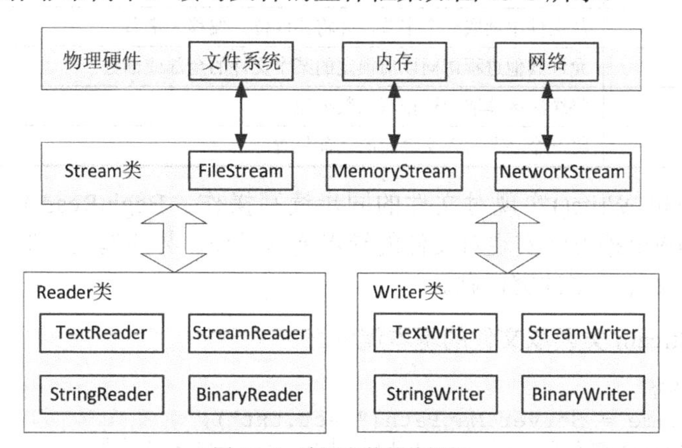

图 13-6　读写文件整体框架

13.3.1　Stream 类

在.NET 中读写数据都使用数据流的形式实现，Stream 类为 I/O 数据读写提供了基本的功能。因为 Stream 类是一个抽象类，所以要使用它的派生类完成不同数据流的操作。例如，MemoryStream 类实现内存操作，FileStream 类实现文件操作等。

1. FileStream 类的常用属性和方法

FileStream 类能完成对文件的读取、写入、打开和关闭操作，并对其他与文件相关的操作系统句柄进行操作，如管道、标准输入和标准输出等。读写操作可以指定为同步或异步操作，默认情况下以同步方式打开文件。FileStream 类的常用属性及说明如表 13-1 所示。

表 13-1　　FileStream 类的常用属性及说明

属　性	说　明
CanRead	当前数据流是否支持读取
CanWrite	当前数据流是否支持写入
Length	数据流长度（用字节表示）
Name	获取传递给构造函数的 FileStream 的名称
ReadTimeout	获取或设置一个值（以 ms 为单位），确定数据流在超时前尝试的读取时间
WriteTimeout	获取或设置一个值（以 ms 为单位），确定数据流在超时前尝试的写入时间

FileStream 类的常用方法及说明如表 13-2 所示。

表 13-2　　FileStream 类的常用方法及说明

方　法	说　明
BeginRead()	开始异步读
BeginWrite()	开始异步写
Close()	关闭当前数据流并释放与之关联的所有资源
EndRead()	等待挂起的异步读取完成
EndWrite()	结束异步写入
Flush()	将缓冲区中的数据流数据写入文件，然后清除缓冲区中的数据
Lock()	允许读取访问的同时防止其他进程更改 FileStream
Read()	从数据流中读取字节块并将该数据写入给定缓冲区中
ReadByte()	从文件中读取一个字节，并将读取位置偏移一字节
Unlock()	允许其他进程访问以前锁定的某个文件的全部或部分
Write()	将缓冲区读取的数据写入数据流
WriteByte()	将一个字节写入文件流的当前位置

注意：Read()和 Write()实现对文件的同步读写操作。BeginRead()、EndRead()方法和 BeginWrite()、EndWrite()方法实现对文件的异步读写操作。异步写文件时需要利用 Lock()、UnLock()方法解决文件共享冲突问题。

2. 利用 FileStream 类读取文件的基本流程

```
//获取文件物理路径
string fileName = Server.MapPath("test.txt");
//建立 FileStream 类对象实例 fs，文件存在则打开，不存在则创建
FileStream fs = new FileStream(fileName, FileMode.OpenOrCreate);
//定义字节数组 data，数组长度为文件长度
byte[] data = new byte[fs.Length];
//读取文件内容到数组 data
fs.Read(data, 0, (int)fs.Length);
//关闭 FileStream，释放占用的资源
fs.Close();
```

3. 利用 FileStream 类写文件的基本流程

```
string fileName = Server.MapPath("test.txt");
FileStream fs = new FileStream(fileName, FileMode.Append);
byte[] data =Encoding.ASCII.GetBytes("Add string!") ;
```

```
fs.Write(data, 0, data.Length);
fs.Flush();
fs.Close();
```

注意：如果写入的内容中包含中文则要用 UTF-8 编码，代码要相应地改为 Encoding.UTF8.GetBytes("中文 English!")，否则会出现乱码。

4. FileStream 类的构造函数

FileStream 类的构造函数使用指定的路径、文件模式、读/写权限和共享权限来创建 FileStream 类的实例，语法格式如下。

```
public FileStream(string path, FileMode mode,FileAccess access,FileShare share)
```

其中的参数说明如下。

（1）path：指定 FileStream 对象将读取或写入文件的相对路径或绝对路径。

（2）mode：FileMode 常数，确定如何打开或创建文件。FileMode 枚举值如表 13-3 所示。

表 13-3　FileMode 枚举值及描述

值	描　述
Append	如果文件存在，就打开文件并找到文件尾，否则创建一个新文件
Create	指定由操作系统创建一个新文件。如果文件已存在，则覆盖它
CreateNew	指定由操作系统创建一个新文件。如果文件已存在，则抛出一个 IOException 异常
Open	指定由操作系统打开一个现有的文件
OpenOrCreate	如果文件已经存在，就由操作系统打开它；否则需要创建一个新文件
Truncate	指定由操作系统打开一个现有的文件。打开后，文件被截断到 0 字节

（3）access：FileAccess 常数，它确定 FileStream 对象访问文件的方式。如值 Read 表示对象可读；值 Write 表示对象可写；值 ReadWrite 表示对象可读写。

（4）share：FileShare 常数，确定文件如何由进程共享。如值 None 表示不允许共享件；值 Write、Read、ReadWrite、Delete 依次表示随后可以读、写、读写、删除文件。

5. 利用 FileStream 类读写文件实例

如果 Web 应用程序根文件夹下的“ch13_3”文件夹中不存在“test.txt”文件，则新建“test.txt”文件，并写入“The First Line!”。如果存在文件“test.txt”，则打开并读取该文件。单击“添加”按钮可以将文本框中输入的内容添加到文件末尾，然后再读取文件内容并显示在页面上。运行情况如图 13-7 所示。图 13-7 左图是第一次运行的效果，因为不存在“test.txt”文件，所以新建“test.txt”文件，并写入“The First Line!”，然后再读取文件内容并显示在页面上；图 13-7 右图在文本框中输入“OK!”，然后单击“添加”按钮，读取文件内容并显示在页面上。

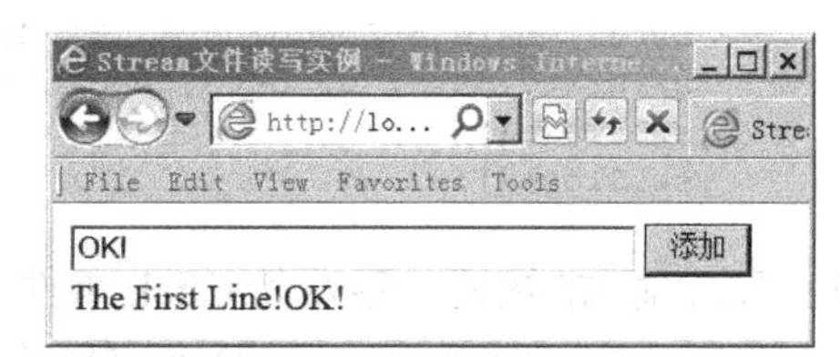

图 13-7　FileStream 类读写文件运行效果

程序具体实现步骤如下。

（1）新建一个网站，将其命名为 ch13_3，将默认窗体的名称改为 myFileStream.aspx。

（2）在 myFileStream.aspx 中添加一个 TextBox 控件，一个 Label 控件和一个 Button 控件，分别用来输入文本信息，显示文件内容和添加文本信息。

（3）在 myFileStream.aspx 页面的 Page_Load 事件中，判断“test.txt”文件是否存在，如果存在，则打开并读取该文件，如果不存在，则新建“test.txt”文件，并写入“The First Line!”，代码如下。

```
protected void Page_Load(object sender, EventArgs e)
{
        string fileName = Path.Combine(Request.PhysicalApplicationPath, @"test.txt");
        if (File.Exists(fileName))  //文件存在
        {
            lblShow.Text = readText();  //读写文件显示到 Label 控件 lblShow
        }
        else  //文件不存在
        {
            appendText("The First Line!");  //新建文件，添加内容
            lblShow.Text = "The First Line!";
        }
}
```

readText()为自定义方法，分别实现读、写文件，具体代码如下。

```
    /// <summary>
    /// readText：从站点根下的 test.txt 文件中读写所有内容
    /// </summary>
    /// <returns>返回文件内容字符串</returns>
    private string readText()
    {
        //获取文件的物理路径
        string fileName = Path.Combine(Request.PhysicalApplicationPath, @"test.txt");
        //创建一个输出流
        FileStream sr = File.Open(fileName, FileMode.Open, FileAccess.Read, FileShare.Read);
        byte[] data = new byte[sr.Length];
        sr.Read(data, 0, (int)sr.Length);
        sr.Close();
        //返回内容字符串
        return Encoding.ASCII.GetString(data);
    }
```

appendText()为自定义方法，实现新建文件并添加内容，具体代码如下。

```
  /// <summary>
  /// appendText:添加内容到站点根目录下的 test.txt 文件中
  /// </summary>
  /// <param name="addText">文件名</param>
  private void appendText(string addText)
  {
      //获取文件的物理路径
      string fileName = Path.Combine(Request.PhysicalApplicationPath, @"test.
txt");
      //创建一个输入流
      FileStream sw = File.Open(fileName, FileMode.Append, FileAccess.Write, FileShare.
None);
      byte[] data = Encoding.ASCII.GetBytes(addText);
      sw.Write(data, 0, data.Length);
      sw.Flush();
      sw.Close();
  }
```

（4）双击“添加”按钮，触发其 Click 事件，在该事件中添加如下代码。

```
protected void btnAppend_Click(object sender, EventArgs e)
    {
        string appStr = this.txtAppend.Text.Trim();
        if (appStr.Length > 0)  //输入不空
        {
            appendText(appStr);  //添加到文件后面
            lblShow.Text = readText();  //读写文件显示到 lblShow
        }
    }
```

在该实例中，Request.PhysicalApplicationPath 用于获取网站的根文件夹，Path.Combine()方法用于将两个路径合并为一个路径字符串。

Encoding.ASCII 表示采用 ASCII 编码方式，所以，如果在文本框中输入汉字则会出现乱码。另外，要使用 Encoding 类就需要导入命名空间 System.Text。

13.3.2 Reader 和 Writer 类

Reader 和 Writer 类可以完成在数据流中读写字节等操作。可以只考虑数据的处理，而不必关心操作的细节。.NET Framework 针对不同的数据流类型提供了不同的 Reader 和 Writer 类，不同的文件类型由对应的特定类进行读写。

（1）Reader 类。

System.IO.TextReader：抽象类，读取一系列字符。

System.IO.StreamReader：从字节数据流中读取字符，派生于 TextReader。

System.IO.StringReader：将文本读取为一系列内存字符串，派生于 TextReader。

System.IO.BinaryReader：从数据流中把基本数据类型读取为二进制值。

（2）Writer 类。

System.IO.TextWriter：抽象类，写入一系列字符。

System.IO.StreamWriter：把字符写入数据流，派生于 TextWriter。

System.IO.StringWriter：将文本写入为内存字符串，派生于 TextWriter。

System.IO.BinaryWriter：将二进制基本数据写入数据流。

1. TextReader 和 TextWriter 类

TextReader 和 TextWriter 类是抽象类，用于读写文本类型的内容。在使用时，应建立它们的派生类对象实例，例如：

```
TextReader sr = new StreamReader(fileName);
```

TextReader 类的常用属性如表 13-4 所示。

表 13-4　　TextReader 类的常用属性及说明

属　性	说　明
Peek()	读取下一个字符，但不使用该字符。当读到文件尾时，返回值为-1，可以根据返回值判断是否已到文件尾
Read()	从输入数据流中读取数据
ReadBlock()	从当前数据流中读取最大 count 值的字符，再从 index 值开始将该数据写入缓冲区
ReadLine()	从当前数据流中读取一行字符并将数据作为字符串返回
ReadToEnd()	读取从当前位置到结尾的所有字符并将它们作为一个字符串返回
Close()	关闭 TextReader 并释放与之关联的所有系统资源

TextWrite 类的常用属性如表 13-5 所示。

表 13-5　　TextWrite 类的常用属性及说明

属　性	说　明
Write()	将给定数据类型写入文本数据流，不加换行符
WriteLine()	写入一行，并加一个换行符
Flush()	将缓冲区数据写入文件，然后再清除缓冲区中内容。如不使用该方法，将在关闭文件时把缓冲区中的数据写入文件
Close()	关闭当前编写器并释放任何与该编写器关联的系统资源

2. 使用 StreamReader 和 StreamWriter 读写文本文件实例

单击“写文本文件”按钮，可以在当前文件夹的 temp 文件夹下建立一个文本文件 txtFileName.txt，并写入一行文本“李明 23”。单击“读文本文件”按钮，可以读取文件内容并显示在 Label 控件 lblShow 中。运行效果如图 13-8 所示。

图 13-8　使用 StreamReader 和 StreamWriter 读写文本文件运行效果

具体步骤如下。

（1）在网站 ch13_3 中新建一个网页，将其命名为 TextReaderWriter.aspx。

（2）在 TextReaderWriter.aspx 中添加一个 Label 控件和两个 Button 控件，分别用来显示文本信息、写文本文件和读文本文件。

（3）双击“写文本文件”按钮，触发其 Click 事件，在该事件中添加如下代码。

```
protected void btnWrite_Click(object sender, EventArgs e)
 {
      string bootDir = Server.MapPath("");  //获取当前路径
      string fileName = Path.Combine(bootDir, @"temp\txtFileName.txt");  //指定文件
      TextWriter sw = new StreamWriter(fileName);  //建立 TextWriter 对象，覆盖模式
      sw.Write("李明 ");  //写字符
      sw.WriteLine(23);  //写整数
      sw.Flush();  //清理缓冲区，缓冲数据写入基础设备
      sw.Close();  //关闭编写器并释放系统资源
 }
```

如果当前文件夹下的 temp\txtFileName.txt 不存在，则新建文件，否则打开该文件，并以覆盖方式写入文件内容。如果要求添加内容到文件中，则需要将代码修改为如下形式。

```
TextWriter sw = new StreamWriter(fileName, true);
```

（4）双击“读文本文件”按钮，触发其 Click 事件，在该事件中添加如下代码。

```
protected void btnRead_Click(object sender, EventArgs e)
     {
          string bootDir = Server.MapPath("");  //获取当前路径
          string fileName = Path.Combine(bootDir, @"temp\txtFileName.txt");  //指定文件
          TextReader sr = new StreamReader(fileName);  //建立 TextReader 对象
          string tmpStr = sr.ReadToEnd();  //读写所有数据到 tmpStr 中
          sr.Close();  //关闭编写器并释放系统资源
          lblShow.Text = tmpStr;  //在 Label 控件 lblShow 显示文本内容
     }
```

3. 使用 BinaryReader 和 BinaryWriter 类读写二进制数据文件

因为 BinaryWriter 类将数据以其内部格式写入文件，所以在读取数据时需要使用不同的 Read 方法。例如，可以利用 ReadString()方法读取字符，而整数的读取需要使用 ReadInt32()方法。以下是使用 BinaryReader 和 BinaryWriter 读写二进制数据文件实例，在该例中单击“写二进制文件”按钮，则在当前文件夹的 temp 文件夹下建立一个二进制文件 binaryfile.bin，并写入字符串“李明”和整数“23”。单击“读二进制文件”按钮，则读取 binaryfile.bin 文件内容并显示在 Label 控件 lblShow 中。运行效果如图 13-9 所示。

图 13-9　使用 BinaryReader 和 BinaryWriter 类读写二进制数据文件

具体步骤如下。

（1）在网站 ch13_3 中新建一个网页，将其命名为 BinaryReaderWriter.aspx。

（2）在 BinaryReaderWriter.aspx 中添加一个 Label 控件和两个 Button 控件，分别用来显示文本信息、写二进制文件和读二进制文件。

（3）双击“写二进制文件”按钮，触发其 Click 事件，在该事件中添加如下代码。

```
protected void btnWrite_Click(object sender, EventArgs e)
{
        string bootDir = Server.MapPath("");  //获取当前路径
        string fileName = Path.Combine(bootDir, @"temp\binaryfile.bin");  //指定文件
        BinaryWriter bw = new BinaryWriter(File.OpenWrite(fileName)); //建立 BinaryWriter
        string name = "李明";
        int age = 23;
        bw.Write(name);  //写字符串
        bw.Write(age);  //写整数
        bw.Flush();  //清理缓冲区，缓冲数据写入基础设备
        bw.Close();  //关闭编写器并释放系统资源
}
```

（4）双击“读二进制文件”按钮，触发其 Click 事件，在该事件中添加如下代码。

```
protected void btnRead_Click(object sender, EventArgs e)
{
        string bootDir = Server.MapPath("");  //获取当前路径
        string fileName = Path.Combine(bootDir, @"temp\binaryfile.bin");  //指定文件
        BinaryReader br = new BinaryReader(File.OpenRead(fileName));  //建立 BinaryReader
        string name;
        int age;
        name = br.ReadString();
        age = br.ReadInt32();
        br.Close();  //关闭编写器并释放系统资源
        lblShow.Text = "Name:" + name + " Age:" + age.ToString();  //在 lblShow 显示文本内容
}
```

以上代码中写入的 name 值是字符串类型，age 值是整型，因此在读取数据时对应使用了 ReadString()和 ReadInt32()方法。

13.4　文件上传与下载

目前，为了提高网站的访问量，许多网站都提供了文件的上传和下载功能，一般情况下，上传可增加积分，下载就要扣除积分。文件上传与下载已成为比较频繁的操作，本节结合实例介绍文件上传与下载功能的实现。

13.4.1　文件上传

在 Web 应用程序中经常需要上传文件，控件 FileUpload 提供了将文件上传到 Web 服务器的简便方法。FileUpload 控件在 Web 页面上显示为一个文本框和一个“浏览”按钮,在上传文件时还可以限制文件的大小，在保存上传的文件之前检查其属性等。

FileUpload 控件的 PostedFile 属性可以获取上传文件的 HttpPostedFile 对象。

HttpPostedFile 对象有如下 3 个重要属性。

✓ ContentLength：获取上传文件的长度。

✓ ContentType：获取上传文件的 MIME 内容类型。

✓ FileName：获取上传文件的文件名。

HttpPostedFile 对象有一个很重要的方法就是 SaveAs()：用于将上传的文件保存到 Web 服务器。例如，要将文件上传到 C 盘的某个目录下，代码如下。

```
Uploader.PostedFile.SaveAs(@"c:\Uploads\newfileName");
```

以下实例开发一个简单的文件上传程序，如图 13-10 所示。当用户选择上传的文件，单击“确定”按钮，即可执行文件上传操作。

程序实现的步骤如下。

（1）新建一个网站，将其命名为 ch13_4，将默认窗体的名称改为 FileUpload.aspx。

图 13-10　文件上传

（2）在 FileUpload.aspx 中添加一个 FileUpload 控件和一个 Button 控件，分别用来选择上传文件和执行上传操作。

（3）双击“确定”按钮，触发其 Click 事件，在该事件中添加如下代码。

```
protected void Button1_Click(object sender, EventArgs e)
{
            try
             {
                  if (FileUpload1.PostedFile.FileName == "")
                  {
                         Label1.Text = "要上传的文件不允许为空！";
                         return;
                  }
                  else
                  {
                         string filepath = FileUpload1.PostedFile.FileName;//取文件路径
                         string filename = filepath.Substring(filepath.LastIndexOf("\\") + 1);
                                                                              //取文件名
                         string serverpath = Server.MapPath("File/") + filename;
                                                                              //合成上传路径
                         FileUpload1.PostedFile.SaveAs(serverpath); //上传文件
                         Label1.Text = "上传成功！";
                  }
             }
             catch (Exception error)
             {
                   Label1.Text = "处理发生错误！原因：" + error.ToString();
             }
}
```

该实例可以上传一般的图片、mp3 音乐和文档，但如果需要上传大文件，如视频文件，则要修改 Web.config 文件。在 Web.config 文件中添加 httpRuntime 节，在该节中修改两个参数：第一个参数 maxrequestlength 为最大上传容量，第二个参数 executiontimeout 为响应时间。

13.4.2　文件下载

用户经常会在网上下载一些有用的资料。下面通过实例介绍下载文件的实现。本实例中，当用户选中预下载的文件，单击“点击下载”超链接，程序会弹出下载文件对话框，单击“保存”按钮，选择保存该文件的路径，即可等待下载完成。运行效果如图 13-11 所示。

程序实现步骤如下。

（1）新建一个网页，命名为 DownloadFile.aspx。

（2）在 DownloadFile.aspx 中添加一个 ListBox 控件和一个 LinkButton 控件，分别用来显示下载的文件名和执行文件下载操作。

（3）进入 DownloadFile.aspx 页的代码编辑页面 DownloadFile.aspx.cs，在 Page_Load 事件中编写如下代码，用于将检索到的服务器中的文件名绑定至 ListBox 控件并显示在页面中。

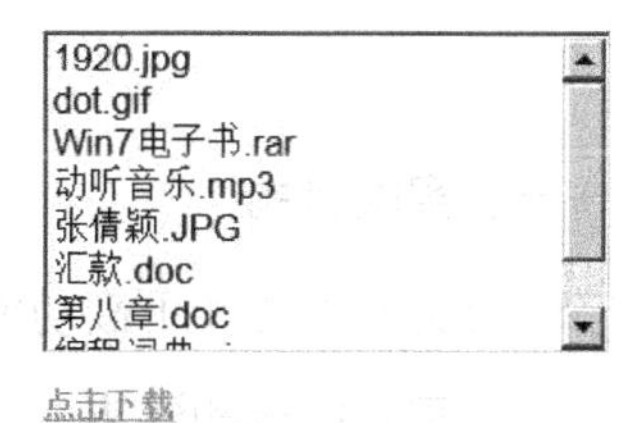

图 13-11　文件下载

```
protected void Page_Load(object sender, EventArgs e)
{
 if (!Page.IsPostBack)
    {
        DataTable dt = new DataTable();        //创建 DataTable
        dt.Columns.Add(new DataColumn("Name", typeof(string)));  //为 DataTable 添加列
        string serverPath = Server.MapPath("File");
        DirectoryInfo dir = new DirectoryInfo(serverPath);        //DirectoryInfo
        foreach (FileInfo fileName in dir.GetFiles())            //遍历获取文件
        {
             DataRow dr = dt.NewRow();
             dr[0] = fileName;
             dt.Rows.Add(dr);                          //将文件名添加到 DataTable
        }
        ListBox1.DataSource = dt;                      //ListBox 绑定 DataTable
        ListBox1.DataTextField = "Name";
        ListBox1.DataValueField = "Name";
        ListBox1.DataBind();
    }
}
```

触发 ListBox 的 SelectedIndexChanged 事件，在该事件中实现选中行索引，获取索引的值并保存到 Session 变量中，代码如下。

```
protected void ListBox1_SelectedIndexChanged(object sender, EventArgs e)
{
     Session["txt"] = ListBox1.SelectedValue.ToString();
}
```

触发 LinkButton 按钮的 Click 事件，在该事件中通过获取变量 Session 所保存的索引值完成下载操作，代码如下。

```
protected void LinkButton1_Click(object sender, EventArgs e)
{
  if (Session["txt"] != "")
      {
        string path = Server.MapPath("File/") + Session["txt"].ToString();
        FileInfo fi = new FileInfo(path);
        if (fi.Exists)
        { //实现文件的下载
            Response.AddHeader("Content-Disposition", "attachment;filename=" + HttpUtility.
UrlEncode( fi.Name));
            Response.WriteFile(fi.FullName);
        }
      }
}
```

以上代码中，文件下载功能主要是使用 Response 对象的 AddHeader 方法设置 HTTP 标头名称和值来实现的。

本章实验

一、实验目的

学会文件上传和下载功能的实现，熟练使用文件与文件夹的基本操作。

二、实验内容和要求

（1）新建一个名为 Experiment13 的网站。

（2）新建 UpFile.aspx 页面，利用 FileUpload 控件实现文件上传，可以上传大文件。

（3）新建一个 DownFile.aspx 页面，使用超链接下载文件。

（4）新建 myFileInfo.aspx 页面，首先利用 FileUpload 控件实现文件上传，文件上传后，再实现文件的创建、复制、删除和移动操作。首先判断源文件是否存在，不存在则新建文件；如果要保留源文件则复制文件，否则移动文件；复制文件时如果目标文件存在则覆盖，移动文件时如果目标文件存在则删除。

第 14 章　在 ASP.NET 中使用 XML

XML 是 eXtensible Markup Language 的缩写，即可扩展标记语言。它是 Internet 环境中跨平台的、依赖于内容的、处理分布式结构信息的技术。XML 文档可以是真实的或者虚拟的文件、数据流或其他存储介质，这就使得 XML 具有了可扩展性、跨平台性，以及传输与存储方面的简易性等优点。目前人们已经创建了基于 XML 语法的许多新标记语言，以满足特定应用程序的需要。ASP.NET 把 XML 作为应用程序数据存储和传递的一种重要方法。本章介绍如何使用 XML，转换 XML，如 LINQ to XML 以及 ADO.NET DataSet 对 XML 的内置支持。

14.1　XML 介绍

14.1.1　XML 的使用场合

XML 主要应用在以下几个场合中。

✓　需要处理已经保存在 XML 中的数据时。当需要与一个现存的使用了特定 XML 的应用程序交换数据时，就需要使用 XML。

✓　希望用 XML 保存数据并为未来可能的整合做好准备时。使用 XML，可使第三方应用程序读取这些数据。

✓　希望使用依赖于 XML 的技术时。例如，Web 服务使用各种建立在 XML 上的标准。

很多.NET 的功能在幕后使用 XML。例如，Web 服务使用一个建立在 XML 基础架构上的高层模型。使用 Web 服务时，不需要直接操作 XML，而是可以直接使用一个抽象对象。类似地，不需要直接操作 XML 来读取 ASP.NET 用户配置，也不需要将 DataSet 保存在一个文件或者依赖于其他背后有 XML 的.NET Framework 特性。在这些场合中，XML 在后台默默工作，不需要用户手工处理 XML 就可获得它的所有好处。

XML 在应用程序整合时最有意义。不过，也没有理由说不可以使用 XML 格式保存用户的专有数据。这么做可以获得一些便利，如可以使用.NET 类从文件中读取 XML 数据。当保存复杂、高度结构化的数据时，使用这些类带来的便利非常显著，它远高于用户自行设计文件格式并编写自己的文件解析逻辑所带来的便利。它还让其他开发人员更方便地理解、重用或改进用户创建的系统。

14.1.2　XML 应用实例

XML 的设计目标是符合 W3C 标准规范，该规范是由 W3C(World Wide Web Consortium)定义的一组指南，用于以纯文本的形式描述结构化数据。和 HTML 类似，XML 是一种基于尖括号间标签的标记语言。和 HTML 不同的是， XML 没有一组固定的标签。相反，XML 是一种可用于创建其他标记语言的元语言。也就是说，XML 建立用于命名和元素排列的简单规则，它允许用自定义的元素创建自己的数据格式。

例如，下面的文档显示一个保存产品的自定义 XML 格式，格式定义了两种类别的产品，并列出这两种类别产品的列表。

```
<?xml version="1.0"?>
<Products>
  <Category title="DVD">
      <Product title="Matrix" />
      <Product title="The Gladiator" />
  </Category>
  <Category title="Books">
      <Product title="Fast Track to ASP.NET" />
      <Product title="ASP.NET Website Programming" />
      <Product title="Beginning C#" />
  </Category>
</Products>
```

这个示例使用了<Products>、<Category>之类的元素表明文档的结构。如果需要在 XML 中保存数学等式，用户很可能会选择 MathML 格式，它是一种定义了具体标签以及具体结构的基于 XML 的格式。类似地，还有数百个标准 XML 格式，它们用于房地产业、音符、法律文件、专利记录、矢量图形等。创建一个强健易用的 XML 格式需要具备一些经验，因此只要可能，最好使用标准的、广为接受的、基于 XML 的标记语言。

14.1.3　XML 命名空间

目前，已创建了数十种 XML 标记语言（通常叫做 XML 语法），其中很多属于特定的行业、流程和信息类型。很多时候，能够使用某个公司特定的元素扩展某类标记，甚至还能够创建一个组合几个不同 XML 语法的 XML 文档变得很重要。这就带来一个问题。如果需要同时组合两个具有相同名称元素的 XML 语法，会发生什么呢？另一个更典型的问题是如何区分它们，例如当应用程序需要区别文档中的 XML 语法时。

例如，假设一个 XML 文档拥有订单以及用户相关的信息，它们分别使用 OrderML 和 ClienML 标准。这个文档被送到一个订单实现应用程序，它只关心 OrderML 的内容。它如何快速区分哪些信息是需要的，哪些信息是需要被忽略的。解决办法在于 XML 命名空间标准。这个标准背后的核心思想是所有的 XML 标记语言都拥有能够唯一区分相关元素的命名空间。从技术角度而言，命名空间通过明确元素使用的标记语言来消除元素的歧义。

所有的 XML 命名空间都使用统一资源标识符（Universal Resource Identifiers，URI）。一般说来，这些 URI 看起来和网页的 URI 相似。例如，http://www.mycompany.com/mystandard 是一个典型的命名空间名称。尽管命名空间看起来是 Web 上某个有效的地址，但这不是必要的。URI 被用于 XML 命名空间，因为它们大部分情况下是唯一的。通常，如果用户创建了一个新的 XML，就会使用一个指向用户所控制的某个域名或站点的 URI。

要指定某个元素属于特定的命名空间，只需在开始标签中加入 xmls 特性表明要使用的命名空间即可。例如，要显示的元素是 http://mycompany/OrderML 命名空间的一部分，代码如下。

```
<?xml version="1.0"?>
<order xmlns="http://mycompany/OrderML">
  <orderItem>…</orderItem>
  <orderItem>…</orderItem>
</order>
```

该示例中将<order>和<orderItem>都放在 http://mycompany/OrderML 命名空间中。

14.1.4　XML 架构

XML 标准之所以成功，很大一部分要归功于它极大的灵活性。使用 XML，可以创建完全符合需求的标记语言。这种灵活性也带来了一些问题。如果世界各地的开发人员都使用

XML 格式，那么怎样才能保证所有人都遵守规则？

解决办法是创建一个格式文档，它定义自定义标记语言的规则，这个规则被称为架构。架构不会包括语法细节（如需要使用尖括号或需要正确的嵌套标签），因为这些已经是 XML 标准要求的一部分。架构文档需要定义的是符合用户数据类型的逻辑规则，它们包括以下几项。

- ✓ 文档词汇：它定义了哪些元素或特性的名称可以在 XML 文档中使用。
- ✓ 文档结构：它定义了标签的放置位置，还包括一些指定某些标签必须放在其他标签之前、之后或之中规则，还可以指定某个元素可以出现的次数。
- ✓ 支持的数据类型：这允许定义数据是普通文本，或者必须是可解析的数值数据、日期信息等。
- ✓ 允许的数据范围：这允许将数值限制在某个范围内、将文本限制在某个特定的长度内、强迫正则表达式模式匹配，或者限制只能是某些特定的值。

14.2　基于流的 XML 处理

.NET Framework 允许用户使用 System.xml 命名空间（以及其他以 System.Xml 开头的命名空间）中的一组类来操作 XML 数据。此外，读写 XML 最常用的方法是使用两个基于流的类：XMLTextReader 和 XMLTextWriter。如果 XML 文件非常大，甚至一次把整个文档都加载到内存里不太实际时，这些类就非常不必要了。它们对简单的 XML 处理也非常有效。

14.2.1　写 XML 文件

.NET Framework 通过两种方式把 XML 数据写入文件。

- ✓ 在内存中使用 XmlDocument 或 XDocument 类创建文档，结束时把它写入文件。
- ✓ 用 XmlTextWriter 直接把文档写入流，在写数据时会逐个节点输出数据。

如果在创建 XML 文档后还要对它进行其他操作，如搜索、转换、验证，那么在内存中构建 XML 文档就是很好的选择。它还是用非线性方式写 XML 文档的唯一方式，因为它允许在任意地方插入新节点。不过 XmlTextWriter 为直接写入文件提供了更为简单、性能更好的模型，因为它不是立刻就把整个文档保存到内存中。

下面以一个具体实例介绍如何使用 XmlTextWriter 创建一个格式良好的 XML 文件。

（1）新建一个网站，将其命名为 ch14_2，将 Web 窗体的名称改为 WriteAndReadXml.aspx。

（2）进入 WriteAndReadXml.aspx 页面的代码编辑页面 WriteAndReadXml.aspx.cs，创建一个用于处理这一工作的私有方法 WriteXML()。它先创建一个 XmlTextWriter 对象，并在构造函数中传入希望创建的文件的物理路径。代码如下。

```
private void WriteXML()
{
      string xmlFile = Server.MapPath("DvdList.xml");
      XmlTextWriter writer = new XmlTextWriter(xmlFile, null);    //使用 XmlTextWriter 创建
XML 文件
…
```

（3）XmlTextWriter 拥有 Formatting 和 Indentation 之类的属性，它们允许设定 XML 数据是否按典型的层次结构自动缩进以及指定用于缩进的空格数，代码如下。

```
    …
    writer.Formatting = Formatting.Indented;
    writer.Indentation = 3;
    …
```

加入缩进后，创建的文件有利于阅读和理解。

（4）利用 WriteStartDocument()方法准备好开始写文件，代码如下。

```
writer.WriteStartDocument();  //写入版本 1.0 的 XML 声明
```

利用 WriteComment()方法写入一条注释，可以用它加入创建时的时间和日期信息，代码如下。

```
writer.WriteComment("Created: " + DateTime.Now.ToString());
```

（5）写入真正的内容——元素、特性等。这个示例创建一个表示 DVD 列表的 XML 文档，其中包含的信息有每个 DVD 的标题、导演、单价以及演员列表。这些记录将成为父元素<DvdList>的子元素，该元素必须先行创建，代码如下。

```
writer.WriteStartElement("DvdList");
```

现在就可以创建子节点了，下面的代码用于打开一个<DVD>元素。

```
writer.WriteStartElement("DVD");
```

下面写入两个特性，表示 ID 以及相关的类别。这个信息被加入<DVD>元素的开始标签中。

```
…
writer.WriteAttributeString("ID", "1");
writer.WriteAttributeString("Category", "Science Fiction");
…
```

（6）在<DVD>元素中加入描述 DVD 信息的元素。这些元素没有子元素，所以只调用一次 WriteElementString()方法，就可写入它们并设置它们的值。WriteElementString()方法接收两个参数：元素的名称以及它的值（总是字符串），代码如下。

```
…
writer.WriteElementString("Title", "The Matrix");
writer.WriteElementString("Director", "Larry Wachowski");
writer.WriteElementString("Price", "18.74");
…
```

（7）接下来的子元素<Starring>列出了一个或多个演员。因为这个元素包括其他元素，所以需要使用 WriteStartElement()方法来打开它并保持它处于打开状态，然后加入它所包含的子元素。代码如下。

```
…
writer.WriteStartElement("Starring");
writer.WriteElementString("Star", "Keanu Reeves");
writer.WriteElementString("Star", "Laurence Fishburne");
…
```

（8）代码已经为当前的 DVD 写入了所有的数据，接下来按相反的顺序关闭所有打开的标签，只要为每个打开的元素调用一次 WriteEndElement()方法即可。调用 WriteEndElement()方法时，不需要指定元素的名称。每次调用 WriteEndElement()方法时，会自动为最后一个打开的元素写入结束标签。代码如下。

```
…
// Close the <Starring> element.
writer.WriteEndElement();
// Close the <DVD> element.
writer.WriteEndElement();
…
```

（9）用同样的方式创建另外 4 个<DVD>元素，部分代码如下。

```
…
writer.WriteStartElement("DVD");
// Write a couple of attributes to the <DVD> element.
writer.WriteAttributeString("ID", "2");
writer.WriteAttributeString("Category", "Drama");
// Write some simple elements.
writer.WriteElementString("Title", "Forrest Gump");
writer.WriteElementString("Director", "Robert Zemeckis");
writer.WriteElementString("Price", "23.99");
// Open the <Starring> element.
```

```
writer.WriteStartElement("Starring");
// Write two elements.
writer.WriteElementString("Star", "Tom Hanks");
writer.WriteElementString("Star", "Robin Wright");
// Close the <Starring> element.
writer.WriteEndElement();
// close the <DVD> element
writer.WriteEndElement();
…
```

（10）最后为了完成文档，再次调用 WriteEndElement()方法关闭<DvdList>，调用.Close()方法关闭 XmlTextWriter，代码如下。

```
…
writer.WriteEndElement();
writer.Close();
…
```

运行页面，当前文件夹中会创建一个 DvdList.xml 文件，如图 14-1 所示。

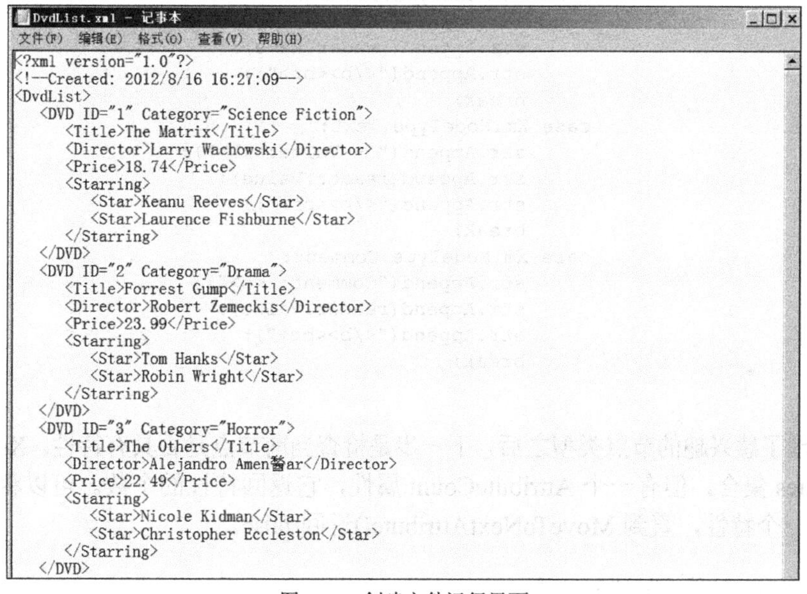

```
DvdList.xml - 记事本
文件(F) 编辑(E) 格式(O) 查看(V) 帮助(H)
<?xml version="1.0"?>
<!--Created: 2012/8/16 16:27:09-->
<DvdList>
    <DVD ID="1" Category="Science Fiction">
        <Title>The Matrix</Title>
        <Director>Larry Wachowski</Director>
        <Price>18.74</Price>
        <Starring>
            <Star>Keanu Reeves</Star>
            <Star>Laurence Fishburne</Star>
        </Starring>
    </DVD>
    <DVD ID="2" Category="Drama">
        <Title>Forrest Gump</Title>
        <Director>Robert Zemeckis</Director>
        <Price>23.99</Price>
        <Starring>
            <Star>Tom Hanks</Star>
            <Star>Robin Wright</Star>
        </Starring>
    </DVD>
    <DVD ID="3" Category="Horror">
        <Title>The Others</Title>
        <Director>Alejandro Amen髻ar</Director>
        <Price>22.49</Price>
        <Starring>
            <Star>Nicole Kidman</Star>
            <Star>Christopher Eccleston</Star>
        </Starring>
    </DVD>
```

图 14-1　创建文件运行界面

14.2.2　读取 XML 文件

.NET Framework 通过两种方式读取 XML 数据。

- ✓ 在内存中使用 XmlDocument、XPathNavigator 或 XDocument 类一次性将文档加载到内存中。这 3 个类中，只有 XPathNavigator 类是只读的。
- ✓ 用 XmlTextReader 类（是基于流的读取器）每次读取文档的一个节点。

基于流的方法减少内存负担并且通常（但不总是）更高效。使用 XmlTextReader 对象读取 XML 文件是最简单的方法，但它也只提供了最少的灵活性。文件以顺序读取，不能够像处理内存中的 XML 那样自由地移动到父、子、兄弟节点中。相反，每次只从流中读取一个节点。通常，需要编写一个或多个嵌套的循环以深入 XML 文档中的元素，直到找到要找的内容。

在 14.2 节介绍的写文件代码的基础上，也就是在 WriteAndReadXml.aspx.cs 文件中继续写读文件的代码，将写进 DvdList.xml 的信息读出来，显示在网页上。具体步骤如下。

（1）首先在 XmlTextReader 对象中加载源文件，然后开始一个每次移动一个文档节点的循环。为了从一个节点移动到另一个节点，需要调用 XmlTextReader.Read()方法。这个方法在移动到最后一个节点时返回 true。代码如下。

```
private void ReadXML()
      {
            string xmlFile = Server.MapPath("DvdList.xml");
            XmlTextReader reader = new XmlTextReader(xmlFile);    /创建 reader
            StringBuilder str = new StringBuilder();
           while (reader.Read())    //遍历所有节点
            {
                  switch (reader.NodeType)
                  {
                        case XmlNodeType.XmlDeclaration:
                              str.Append("XML Declaration: <b>");
                              str.Append(reader.Name);
                              str.Append(" ");
                              str.Append(reader.Value);
                              str.Append("</b><br>");
                              break;
                        case XmlNodeType.Element:
                              str.Append("Element: <b>");
                              str.Append(reader.Name);
                              str.Append("</b><br>");
                              break;
                        case XmlNodeType.Text:
                              str.Append(" - Value: <b>");
                              str.Append(reader.Value);
                              str.Append("</b><br>");
                              break;
                        case XmlNodeType.Comment:
                              str.Append("Comment: <b>");
                              str.Append(reader.Value);
                              str.Append("</b><br>");
                              break;
            }
...
```

（2）处理了感兴趣的节点类型之后，下一步是检查当前节点是否具有特性。XmlTextReader 没有 Attributes 集合，但有一个 AttributeCount 属性，它返回特性的个数。可以将游标继续向前移动到下一个特性，直到 MoveToNextAttribute()返回 false。

```
...
if (reader.AttributeCount > 0)
{
      while (reader.MoveToNextAttribute())
      {
            str.Append(" - Attribute: <b>");
            str.Append(reader.Name);
            str.Append("</b> Value: <b>");
            str.Append(reader.Value);
            str.Append("</b><br>");
      }
}
```

（3）最后刷新缓冲区的内容并关闭读取器，使用 XmlTextReader 时，必须尽快地结束任务并关闭阅读器，因为它在文件上有一个锁。代码如下。

```
reader.Close();
lblXml.Text = str.ToString();   //关闭读取器并显示文本信息
```

以上读文件的方法虽然很简单，但效率不高，所有节点都要遍历一次。下面看一个高效读取 XML 文件的实例。具体实现步骤如下。

（1）在 ch14_2 网站中新建一个 Web 窗体，命名为 ReadXmlEfficient.aspx。

（2）使用 ReadStartElement()方法读取一个节点并同时执行基本的验证。调用 ReadStartElement()方法时，需要指定文档中下一个希望出现的元素的名称。代码如下。

```
string xmlFile = Server.MapPath("DvdList.xml");
// Create the reader.
XmlTextReader reader = new XmlTextReader(xmlFile);
StringBuilder str = new StringBuilder();
reader.ReadStartElement("DvdList");
```

（3）读取只包含文本数据的元素，可以通过指定元素名称和使用 ReadElementString()方法跳过开始标签、内容以及结束标签。代码如下。

```
// Read all the <DVD> elements.
while (reader.Read())
{
     if ((reader.Name == "DVD") && (reader.NodeType == XmlNodeType.Element))
      {
            reader.ReadStartElement("DVD");
            str.Append("<ul><b>");
            str.Append(reader.ReadElementString("Title"));   //读取文本数据
            str.Append("</b><li>");
            str.Append(reader.ReadElementString("Director"));
            str.Append("</li><li>");
            str.Append(String.Format("{0:C}",
            Decimal.Parse(reader.ReadElementString("Price"))));
            str.Append("</li></ul>");
       }
}
// Close the reader and show the text.
reader.Close();
lblXml.Text = str.ToString();
```

此代码可以更直观的方式从 DVD 列表中读取数据，运行效果如图 14-2 所示。

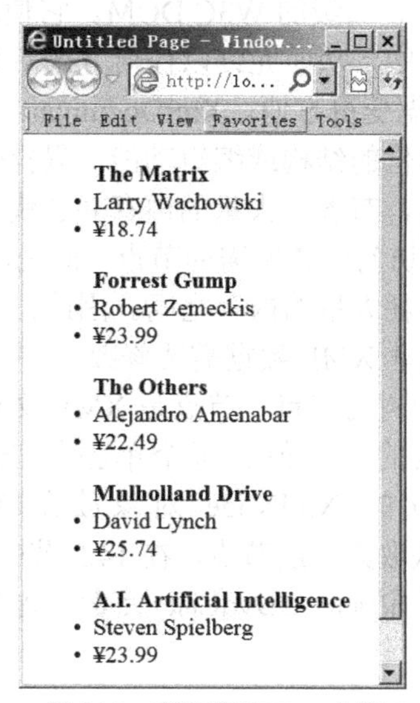

图 14-2　高效读取 XML 文件

14.3　内存中的 XML 处理

基于流的 XML 处理提供了最小的负载，但也只提供了最小的灵活性。在很多 XML 处理场合中，一般不会在这样低的层次下工作。相反，希望有一种简单的方式只需要使用几行（而不是几十行）代码，即可取出元素的内容。

对内存中 XML 的处理则更加方便，如下的类都支持对 XML 文件内容的读取和导航。

- XmlDocument：XmlDocument 类实现 W3C 定义的完整 XML DOM Level 2 Core。它是 XML 数据的标准化接口，但对时间的要求比较多。
- XPathNavigator：和 XmlDocument 相似，XPathNavigator 在内存中保存整个 XML 文档。不过，它提供比 XML DOM 更快、更有效的模型，并提供了一些增强的搜索功能。与 XmlDocument 不同的是它没有提供修改和保存的功能。
- XDocument：XDocument 为处理 XML 提供一个更直观和有效的 API。从技术上而言，它是 LINQ to XML 的一部分，但即使没有使用 LINQ 查询，它也很有用。不过，由于 XDocument 还很新，它需要结合较老的.NET XML 类一起执行如验证之类的任务。

以上 3 个类中，XmlDocument 类最简单，使用得也最多；XDocument 类是 LINQ 技术的一部分，本节重点介绍 XmlDocument 类和 XDocument 类。

14.3.1 XmlDocument 类

1. XmlDocument 概述

文档对象模型（Document Object Model，DOM）是 XML 文档的内存（缓存）树形表示形式，允许对该文档导航和编辑。在.NET FrameWork 中通过 XmlDocument 实现对 DOM 的封装，使程序员能够以编程方式读取、操作和修改 XML 文档。DOM 采用树形的结构，其最基本的对象是节点（称为 XmlNode 对象）。命名空间 System.Xml 中封装的 XmlNode 类能够很好地表示 DOM 树的节点。

XmlDocument 类实现了第一、二级的 W3C DOM。它使用 DOM 以一个层次结构树的形式把整个 XML 数据加载到内存中，从而允许以任何方式对数据的任意节点进行访问，使插入、更新、删除、移动 XML 数据变得方便。XmlDocument 与 XmlReader（XmlWriter）的最大区别是，后者不需要 DOM 提供的结构或编辑功能，只提供对 XML 的非缓存的只进流访问，因此省去了对 DOM 的访问，节省了大量的内存并加快了对 XML 数据的读取；前者虽然提供了一种灵活的方式，可以访问任意所需的节点，但是，它的最大缺点在于，整个 XML 数据都加载到内存中，这样会消耗大量的内存空间。因此，如果对内存有限制，那么最好采用非缓存的只进流访问方式，除非 XML 数据需要修改。

XmlDocument 把信息保存为树的节点。节点是 XML 文件的基本组成部分，它可以是一个元素、特性、注释或者元素的一个值。每个单独的 XmlNode 对象代表一个节点，XmlDocument 将处于同一层次的 XmlNode 对象放在 XmlNodeList 集合中。可以用 XmlDocument.ChildNodes 属性获取第一层节点。在 14.2 节中介绍的 DVD 列表实例中，该属性提供对注释和<DvdList>元素的访问。<DvdList>元素包含其他子节点，这些子节点还有更多节点以及真实的值。

2. XmlDocument 读取文件实例

该实例显示读取 DvdList.xml 文档并显示元素列表的 Web 页面，使用不同的缩进来显示整体结构。具体步骤如下。

（1）新建一个网站 ch14_3，在网站中新建一个 Web 窗体，命名为 XmlDOM.aspx。

（2）页面加载时，会创建一个 XmlDocument.对象并调用 Load()方法，这个方法从文件中读取 XML 数据。接着调用页面类中的递归方法 GetChildNodesDescr()，并显示 Literal 控件 lblXml 中的结果。代码如下。

```
protected void Page_Load(object sender, EventArgs e)
{
```

```
        string xmlFile = Server.MapPath("DvdList.xml");
        XmlDocument doc = new XmlDocument();
        doc.Load(xmlFile);
        lblXml.Text = GetChildNodesDescr(doc.ChildNodes, 0);
    }
```

以上代码中的 GetChildNodesDescr()方法有两个参数：XmlNodeList 对象（节点的集合）以及表示嵌套层次的整数。Page_Load 事件处理程序调用 GetChildNodesDescr()方法时，它传递一个代表第一层节点的 XmlNodeList 对象。代码还传送 0 作为 GetChildNodesDescr()的第二个参数，它表示 XML 文档中的第一层嵌套，然后节点内容以字符串的形式返回。

（3）实现 GetChildNodesDescr()方法，它首先为每个缩进层次创建一个包含 3 个空格的字符串，然后将该字符串作为前缀加入最终的 HTML 文本中。

```
    private string GetChildNodesDescr(XmlNodeList nodeList, int level)
    {
        string indent = "";
        for (int i = 0; i < level; i++)
        indent += "     ";    //为每个缩进层次创建一个包含 3 个空格的字符串
        StringBuilder str = new StringBuilder("");
        foreach (XmlNode node in nodeList)     //对 XmlNodeList 的所有子节点进行循环
        {
          switch (node.NodeType)
          {
            case XmlNodeType.XmlDeclaration:    //处理 XML 声明信息
            str.Append("XML Declaration: <b>");
            str.Append(node.Name);
            str.Append(" ");
            str.Append(node.Value);
            str.Append("</b><br>");
            break;

            case XmlNodeType.Element:          //处理<DvdList>元素
            str.Append(indent);
            str.Append("Element: <b>");
            str.Append(node.Name);
            str.Append("</b><br>");
            break;

            case XmlNodeType.Text:             //处理 XML 文本信息
            str.Append(indent);
            str.Append(" - Value: <b>");
            str.Append(node.Value);
            str.Append("</b><br>");
            break;

            case XmlNodeType.Comment:        //处理 XML 注释信息
            str.Append(indent);
            str.Append("Comment: <b>");
            str.Append(node.Value);
            str.Append("</b><br>");
            break;
        }
```

在以上代码中，GetChildNodesDescr()方法对 XmlNodeList 的所有子节点进行循环。第一次调用时，这些节点包括 XML 声明、注释以及<DvdList>元素。XmlNode 对象会暴露 NodeType 之类的属性，它表明项目的类型（如注释、元素、特性、CDATA、文本、结束元素、名称和值）。代码检查示例中相应节点的类型并把这个信息加入字符串中。

（4）代码检查当前节点是否有特性（通过检查它的 Attribute 集合是否为 null）。如果有，则这些特性通过一个嵌套的 foreach 循环处理。

```
    if (node.Attributes != null)
```

```
{
            foreach (XmlAttribute attrib in node.Attributes)
            {
                 str.Append(indent);
                 str.Append(" - Attribute: <b>");
                 str.Append(attrib.Name);
                 str.Append("</b> Value: <b>");
                 str.Append(attrib.Value);
                 str.Append("</b><br>");
            }
}
```

（5）如果节点有子节点（根据它的 HasChildNodes 属性判断），代码递归调用 GetChildNodesDescr 方法，向它传送当前节点的 ChildNodes 集合以及当前缩进层次加 1 的值，代码如下。

```
if (node.HasChildNodes)
      str.Append(GetChildNodesDescr(node.ChildNodes, level + 1))
```

（6）当整个过程完成时，外层的 foreach 块被关闭，方法返回 StringBuilder 对象的内容。代码如下。

```
return str.ToString();
```

运行界面如图 14-3 所示。

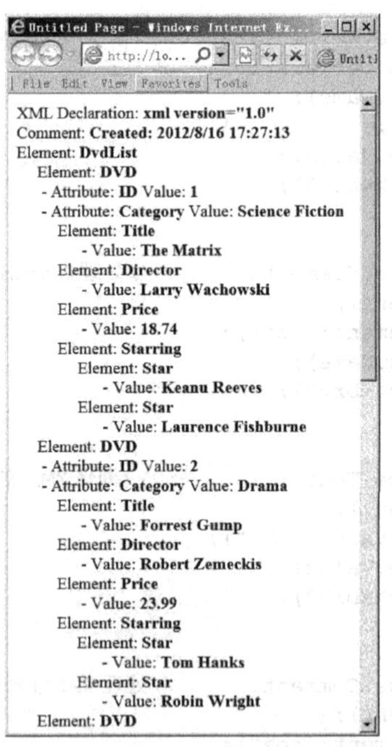

图 14-3　从 XML 文档获取信息

XmlDocument 还允许修改节点的内容（如可以修改 XmlNode.Name 和 XmlNode.Value 属性），甚至执行一些更显著的改变，如通过创建一个新节点从集合中移除一个节点。实际上，甚至可以以 XmlDocument 形式在内存中构建整个 XML 文档，然后保存它。提供文件的字符串名称或已经创建的流并调用 Save()方法，可以保存 XmlDocument 的当前内容。

14.3.2　XDocument 类

1. XDocument 类概述

XDocument 类是管理内存中 XML 所有功能的模型。与 XmlDocument 类不同，它擅长构建 XML 内容（作为对比，XmlDocument 使 XML 构建不必太复杂）。如果要以非线性的方式生成 XML，例如，需要把一系列元素写到根元素中，然后又要在这些元素里添加更多的信息，就需要使用 XDocument 这样的内存类。

与 XmlDocument 由 XmlNode 对象组成很相似，XDocument 由 XNode 对象组成。XNode 是一个抽象类，其他更具体的类（如 XElement、XCommnet 以及 XText）从它派生。一个区别是在 LINQtoXML 模型中，特性并没有被看做单独的节点而是被看做附加到其他元素的名称/值对。因此，XAttribute 类没有从 XNode 派生。从技术方面而言，XDocument 类是 LINQ 的一部分，它在 System.Xml.Linq 空间里，使用 XDocument 和相关的需要添加对该程序集的引用。

2. 使用 XDocument 创建 XML 实例

通过 XDocument 可以使用整洁和精确的代码生成 XML 内容。另外，可以用 XElement 类创建一个不表示完整文档的 XML 内容。所有的 LINQ to XML 类提供了有用的构造函数，它们允许创建和初始化的工作在同一步里完成。例如，可以用如下代码创建一个元素并提供其中的文本内容。

```
XElement element=new XElement("Price", "25.74")
```

这就要比 XmlDocument 好了，它要求先创建节点，然后在单独的语句里配置它们。两个 LINQ to XML 类（XDocument 和 XElement）包含最后一个参数接收参数数组的构造函数。这个参数数组包含一组嵌套的节点。

以下实例利用 XDocument 和 XElement 创建整个 XML 文档，包括全部的元素、文本内容、特性和注释。

（1）在 ch14_3 网站中新建一个 Web 窗体，命名为 LinqToXml.aspx。

（2）在后台代码 LinqToXml.aspx.cs 的 Page_Load 事件中，调用两个自定义的方法，分别用来创建 XML 文档和读 XML 文档，代码如下。

```
protected void Page_Load(object sender, EventArgs e)
   {
         WriteXML();
         ReadXML();
   }
```

（3）WriteXML()方法利用 XDocument 和 XElement 完成创建工作，以下是创建 DvdList2.xml 示例文档的完整代码。

```
private void WriteXML()
{
            XDocument doc = new XDocument(
             new XDeclaration("1.0", "utf-8", "yes"),
              new XComment("Created: " + DateTime.Now.ToString()),
             new XElement("DvdList",
                  new XElement("DVD",
                       new XAttribute("ID", "1"),
                       new XAttribute("Category", "Science Fiction"),
                       new XElement("Title", "The Matrix"),
                       new XElement("Director", "Larry Wachowski"),
                       new XElement("Price", "18.74"),
                       new XElement("Starring",
                            new XElement("Star", "Keanu Reeves"),
                            new XElement("Star", "Laurence Fishburne")
                  )
             ),
               new XElement("DVD",
                    new XAttribute("ID", "2"),
```

```
                new XAttribute("Category", "Drama"),
                new XElement("Title", "Forrest Gump"),
                new XElement("Director", "Robert Zemeckis"),
                new XElement("Price", "23.99"),
                new XElement("Starring",
                    new XElement("Star", "Tom Hanks"),
                    new XElement("Star", "Robin Wright")
                )
            ),
            new XElement("DVD",
                new XAttribute("ID", "3"),
                new XAttribute("Category", "Horror"),
                new XElement("Title", "The Others"),
                new XElement("Director", "Alejandro Amenábar"),
                new XElement("Price", "22.49"),
                new XElement("Starring",
                    new XElement("Star", "Nicole Kidman"),
                    new XElement("Star", "Christopher Eccleston")
                )
            ),
            new XElement("DVD",
                new XAttribute("ID", "4"),
                new XAttribute("Category", "Mystery"),
                new XElement("Title", "Mulholland Drive"),
                new XElement("Director", "David Lynch"),
                new XElement("Price", "25.74"),
                new XElement("Starring",
                    new XElement("Star", "Laura Harring")
                )
            ),
            new XElement("DVD",
                new XAttribute("ID", "5"),
                new XAttribute("Category", "Science Fiction"),
                new XElement("Title", "A.I. Artificial Intelligence"),
                new XElement("Director", "Steven Spielberg"),
                new XElement("Price", "23.99"),
                new XElement("Starring",
                    new XElement("Star", "Haley Joel Osment"),
                    new XElement("Star", "Jude Law")
                )
            )
        )
    );
    doc.Save(Server.MapPath("DvdList2.xml"));
}
```

可以看出，这段代码的作用和之前看到的 XmlTextWrite 代码的作用完全相同。不过，它比较短而且容易阅读。它也比创建内存中的 XmlDocument 的等效代码更简单。和作用 XmlTextWrite 的代码不同，它不需要显式关闭元素，相反，它由相应的 XElemnet 构造函数自动描绘。另一个不错的细节是代码语句的缩进，它反映了 XML 文档中元素的嵌套，这样可以快速知道 XML 文档的整体形状。

3. 使用 XDocument 读取流的实例

XDocument 还可以简化对 XML 内容的读取和导航。可以使用 XDocument.Load()方法从文件、URI 或流中读取 XML 文档，或者可以使用 XDocument.Parse()方法从一个字符串加载 XML 内容。得到一个含有内容的 XDocument 之后，就可以使用 XElement 类的主要属性和方法深入节点树。XElement 类的主要方法如表 14-1 所示。

表 14-1　XElement 类的主要方法

方　　法	说　　明
Attributes()	获取这个元素的 XAttribute 对象的集合
Attribute()	获取特定名称的 XAttribute
Elements()	获取由这个元素包含的 XElement 对象的集合
Element()	获取由该元素包含的具有特定名称的 XElement（如果没有匹配项，则为空值）
Nodes()	获取由该元素包含的所有 XNode 对象，包括元素以及其他内容，如注释

LINQ to XML 使用的另一个简化是它并不要求区分元素和其中的文本，它们在 XML DOM 中由两个单独的节点表示。可以通过把它转换为相应的数据类型得到内部的值。例如：

```
string title=(string)titleElement;
decimal price=(decimal)priceElemnet;
```

设置元素内的文本内容同样简单，只要把新值赋给 Value 属性，例如：

```
priceElemnet.Value=(decimal)priceElemnet * 2;
```

自定义 ReadXML()方法读取上述创建的 DvdList2.xml，代码如下。

```
private void ReadXML()
    {
        // Create the reader.
        string xmlFile = Server.MapPath("DvdList2.xml");
        XDocument doc = XDocument.Load(xmlFile);
        StringBuilder str = new StringBuilder();
        foreach (XElement element in doc.Element("DvdList").Elements())
        {
              str.Append("<ul><b>");
              str.Append((string)element.Element("Title"));
              str.Append("</b><li>");
          str.Append((string)element.Element("Director"));
          str.Append("</li><li>");
          str.Append(String.Format("{0:C}", (decimal)element.Element("Price")));
          str.Append("</li></ul>");
         }
       lblXml.Text = str.ToString();
    }
```

以上代码通过 XElement.Element()方法取出感兴趣的单独元素，并通过 XElement.Elements()方法对嵌入的 XElement 对象集合进行迭代。例如，foreach 块的开放声明选择 doc.Element("DvdList").Elements 集合。换句话说，它从文档的根抓取嵌入的<DvdList>元素并检查其中所有的元素（它们是<DVD>元素），然后它从嵌套的<Title>以及<Director>元素取得内容。从开始到结束，代码都要比使用 XmlTextReader 和 XmlDocument 方法要简单和直观。

14.4　使用 LINQ to XML 转换 XML

XSL 是把 XML 转换为各种格式的固定标准。不过，它不是唯一的办法。上一节中介绍了 XDocument 类，打开一个 XDocument 类，手工重组它的节点，然后保存结果。而通过 LINQ，使用 LINQ to XML 进行转换，需要运用一个作用投影的 LINQ 表达式，技巧在于投影必须返回一个 XElement 而不是匿名类型。

XElement 构造函数允许在一条语句里创建整个节点树。通过使用这些构造函数，LINQ 表达式能够构建包含元素、子元素、特性、文本内容等的完整 XML 树。以下实例从 DvdList2.xml 文档中析取出一些信息，并把它们重组为一个不同的结构。具体步骤如下。

（1）新建网站 ch14_4，在该网站中新建一个 Web 窗体 LinqToXmlTransform.aspx。

（2）在后台代码 LinqToXmlTransform.aspx.cs 的 Page_Load 事件加入如下代码。

```
protected void Page_Load(object sender, EventArgs e)
    {
        string xmlFile = Server.MapPath("DvdList2.xml");
        XDocument doc = XDocument.Load(xmlFile);  //将 DvdList2.xml 加载到一个 XDocument
对象中
        //创建一个新 XDocument 对象并用转换后的内容填充它
          XDocument newDoc = new XDocument(
           new XDeclaration("1.0", "utf-8", "yes"),
           new XElement("Movies",
                from DVD in doc.Descendants("DVD")
                where (int)DVD.Attribute("ID") < 3
                select new XElement[] {
                     new XElement("Movie",
                       new XAttribute("Name", (string)DVD.Element("Title")),
                       DVD.Descendants("Star")
                     )
                }
           )
        );
     lblXml.Text = Server.HtmlEncode(newDoc.ToString());
   }
```

文档以一个 XML 声明开头，随后跟着根元素，该根元素的名称是<Movies>。节点的内容是 XElement 对象的数组，它们被用于填充<Movies>元素。其技巧在于这个数组是由同一个 LINQ 表达式构建。这个表达式从原始文档中取出全部的<DVD>元素并过滤出 ID 特性值小于 3 的部分。最后，select 子句应用一个投影创建<Movies>元素中所有嵌套的 XElement。每个嵌套的 XElement 表示一个<Movie>，它包含一个 Name 特性（它是电影标题），并包含一个嵌套的<Star>元素的集合。

```
<Movies>
  <Movie Name="The Matrix">
   <Star>Keanu Reeves</Star>
   <Star>Laurence Fishburne</Star>
  </Movie>
 <Movie Name="Forrest Gump">
   <Star>Tom Hanks</Star>
   <Star>Robin Wright</Star>
 </Movie>
</Movies>
```

14.5　使用 XSLT 转换 XML

XSL 是 XML 的可扩展样式表语言，XSL 转换即 XSLT。XSLT 是 XSL 标准中的重要部分，它可以把一个 XML 文档中的数据以不同的结构或格式转换为另一文档。

使用 XSLT 对 XML 进行转换，是 XML 技术中经常遇到的情况。例如，要在 Web 页面中显示 XML，一般需要将 XML 转换成 HTML。XSLT 的处理机制如图 14-4 所示，有一个源文档（即被转换的 XML 文档）和一个 XSLT 样式表（描述 XSLT 处理器如何对这个文档进行转换）。XSLT 处理器根据样式表所描述的处理规则生成输出文档。

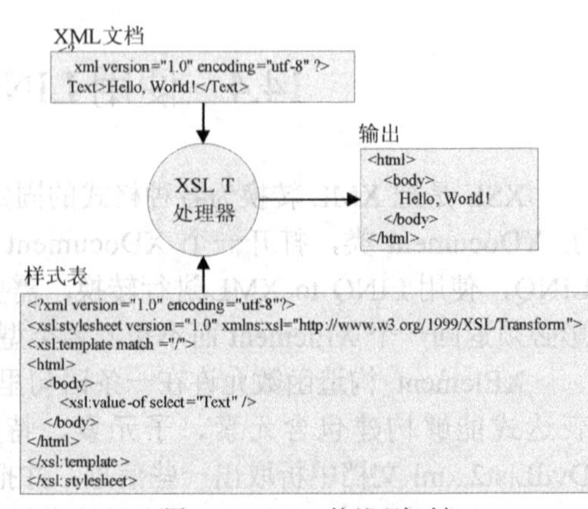

图 14-4　XSLT 的处理机制

14.5.1　System.Xml.Xsl 命名空间下的类

完成 XSLT 转换的类都在 System.Xml.Xsl 命名空间下。该命名空间下的常用类如表 14-2 所示。

表 14-2　System.Xml.Xsl 命名空间下的常用类

类　名　称	说　　明
XslCompiledTransform	使用 XSLT 样式表进行 XML 转换，该类的实现符合 W3C 的 XSLT 1.0 标准
XsltArgumentList	给样式表 XSLT 添加参数或者扩展对象
XsltContext	封装可扩展样式表转换语言处理器的当前执行上下文，使 XML 路径语言（XPath）表达式解析函数、参数和命名空间
XsltMessageEncounteredEventArgs	为 XsltMessageEncountered 事件提供数据
XsltSettings	指定 XSLT 样式表支持的功能
XsltCompileException	在 XSLT 样式表中发现错误时由 Load 方法引发的异常
XsltException	在处理 XSLT 转换时发生的错误所引发的异常

14.5.2　直接使用 XSLT 转换 XML 文件

要进行 XSLT 转换，需要编写一个 XSL 文件，然后装载到 XslCompiledTransform 类中，最后调用 Transform 方法即可。Transform 方法提供了多个重载版本，根据输出的需要选择合适的方法。以下例子的转换结果将输出到浏览器中。

（1）编写 XSL 文件（persons.xsl），它也是一个 XML 文件，代码如下。

```
<?xml version="1.0" encoding="utf-8"?>
<xsl:stylesheet version="1.0" xmlns:xsl="http://www.w3.org/1999/XSL/Transform">
    <xsl:output method="html" />
    <xsl:template match="/">
      <html>
        <title>直接使用 XSLT 转换 XML 文件</title>
        <body>
          <h2>人员列表</h2>
          <table border="1">
            <tr>
              <th align="left">姓名</th>
              <th align="left">城市</th>
              <th align="left">电子邮件</th>
            </tr>
            <xsl:for-each select="persons/person">
              <tr>
                <td>
                  <xsl:value-of select="Name"/>
                </td>
                <td>
                  <xsl:value-of select="City"/>
                </td>
                <td>
                  <xsl:value-of select="Email"/>
                </td>
              </tr>
            </xsl:for-each>
          </table>
        </body>
      </html>
    </xsl:template>
</xsl:stylesheet>
```

（2）修改 persons.xml 文件，在头部区加入如下一行代码。

```
<?xml-stylesheet type="text/xsl" href="persons.xsl"?>
```

（3）新建一个网站 ch14_5，在该网站中新建一个 Web 窗体 XsltXml.aspx。在后台代码的 load 事件处理中加入如下代码。

```
string xmlPath = Server.MapPath("~/persons.xml");
string xslPath = Server.MapPath("~/persons.xsl");
XPathDocument xpathDoc = new XPathDocument(xmlPath);
XslCompiledTransform transform = new XslCompiledTransform();
transform.Load(xslPath);
transform.Transform(xpathDoc, null, Response.Output);
```

运行结果如图 14-5 所示。

也可以将输出结果保存在文件中，如将上面最后一句代码换成如下代码，就可以将转换后的 HTML 文档保存在 persons.htm 文件中。

```
transform.Transform(Server.MapPath("persons.xml"),
Server.MapPath("persons.htm"));
```

图 14-5　直接使用 XSLT 转换 XML 文件

14.5.3　传递参数至 XSL 样式表

在转换的过程中，要给样式表 XSLT 指定参数，只需要创建一个 XsltArgumentList 实例，然后给这个实例添加参数名称、命名空间和参数的值，然后在 Transform 时，将这个实例作为参数即可，举例如下。

（1）修改 XSL 文件（persons1.xsl），代码如下。

```
<?xml version="1.0" encoding="utf-8"?>
<xsl:stylesheet version="1.0" xmlns:xsl="http://www.w3.org/1999/XSL/Transform">
   <xsl:output method="html" />
   <xsl:param name="BGClolor1">#FF0000</xsl:param>
   <xsl:template match="/">
      <html>
        <title>传递参数至 XSL 样式表</title>
        <body>
          <h2>人员列表</h2>
         <table border="1">
            <tr bgcolor="$BGClolor1">
…
```

（2）修改 persons.xml 文件，将 href 指向刚才修改后的带参数的 persons1.xsl。

```
<?xml-stylesheet type="text/xsl" href="persons1.xsl"?>
```

（3）在 ch14_5 网站中新建一个 Web 窗体 XsltArgument.aspx，在后台代码的 load 事件处理中编写如下代码。

```
string xmlPath = Server.MapPath("persons.xml");
string xslPath = Server.MapPath("persons1.xsl");
XPathDocument xpathDoc = new XPathDocument(xmlPath);
XslCompiledTransform transform = new XslCompiledTransform();
XsltArgumentList argslist = new XsltArgumentList();
argslist.AddParam("BGClolor1", "", "#FF0000");
transform.Load(xslPath);
transform.Transform(xpathDoc, argslist, Response.Output);
```

图 14-6　传递参数至 XSL 样式表

运行结果如图 14-6 所示。

14.6　XML 与 DataSet 的交互

ADO.NET 与 XML 是紧密集成的，ADO.NET 使用 XML 来表示离线数据，这种特性为创建分布式应用程序和跨区域跨平台应用程序提供了很大的便利。回顾 ADO.NET 中的

DataSet 对象，它表示一个数据的集合。该对象除了保存各个数据表的数据外，还可以与 XML 对象进行转换。

14.6.1　把 DataSet 转换为 XML 实例

使用 DataSet 的 XML 方法非常简单，下面通过实例进行介绍。

（1）新建一个网站 ch14_6，在该网站中新建一个 Web 窗体 DataSetXml.aspx。

（2）在 DataSetXml.aspx 窗体中添加两个 GridView 控件。第一个 DataSet 直接用 Northwind 数据库的 Employee 表填充，第二个 DataSet 用 XML 填充，具体代码如下。

```
protected void Page_Load(object sender, EventArgs e)
{
    string connectionString = WebConfigurationManager.ConnectionStrings["Northwind"].
ConnectionString;
    string sql = "SELECT TOP 5 EmployeeID, TitleOfCourtesy, LastName, FirstName FROM
Employees";
    SqlConnection conn = new SqlConnection(connectionString);
    SqlDataAdapter da = new SqlDataAdapter(sql, conn);
    DataSet ds = new DataSet();
    //填充第一个表格
    da.Fill(ds, "Employees");
    Datagrid1.DataSource = ds.Tables["Employees"];
    Datagrid1.DataBind();
    // 创建 Employees.xml
    string xmlFile = Server.MapPath("Employees.xml");
    ds.WriteXml(xmlFile, XmlWriteMode.WriteSchema);
    DataSet dsXml = new DataSet();    //创建一个新的 DataSet 对象
    dsXml.ReadXml(xmlFile);           //用 XML 文件中包含的数据来填充新的 DataSet 对象
    // 填充第二个表格.
    Datagrid2.DataSource = dsXml.Tables["Employees"];
    Datagrid2.DataBind();
}
```

（3）在 IE 中打开 Employees.xml，可以看到文件的结构，如图 14-7 所示。

图 14-7　查看 DataSet XML

文件的第一部分描述表结构（名称、类型和字段大小）的架构，文件后面是数据本身。

14.6.2 把 DataSet 作为 XML 访问实例

DataSet 的另一个功能是可以通过 XML 接口来访问它。这样可以使用数据库获得的数据执行 XML 特定的操作。要这样处理 DataSet，需要创建一个封装了 DataSet 的 XmlDataDocument。因为 XmlDataDocument 继承自 XmlDocument 类，它提供了用于检查节点和修改内容的相同属性和方法。可以用基于 XML 的方式处理数据，或者通过 XmlDataDocument.DataSet 属性操作 DataSet。在任何情况下，两个视图都保持自动同步，修改 DataSet 时，XML 也立即更新。

以下实例应用 pubs 数据库，它的一个表中含有作者信息，使用 XmlDataDocument，可以按 XML 文档查看作者列表在 Xml Web 控件的帮助下应用 XSL 转换。具体步骤如下。

（1）在 ch14_6 网站中新建一个 Web 窗体 DataSetToXml.aspx。

（2）在该 Web 窗体中添加一个 XML 控件，该控件主要用于显示 XML 文档或 XSL 转换的结果。在 DataSetToXml.aspx.cs 的 Page_Load 事件中添加如下代码。

```
protected void Page_Load(object sender, EventArgs e)
{
string connectionString = WebConfigurationManager.ConnectionStrings["Pubs"].ConnectionString;
string SQL = "SELECT * FROM authors WHERE city='Oakland'";
// 创建 ADO.NET 对象
 SqlConnection con = new SqlConnection(connectionString);
 SqlCommand cmd = new SqlCommand(SQL, con);
 SqlDataAdapter adapter = new SqlDataAdapter(cmd);
 DataSet ds = new DataSet("AuthorsDataSet");
  con.Open();
  adapter.Fill(ds, "AuthorsTable");
  con.Close();
//创建 XmlDataDocument
  XmlDataDocument dataDoc = new XmlDataDocument(ds);
// 显示 XML 文档
  XmlControl.XPathNavigator = dataDoc.CreateNavigator();
  XmlControl.TransformSource = "authors.xslt";
}
```

（3）运行该页面，可以看到如图 14-8 所示的运行效果。

图 14-8 通过 XML 和 XSLT 显示查询结果

本章实验

一、实验目的

ASP.NET 把 XML 作为应用程序数据存储和传递的一种重要方法，学会使用 XML 读写文件，以及与后台数据库的交互。

二、实验内容和要求

（1）新建一个名为 Experiment14 的网站。

（2）新建一个 XML 文件，名为“人事.xml”，具体内容如下。

```
<?xml version="1.0" encoding="utf-8"?>
<人事档案>
  <!--节点开始-->
  <部门>
    <部门名>办公室
      <人员>
        <姓名>张三</姓名>
        <职务>办公室主任</职务>
        <职责>计划、分配、检查本部门的工作</职责>
      </人员>
      <人员>
        <姓名>李四</姓名>
        <职务>办事员</职务>
        <职责>完成分配的工作</职责>
      </人员>
    </部门名>
    <部门名>第一车间
      <人员>
        <姓名>王五</姓名>
        <职务>车间主任</职务>
        <职责>分配、检查本车间的工作</职责>
      </人员>
      <人员>
        <姓名>刘六</姓名>
        <职务>钳工</职务>
        <职责>完成或超额完成生产任务</职责>
      </人员>
    </部门名>
  </部门>
</人事档案>
```

（3）新建一个 MyXmlReader.aspx 页面，使用 XmlReader 读取“人事.xml”信息。

（4）新建一个 MyXmlDocument.aspx 页面，使用 XmlDocument 修改“人事.xml”信息

（5）新建一个 MyDataSetXml.aspxd 页面，将第 9 章所用到的数据库 Student 中 tb_StuInfo 表中的信息显示在页面上，然后转换为 StuInfo.xml 文件。

第 15 章　ASP.NET 的 AJAX 扩展

AJAX 可以理解为基于标准 Web 技术创建的，能够以更少的响应时间带来更加丰富用户体验的 Web 应用程序所使用的一类技术集合。它可以实现异步传输、无刷新功能。Microsoft 在 ASP.NET 框架基础上，创建了 ASP.NET AJAX 技术，能够实现 AJAX 功能。

15.1　AJAX 概述

15.1.1　AJAX 开发模式

AJAX 是 Asynchronous JavaScript and XML（异步 JavaScript 和 XML）的缩写，由著名的用户体验专家 Jesse-James 于 2005 年 2 月首先提出。AJAX 是 JavaScript、XML、XSLT、CSS、DOM 和 XMLHttpRequest 等多种技术组成。XMLHttpRequest 对象是 AJAX 的核心，该对象由浏览器中的 JavaScript 创建，负责在后台以异步的方式让客户端连接到服务器。

在传统的 Web 应用模式中，页面中用户的每一次操作都将触发一次返回 Web 服务器的 HTTP 请求，服务器进行相应的处理（获取数据、运行与不同系统的会话）后，返回一个 HTML 页面给客户端。

而在 AJAX 应用中，页面中用户的操作将通过 AJAX 引擎与服务器端进行通信，然后将返回结果提交给客户端页面的 AJAX 引擎，再由 AJAX 引擎决定将这些数据显示到页面的指定位置。

对于每个用户的行为，传统的 Web 应用模型中将生成一次 HTTP 请求，而在 AJAX 应用开发模型中，将变成对 AJAX 引擎的一次 JavaScript 调用。在 AJAX 应用开发模型中通过 JavaScript 实现在不刷新整个页面的情况下，对部分数据进行更新，从而降低了网络流量，给用户带来了更好的体验。

Google 公司的 Google 地图应用程序（http://maps.google.com/）是一个典型的 AJAX 应用。用户可以直接用鼠标拖动地图到希望浏览的位置。同时，AJAX 技术在后台把当前位置周围的图片文件下载到本地进行缓存，让用户根本感觉不到任何传统浏览器中所需要的等待。

15.1.2　ASP.NET AJAX 技术的特点

ASP.NET AJAX 可以提供 ASP.NET 无法提供的几个功能，或者弥补其不尽人意的地方。

- ✓ 改善用户操作体验，不会经常因为 PostBack，整页重新加载造成闪动。
- ✓ 实现 Web 页面的局部更新，不整页更新。
- ✓ 异步取回服务器端的数据，用户不会被限制于等待状态，也不会打断用户的操作，从而加快了响应能力。
- ✓ 提供跨浏览器的兼容性支持，ASP.NET AJAX 的 JavaScript 是跨浏览器的，不限定只有 IE 才能支持。
- ✓ 大量内建的客户端控件，更方便实现 JavaScript 功能以及特效。

只有在 VS 2010 的“添加新项”对话框中选择“Web 配置文件”选项，才能通过 Web.config 配置启用 ASP.NET AJAX 相关设置。启用了该配置后，用户可以如往常一样在 Web.config 配置文件中添加设置，如数据库连接字符串等，只要不更改或删除 ASP.NET AJAX 的设置都可确保所有设置正常使用，互不干扰。

15.1.3　ASP.NET AJAX 架构

ASP.NET AJAX 的架构横跨了客户端与服务器端，非常适合用来创建操作方式更便利、反应更快的跨浏览器页面应用程序，下面分别介绍服务器端与客户端架构。

1. ASP.NET AJAX 服务器端架构

ASP.NET AJAX 建立于 ASP.NET 框架之上，ASP.NET AJAX 服务器端架构主要包括以下 4 个部分。

- ✓ ASP.NET AJAX 服务器端控件。
- ✓ ASP.NET AJAX 服务器端扩展控件。
- ✓ ASP.NET AJAX 服务器端远程 Web Service 桥。
- ✓ ASP.NET Web 程序的客户端代理。

ASP.NET AJAX 的服务器端控件主要是为开发者提供一种熟悉的、与 ASP.NET 一致的服务器端编程模型。事实上，这些服务器端控件在运行时会自动生成 ASP.NET AJAX 客户端组件，并发送给客户端浏览器执行。

2. ASP.NET AJAX 客户端架构

ASP.NET AJAX 客户端架构主要包括应用程序接口、API 函数、基础类库、封装的 XMLHttpRequest 对象、ASP.NET AJAX XML 引擎、ASP.NET AJAX 的客户端控件等。

ASP.NET AJAX 的客户端控件在浏览器上运行，提供管理界面元素、调用服务器端方法获取数据等功能。

15.2　常用的 ASP.NET AJAX 控件

15.2.1　ScriptManager 控件

ScriptManager 是 ASP.NET AJAX 中的核心控件，主要负责生成并发送给浏览器所有客户端的 JavaScript 脚本代码。任何一个想要使用 AJAX 的 ASP.NET 页面都需要包含一个（且只有一个）ScriptManager 控件。

在网站中添加一个 AJAX Web 窗体后，系统会自动在该网页中添加一个 ScriptManager 控件。如果在网站中添加一个普通的 Web 窗体，系统就不会自动添加这个控件，此时需要从工具箱中将其拖到页面中。ScriptManager 控件如图 15-1 所示。

从工具箱的 AJAX Extensions 中拖动的 ScriptManager 控件，只有在设计网页时才能看到，它没有用户接口，因此在浏览时不会看到。而且它是服务器控件，所有工作都在服务器上完成后，才将产生的脚本传送到浏览器中。

注意：ScriptManager 控件必须出现在所有 ASP.NET AJAX 控件之前，并且网页中只能放一个该控件，因此，若用母版页设计网页，可将 ScriptManager 控件放在母版页中。

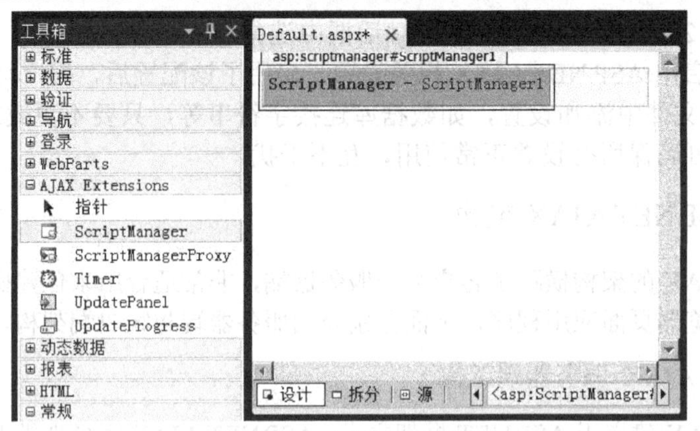

图 15-1 ScriptManager 控件

ScriptManager 控件提供了很多属性和方法，用于对客户端脚本进行各种复杂的管理。ScriptManager 控件的常用属性和方法如表 15-1 所示。

表 15-1　　　ScriptManager 控件的常用属性和方法

属性、方法	说　明
AsyncPostBackErrorMessage 属性	异步回送发生错误时的自定义错误信息
AsyncPostBackTimeout 属性	异步回送超时限制，默认值为 90，单位为 s
EnablePartialRendering 属性	是否支持页面的局部更新，默认值为 True
ScriptPath 属性	设置所有脚本的根目录，为全局属性
RegisterAsyncPostBackControl 方法	注册具有异步回送行为的控件
OnAsyncPostBackError 方法	异步回送发生异常时的服务器端处理函数
OnResolveScriptReference 方法	指定 ResolveScriptReference 事件的服务器端处理函数，在该函数中可以修改某一脚本的路径、版本等信息

15.2.2 UpdatePanel 控件

UpdatePanel 控件为其包含的局部页面提供了异步回送、局部更新功能。当页面中只有一部分需要更新时，UpdatePanel 控件省去了整页更新时传送其他不变部分带来的不必要的网络流量。这种页面的局部更新方式也避免了整页更新方式所带来的页面闪烁，让页面中内容的切换显得更为平滑，特别是对于在某些页面中经常被触发的回送。

在页面中添加一个 ScriptManager 控件，再添加一个或多个 UpdatePanel 把将要采用异步更新的页面部分包围起来便可实现局部更新。UpdatePanel 控件同样可以放置在用户控件、母版页或内容页中，与现有的 ASP.NET 开发模型无缝集成。

1. UpdatePanel 控件应用实例

该实例主要用两个按钮来更新标签中的文字。具体步骤如下。

（1）新建一个网站 ch15_2，将默认主页的名称改为 SimpleUpdatePanel.aspx。

（2）在该页面中添加一个 ScriptManager 控件和一个 UpdatePanel 控件，将一个 Label 控件和一个 LinkButton 控件拖到 UpdatePanel 控件内部，将一个 LinkButton 控件拖到 UpdatePanel 控件的下面，同时设置相应属性，设计视图如图 15-2 所示。

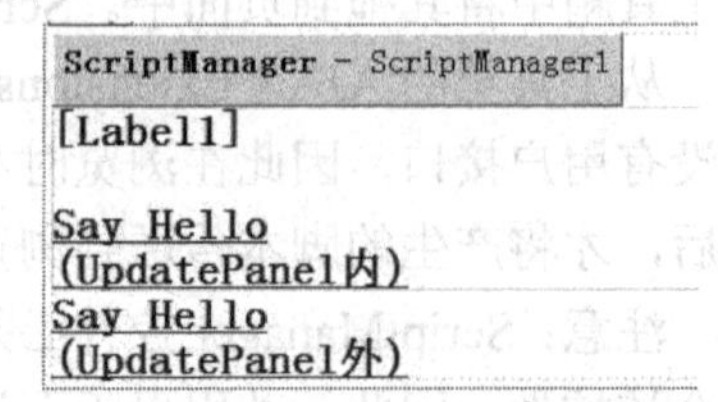

图 15-2 UpdatePanel 控件应用实例设计视图

（3）为在 UpdatePanel 控件内部的 LinkButton 控

件编写 Click 事件代码。

```
protected void LinkButton1_Click(object sender, EventArgs e)
{
 this.Label1.Text = "Hello inside UpdatePanel!";
}
```

（4）为在 UpdatePanel 控件外部的 LinkButton 控件编写 Click 事件代码。

```
protected void LinkButton2_Click(object sender, EventArgs e)
{
   this.Label1.Text = "Hello outside UpdatePanel!";
}
```

运行该网页可以看到，这两个按钮均可更新标签中的文字。但如果仔细观察的话，会发现单击"Say Hello（UpdatePanel 内）"按钮时的更新是局部的，并没有发生闪烁；而单击"Say Hello（UpdatePanel 外）"按钮则导致了整个页面的回送，页面中所有内容均被重新显示。

可以尝试修改页面设计，将 Label 控件从 UpdatePanel 控件内拖出来，再次运行该页面可以发现只有"Say Hello"按钮可以正常设定标签的文字。这是因为"Say Hello"按钮只会更新 UpdatePanel 控件内所包含的内容，而标签在 UpdatePanel 控件外部，所以不会被更新。

注意，虽然在异步回送过程中服务器端无法更新定义于 UpdatePanel 控件之外的页面内容，但整个页面中无论控件是否在某个 UpdatePanel 控件中，均可以被访问到。这是因为 UpdatePanel 控件在进行异步回送时将当前的视图状态也一并发回了服务器，而通过解析视图状态，ASP.NET 在服务器端即可重建页面中的各个控件。

2. UpdatePanel 控件的属性

UpdatePanel 控件的常用属性如表 15-2 所示。

表 15-2　　UpdatePanel 控件的常用属性及说明

属　性	说　明
ContentTemplate	定义 UpdatePanel 控件中的内容
Triggers	定义 UpdatePanel 控件的异步/同步触发器集合
ChildrenAsTriggers	UpdatePanel 控件中子控件的回送是否会引发 UpdatePanel 的更新
RenderMode	定义 UpdatePanel 控件最终呈现的 HTML 元素。Block（默认值）以块状方式显示，呈现为<div>；Inline 为内联方式，呈现为<span>
UpdateMode	定义 UpdatePanel 控件的更新模式，有 Always 和 Conditional 两个值

如果需要让 UpdatePanel 之外的某个控件也能够触发该 UpdatePanel 控件进行局部更新，触发其更新的控件可能与 UpdatePanel 相距甚远，甚至定义在不同的文件中（如母版页与内容页，或两个不同的用户控件），就需要 Triggers 的帮助。

UpdatePanel 控件的 Triggers 包含两种触发器，一种是 AsyncPostBackTrigger，用于引发局部更新，一种是 PostBackTrigger，用于引发整页回送。设置 Triggers 的属性，如图 15-3 所示。

触发 UpdatePanel 控件进行局部更新的是 AsyncPostBackTrigger，可以用其指定 UpdatePanel 控件之外的，将引发其更新的控件及该控件的某个服务器端事件。而对于 UpdatePanel 之内的控件，可以用 PostBackTrigger 让其再次拥有传统的整页回送功能。

3．AsyncPostBackTrigger 应用实例

下面通过具体的实例介绍 AsyncPostBackTrigger 和 PostBackTrigger 的使用。在该实例中，当用户在文本框中输入文字之后，UpdatePanel 中的标签文字会随之更新。具体步骤如下。

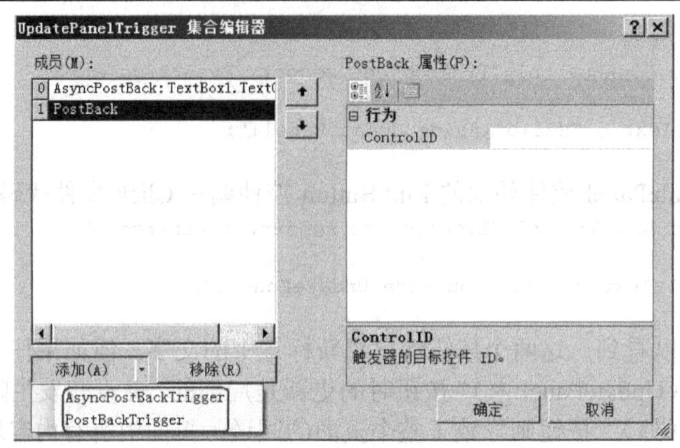

图 15-3 设置 Triggers 属性

（1）在网站 ch15_2 内新建一个网页，将网页的名称改为 SimpleAPBT.aspx。

（2）在该页面中添加一个 ScriptManager 控件和一个 UpdatePanel 控件，然后将一个 Label 控件拖到 UpdatePanel 控件内部，将一个 TextBox 控件拖到 UpdatePanel 控件的下面，设计视图如图 15-4 所示。

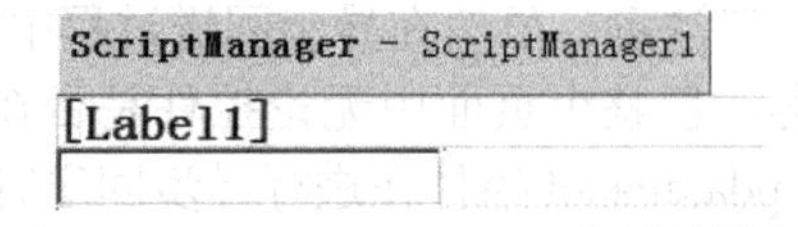

图 15-4 AsyncPostBackTrigger 实例设计视图

（3）将 TextBox 控件的 AutoPostBack 属性设置为 true，TextChanged 事件处理函数如下。

```
protected void TextBox1_TextChanged(object sender, EventArgs e)
{
      this.Label1.Text = this.TextBox1.Text;
}
```

运行页面，在文本框中输入一段文字后让其失去输入焦点（单击页面的其他部分或按【Tab】键），可以看到标签的文字随着一次整页回送，会自动更新，但这并不是 AJAX 的异步更新方式。

（4）利用 AsyncPostBackTrigger 把更新方式改为 AJAX 方式。在 VS 2010 设计器中打开 UpdatePanel 的属性窗口，单击 Triggers 一行最右边的按钮，在弹出的“UpdatePanelTrigger 集合编辑器”对话框右边的属性列表中设置该 AsyncPostBackTrigger 的 ControlID 属性为 TextBox1，EventName 属性为 TextChanged，如图 15-5 所示，单击“确定”按钮即可完成该触发器的添加。

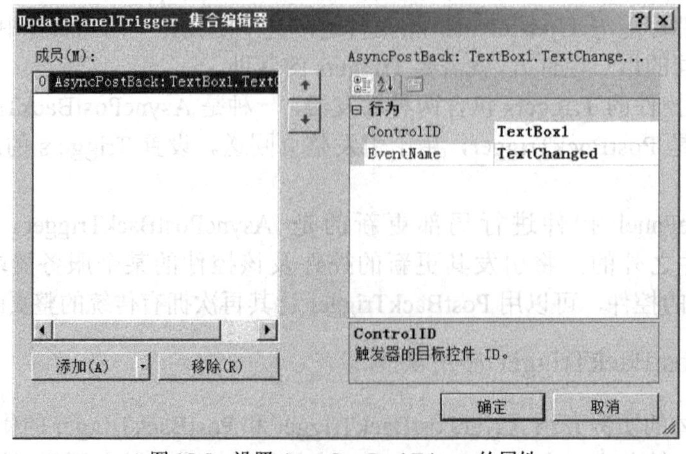

图 15-5 设置 AsyncPostBackTrigger 的属性

再次运行页面并在文本框中输入一些文字，会发现更新方式变成了友好的 AJAX 方式。

4. 在同一个页面中使用多个 UpdatePanel 控件

使用 UpdatePanel 控件时并没有限制在一个页面中使用多少个 UpdatePanel，所以可以为不同的区域加上不同的 UpdatePanel。UpdatePanel 默认的 UpdateMode 是 Always，如果页面上有一个局部更新被触发，则所有的 UpdatePanel 都将更新，要想只更新某个 UpdatePanel，只需把 UpdateMode 设置为 Conditional 即可。下面的实例在页面上放置了两个 UpdatePanel 控件，分别采用这两种模式。程序的具体实现步骤如下。

（1）在网站 ch15_2 内新建一个网页，将网页的名称改为 MultiUpdatePanel.aspx。

（2）在页面中放置两个 UpdatePanel（各包含一个 Label 和一个 Button），以及两个定义在 UpdatePanel 之外的 Button（分别作为两个 UpdatePanel 的触发器）。将左边 UpdatePanel 的 UpdateMode 设为 Conditional，右边的设为 Always。页面上 4 个按钮的处理函数全部调用了 UpdateTime()方法，用于将服务器当前时间设置到两个标签中，代码如下。

```
private void UpdateTime()
{
     this.Label1.Text = DateTime.Now.ToString();
     this.Label2.Text = DateTime.Now.ToString();
}
```

（3）运行页面，分别单击 4 个按钮，将会看到如图 15-6 所示的界面。

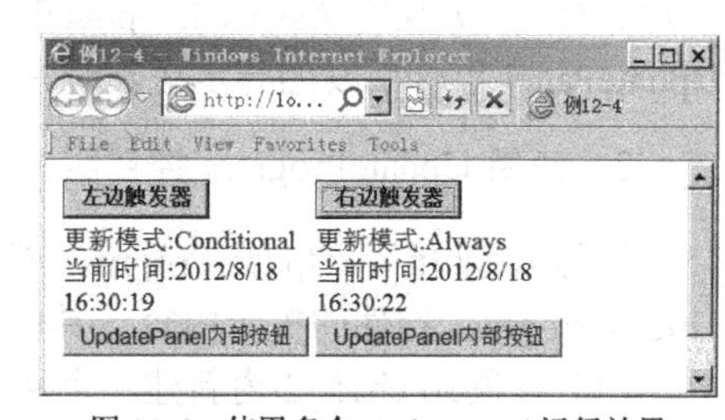

图 15-6　使用多个 UpdatePanel 运行效果

（4）单击“左边触发器”或左边的“UpdatePanel 内部按钮”时，由于右边 UpdatePanel 的更新模式为 Always，所以其中内容也会随之更新，即两个 UpdatePanel 中的时间完全相同；而当单击“右边触发器”或右边的“UpdatePanel 内部按钮”时，由于左边 UpdatePanel 的更新模式为 Conditional，所以虽然服务器端设置了其中标签的 Text 属性，但因为新的内容并没有传送到客户端，其中的内容也就不会发生变化，可以看到，两个 UpdatePanel 的时间并不相同。

UpdatePanel 控件可以说是整个 ASP.NETAJAX 框架的精髓，通过以上实例，可以对该控件的更新策略做以下总结。

（1）整页回送将更新页面中的所有 UpdatePanel。

（2）在服务器端通过代码调用某个 UpdatePanel 的 Update()方法将更新该 UpdatePanel。

（3）若某个 UpdatePanel 的 UpdateMode 为 Always，则任意一次异步回送均将更新该 UpdatePanel。

（4）若某个 UpdatePanel 的 UpdateMode 为 Conditional，则该 UpdatePanel 的 AsyncPostBackTrigger 所引发的异步回送将更新该 UpdatePanel。

（5）若某个 UpdatePanel 的 UpdateMode 为 Conditional，且 ChildrenAsTriggers 为 true 时，则该 UpdatePanel 的子控件所引发的异步回送将更新该 UpdatePanel。

（6）除了以上 5 种情况之外，UpdatePanel 将不会被更新。

15.2.3　UpdateProgress 控件

AJAX 虽然对用户体验来说是一次极大的提高，但是作为熟悉传统整页更新模式的用户，接受这种全新的方式还需要一定的时间。对于整页更新模式，浏览器的加载进度条指示了当前页面的加载状况，而对于 AJAX，浏览器的进度条将不再起作用。这样，只有服务器端的响应完全到达客户端时，用户才能知道更新完成。

在一个设计良好的软件界面中，用户应可以在任何时刻都能了解系统目前正在做什么，而当前浏览器缺乏对 AJAX 程序内建状态显示的支持。作为开发者有责任将这些信息告知用户，为达到这个目的，ASP.NET AJAX 引入了 UpdateProgress 控件。使用该控件，可以在页面进行异步更新时自动显示进度。

1．UpdateProgress 控件的属性

UpdateProgress 控件的常用属性如表 15-3 所示。

表 15-3　　UpdateProgress 控件的常用属性及说明

属　性	说　明
AssociateUpdatePanelID	设置与 UpdateProgress 相关联的 UpdatePanel
DisplayAfter	回送触发多少毫秒后显示 UpdateProgress
DynamicLayout	UpdateProgress 控件的显示方式。当为 true（默认值）时，UpdateProgress 控件不显示时不占用空间；当为 false 时，UpdateProgress 控件不显示时仍然占用空间

如果没有设定 AssociateUpdatePanelID 属性，则任何一个异步更新都会显示 UpdateProgress 控件。相反，如果将 AssociateUpdatePanelID 属性设为某个 UpdatePanel 控件的 ID，那只有该 UpdatePanel 控件引发的异步更新时才会显示相关联的 UpdateProgress 控件。

2．使用 UpdateProgress 控件实例

通过实例介绍 UpdateProgress 控件的用法，当 UpdatePanel 控件异步更新时，显示 UpdateProgress 控件的提示内容。具体步骤如下。

（1）在网站 ch15_2 内新建一个网页，将网页的名称改为 SUpdateProgress.aspx。

（2）新建一个 images 文件夹，然后添加进度条动画文件 progress.gif。

（3）在 SUpdateProgress.aspx 的设计视图中，添加一个 ScriptManager 控件、一个 UpdatePanel 控件和一个 UpdateProgress 控件。在 UpdatePanel 控件中添加一个 Label 控件和一个 Button 控件，设置 Button 控件的 Text 属性为“提交”。

（4）在 UpdateProgress 控件中添加文本“正在刷新，请稍侯...”和一个 Image 控件，Image 控件的 ImageUrl 属性指向前面的进度条动画图片 progress.gif。

（5）添加按钮控件的 Click 事件代码。

```
protected void Button1_Click(object sender, EventArgs e)
{
    System.Threading.Thread.Sleep(5000);
    Label1.Text = DateTime.Now.ToString();
}
```

（6）编译并运行程序，运行效果如图 15-7 所示。

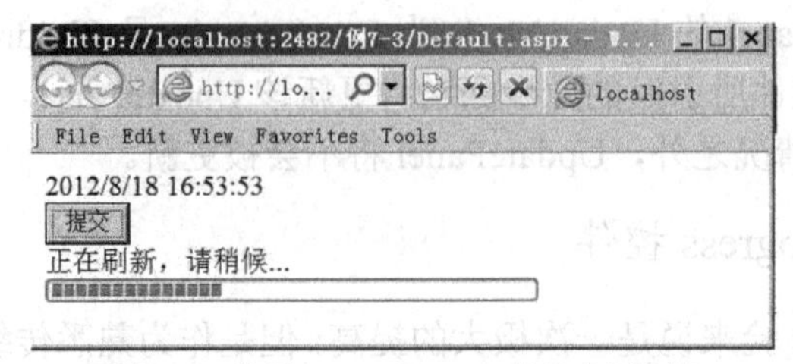

图 15-7　使用 UpdateProgress 控件实例效果

15.2.4　Timer 控件

Timer 控件是 ASP.NET AJAX 中又一个重要的服务器端控件。它在客户端通过 JavaScript 每隔一段指定的时间触发一次回送，同时触发其 Tick 事件。如果服务器端指定了相应的事件处理方法，则执行该方法。在 ASP.NET AJAX 中，Timer 控件通常作为触发器配合 UpdatePanel 使用，从而实现局部页面定时刷新、图片自动播放、超时自动退出等功能。

1. Timer 控件的属性与事件

Timer 控件的常用属性和事件如表 15-4 所示。

表 15-4　　Timer 控件的常用属性和事件

属性、事件	说　明
Enabled 属性	是否启用定时器，可通过设定该属性来开始或停止定时器的运行
Interval 属性	定时触发的时间间隔，默认值为 60 000，单位为 ms
Tick 事件	指定时间间隔到期后触发，可在<asp:Timer>标签的声明中通过 OnTick 属性指定该事件的处理方法

如果 Timer 控件的 Interval 属性值较小，则页面回送频率增加，这使得服务器的流量加大，会对系统整体性能与资源利用率造成不良的影响。因此应尽量在确实需要时才使用 Timer 控件来定时更新页面上的内容。

Timer 控件在 UpdatePanel 控件的内外是有区别的。当 Timer 控件在 UpdatePanel 控件内时，JavaScript 计时组件只有完成一次回送后才会重新建立。即页面回送完成之前，定时器间隔时间不会从头计算。例如，设置 Timer 控件的 Interval 属性值为 6 000ms，但是回送操作本身却花了 2s 才完成，则下一次回送将发生在前一次回送被触发 8s 之后。而如果 Timer 控件位于 UpdatePanel 控件之外，则当回送正在处理时，下一次回送仍将发生在前一次回送被触发 6s 之后，也就是说，4s 之后 UpdatePanel 控件的内容就会被再次更新。

2. 使用 Timer 控件的实例

该实例利用 Timer 控件允许用户以幻灯片播放的方式浏览服务器某个目录中的图像文件。具体步骤如下。

（1）在网站 ch15_2 内新建一个网页，将网页的名称改为 SimpleTimer.aspx。

（2）在 images 文件夹中添加 6 张 JPG 格式的照片，编号为 1～6。

（3）在 SimpleTimer.aspx 的设计视图中，添加一个 ScriptManager 控件和一个 UpdatePanel 控件，并设置相应属性。在 UpdatePanel 控件中添加一个 Timer 控件、两个 Button 控件和一个 Image 控件，设置 Timer 控件的 Interval 属性为 1000（1s），设置 Image 控件的 ImageUrl 属性为 images 目录下的 1.jpg。

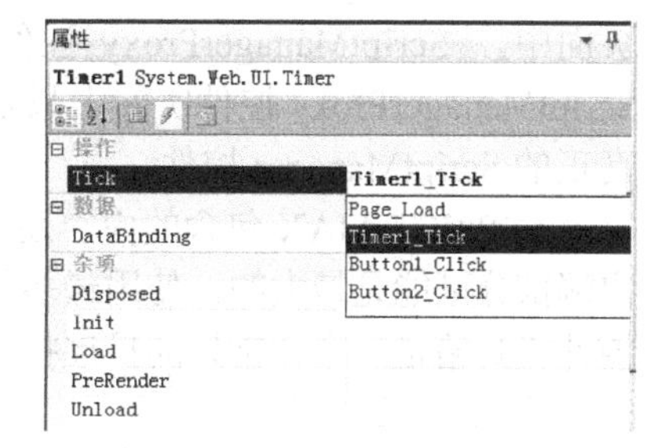

图 15-8　Timer 控件的事件窗口

（4）单击 Timer 控件，切换到它的事件窗口，如图 15-8 所示。选择 Timer1_Tick 事件，编写代码如下。

```
protected void Page_Load(object sender, EventArgs e)
{
        if (!IsPostBack)
             ViewState["imageIndex"] = 1;    //设置网页上的变量
}
```

```
protected void Timer1_Tick(object sender, EventArgs e)
{
        ViewState["imageIndex"] = (int)ViewState["imageIndex"]%6 + 1;
        Image1.ImageUrl = string.Format("~/images/{0}.jpg", ViewState["imageIndex"]);
}
```

images 文件夹中有编号为 1～6 的 JPG 图像文件，它们将被以 AJAX 方式循环显示到 Image 控件上，视力状态变量 imageIndex 用于记录当前显示图像的文件名。

（5）为了控件幻灯片播放的开始与终止，设置两个 Button 控件的 Text 属性分别为“播放”与“停止”，播放操作将 Timer 控件的 Enabled 属性设为 true，对应停止操作设为 false，代码如下。

```
protected void Button1_Click(object sender, EventArgs e)
    {
        this.Timer1.Enabled = true;
    }
    protected void Button2_Click(object sender, EventArgs e)
    {
        this.Timer1.Enabled = false;
    }
```

运行该页面，效果如图 15-9 所示。

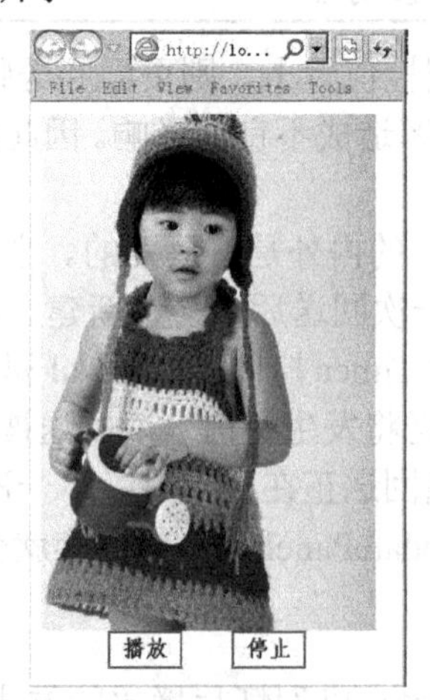

图 15-9　Timer 控件运行效果

15.2.5　ScriptManagerProxy 控件

ScriptManagerProxy 控件是内容页和母版页中定义的 ScriptManager 控件之间的桥梁。在页面中， ScriptManagerProxy 控件的外观和操作与标准控件 ScriptManager 很相似，但是，ScriptManagerProxy 控件实际上只是一个 proxy 类，该类可以将其所有的设置传递给母版页中真正的 ScriptManager 控件。

ASP.NET AJAX 包含的内容还有很多，在此无法一一介绍。ASP.NET AJAX 的服务器和客户端部分可能是最大的，使用最多的功能，其他的功能也都比较实用。例如，ASP.NET AJAX 控件工具箱是一个非常好的扩展控件工具包，带有日历扩展器和能自动完成的文本框功能。

15.3　ASP.NET AJAX 控件工具包

对于一个完善的 AJAX 开发框架来讲，仅有以上几个有限的控件还略显单薄。Microsoft 公司同样意识到了这个问题，并与开发者社区共同协作发布了一个强大的 ASP.NET AJAX 扩展控件包——ASP.NET AJAX Control Toolkit。它是一个免费的、开源的 ASP.NET 服务器端控件包，其中包含了几十种基于 ASP.NET AJAX 的、组件化的、提供某种专一功能的 ASP.NET 服务器端控件和 ASP.NET AJAX 扩展控件。

15.3.1　安装 ASP.NET AJAX 控件工具包

下面介绍如何下载 AJAX Control Toolkit（控件工具包）并正确安装到 VS 2010 的工具箱中。下载 ASP.NET AJAX Control Toolkit 的免费安装压缩包的地址如下。

```
http://ajaxcontroltoolkit.codeplex.com/Release/ProjectReleases.aspx?ReleaseId=27326
```

下载完成后解压缩会看到 AJAX Control Toolkit.sln 解决方案文件，如图 15-10 所示。

双击解决方案文件图标，启动 Visual Studio 2010 打开该解决方案，在解决方案中包含一个名为 AjaxControlToolkit.sln 的项目，右键单击该项目名称，在弹出的快捷菜单中选择“生成”命令，如图 15-11 所示。

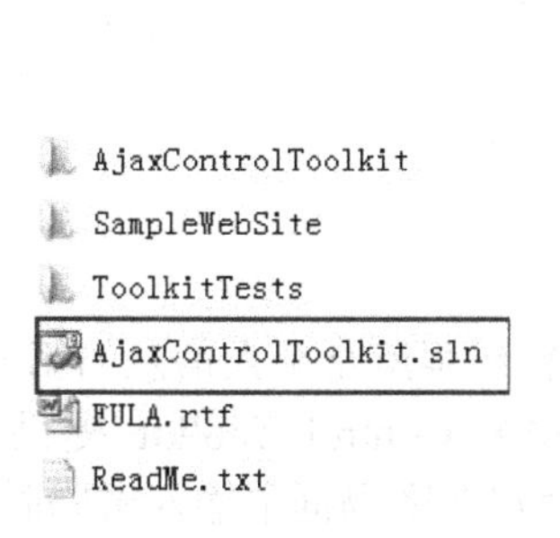

图 15-10　AJAXControlToolkit.sln 解决方案文件

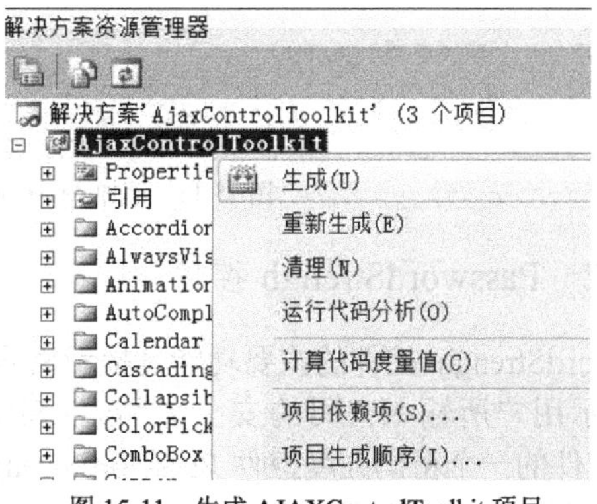

图 15-11　生成 AJAXControlToolkit 项目

生成 AjaxControlToolkit 项目成功后，在文件目录\AjaxControlToolkit\bin\Debug 下可以找到 AjaxControlToolkit.dll 函数库。

下面将 AjaxControlToolkit 控件添加到 Visual Studio 2010 的工具箱中，具体步骤如下。

（1）新建或打开一个 ASP.NET 网站，打开工具箱，右键单击空白处，在弹出的快捷菜单中选择“添加选项卡”命令，将选项卡命名为 Ajax Control Toolkit，然后右键单击该选项卡，在弹出的快捷菜单中选择“选择项”命令，如图 15-12 所示。

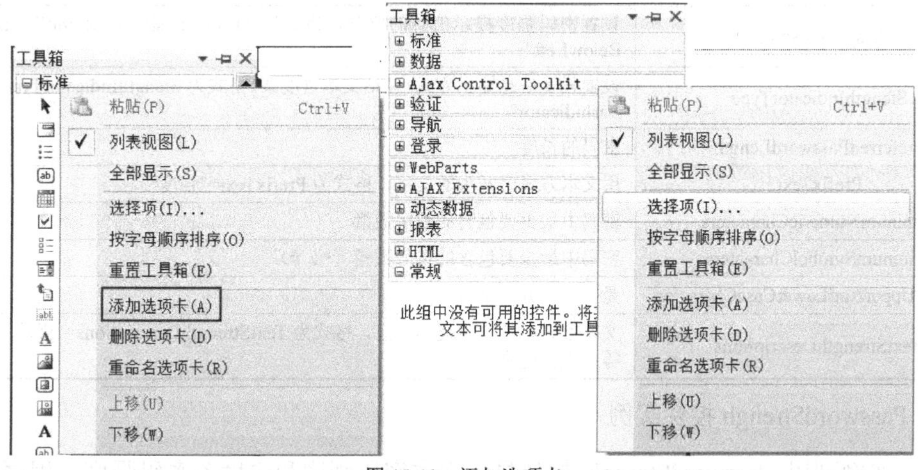

图 15-12　添加选项卡

（2）打开“选择工具箱项”对话框，单击“浏览”按钮查找到 AjaxControlToolkit.dll 程序集，然后单击“确定”按钮将控件添加到 Visual Studio 2010 的 Ajax Control Toolkit 选项卡中，如图 15-13 所示。

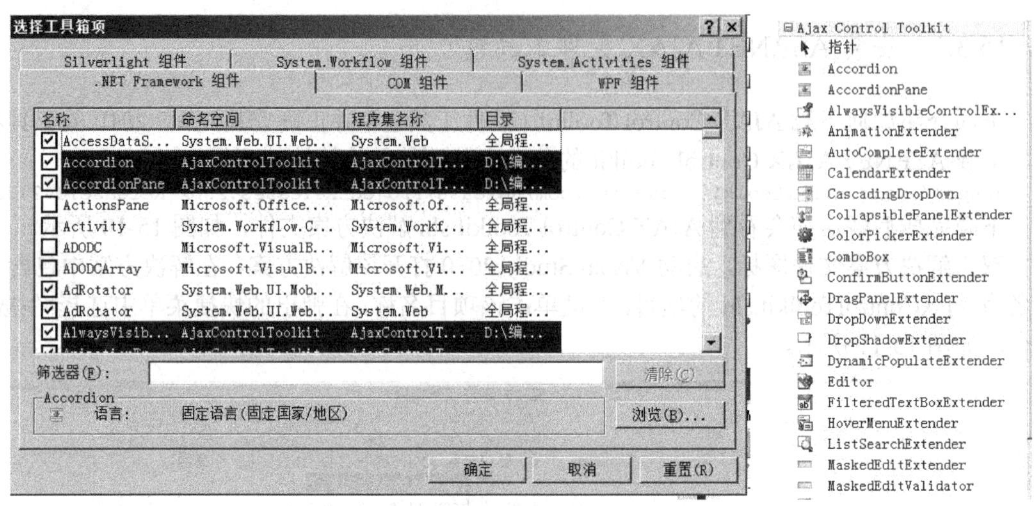

图 15-13　添加 AjaxControlToolkit 控件

15.3.2　PasswordStrengh 控件

PasswordStrengh 控件的主要功能是提示密码强度。密码强度是个人信息的第一道防线，能智能提示用户所输入密码的安全级别。ASP.NET AJAX Control Toolkit 提供了附加在 TextBox 控件的一个密码强度控件 PasswordStrengh，当用户在密码框中输入密码时，文本框的后面会提示密码强度，这种提示有两种方式：文本信息和图形化的进度条。另外，当密码框失去焦点时提示信息会自动消失。

1. PasswordStrengh 控件的常用属性

PasswordStrengh 控件的常用属性及说明如表 15-5 所示。

表 15-5　　PasswordStrengh 控件的常用属性及说明

属　性	说　明
TargetControlID	要检测密码的 TextBox 控件的 ID
DisplayPosition	设置密码强度提示信息的位置，格式为 DisplayPosition="RightSide|LeftSide|BelowLeft"
StengthIndicatorType	设置强度信息提示方式，包括文本进度条，格式为 StengthIndicatorType ="Text|BarIndicator"
PreferredPasswordLength	密码的长度
PrefixText	用文本方式时开头的文字，格式为 PrefixText="强度"
MininumNumericCharacters	密码中最少要包含的数字数量
MininumSymbolCharacters	密码中最少要包含的符号数量（*、#）
RequiresUpperAndLowerCaseCharacters	是否需区分大小写
TextStrengthDescriptions	文本方式时的文字提示信息，格式为 TextStrengthDescriptions="极弱；弱；中等；强；超强"

2. PasswordStrengh 控件实例

以下实例利用 PasswordStrengh 控件显示文本密码强度和进度条密码强度。程序具体实现步骤如下。

（1）新建一个网站，将其命名为 ch15_3，将默认主页的名称改为 SPasswordStrengh.aspx，在该页面中添加一个 ScriptManager 控件，然后添加两个 TextBox 控件和两个 PasswordStrengh 控件，分别用来显示文本密码强度和进度条密码强度。

（2）设置以文本信息显示密码强度的 PasswordStrengh 控件的属性如下。

```
<asp:TextBox ID="txtText" runat="server"></asp:TextBox>
  <cc1:PasswordStrength ID="PasswordStrength1" runat="server" TargetControlID="txtText"
      MinimumNumericCharacters="1"
      MinimumSymbolCharacters="1"
      PrefixText="密码强度："
      TextStrengthDescriptions="很差;差;一般;好;很好"
      StrengthStyles="textIndicator_1;textIndicator_2;textIndicator_3;textIndicator
4; textIndicator_5" >
  </cc1:PasswordStrength>
```

（3）设置以图形化进度条显示密码强度的 PasswordStrengh 控件的属性如下。

```
<asp:TextBox ID="txtBar" runat="server"></asp:TextBox>
   <cc1:PasswordStrength ID="PasswordStrength2" runat="server"
      BarBorderCssClass="barBorder" CalculationWeightings="40;20;20;20"
      DisplayPosition="BelowLeft" MinimumNumericCharacters="1"
      MinimumSymbolCharacters="2" PreferredPasswordLength="8"
      RequiresUpperAndLowerCaseCharacters="True" StrengthIndicatorType="BarIndicator"
StrengthStyles="barborder_weak;barborder_average;barborder_good"
      TargetControlID="txtBar">
  </cc1:PasswordStrength>
```

运行该页面，效果如图 15-14 所示。

图 15-14　文本信息和进度条密码强度显示

15.3.3　使用 SlideShow 控件播放照片

ASP.NET AJAX Control Toolkit 中的 SlideShow 扩展控件可以实现自动播放照片的功能。仿照幻灯片，可以自动播放、上下翻动观赏照片。在制作电子相册时经常使用 SlideShow 扩展控件。SlideShow 扩展控件在工具箱中的图标如图 15-15 所示。

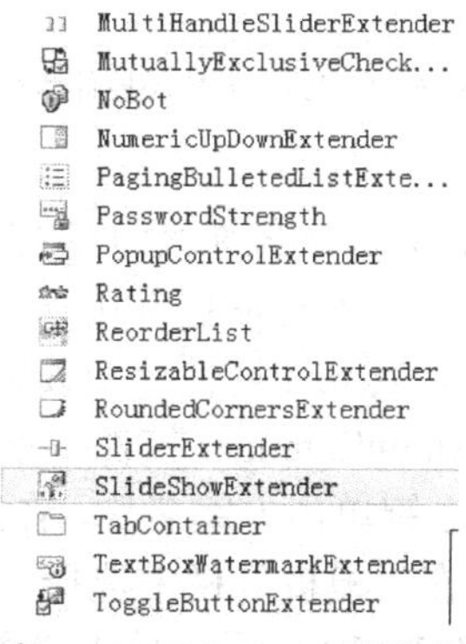

图 15-15　SlideShow 扩展控件

1．SlideShow 扩展控件的属性

SlideShow 扩展控件的常用属性及说明如表 15-6 所示。

表 15-6　　SlideShow 扩展控件的常用属性及说明

属　性	说　明
TargetControlID	目标 Image 服务器端控件 ID
AutoPlay	是否自动播放
Loop	是否循环播放
PreviousButtonID	"上一张"按钮 ID
NextButtonID	"下一张"按钮 ID
PlayButtonID	"播放"按钮 ID
PlayInterval	两张画面播放的时间间隔，单位为 ms
PlayButtonText	播放时按钮显示的文本
StopButtonText	停止自动播放时按钮显示的文本
SlideShowServicePath	调用的 Web Service
SlideShowServiceMethod	指定 Web Service 中的方法
ContextKey	该值传递给 Web Service 中方法的 contextKey 参数
UseContextKey	是否启用 ContextKey 属性

2．SlideShow 扩展控件实例

该实例运行后可以看到循环播放的 3 张图片，单击"停止播放"按钮图片暂停播放，按钮上的文本显示为"开始播放"；再次单击此按钮可以恢复自动播放，按钮上的文本显示为"停止播放"。单击"上一张"或"下一张"按钮可以按照指定顺序查看图片。运行结果如图 15-16 所示。

图 15-16　SlideShow 扩展控件运行效果

程序实现的主要步骤如下。

（1）在网站 ch15_3 中新建 Web 页，名称改为 SSlideShow.aspx，在该页面中添加一个 ScriptManager 控件用于管理脚本，一个 Image 控件用于显示图片，一个 Label 控件用于显示图片名称。再添加 3 个 Button 控件，其 text 属性分别设置为"上一张"、"开始播放"和"下一张"。在源视图下添加一个 SlideShowExtender 控件，设置其相关属性。

（2）在解决方案资源管理器中右键单击方案名称，在弹出的快捷菜单中选择"添加新项"命令，打开"添加新项"对话框。在"模板"栏中选择"Web 服务"选项，在"名称"文本框中输入 Photo_Service.asmx，如图 15-17 所示，单击"添加"按钮完成操作。

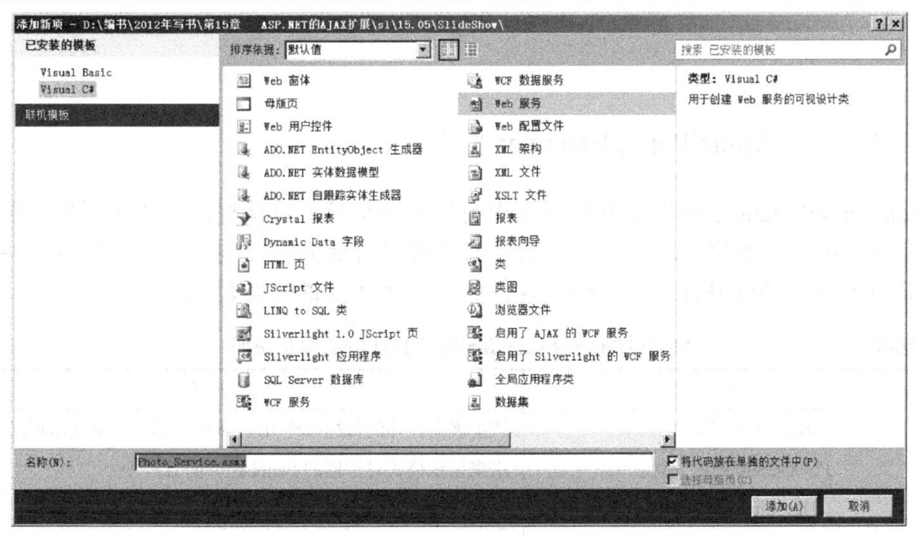

图 15-17　添加 Web 服务

（3）在打开的 Photo_Service.cs 文件（此文件自动存储在 App_Code 文件夹中）中，启用 [System.Web.Script.Services. ScriptService]，自定义 GetSlide() 方法返回值类型为 AjaxControlToolkit.Slide[]。代码如下。

```
using System;
using System.Collections;
using System.Linq;
using System.Web;
using System.Web.Services;
using System.Web.Services.Protocols;
using System.Xml.Linq;
/// <summary>
///Photo_Service 的摘要说明
/// </summary>
[WebService(Namespace = "http://tempuri.org/")]
[WebServiceBinding(ConformsTo = WsiProfiles.BasicProfile1_1)]
//若要允许使用 ASP.NET AJAX 从脚本中调用此 Web 服务，请取消对下行的注释。
  [System.Web.Script.Services.ScriptService]
public class Photo_Service : System.Web.Services.WebService {
   public Photo_Service () {
    //如果使用设计的组件，请取消注释以下行
    //InitializeComponent();
}
 [WebMethod]
//public string HelloWorld() {
//    return "Hello World";
//}
public AjaxControlToolkit.Slide[] GetSlide()
{
     //定义幻灯片数组
     AjaxControlToolkit.Slide[] photos = new AjaxControlToolkit.Slide[3];
     //定义幻灯片对象
     AjaxControlToolkit.Slide photo = new AjaxControlToolkit.Slide();
     //以下分别定义 3 个幻灯片，其中包含图片路径、图片名称、图片描述，然后将其分别添加到 photos
     photo = new AjaxControlToolkit.Slide("Images/1.jpg", "琪琪", "图片 1");
     photos[0] = photo;
     photo = new AjaxControlToolkit.Slide("Images/2.jpg", "月月", "图片 2");
     photos[1] = photo;
     photo = new AjaxControlToolkit.Slide("Images/3.jpg", "倩倩", "图片 3");
     photos[2] = photo;
```

```
        return photos;
    }
}
```

15.3.4 使用 ModalPopupExtender 控件

ModalPopupExtender 控件能够在页面中模拟出一个模式对话框，当该对话框出现时，页面中所有其他控件将不再可用，用户只有在对该模式对话框进行响应之后才能返回并使用页面中的其他控件。ModalPopupExtender 控件的常用属性及说明如表 15-7 所示。

表 15-7　　ModalPopupExtender 控件的常用属性及说明

属　性	说　明
TargetControlID	该扩展器控件的目标控件 ID，单击目标控件将显示模式对话框
PopupControlID	用来显示模式对话框的 Panel 控件的 ID
DropShadow	是否让模式对话框显示出阴影效果
OKControlID	模式对话框面板中实现确认功能的按钮的 ID
CancelControlID	模式对话框面板中实现取消功能的按钮的 ID

注意，无论单击了 OKControlID 还是 CancelControlID 属性所指定的按钮，该模式对话框均会消失。对于某些极为重要的信息，有时必须立即通知用户并让其做出选择，这时利用 ModalPopupExtender 控件在页面中模拟出一个模式对话框将变得非常有必要。

下面来看一个 ModalPopupExtender 控件示例程序，实现具体步骤如下。

（1）在网站 ch15_3 中新建 Web 页，名称改为 SModalPopupExtender.aspx，在该页面中添加一个 ScriptManager 控件用于管理脚本，一个 LinkButton 控件用来调用模式对话框，一个用来表示模式对话框的 Panel 控件，其中包含一段提示信息和两个表示确认和取消的按钮，代码如下。

```
<asp:Panel ID="Panel1" runat="server" Height="100px" Width="320px" CssClass="modal">
    <br />
    该功能只提供给登录用户，您是否要登录？<br />
    <br />
    <div style="text-align: center">
          <asp:Button ID="Button1" runat="server" Font-Bold="True" Text="确定" />
                    
           <asp:Button ID="Button2" runat="server" Font-Bold="True" Text="取消" /></div>
    </asp:Panel>
```

（2）添加一个 ModalPopupExtender 控件，代码如下。

```
<ajaxToolkit:ModalPopupExtender ID="ModalPopupExtender1"
runat="server" TargetControlID= "LinkButton1" PopupControlID=
"Panel1" OkControlID="Button1" CancelControlID="Button2"
BackgroundCssClass="modalBackground"></ajaxToolkit:ModalPopup
Extender>
```

（3）运行该页面，单击“执行高级操作”，将看到如图 15-18 所示的模式对话框。此时页面中所有的链接均被禁用，只有单击“确定”或“取消”按钮后才能回到页面中。

ASP.NET AJAX Control Toolkit 的控件还有很多，读者可以查阅 msdn，由于篇幅关系，这里只介绍以上 3 个最常用的控件。

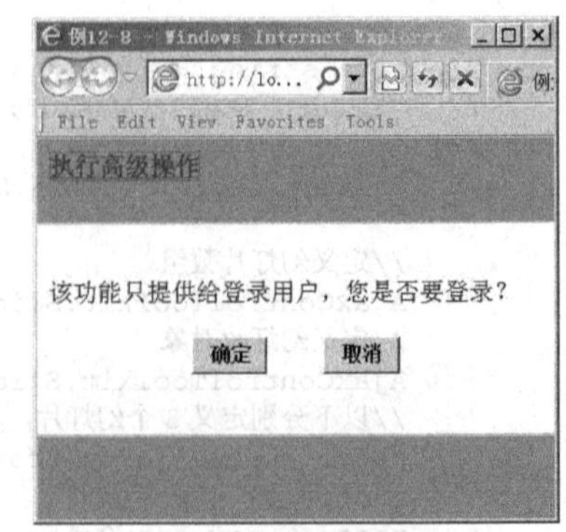

图 15-18　模拟对话框

本 章 实 验

一、实验目的

熟悉 ASP.NET AJAX 技术，掌握 ASP.NET AJAX 服务器控件和扩展控件的使用方法。

二、实验内容和要求

（1）新建一个名为 Experiment15 的网站。

（2）在网站中建立名为 Images 的文件夹，并在该文件夹中添加几张图片。

（3）添加一个名为 UpdatePanel.aspx 的 Web 页面，当单击 Button 控件时，局部更新 Image 控件中的图片。

（4）添加一个名为 UpdateProgress.aspx 的 Web 页面，当单击 Button 控件时，局部更新 Image 控件中的图片，并用 UpdateProgress 控件提示更新信息。

（5）添加一个名为 Timer.aspx 的 Web 页面，实现定时局部更新 Image 控件中的图片。

（6）添加一个名为 MUpdatePanel.aspx 的 Web 页面，在两个 UpdatePanel 控件中分别放置一个显示时间的 Label 控件，当单击 UpdatePanel 外面的 Button 控件时，只有其中一个 UpdatePanel 控件局部更新。

（7）添加一个名为 PasswordStrengh.aspx 的 Web 页面，使用 PasswordStrengh 控件设计一个登录界面，显示密码强度。

（8）建立母版页 MasterPage.master 和内容页 Default.aspx，要求在内容页中每隔 2 秒钟局部更新 Label 控件的当前时间。

第 16 章　Web 服务和 WCF 服务

Web 服务是 Web 服务器上的一些组件，客户端应用程序可通过 Web 发出 HTTP 请求来调用这些服务。Web 服务是为了使原来各孤立站点之间的信息能够相互通信、共享而提出的一种接口。

16.1　Web 服务概述

在实际应用中，特别是大型企业，数据常来源于不同的平台和系统。Web 服务为这种情况下的数据集成提供了一种便捷的方式。通过访问和使用远程 Web 服务可以访问不同系统中的数据。使用 Web 服务，Web 应用程序不仅可以共享数据，还可以调用其他应用程序生成的数据，而不用考虑其他应用程序是如何生成这些数据的。

从表面上看，Web 服务就是一个 Web 应用程序，与 ASP.NET 网站十分相似。它向外界提供一个能够通过 Web 进行调用的 API（应用程序接口）。从深层次上看，Web 服务是一种新型的 Web 应用程序，它是自包含、自描述、模块化的应用，可以在 Web 中被描述、发布、查找以及通过 Web 来调用。

总之，Web 服务是一种基于组件的软件平台，是面向服务的 Internet 应用，不再仅仅是由人们阅读的页面，而是一种以功能为主的服务。Web 服务由 4 个部分组成，分别是 Web 服务（Web Service 自身）、服务提供者、服务请求者和服务注册机构。通常将服务提供者、服务请求者和服务注册机构称为 Web 服务的三大角色。这三大角色及其行为共同构成了如图 16-1 所示的 Web 服务的体系结构。

（1）服务提供者

从商务角度来看，服务提供者是服务的所有者。而从体系结构的角度看，它则是提供 Web 服务的平台。

（2）服务请求者

与服务提供者相似，从商务角度看，服务请求者是请求某些特定功能的需求方。而从体系结构的角度看，它则是查询或调用某个服务的客户端应用程序。

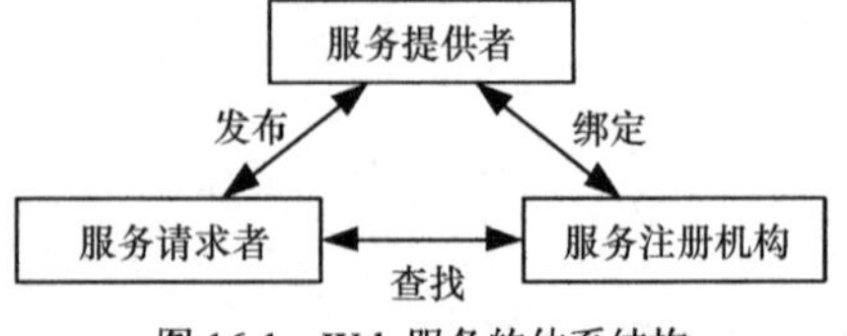

图 16-1　Web 服务的体系结构

（3）服务注册机构

服务注册机构是 Web 服务的注册管理机构，服务提供者将其开发的 Web 服务在此进行注册、发布，以便服务请求方通过查询和授权获取所需的服务。

使用 Web 服务应用程序的过程如下。

（1）发布

服务提供者为了使其发布的 Web 服务可以被用户访问，必须同时发布该服务的描述信息，以便将来供服务请求者查询。

（2）查找

服务请求者要获得自己需要的服务，首先要查找服务。在查找过程中，服务请求者可直接检索服务描述信息或通过服务注册机构进行查找。该过程可以在设计阶段进行，也可以在运行阶段进行。

（3）绑定

在真正开始使用某个 Web 服务时，需要对该 Web 服务进行绑定，并调用该服务。绑定某个 Web 服务时，服务请求者使用服务描述信息中的绑定信息来定位、联系和调用该服务，进而在运行时调用或启动与 Web 服务的互操作。

16.2　建立 ASP.NET Web 服务

在 ASP.NET 中创建一个 Web 服务与创建一个网页类似，但是 Web 服务没有用户界面和可视化组件，并且 Web 服务仅包含方法。可以在一个扩展名为.asmx 的文件中编写 Web 服务代码，也可以放在代码隐藏文件中。

16.2.1　创建一个 Web 服务

创建一个 Web 服务和创建一个普通的网页类似，首先在 Visual Studio 2010 创建一个空网站，命名为 ch16_2，用鼠标右键单击该网站名称，在弹出的快捷菜单中选择“添加新项”命令，在“添加新项”对话框中选择“Web 服务”，设置站点文件的保存路径，如图 16-2 所示，然后单击“添加”按钮。

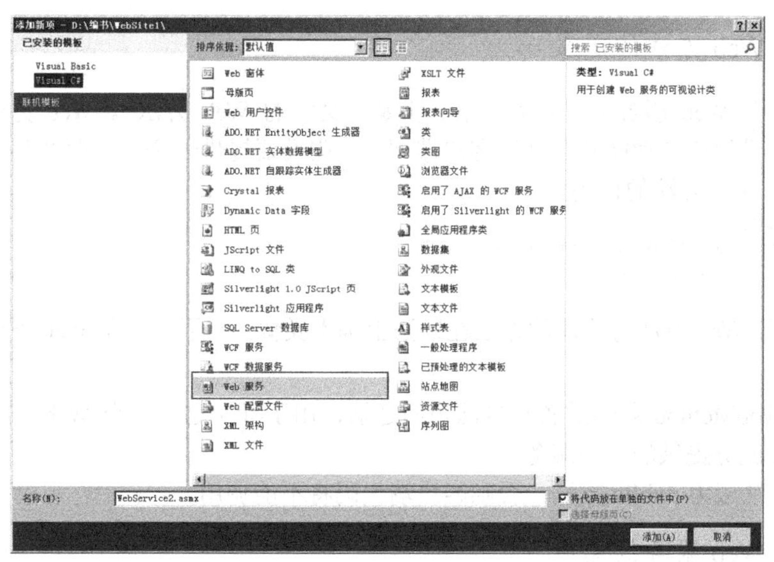

图 16-2　创建 Web 服务

系统会自动生成一个 ASMX 接口文件和一个 C#后台代码文件，C#后台代码文件在 App_code 目录下。默认代码如下。

```
[WebService(Namespace = "http://tempuri.org/")]
[WebServiceBinding(ConformsTo = WsiProfiles.BasicProfile1_1)]
//若要允许使用 ASP.NET AJAX 从脚本中调用此 Web 服务，请取消对下行的注释
// [System.Web.Script.Services.ScriptService]
public class WebService : System.Web.Services.WebService {

    public WebService () {
```

```
        //如果使用设计的组件，请取消注释以下行
        //InitializeComponent();
    }

    [WebMethod]
    public string HelloWorld() {
        return "Hello World";
    }

}
```

以上代码中，对于使用 ASP.NET 创建的服务，可以使用 Namespace 属性更改默认的 XML 命名空间。http://tempuri.org/可用于正在开发中的 Web 服务，已发布的 Web 服务应用使用更具有永久性的命名空间。例如，可以将 XML 命名空间设置为 http://www.microsoft.com。

ASMX 接口文件的默认代码如下。

```
<%@ WebService Language="C#" CodeBehind="~/App_Code/WebService.cs" Class="WebService" %>
```

与普通 Web 页面不同，Web 服务文件是由@WebService 指令指示的，简单的 WebService 指令一般要使用到如表 16-1 所示的 3 个属性。

表 16-1　　　WebService 指令的常用属性及说明

属　性	说　明
Language	必选属性，指定用于 Web 服务的程序语言
Class	必选属性，指定用于定义为客户服务的方法和数据类型的类
CodeBehind	该属性只有在使用后台编码模型操作 Web 服务文件时才是必选的。属性值为字符串型，表示 Web 服务代码文件的物理位置（最好放在 App_Code 文件夹中）

16.2.2　Web 方法的定义

在创建一个 Web 服务项目之后，下一步是定义它的 Web 方法 。Web 方法具体实现了 Web 服务将提供的特定功能并公开给客户端调用。假设要提供一个计算两个整数之和的 Web 服务，那么其 Web 方法的代码如下。

```
[WebMethod]
public int Add (int a, int b) {
        return a + b;
}
```

可以看到，Web 方法与普通的方法在语法上基本类似，所不同的是 Web 方法必须满足以下条件。

✓　将 WebMethod 属性放置在方法声明之前，用于标明这是一个 Web 方法，以指示该 Web 服务提供的一项服务。

✓　该方法应为 public 方法，否则客户端代码将不能调用。

16.2.3　Web 服务的测试

完成功能代码的编写工作后，可以很方便地在 Visual Studio 2010 中对 Web 服务进行测试。运行 Web 服务方式与运行 ASP.NET 页面的方式一样，可以按【Ctrl+F5】组合键运行设计完毕的 Web 服务，在浏览器显示如图 16-3 所示的界面。

在图 16-3 的页面中列出了当前运行的 Web 服务所提供的服务列表，即 Add 方法。如果想对 Add 方法进行测试，只需单击 Add 链接即可看到如图 16-4 所示的界面。然后分别输入两个参数的值并单击“调用”按钮，浏览器将显示如图 16-5 所示的界面。界面包含 XML 格式的代码和测试结果。

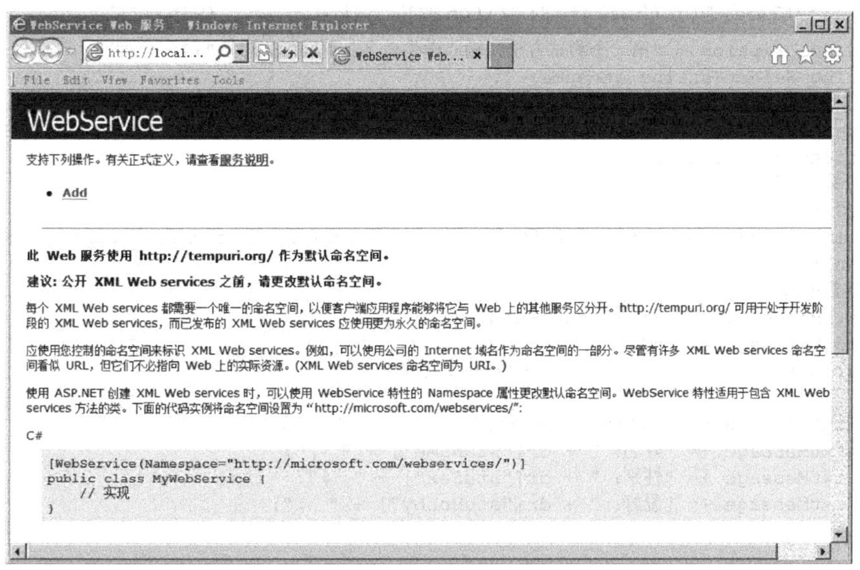

图 16-3　运行 Web 服务

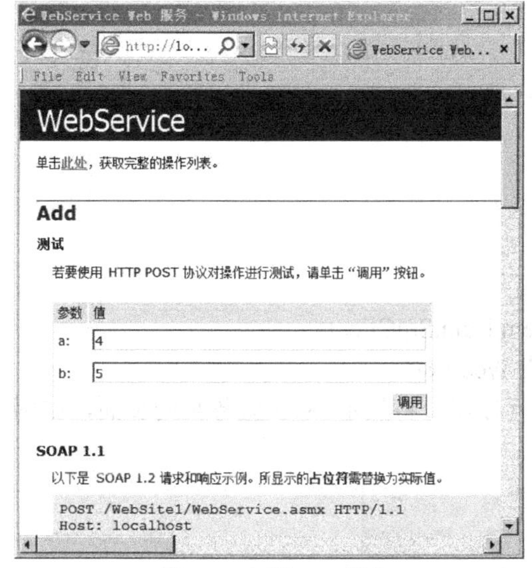

图 16-4　调用 Web 服务

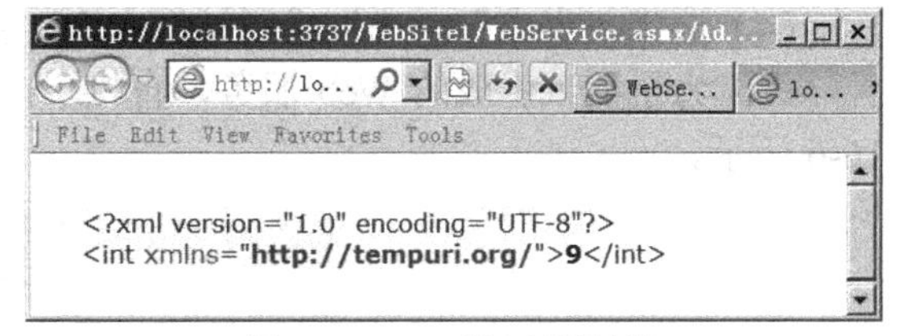

图 16-5　Web 服务返回结果

16.2.4　Web 服务应用实例

在.NET 开发环境中几乎不需要编写代码就能创建一个 Web Service，下面通过一个实例具体介绍如何创建 Web 服务。本实例创建一个具有查询功能的 Web 服务，程序实现的主要步骤如下。

（1）用鼠标右键单击 ch16_2，在弹出的快捷菜单中选择“添加新项”命令，在弹出的“添加新项”对话框中选择“Web 服务”，并设置站点文件的保存路径，然后单击“添加”按钮。

（2）系统自动生成一个 ASMX 接口文件和一个 C#后台代码文件，在后台代码文件中使用一个描述 Web 服务的字符串来设置这个 Web 服务的默认 XML 命名空间。代码如下。

```
[WebService(Namespace = "http://contoso.org/")]
```

（3）在 C#后台代码文件中添加自定义的查询方法 Select()。代码如下。

```
[WebMethod(Description = "第一个测试方法，输入学生姓名，返回学生信息")]
public string Select(string stuName)
{    //创建数据库连接
     SqlConnection conn = new SqlConnection("Server=(local)\\SQLEXPRESS;User Id=sa;Pwd=
frock; DataBase=Student");
     //打开数据库连接
     conn.Open();
     SqlCommand cmd = new SqlCommand("select * from tb_StuInfo where stuName='" + stuName
+ "'", conn);
     //创建数据阅读器
     SqlDataReader dr = cmd.ExecuteReader();
     string txtMessage = "";
     if (dr.Read())                    //打开读取数据
     {
          txtMessage = "学生编号：" + dr["stuID"] + "  ,";
          txtMessage += "姓名：" + dr["stuName"] + "  ,";
          txtMessage += "性别：" + dr["stuSex"] + "  ,";
          txtMessage += "爱好：" + dr["stuHobby"] + "  ,";
     }
     else
     {
          if (String.IsNullOrEmpty(stuName))
          {
               txtMessage = "<Font Color='Blue'>请输入姓名</Font>";
          }
          else
            {
                 txtMessage = "<Font Color='Red'>查无此人！</Font>";
            }
     }
     cmd.Dispose();          //释放占有资源
     dr.Dispose();           //释放阅读器占有资源
     conn.Dispose();
     return txtMessage;  //返回用户详细信息
}
```

运行以上代码，需要引入命名空间 using System.Data.SqlClient。

（4）选择“生成”→“生成网站”命令，生成 Web 服务。

（5）为了测试生成的 Web 服务，直接单击运行按钮，将显示 Web 服务帮助页面，如图 16-6 所示。

图 16-6　Web 服务帮助页面

（6）在图 16-6 中看到的 Web 服务包含两个方法：HelloWorld 模板方法和自定义的 Select 查询方法。单击 Select 超链接将显示其测试页面，如图 16-7 所示。

（7）在测试页中输入要查询的学生姓名“吴杰”，单击“调用”按钮，即可调用 Web 服务的相应方法并返回结果，如图 16-8 所示。

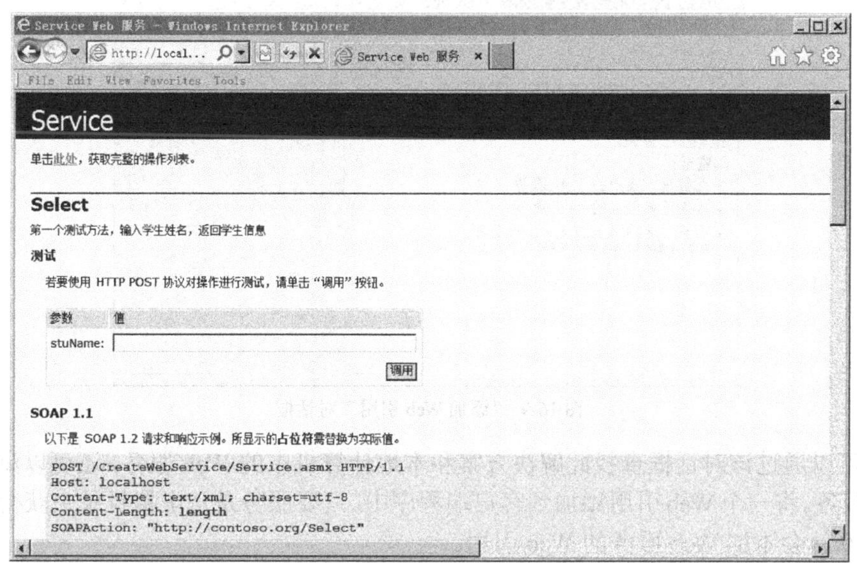

图 16-7　Select 方法的测试页面

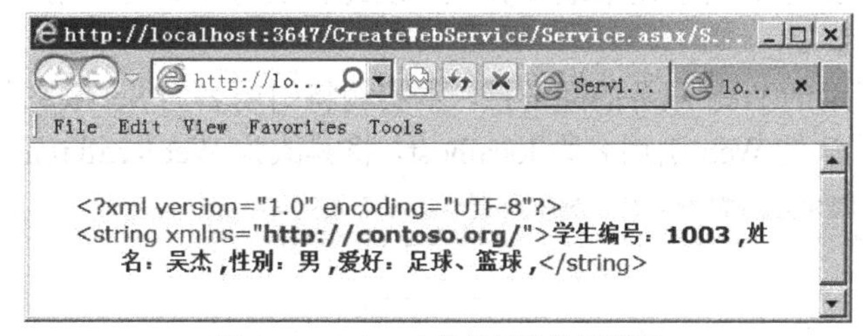

图 16-8　Select 方法返回的结果页面

16.3　使用 Web 服务

Web 服务创建并发布后，并不能产生任何用户界面，需要在其他程序中使用它才能发挥作用。本节将介绍在 ASP.NET 应用程序中使用 Web 服务的方法，注意，Web 服务并不局限于在 ASP.NET 中使用，由于本书主要介绍 ASP.NET，所以主要探讨这方面的使用。在其他类型的应用程序（如 Windows 窗体、移动应用程序、数据库等）中使用 Web 服务也并不难，实际上与在 ASP.NET 中使用它们非常类似。在 ASP.NET 中使用 Web 服务主要包括添加 Web 引用和编写调用代码两个步骤。

16.3.1　Web 服务应用实例

下面的实例调用 16.2 创建的 Web 服务，程序实现的主要步骤如下。

（1）打开 Visual Studio 2010 开发环境，新建一个网站 ch16_2，该网站有一个默认主页 Default.aspx，在该页面中添加一个 TextBox 控件用于输入姓名，一个 Button 控件用于查询学生信息和一个 Label 控件用于显示学生详细信息。

（2）在解决方案资源管理器中右键单击项目，在弹出的快捷菜单中选择“添加 Web 引用”命令，打开“添加 Web 引用”对话框，如图 16-9 所示。

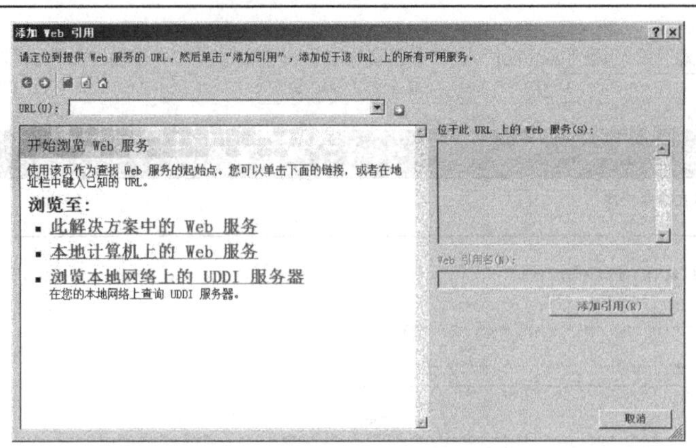

图 16-9 “添加 Web 引用”对话框

用户可以通过该对话框查找此解决方案和本地计算机中的 Web 服务，还可以浏览网络上的UDDI服务。将一个Web引用添加到客户端程序中。只要服务是从虚拟目录中获得的，Visual Studio 2010 就会添加 Web 服务的 Web 引用。

（3）本实例要调用本地计算机上的 Web 服务，所以单击“此解决方案中的 Web 服务”超链接，在弹出的对话框中显示在本地计算机（或此解决方案）上可用的 Web 服务和发现文档，如图 16-10 所示。

（4）选择需要引用的 Web 服务的超链接，本实例将引用名为 Service 的 Web 服务，它将显示该 Web 测试页，默认的 Web 引用名为 localhost，将其改为 WebRenference，如图 16-11 所示。

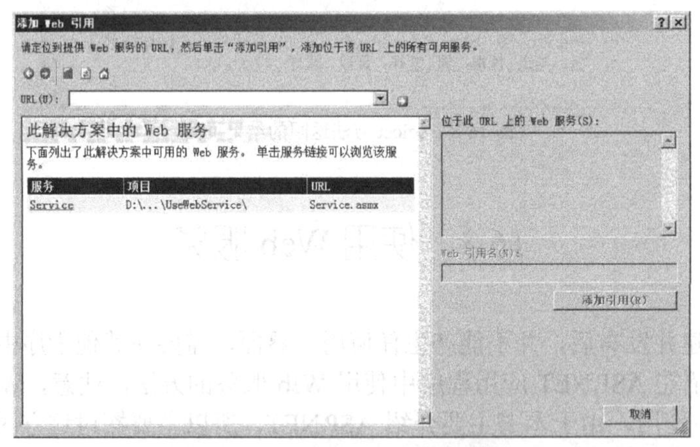

图 16-10 本地计算机上的 Web 服务

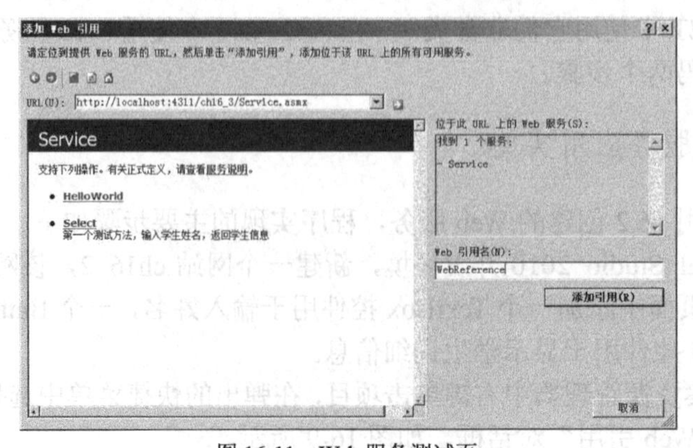

图 16-11 Web 服务测试页

（5）单击“添加引用”按钮，在解决方案资源管理器中添加一个名为 App_WebReferences 的目录，在该目录中显示添加的 WebRenference 目录，如图 16-12 所示。

图 16-12　解决方案资源管理器

添加引用后，在 Web.config 文件中添加一个 appSetting 节，它有一个 key 属性，该属性的值由服务器名和 Web 服务名称共同组成。代码如下。

```
<appSettings>
    <add key="WebReference.Service" value="http://localhost:1936/UseWebService/Service.
asmx"/>
</appSettings>
```

此时，就可以访问 Web 服务了，它就像是一个本地计算机上的类一样。

（6）最后编写主页上“查询”按钮的 Click 事件的代码。

```
protected void btnSelect_Click(object sender, EventArgs e)
{
        //声明 Web 服务的实例
        Service service = new Service();
        //调用 Web 服务的 Select 方法
        string strMessage = service.Select(TextBox1.Text);
        string[] strMessages = strMessage.Split(new Char[] { ',' });
        labMessage.Text = "详细信息：</br>";
        foreach (string str in strMessages)
        {
            labMessage.Text += str + "</br>";
       }
}
```

运行页面后，在文本框中输入“吴杰”，单击“查询”按钮调用 Web 服务进行查询，查询结果就显示在 Label 控件中，如图 16-13 所示。

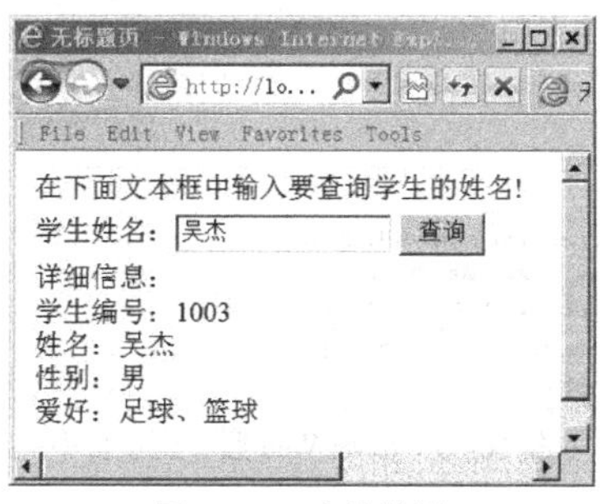

图 16-13　查询结果

16.3.2　使用 Web 服务实现简单计算器

以下实例通过调用 Web Service 方法实现简单计算器，如图 16-14 所示。

程序实现的主要步骤如下。

（1）在 ch16_3 网站中新建一个网页 CalculatorForWeb.aspx，在解决方案资源管理器中右击项目名称，在弹出的快捷菜单中选择“添加新项”命令，打开“添加新项”对话框，选择“Web 服务”选项，单击“添加”按钮，完成 Web 服务的创建。

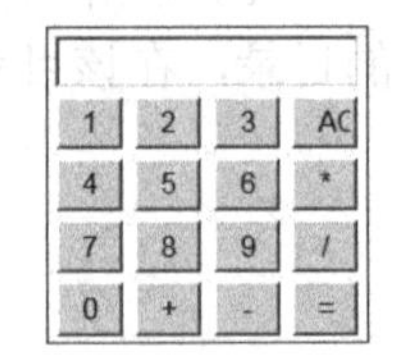

图 16-14　简单计算器

（2）系统自动生成一个 ASMX 接口文件 WebService.asmx 和一个 C# 后台代码文件 WebService.cs，在 WebService.cs 实现了计算器最基本的“+”、“-”、“*”、“/”运算，主要代码如下。

```
[WebMethod]
public double Sum(double a, double b)
{
    return a + b;
}

[WebMethod]
public double Sub(double a, double b)
{
    return a - b;
}

[WebMethod]
public double Mult(double a, double b)
{
    return a * b;
}

[WebMethod]
public double Div(double a, double b)
{
    return a / b;
}
```

（3）完成 Web 服务中功能代码的编写后，按 16.3.1 所介绍的方法，将创建的 Web 服务添加到网站中，主要步骤如图 16-15 所示。

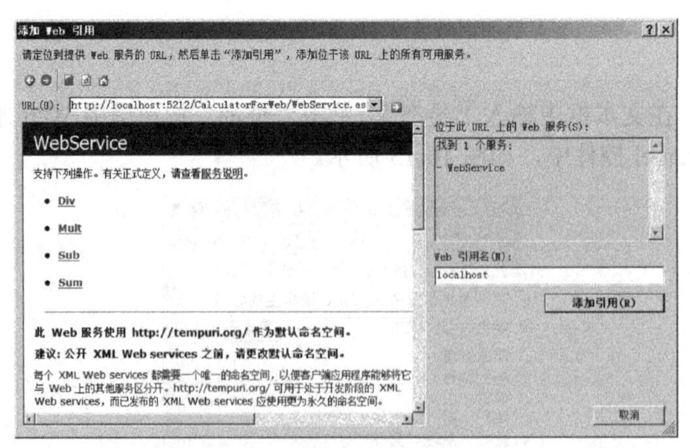

图 16-15　添加 Web 服务到项目中

（4）拖放 16 个 Button 控件到 CalculatorForWeb.aspx 主页中，Button1～10 完成文本框中数字的输入，Button11～16 完成逻辑运算，再添加一个 TextBox 控件用于显示输入的数字及运算结果。

（5）在后台代码 CalculatorForWeb.aspx.cs 中，编写 16 个 Button 控件的 Click 事件代码，编程之前，首先进行如下初始化工作。

```
public static double temp1;        //存储第一个变量
public static double temp2;        //存储第二个变量
public static int m;              //保存输入的状态
public bool dot = false;           //判断是否点击"="号
```

16 个 Button 控件的 Click 事件中“=”按钮的 Click 事件最为重要，代码如下。

```
protected void Button16_Click(object sender, EventArgs e)
{
     if (this.TextBox1.Text == "" && temp1 != null)
     {
            this.TextBox1.Text = temp1.ToString();
            dot = true;
     }
     else
       {
            double temp3 = 0.0;
            temp2 = Convert.ToDouble(this.TextBox1.Text);
            WebService result = new WebService();           //创建 WebService 实例
            switch (m)
            {
                case 0:
                     temp3 = result.Sum(temp1, temp2);       //调用 Web 服务中的“+”方法
                     break;
                case 1:
                     temp3 = result.Sub(temp1, temp2);       //调用 Web 服务中的“-”方法
                     break;
                case 2:
                     temp3 = result.Mult(temp1, temp2);      //调用 Web 服务中的“*”方法
                     break;
                case 3:
                     temp3 = result.Div(temp1, temp2);       //调用 Web 服务中的“/”方法
                     break;
                 default:
                     Response.Write("数据有误，请重新输入！");
                     break;
            }
     if (temp3 > double.MaxValue)
           {
             Response.Write("<script>alert('结果值超出双精度最大值！')</script>");
              return;
            }
              this.TextBox1.Text = temp3.ToString();
              dot = true;
        }
}
```

16.4　WCF 服务

WCF（Windows Communication Foundation）服务是面向服务（Service Oriented）的应用程序新框架。提出 WCF 的目的是为分布式计算提供可管理的方法和广泛的互操作性，并为服务定位提供直接的支持。

16.4.1　WCF 服务概述

WCF 包含一个 POX（Plain Old XML）的通用对象模型，以及可以利用多种协议进行传输的 SOAP 消息。WCF 也可以深入支持 WS-I 定义的 Web 服务标准，因此它可以毫不费力地与其他 Web 服务平台进行互操作。

.NET Framework 4.0 中的 WCF 构建于.NET Framework 3.5 的基础之上，将以 Web 为中心的通信、SOAP 和 WS-I 标准组合到一个服务堆栈和对象模型中。WCF 采用 SOAP 和 WS-I 标准在企业内部或跨企业之间进行通信，同时还可以将同一服务配置为使用 Web 协议与外部通信。

WCF 处理了服务中的烦琐细节工作，开发人员可以更加专注于服务所提供的功能。WCF 应用程序运行环境为支持 WCF 的消息队列 MSMQ 功能的操作系统，包含 Windows Vista、Windows Server 2003 R2、Windows Server 2003 SP1 和 Windows XP Professional。WCF 的大部分功能都包含在一个单独的程序集 System.ServiceModel.dll 中，命名空间为 System.ServiceModel。

16.4.2 创建一个 WCF 服务

WCF 服务要建立服务接口文件和服务逻辑处理文件，创建一个 WCF 服务和创建 Web 服务比较类似，首先在 Visual Studio 2010 创建一个空网站，命名为 ch16_4，使用鼠标右键单击该网站名称，在弹出的快捷菜单中选择“添加新项”命令，在弹出的“添加新项”对话框中选择“WCF 服务”，如图 16-16 所示，然后单击“添加”按钮。

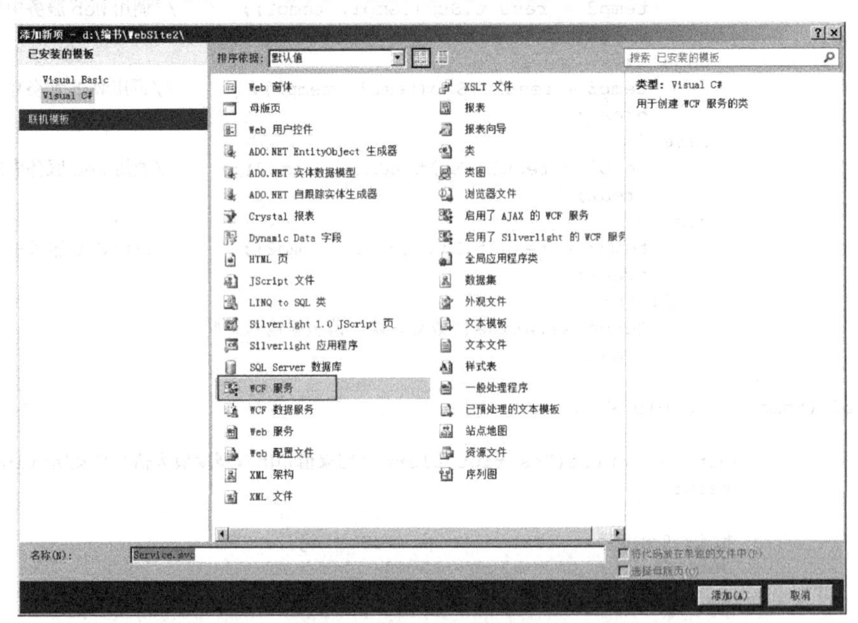

图 16-16　选择“Web 服务”

添加 Web 服务后，会自动在网站根文件夹下建立一个 WCF 服务文件 Service.svc，同时在 App_Code 文件夹下建立相应的类文件 IService.cs 和 Service.cs。其中 Service.svc 用于定义 WCF 服务；IService.cs 用于接口的定义；Service.cs 类实现服务逻辑处理。

16.4.3 WCF 服务应用实例

以下实例建立两个整数加减运算的 WCF 服务，具体步骤如下。

（1）使用鼠标右键单击网站 ch16_4，在弹出的快捷菜单中选择“添加新项”命令，在对话框中选择“WCF 服务”，设置名称为 Cal 后单击“添加”按钮。在网站根文件夹下建立一个 WCF 服务文件 Cal.svc，同时在 App_Code 文件夹下建立相应的类文件 ICal.cs 和 Cal.cs。

（2）打开 ICal.cs，有如下默认代码。

```
public interface ICal
```

```
{
   [OperationContract]
void DoWork();
}
```

该实例主要实现整数加减运算，将 void DoWork()变换为如下代码。

```
public interface ICal
{
     [OperationContract]
     int Add(int a, int b);
     [OperationContract]
     int Subtract(int a, int b);
}
```

（3）相应的在 Cal.cs 中写出两个函数的具体实现，代码如下。

```
public class Cal : ICal
{
     public int Add(int a, int b)
     {
          return (a + b);
     }
     public int Subtract(int a, int b)
     {
          return (a - b);
     }
}
```

（4）文件 Cal.svc 中的代码默认如下。

```
<%@ ServiceHost Language="C#" Debug="true" Service="Cal" CodeBehind="~/App_Code/
Cal.cs" %>
```

Cal.cs 文件对整数加减运算实现方法进行了定义，此处代码就不需要再变换了。

（5）使用 WCF 服务，需要向项目中添加服务引用，而不是添加 Web 引用。在解决方案资源管理器中右击项目名称，选择“添加服务引用”，如图 16-17 所示。在打开的“添加服务引用”对话框中单击“发现”按钮，显示出本网站中的两个 WCF 服务，如图 16-18 所示。选择 Cal.svc 服务，并在“命名空间”文本框中输入“WcfServer”。如果 WCF 服务不在本网站中，就要单击“前往”按钮。

（6）添加服务引用后，在解决方案资源管理器中添加一个名为 App_WebReferences 的目录，在该目录中显示添加的 WebRenference 目录，如图 16-19 所示。

（7）WCF 服务创建后，并不能产生任何用户界面，需要在其他程序中使用它才能发挥作用。在该网站中新建网页 WcfConsumerCal.aspx。在该页面上添加两个 TextBox 控件，用来输

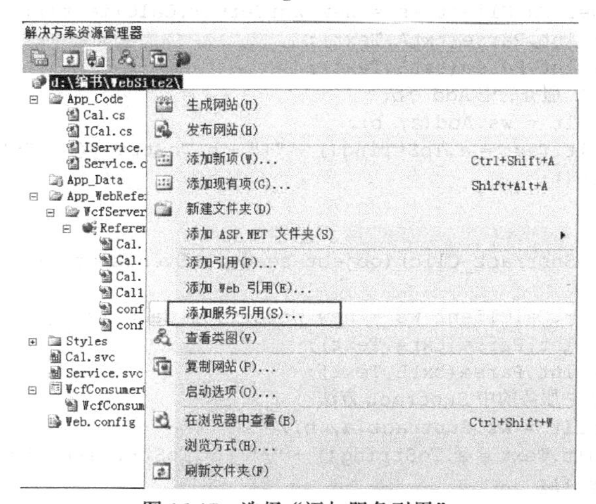

图 16-17　选择“添加服务引用”

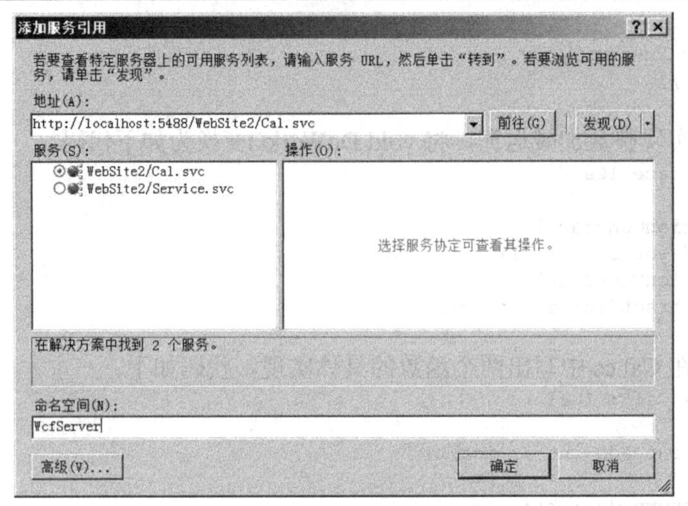

图 16-18 "添加服务引用"对话框

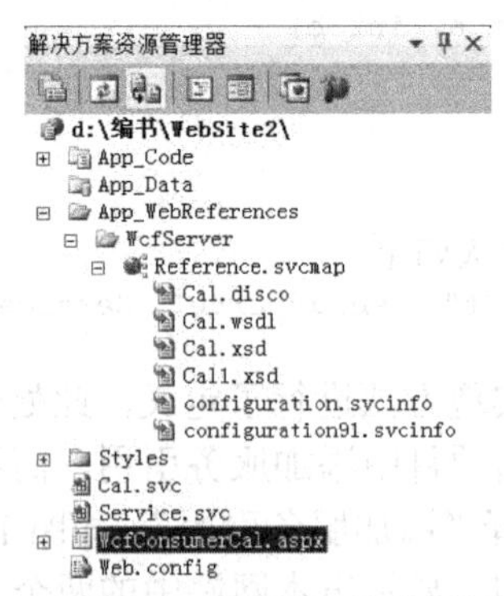

图 16-19 添加服务引用后的解决方案资源管理器

入两个整数；两个 Button 控件，用来实现"加"和"减"运算；一个 Label 标签，用来显示运算结果。

（8）在后台代码 WcfConsumerCal.aspx.cs 中，分别编写两个 Button 控件的 Click 事件代码。

```
protected void btnAdd_Click(object sender, EventArgs e)
    {
        //声明 WCF 服务实例 ws
        WcfServer.CalClient ws = new WcfServer.CalClient();
        int a = int.Parse(txtA.Text);
        int b = int.Parse(txtB.Text);
        //调用 WCF 服务的中 Add 方法
        int result = ws.Add(a, b);
        lblResult.Text = a.ToString() + "+" + b.ToString() + "=" + result.ToString();
        ws.Close();
    }

protected void btnSubtract_Click(object sender, EventArgs e)
    {
        WcfServer.CalClient ws = new WcfServer.CalClient();
        int a = int.Parse(txtA.Text);
        int b = int.Parse(txtB.Text);
        //调用 WCF 服务的中 Subtract 方法
        int result = ws.Subtract(a, b);
        lblResult.Text = a.ToString() + "-" + b.ToString() + "=" + result.ToString();
        ws.Close();
    }
```

以上代码中，要使用 WCF 服务 Cal，首先应建立一个 CalClient 类对象，然后就可以使用 WCF 服务 Cal 中定义的方法。当单击“加”按钮时，调用 ws 的 Add()方法返回计算结果并在 lblResult 中显示加法运算式。当单击“减”按钮时，则调用 ws 的 Subtract()方法返回计算结果并在 lblResult 中显示减法运算式。使用 WCF 服务后要调用 Close()方法关闭，如果在关闭后要继续使用，可以调用 Open()方法打开。

运行该页面，可以看到如图 16-20 所示的效果。

图 16-20　WCF 服务实例运行效果

本章中主要介绍了 Web 服务和 WCF 服务。使用 Web 服务能实现数据重用和软件重用，这为建立松散耦合型的分布式系统提供了方便。实现 Web 服务需要 HTTP、SMTP、SOAP、WSDL 和 UDDI 等协议的支持。而 SOAP、WSDL 和 UDDI 等协议都是基于 XML 进行描述的。

使用 ASP.NET Web 服务需要先添加 Web 引用，然后再应用到 Web 窗体中。在调用 ASP.NET Web 服务时可以使用 HTTP-GET、HTTP-POST 和 SOAP 等协议。

建立 WCF 服务需要建立服务定义文件、服务接口文件和服务逻辑处理文件。在使用 WCF 服务时，需要先添加服务引用，然后再应用到 Web 窗体中。

本 章 实 验

一、实验目的

熟悉 Web 服务和 WCF 服务的创建和访问技术，掌握使用 C#语言编写 Web 服务和 WCF 服务以及调用 Web 服务和 WCF 服务的方法。

二、实验内容和要求

（1）新建一个名为 Experiment16 的网站。

（2）在 Experiment16 的解决方案中创建一个“ExService”服务。

（3）在该服务中添加一个名为 MinumNumber 的 Web 方法，实现返回 3 个输入整数的最小值，并测试该 Web 服务。

（4）在 Experiment16 网站中添加上述 Web 服务的引用。

（5）在 Experiment16 网站中添加 test.aspx 页面，在该页面中放置 3 个 TextBox，通过调用该 Web 服务，求这 3 个 TextBox 中输入的最小值，并在 Label 中输出。

（6）运行 test.aspx 页面，测试 Web 服务的调用结果。

（7）改写 16.3 节的程序，为创建的计算器添加求平方根的功能。（提示：在 WebService 中声明一个名为 Sqrt 的接口方法，在该方法中调用 Math.Sqrt 方法计算传入数值的平方根）。

（8）新建一个 WCF 服务，按 16.4 所介绍的方法实现求 3 个数求最大值的功能。

第 17 章　网站发布、打包与安装

在程序开发和调试完毕后，需要正式上线或者对外开放。具有 Web 应用程序开发经验的程序员可能会认为发布一个 Web 应用程序（或者一个网站）只需要把文件复制到服务器上，再把数据导入服务器的数据库即可。其实，在很多时候产品需要客户自己下载后安装，而客户可能是一个完全没有接触过开发的人，因此需要提供一个自动化的安装程序让产品能自动部署。

17.1　Web 站点部署前的准备

在部署 ASP.NET Web 应用程序之前，应执行一些部署前的准备操作。

在开发应用程序时，都会在 web.config 文件中打开调试功能，因此，必须将 web.config 文件中的调试功能关闭，即把<compilation>元素中的 debug 属性设置为 false。代码如下。

```
<?xml version="1.0"  encoding="utf-8">
<configuration>
      <system.web>
          …
           <compilation debug="false" targetFramework="4.0"/>
          …
      </system.web>
</configuration>
```

因为在大多数情况下，开发人员都是使用文件系统模式开发 Web 应用程序，使用 Visual Studio 2010 中的内部 Web 服务器，所以在真正部署到成品服务器之前，必须先部署到测试服务器上进行全面测试，才能确保一切正常。

在 Visual Studio 2010 中，可以采用 3 种方法部署 ASP.NET Web 应用程序，分别是：使用复制网站工具部署站点、使用发布网站工具部署站点、创建安装包部署站点。

17.2　复制 Web 站点

复制网站部署站点就是使用复制网站工具将 Web 站点的源文件复制到目标站点来完成部署。使用复制网站工具可以在当前站点与另一个站点之间复制文件，站点复制工具与 FTP 工具相似，但有以下两点不同。

（1）使用复制网站工具可以创建任何类型的站点，包括本地站点、IIS 站点、远程站点和 FTP 站点，并在这些站点之间复制文件。

（2）复制网站工具支持同步功能，同步功能用于检查源站点和目标站点上的文件，确保所有文件都是最新的。

下面介绍复制网站工具的使用。假设已经开发完成一个 Web 站点，现在需要使用复制网站工具来部署该站点。

首先在 Visual Studio 2010 中打开要部署的 Web 站点，选择“网站”→“复制网站”命令，如图 17-1 所示，打开复制网站工具窗口，如图 17-2 所示。

图 17-1　选择“复制网站”选项

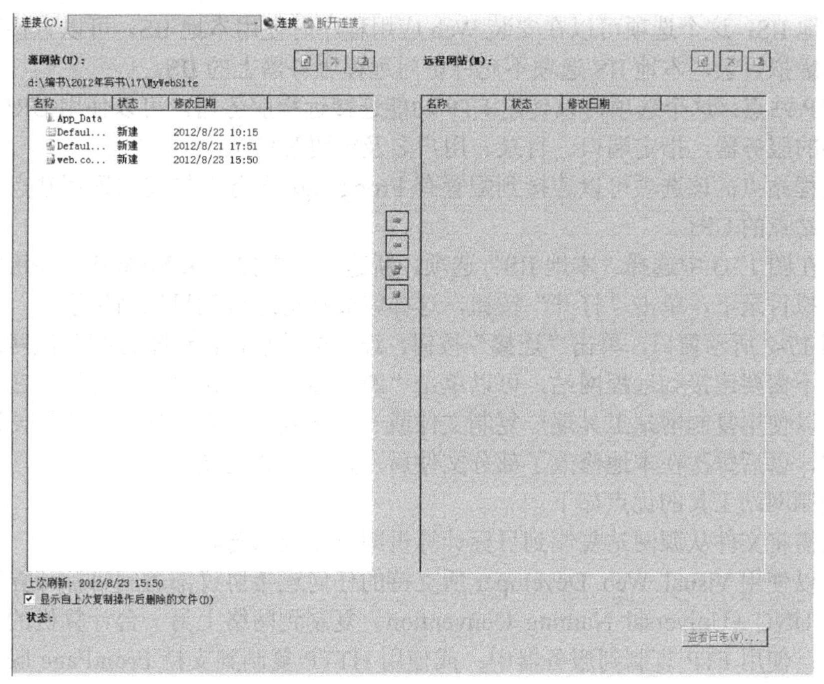

图 17-2　复制网站工具窗口

图 17-2 中可以看出，复制网站工具非常类似于 FTP 文件上传工具，上面第一行区域用于设定连接的目标站点，下面分为左右两个部分，左边为源网站，右边为远程网站（也称目标网站）。在源网站和远程网站的文件列表框中，显示了网站的目录结构，并能看到每个文件的状态和修改日期。

要复制网站文件，必须先连接到目标网站。单击图 17-2 中的“连接”按钮，弹出“打开网站”对话框，如图 17-3 所示，可以复制指定目标站点。

在该对话框中可以指定下列 4 种类型的目标站点。

（1）文件系统：这个选项可以在计算机的文件浏览器视图中导航。如果要在远程服务器上安装，就必须把一个驱动器映射到安装位置。

图 17-3 “打开网站”对话框

（2）本地 IIS：这个选项可以在安装 Web 应用程序时使用本地 IIS。可以直接新建、删除应用程序和虚拟目录，本地 IIS 选项不允许访问远程服务器上的 IIS。

（3）FTP 站点：这个选项可以使用 FTP 功能连接远程服务器。可以使用 URL 或 IP 地址指定要连接的服务器，指定端口、目录、用户名及密码等信息。

（4）远程站点：该选项可以连接到配置有 FrongPage 服务器扩展的远程站点。可以指定或新建目标站点的 URL。

例如，在图 17-3 中选择“本地 IIS”选项，新建一个虚拟目录 MyWeb，并指定目标网站存储在该虚拟目录下，单击“打开”按钮，这样就成功地连接到目标网站了。

回到图 17-2 所示窗口，单击“连接”按钮，连接成功后，该连接在打开该网站时就是活动的。如果不需要连接到远程网站，可以单击“断开连接”按钮来删除连接。在连接目标站点后，就可以使用复制网站工具逐一复制文件或一次性复制所有文件。一般第一次发布时复制所有文件，以后每次在本地修改了部分文件后，只复制选定文件。

使用复制网站工具的优点如下。

- ✓ 只需将文件从源网站复制到目标计算机即可完成部署。
- ✓ 可以使用 Visual Web Developer 所支持的任何连接协议部署到目标计算机。可以使用 UNC（Universal Naming Convention）复制到网络上另一台计算机的共享文件夹中；使用 FTP 复制到服务器中；或使用 HTTP 复制到支持 FrontPage 服务器扩展的服务器中。
- ✓ 如果需要，可以直接在服务器上更改网页或修复网页中的错误。
- ✓ 如果使用的是其文件存储在中央服务器中的项目，则可以使用同步功能确保文件的本地和远程版本保持同步。

使用复制网站工具的缺点如下。

- ✓ 站点是按原样复制的。因此，如果文件包含编译错误，则直到有人（也许是用户）运行引发该错误的网页时才会发现该错误。
- ✓ 由于没有经过编译，所以当用户请求网站时将执行动态编译，并缓存编辑后的资源。因此，对站点的第一次访问会比较慢。
- ✓ 由于发布的是源代码，因此其代码是公开的，可能导致代码泄漏。

17.3　发布网站

发布网站工具对网站中的页和代码进行预编译，并将编译器的输出写入指定的文件夹，然后可以将输出复制到目标 Web 服务器，并从目标 Web 服务器中运行应用程序。

用 Visual Studio 2010 打开要部署的 Web 站点，选择“生成”→“发布网站”命令，打开“发布网站”对话框，或者在“解决方案资源管理器”中右键单击网站名，在快捷菜单中选择“发布网站”命令，如图 17-4 所示，打开“发布网站”对话框，如图 17-5 所示。

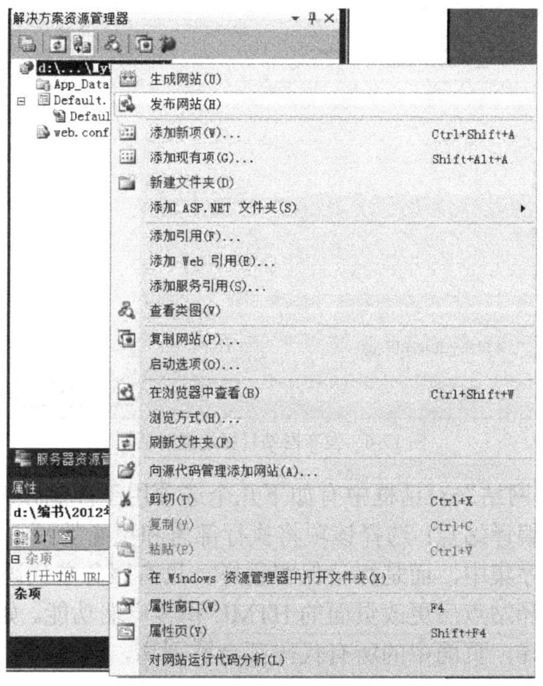

图 17-4　选择“发布网站”命令

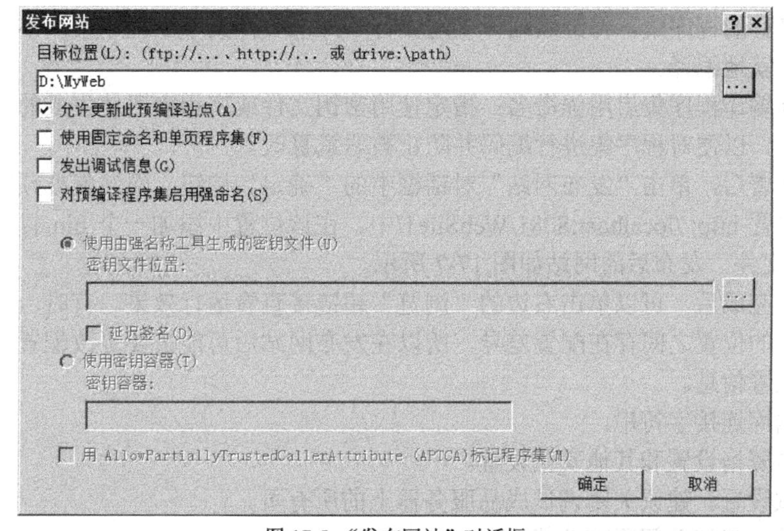

图 17-5　“发布网站”对话框

在“发布网站”对话框中可以选择发布网站的目标位置，单击“目标位置”文本框右边按钮，进入发布网站目标选择对话框，如图 17-6 所示。该对话框的使用与“打开网站”对话框（见图 17-3）类似，但注意一定要选中“本地 IIS”。

选中本地 IIS，新建虚拟目录 WebSite1，并将预编译生成局部输入 http://localhost:8081/WebSite1/中。

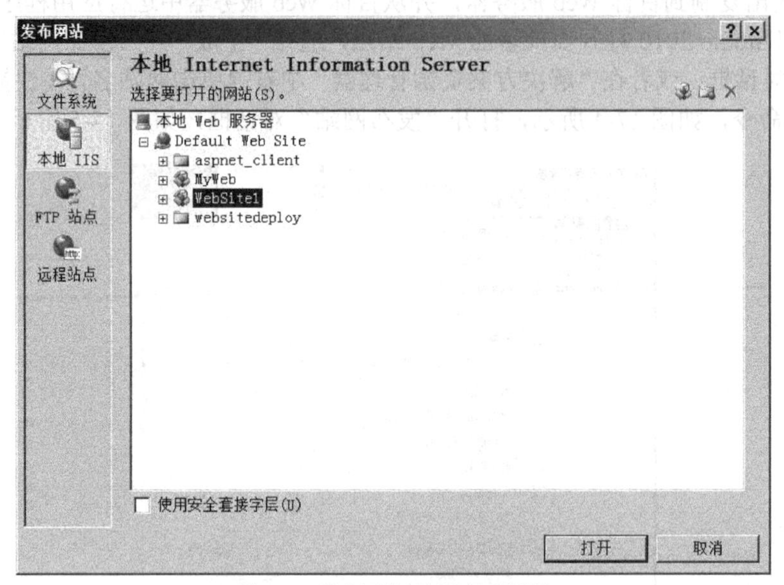

图 17-6　发布网站目标选择对话框

在图 17-5 的“发布网站”对话框中有如下几个选项用于控制预编译的执行。

✓ 允许更新此预编译站点：选择该项将执行部署和更新的预编译，指定.aspx 页面的内容不编译到程序集中，而是标记保留原样，只有服务端代码被编译到程序集中，因此能够在预编译站点后更改页面的 HTML 和客户端功能。如果未选中该项，将只执行部署的预编译，页面中的所有代码都会被剥离，放在 dll 文件中，预编译站点后不能更改任何内容。

✓ 使用固定命名和单页程序集：指定在预编译过程中将关闭批处理，以便生成带有固定名称的程序集，将继续编译主题文件和外观文件到单个程序集，不允许对此选项进行就地编译。

✓ 对预编译程序集启用强命名：指定使用密钥文件或密钥容器器使生成的程序集具有强名称，以便对程序集进行编码并防止被恶意篡改。

准备好部署后，单击“发布网站”对话框中的“确定”按钮，网站就被预编译并发布到指定的目标位置 http://localhost:8081/WebSite1/中。在该位置中添加一个 bin 目录，它包含了预编译的 dll 文件。发布后的网站如图 17-7 所示。

网站发布完成后，可以单击右边的“浏览”超链接查看运行效果。有时由于测试环境与发布应用程序的位置之间存在配置差异，所以在发布网站后可能需要更改配置信息。一般需要更改以下配置信息。

（1）数据库连接字符串。

（2）成员资格设置和其他安全设置。

（3）调试设置。建议关闭调试成品服务器上的所有页。

（4）跟踪。建议关闭跟踪功能。

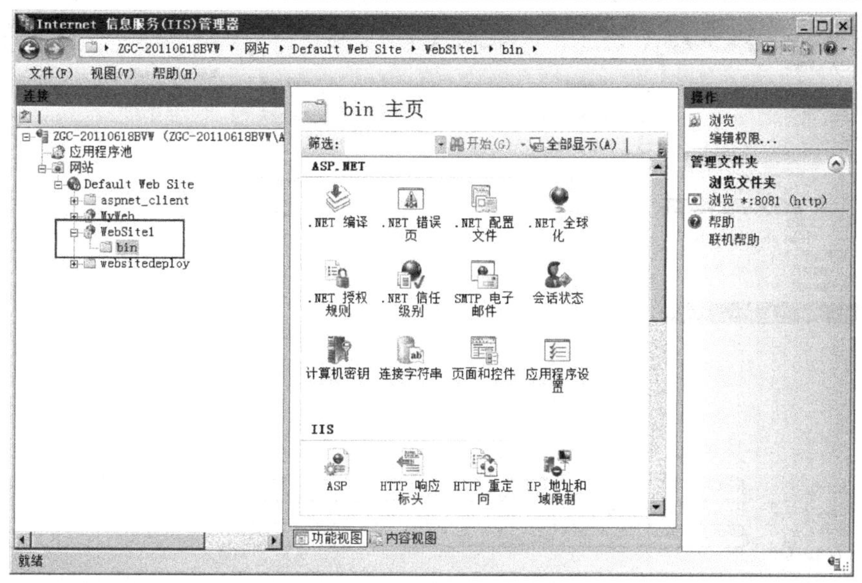

图 17-7　发布后的网站

（5）自定义错误。

与使用复制网站工具将站点复制到目标 Web 服务器相比，使用发布网站工具部署站点具有以下优点。

（1）预编译过程能发现任何编译错误，并在配置文件中标识错误。

（2）单独页的初始响应速度更快，因为页已经过编译。如果不先编译页就将其复制到站点，则在第一次请求时编译页，并缓存其编译输出。

（3）不会随站点部署任何程序代码，从而为文件提供一项安全措施，防止代码泄漏。

17.4　打包与安装

在 Visual Studio 2010 中通过创建 Web 安装项目生成.mis 文件或者其他文件（setup.exe 和 Windows 组建文件），即 Web 项目安装包，然后将安装包复制到其他计算机，运行.msi 或者 setup.exe 可执行文件，执行一系列步骤，完成 Web 应用程序的安装。把 Web 应用程序打包到安装程序中后，用户就可以很方便在自己的计算机上运行并安装可执行程序。下面介绍如何把 Web 应用程序打包到安装程序中。

17.4.1　创建安装项目

首先，使用 Visual Studio 2010 打开要部署网站，然后在解决方案中添加一个 Web 安装项目。在 Visual Studio 2010 集成开发环境中选择“文件”→“新建网站”命令，打开“新建项目”对话框。在该对话框中选择“其他项目类型”下的“安装和部署”，然后在“模板”组合框中选择“Web 安装项目”，如图 17-8 所示。

在“解决方案”下拉列表框中选择“添加到解决方案”。在“位置”下拉列表框中修改路径为原来解决方案的路径。该项目的默认名称为 WebSetup1，Visual Studio 2010 自动打开“文件系统（WebSetup1）”编辑窗口。

在“文件系统”编辑窗口中显示一个 Web 应用程序文件夹。这是要安装到目标计算机上

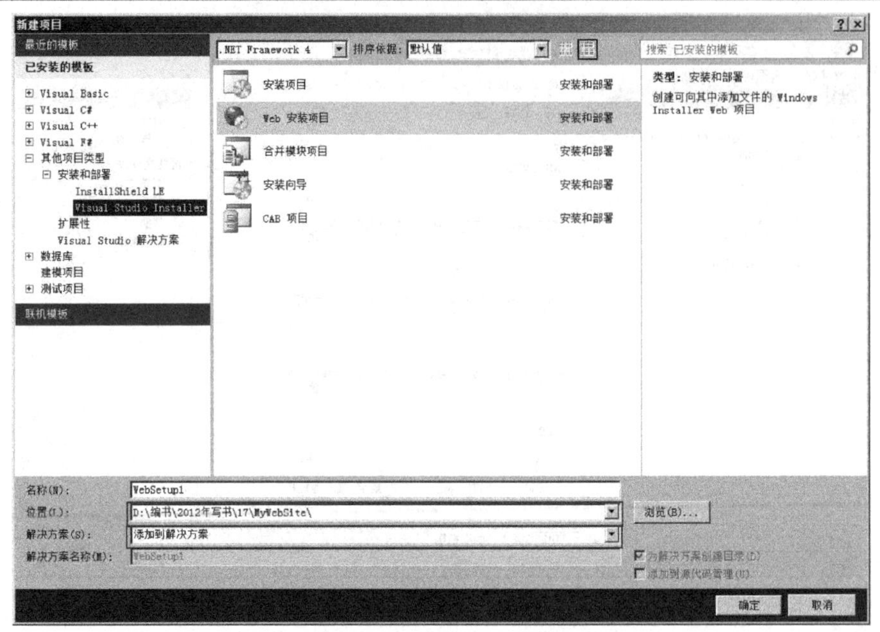

图 17-8 “新建项目”对话框

的文件夹。因此，第一步就是将要部署的网站添加到该文件夹中。右击 Web 应用程序文件夹，在弹出的快捷菜单中选择“添加”→“项目输出”命令，如图 17-9 所示，打开“添加项目输出组”对话框，如图 17-10 所示。

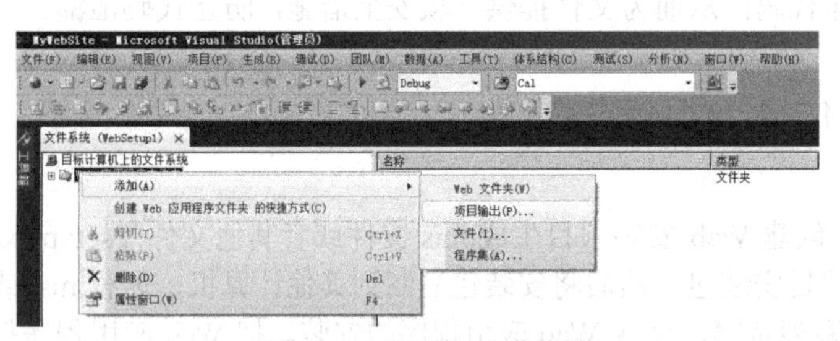

图 17-9 “项目输出”菜单项

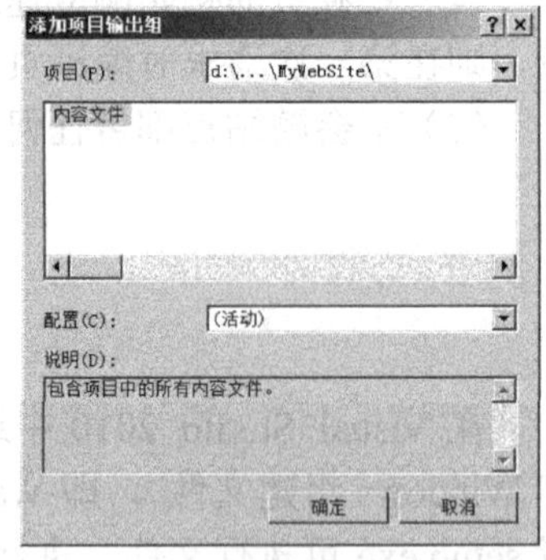

图 17-10 “添加项目输出组”对话框

在这个对话框中可以选择要在安装程序中包含的项。这里选择 MyWebSite 网站，单击“确定”按钮，将 MyWebSite 网站的所有文件都添加到 MySetup1 安装程序中。这些添加的文件会显示在“文件系统”编辑窗口中。

把文件添加到安装程序中后，单击“解决方案资源管理器”窗口中的“启动条件”编辑器按钮，如图 17-11 所示，打开启动条件编辑器，如图 17-12 所示。在该编辑器中定义了 IIS 的启动条件。

另外，还要添加一个启动条件：.NET Framework 启动条件，右击“目标计算机上的要求”节点，选择“添加.NET Framework 启动条件”命令，如图 17-13 所示，将安装.NET Framework 的要求添加到启动条件中。

由于在客户的服务器中一般不会事先安装.NET Framework 的组件，因此，可以为安装项目添加.NET Framework 4.0 组件。这样，当安装包运行在未安装.NET Framework 4.0 的计算机上时，可自动为其安装.NET Framework 4.0。选择“项目”→“WebSetup1 属性”命令，弹出“WebSetup1 属性页”对话框，在该对话框中单击“系统必备”按钮，打开“系统必备”对话框，如图 17-14 所示。

图 17-11　单击“启动条件”编辑器按钮

图 17-12　“启动条件”编辑器窗口

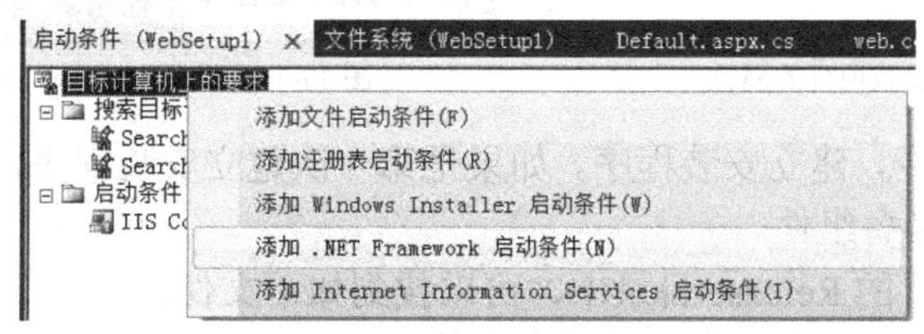

图 17-13　添加.NET Framework 启动条件

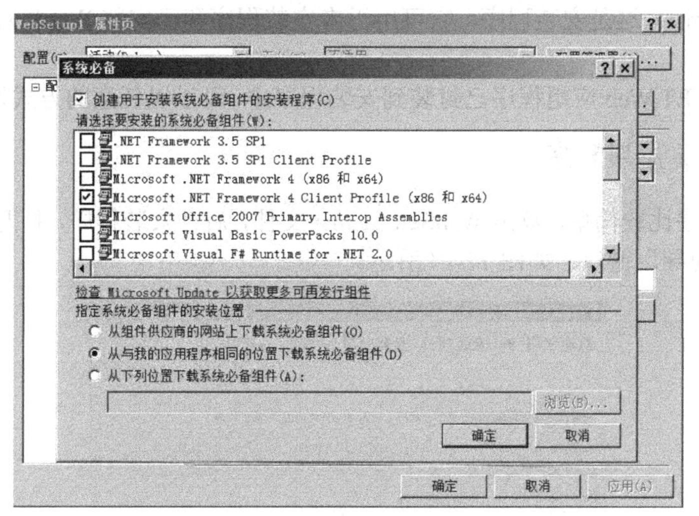

图 17-14　“系统必备”对话框

在“系统必备”对话框中，可以指定该安装程序的系统必备组件及下载路径。按图 17-14 所示设置各选项，单击“确定”按钮完成必备组件的设置。如果不必为安装程序创建系统必备组件，则不要选中“创建用于安装系统必备组件的安装程序”复选框，这样编译生成的安装程序中有一个.msi 文件，否则还要生成一个引导程序 setup.exe 及相应的必备组件。

创建好安装项目后，需要修改该安装项目的一些属性。在“解决资源管理器”窗口中选择安装项目，在其属性窗口中修改安装项目的相应属性。这里修改属性如图 17-15 所示。

除上面讲解的一些设置外，还可以设置安装项目的其他内容，如输出文件名、安装 URL、桌面快捷方式、用户界面、注册表等，这里就不详细介绍了，读者可以参考 MSDN。

根据以上步骤建立的安装程序已经是一个可正常工作的最简单的实例。在 Visual Studio 2010 的工具栏中选择 Release 为活动的解决方案配置，如图 17-16 所示。然后选择“生成”→

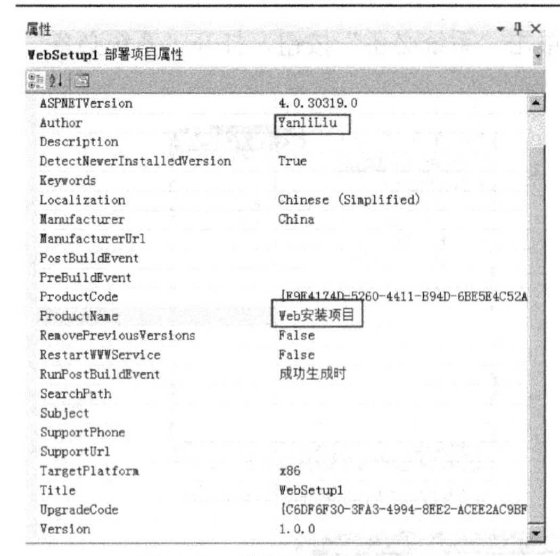

图 17-15 设置安装项目的属性

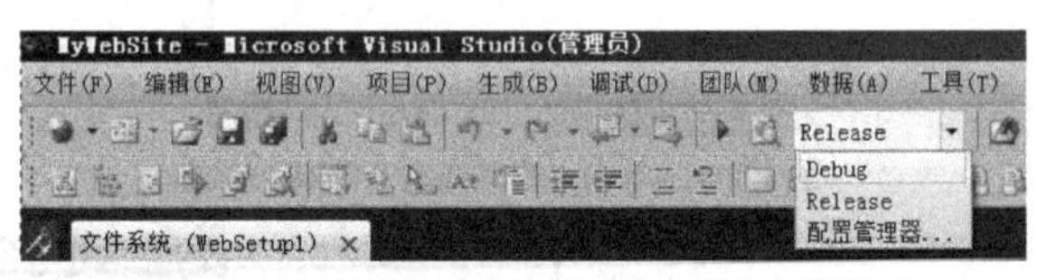

图 17-16 选择 Release 为活动的解决方案配置

“生成 WebSetup1”命令，建立安装程序。如果是第一次建立安装程序，可能需要等待很长时间，因为要下载系统必备组件。

在 WebSetup1 项目的 Release 目录中，可以找到如下文件。

Setup.exe：这是安装程序，它可用于未安装 Windows Installer 服务的机器。

WebSetup1.msi：这是安装程序，它可用于未安装程序和已安装 Windows Installer 服务的机器。

现在，ASP.NET Web 应用程序已封装到安装程序中，可以以任意的方式发布该安装程序。

17.4.2 安装应用程序

安装应用程序比较简单，双击 WebSetup1.msi 文件，启动安装程序，打开“欢迎使用 Web 安装项目 安装向导”窗口，如图 17-17 所示。

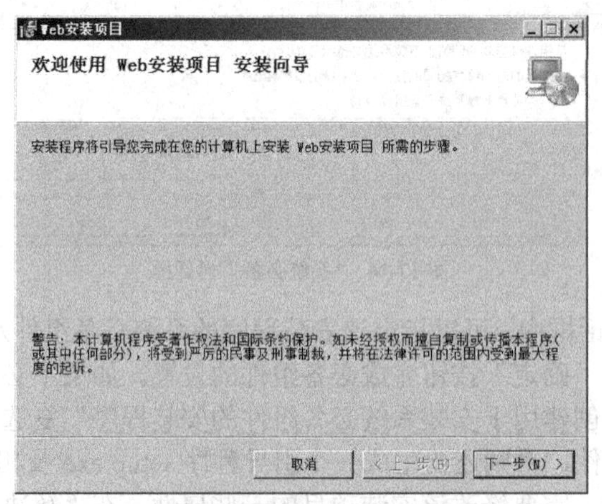

图 17-17 “欢迎使用 Web 安装项目 安装向导”窗口

单击“下一步”按钮，进入“选择安装地址”窗口，如图 17-18 所示。在该窗口中显示了要安装的站点及为所部署的 Web 应用程序创建的虚拟目录名称。用户修改虚拟目录名称。单击“下一步”按钮，将出现安装进度窗口，如图 17-19 所示。安装成功时，出现安装完成界面，如图 17-20 所示，否则安装不成功。

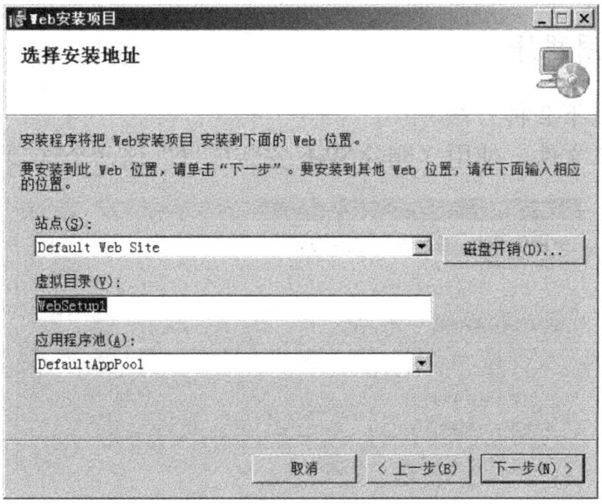

Web安装项目

选择安装地址

安装程序将把 Web安装项目 安装到下面的 Web 位置。

要安装到此 Web 位置，请单击“下一步”。要安装到其他 Web 位置，请在下面输入相应的位置。

站点(S)：

Default Web Site

磁盘开销(D)...

虚拟目录(V)：

WebSetup1

应用程序池(A)：

DefaultAppPool

取消　< 上一步(B)　下一步(N) >

图 17-18 “选择安装地址”窗口

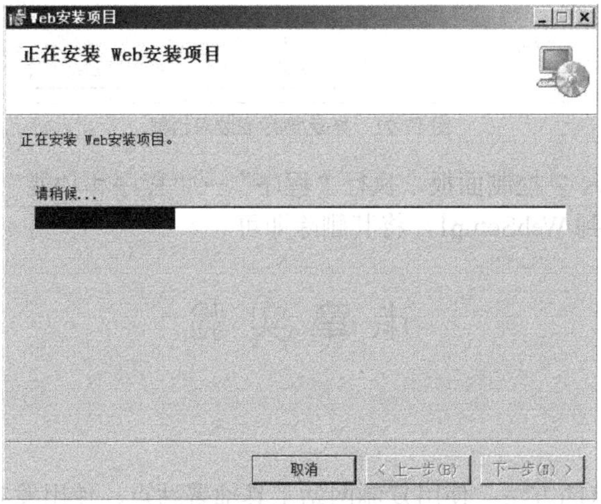

Web安装项目

正在安装 Web安装项目

正在安装 Web安装项目。

请稍候...

取消　< 上一步(B)　下一步(N) >

图 17-19　安装进度

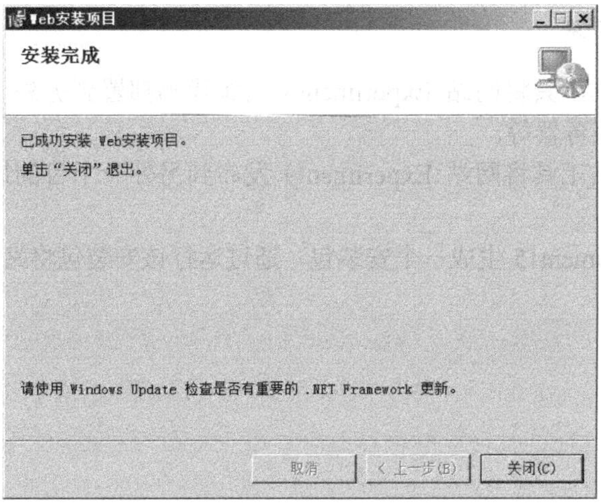

Web安装项目

安装完成

已成功安装 Web安装项目。

单击“关闭”退出。

请使用 Windows Update 检查是否有重要的 .NET Framework 更新。

取消　< 上一步(B)　关闭(C)

图 17-20　安装成功界面

安装应用程序后，可以发现 IIS 的默认网站中包含 WebSetup1 虚拟目录及应用程序文件。可以通过 http://localhost:8081/WebSetup1/访问该网站。

17.4.3 卸载应用程序

卸载应用程序有以下 2 种方法。

（1）重新启动.msi 文件，使用“删除 Web 安装项目”这两个选项，如图 17-21 所示。

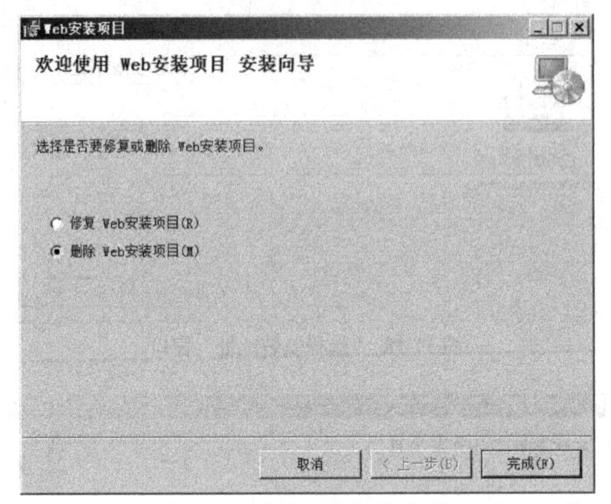

图 17-21　修复/删除安装对话框

（2）打开 Windows 7 控制面板，执行“程序”→“程序和功能”命令，在弹出的“程序和功能”窗口中可以看到 WebSetup1，将其删除即可。

本章实验

一、实验目的

掌握 3 种部署站点的方法：使用复制网站工具部署站点、使用发布网站工具部署站点和生成 Web 项目安装包。

二、实验内容和要求

（1）使用复制网站工具将网站 Experiment8 的源代码部署到另外一个目的地，包括文件夹、本地 IIS 或 FTP 服务器等。

（2）使用发布网站工具将网站 Experiment9 发布到另外一个目的地，包括文件夹、本地 IIS 或 FTP 服务器等。

（3）将网站 Experiment15 生成一个安装包，通过运行该安装包将站点部署到本地 IIS 中。

参 考 文 献

[1] Matthew MacDonald，Adam Freeman，Mario Szpuszta 著，博思工作室译．ASP.NET 4 高级程序设计（第 4 版）．北京：人民邮电出版社，2011.

[2] 郝冠军．ASP.NET 本质论．北京：机械工业出版社，2011.

[3] 黄鸣，ASP.NET 开发技巧精讲．北京：电子工业出版社，2012.

[4] 杨春元．ASP.NET 4.0 动态网站开发实用教程．北京：清华大学出版社，2012.

[5] 李彦，唐鑫，唐继强，崔英志．ASP.NET 3.5 系统开发精髓．北京：电子工业出版社，2009.

[6] 张恒，廖志芳，刘艳丽．ASP.NET 网络程序设计教程．北京：人民邮电出版社，2009.

[7] 林菲，孙勇．ASP.NET 案例教程．北京：清华大学出版社，2009.

[8] 房大伟，刘云峰，吕双．学通 ASP.NET 的 24 堂课．北京：清华大学出版社，2011.

[9] 张昌龙，李永平．ASP.NET 4.0 从入门到精通．北京：机械工业出版社，2011.

[10] 丁振凡．Web 程序设计．北京：北京邮电大学出版社，2008.

[11] http://www.w3cschool.org.cn.

[12] http://www.asp.net.